特种经济动物生产技术

王　星　宁方勇　主编

中国农业出版社
北　京

图书在版编目（CIP）数据

特种经济动物生产技术 / 王星，宁方勇主编. —北京：中国农业出版社，2022.12

ISBN 978-7-109-30786-5

Ⅰ.①特… Ⅱ.①王… ②宁… Ⅲ.①经济动物—饲养管理 Ⅳ.①S865

中国国家版本馆 CIP 数据核字（2023）第 104330 号

中国农业出版社出版

地址：北京市朝阳区麦子店街 18 号楼

邮编：100125

责任编辑：王森鹤

版式设计：杨 婧　　责任校对：周丽芳

印刷：中农印务有限公司

版次：2022 年 12 月第 1 版

印次：2022 年 12 月北京第 1 次印刷

发行：新华书店北京发行所

开本：787mm×1092mm 1/16

印张：17.75

字数：432 千字

定价：98.00 元

TEZHONG JINGJI DONGWU SHENGCHAN JISHU

编 委 会

主编： 王　星　辽东学院

宁方勇　东北农业大学

编委（按姓氏笔画排序）：

王　庆　嘉应学院

付　晶　仲凯农业工程学院

刘　伯　河北工程大学

刘宗岳　中国农业科学院特产研究所

杜智恒　东北农业大学

李玉梅　吉林大学

李学俭　沈阳农业大学

李建国　锦州医科大学

罗永成　辽东学院

前言

我国幅员辽阔，地形地貌千差万别，气候类型多种多样，迥异的自然生态条件孕育了丰富的物种。经过长期的自然选择和人工培育，我国已成为世界上畜禽遗传资源最为丰富的国家之一。特种经济动物是畜牧业生产中重要的组成部分，不仅有养殖历史上千年的蜜蜂、鹿等地方品种，虹鳟、林蛙等水生动物，鸽、鹌鹑、珍珠鸡等特种经济禽类，还包括新中国成立后从国外引入的狐、水貂等毛皮动物，种类极其丰富。

特种经济动物是一个时代感极强的概念，其种类随时代变迁而不断丰富变化。在我国经济高速发展的新时代，在乡村振兴战略指引下的新农村，在供给侧结构性改革的背景下，我国公布了《国家畜禽遗传资源品种名录(2021年版)》，在全国范围内开展了"第三次全国畜禽遗传资源普查"，颁布实施了我国《种业振兴行动方案》。特种经济动物这一富有特色的产业，在新的历史机遇下，必将更加生机勃勃，在富国惠民方面发挥更加重要的作用。

特种经济动物种类丰富，习性各异，产品琳琅满目，饲养管理各有侧重。本书选择了我国产业发展较稳定、饲养数量较多、生产技术较成熟的蜜蜂、林蛙、虹鳟、鹌鹑、鸽、珍珠鸡、家兔、水貂、狐狸、貉、鹿11种经济动物，对品种概况、饲养管理、繁殖育种、疾病防治、产品及其加工进行了全面介绍。书中配有彩色图片和相关视频的二维码，不但适合研究人员、农业院校师生阅读，亦可作为生产一线技术人员的参考书籍。

在本书编写过程中，参阅了国内同行编著的相关书籍与文献，听取了相关院校同仁的意见与建议，引用和借鉴了相关研究者的研究成果，在此一并表示诚挚的感谢！

由于特种经济动物种类极其丰富，编写时间紧迫，作者水平及知识有限，书中难免存在疏漏和不足，敬请广大读者批评指正。

编　者

2022年10月

目 录

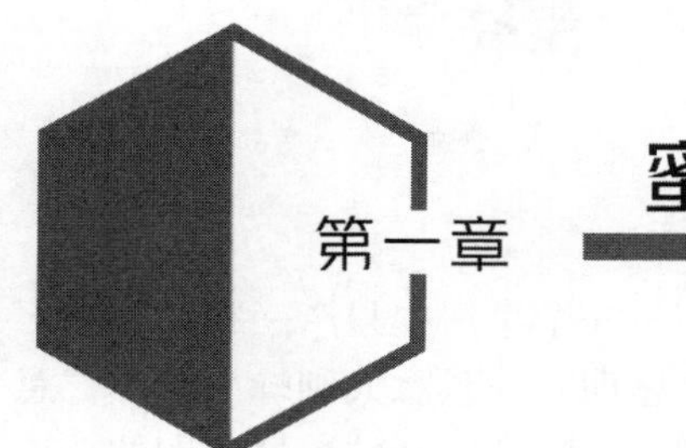

第一章 蜜 蜂

第一章彩图

第一节 品种概述

养蜂业是我国传统优势产业。我国从南向北共跨越5个气候带，四季均有花开。丰富的蜜粉源植物为我国养蜂业的发展提供了优越的自然条件。我国养蜂历史悠久，目前我国蜂群数量超过900万群。我国以饲养西方蜜蜂为主，中华蜜蜂（简称“中蜂”）主要分布在山区。我国是世界第一蜂产品生产及出口国，年产蜂蜜总量约45万吨。随着人民生活水平的提高，以及对蜂产品医疗保健功能认识的加深，我国已经成为全球最大的蜂产品消费市场。

我国养蜂方式以家庭式养蜂为主，即夫妻两人共同从事养蜂生产。大部分蜂农在从事养蜂生产的同时从事其他农业生产，专业养蜂较少。规模较小的蜂场多采取定地或小转地养蜂模式，专业养蜂规模较大，多采取大转地养蜂模式，追花取蜜是蜂产品主要生产方式。河南、浙江和四川是我国传统的养蜂大省，蜂蜜产量居全国前三位，其蜂蜜产量之和超过全国总产量的一半。

蜜蜂授粉逐步迈向产业化。蜜蜂授粉有助于提高作物产量及质量，许多国家蜜蜂授粉收入超过养蜂总收入50%，但我国蜜蜂授粉产业仍处于起步阶段。集约化种植导致野生传粉昆虫减少，大面积农作物对蜜蜂授粉依赖性加大。我国设施园艺面积居于世界首位，温室果蔬授粉有巨大应用潜力，蜜蜂授粉将成为我国养蜂业未来发展的重要方向。

生态安全对蜜蜂影响日益显著。蜜粉源植物的减少、环境污染、杀虫剂的使用、灾害性天气、作物单一化种植等仍是养蜂业需要面对的困境。加强生态环境建设，为蜜蜂提供一个良好的生存环境，是生产优质蜂产品，发展健康养蜂产业的必经之路。

一、生物学特征

（一）蜂群的组成与分工

蜜蜂是社会性昆虫，营群体生活。一个蜂群通常包括一只蜂王、数千至数万只工蜂和数以百计的雄蜂，组成一个相互依赖、分工合作、高效有序的整体，三型蜂共同生活在一个群体中（图1-1）。蜂群是蜜蜂赖以生存的生物单位，任何一只蜜蜂脱离群体就不能正常生活。

1. 蜂王 是蜂群中唯一生殖器官发育完全的雌性蜂，具二倍染色体，生殖器官特别

图 1-1 蜂群中的三型蜂

发达，在蜂群中其主要任务是产卵。正常情况下，蜂王在每一个巢房中只产一粒卵，在工蜂房和王台中产受精卵，在雄蜂房中产未受精卵。在产卵盛期，一只意大利蜂（简称“意蜂”）蜂王每昼夜可产卵 1 500～2 000 粒，中蜂蜂王可产卵 700～1 300 粒，这些卵的总重量相当于蜂王本身的体重。蜂群的产卵力与蜂王品种、蜂王生理条件、蜂群内部情况、蜜粉情况及季节等因素有关。蜂王产卵力在出房后 2～18 个月最强。

在蜂群中，只要蜂王存在，就能控制蜂群，使蜂群井然有序地活动，这种控制能力主要依靠“蜂王物质”实现的。蜂王物质主要成分是蜂王上颚腺信息素，它可以抑制工蜂卵巢发育、筑造王台、维持工蜂的正常活动，作为性激素，还可在空中吸引雄蜂交配。

一只健全的新蜂王出房后，就到巢内各处巡视，寻找和破坏其他的王台，遇到其他蜂王时，就互相斗杀，直至仅留下一只蜂王。3 日龄后新蜂王试飞，辨认自己的蜂巢。5～7 日龄的处女王性成熟，可以交尾。蜂王的交尾飞行称为“婚飞”，通常发生在 14—16 时、气温 20℃以上、无风或微风的情况。蜂王在一次婚飞中连续和 10～20 只雄蜂交尾，再经过 1～3 天后开始产卵。除非自然分蜂、蜂群飞逃外，受孕蜂王不再飞出蜂巢。蜂王在产卵期间，四周有工蜂充当“侍卫蜂”环护，它们用蜂王浆饲喂蜂王。蜂王的寿命可达数年。通常 2 年以上的蜂王，其产卵力将逐渐下降，在生产中一般每年更换新蜂王，随时更换衰老、伤残、产卵量下降的蜂王。

2. 工蜂 工蜂是蜂群的主体部分，由受精卵发育而成，具二倍染色体，是蜂群中生殖器官发育不完全的雌性蜂。孵化后的工蜂幼虫前 3 天由哺育蜂饲喂蜂王浆，从第 4 天起只喂蜂蜜与花粉混合饲料，导致工蜂生殖器官的发育受到抑制，失去正常的生殖机能。

工蜂承担巢内外一切日常劳动，其职能是随着年龄而变化的，即“异龄异职”现象。3 日龄以内的幼蜂由其他工蜂喂食，能担负保温、孵卵以及清理巢房等工作；4～5 日龄的幼蜂开始饲喂大幼虫成为哺育蜂；6～12 日龄的工蜂王浆腺发达，分泌王浆饲喂小幼虫和蜂王；13 日龄以后王浆腺逐渐萎缩，而蜡腺逐渐成熟，开始泌蜡造脾；12～18 日龄蜡腺发育最好，因此，大多数造脾蜂是 12～18 日龄的工蜂，直到 23 日龄蜡腺才完全萎缩，失去泌蜡能力。这一时期的工蜂主要担任清理巢箱、夯实花粉、酿蜜等巢内工作。工蜂在巢内的最后一项工作是在巢门前守卫蜂巢，此后转入巢外活动，采集花蜜、花粉、水、蜂胶等，或侦察蜜源。

蜜蜂采集工作一般始于 17 日龄，20 日龄以后工蜂采集力才充分发挥，从事采集花蜜、花粉、水、树胶、无机盐等工作，直到死亡。采集蜂也部分承担守卫御敌的工作。工蜂采集飞行的最适宜气温是 15～25℃，气温低于 12℃时通常不进行采集活动。采集工作在距离蜂巢约 1 千米的范围内进行。如果蜜源场地距蜂场较远，采集半径可延伸到 2～3 千米或更远。

工蜂的寿命约为 6 周。在一年的不同时期中，工蜂个体寿命有很大的差异。越冬蛰伏期的工蜂，其寿命可达 6 个月以上。

3. 雄蜂 雄蜂是由未受精卵发育而成的蜜蜂，具单倍染色体，这种现象称作“孤雌生殖”。雄蜂没有采集能力，没有螫针、蜡腺和臭腺。雄蜂的职能主要是在巢外空中与婚飞的处女王交配，但交尾后死亡。在长期蜜源充足的环境下，雄蜂寿命可达 3～4 个月。但通常在流蜜期过后，或新蜂王已经产卵，工蜂便把雄蜂驱逐于边脾或箱底，甚至赶出巢外饿死，以利于蜂群的生存和发展。

蜜蜂是完全变态的昆虫，三型蜂都经过卵、幼虫、蛹和成蜂 4 个发育阶段。中蜂工蜂的发育期约 20 天，意蜂工蜂的发育期为 21 天（表 1－1）。

表 1－1 中蜂和意蜂发育的时间（天）

蜂种	三型蜂	卵期	未封盖幼虫期	封盖幼虫期和蛹期	合计
中蜂	工蜂	3	6	11	20
	蜂王	3	5	8	16
	雄蜂	3	7	13	23
意蜂	工蜂	3	6	12	21
	蜂王	3	5	8	16
	雄蜂	3	7	14	24

掌握发育日期，了解蜂群中的未封盖子脾（卵虫脾）和封盖子脾的比例（卵、虫、蛹的比例为 1∶2∶4），就可以知道蜂群的发展是否正常。掌握蜂王和雄蜂的发育日期，就可以安排好人工培育蜂王的工作日程。

（二）蜂巢

蜂巢是蜂群繁衍生息、贮存饲料的场所，由工蜂泌蜡筑造的许多蜡质巢房所组成。双面布满巢房的蜡质结构叫巢脾（简称“脾”），是蜂巢的组成单位。在蜂箱里，巢脾垂直地面、互相平行。中蜂巢脾的厚度约 24 毫米，西方蜜蜂巢脾的厚度约 25 毫米。

两个巢脾之间的距离叫蜂路，是蜜蜂的通道。中蜂的蜂路宽度为 8～9 毫米；西方蜜蜂的蜂路宽度为 10～12 毫米。

1. 工蜂巢房 巢脾上的巢房大部分是工蜂房，用于哺育工蜂，贮存蜂蜜和蜂粮。工蜂的每个巢房都是六棱筒状，筒的底部是由 3 个菱形面组成的六角菱锥形，相邻巢房共用边、底。这种六角形错落排列的巢房可以有效地利用空间，是用料最省、结构最坚固的几何形体。巢房口稍向上倾斜。中蜂的工蜂房内径为 4.4～4.5 毫米，意蜂的工蜂房内径为 5.3～5.4 毫米，深度为 12 毫米左右。一个标准巢框的巢脾，中蜂工蜂房为 7 400～7 600 个，意蜂工蜂房为 6 600～6 800 个。巢脾通常用 1～3 年就要更换。

蜜蜂将子脾、蜜脾和粉脾按一定的自然次序排列在蜂箱中。子脾位于蜂巢的中部，两侧是粉脾和蜜脾。在同一张巢脾上，子圈往往位于巢脾的中部下方；粉圈则在子脾的外围；蜜圈是自巢脾上方和两角向下发展；这样不仅便于蜜蜂饲喂幼虫，而且还可以作为保温的屏障。

2. 雄蜂巢房 巢脾边缘上稍大一些的巢房是雄蜂巢房，用于培育雄蜂，也能贮存蜂蜜与花粉。一般多分布于巢脾的下方。一般蜜蜂也会把破损的巢脾改造成雄蜂房。中蜂的雄蜂房内径为5.0～6.5毫米，意蜂雄蜂房内径为6.25～7.00毫米，深度为15～16毫米。

在繁殖盛期、巢脾子圈下，可以看到一些房盖突出的巢房，这是培育雄蜂的巢房。意蜂的雄蜂房封盖呈馒头状，而中蜂的雄蜂房呈斗笠状，中央有透气孔，这也是中蜂、意蜂的区别所在（图1-2）。

意蜂雄蜂巢房

中蜂雄蜂巢房

图1-2　雄蜂巢房

3. 王台　王台是专为培育蜂王的巢房。正常情况下，常位于巢脾的下缘或两侧筑造数个王台。工蜂先造成圆杯状的台基，口向下，蜂王在台基内产卵以后，随着幼虫的发育，工蜂不断把台基加长，最后工蜂再把台口蜡盖封闭。封盖后的王台形状好像一个向下垂着的花生，外表有凹凸的皱纹（图1-3）。

图1-3　王台（意蜂）

（三）蜜蜂解剖结构及生理

蜜蜂整个躯体由几丁质的外骨骼包裹，起着支持和保护内部结构的作用；其体表密生绒毛，是感觉器官，还可保护身体并起到保温的作用。绒毛对采集、传播花粉、促进授粉结实具有特殊意义。

1. 头部　蜜蜂头部的两侧各生1对复眼。颜面中央着生1对紧靠一起的触角，以及嚼吸式口器。头部的王浆腺位于头内两侧，为1对葡萄状的腺体。工蜂的王浆腺非常发达，能分泌蜂王浆，用以饲喂蜂王及蜜蜂幼虫。

（1）眼　蜜蜂的眼分为复眼和单眼两种，复眼1对，位于头的两侧，每只复眼由几千个小眼组成，头顶有3个单眼，呈倒三角形排列，蜜蜂的视觉是由单眼和复眼协同作用完成的。蜜蜂复眼对空间分辨的能力较差，但有很好的时间分辨本领，能够快速看清运动的物体，并做出反应。所以在蜂巢口移动的物体，往往是蜜蜂攻击的对象。

人的颜色感觉范围是400～800纳米，而蜜蜂是300～650纳米，因此蜜蜂对颜色的感受与人类相似，主要区别是蜜蜂对波长800纳米的红色基本没有感受，而对人不能感受的波长350纳米的紫外线却能够感受（图1-4）。在整个光谱中紫外线对蜜蜂来说是鲜明的颜色，有些花能反射紫外线，对蜜蜂有吸引力。蜜蜂这种辨别光线的能力，是和自然界分泌花蜜的花朵的颜色相适应的。自然界中，植物大多是黄色和白色的花，鲜红色对蜜蜂来说并不是醒目的颜色（图1-5）。

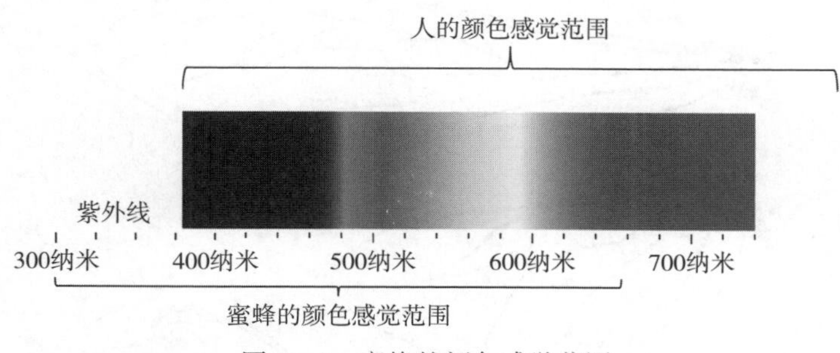

图1-4　蜜蜂的颜色感觉范围

蜜蜂对红色花的视觉感受

人类对红色花的视觉感受

图1-5　蜜蜂与人的视觉感受比较

蜜蜂的复眼还具有出色的偏振光导航能力。即使在云遮日的情况下，蜜蜂也能根据天空反射的偏振光确定太阳的方位，进行定向和导航。蜜蜂单眼是照明强度感受器，决定蜜蜂早出和晚归的时间。

（2）触角　蜜蜂的触角属膝形触角，由柄节（1节）、梗节（1节）和鞭节（10节或11节）构成，触角是蜜蜂最主要的触觉、嗅觉器官。蜜蜂的嗅觉器官分布于触角的鞭节上，工蜂/蜂王触角是12节，而雄蜂触角是13节，这也是进行蜜蜂雌雄鉴别的简便方法。

（3）口器　蜜蜂的口器是嚼吸式口器，适于咀嚼花粉和吸吮花蜜。由上唇、上颚、下唇、下颚4部分组成。上部口器是由1对大的上颚和上唇组成，起咀嚼作用。下部口器由1对下颚和下唇组成，并组合形成管状喙，喙是蜜蜂摄取液体食物的器官。

2. 胸部

（1）足　蜜蜂有前、中、后3对足。工蜂的足既是运动器官，也适于采集和携带花粉，还是蜜蜂的听觉器官。工蜂的后足较长，已进化成一个可以携带花粉团的特殊装置，即花粉筐，可以用来携带花粉或蜂胶。蜂王和雄蜂采集花粉的器官及其功能均已退化。

(2) 翅　蜜蜂具 2 对透明膜质翅，翅上有加厚的网状翅脉（图 1－6）。飞行时每秒可扑动 400 多次，飞翔敏捷。翅膀扇动气流可调节温湿度、浓缩蜂蜜。翅膀振动发声，可以进行信号传递。在进行蜜蜂种系鉴定时，经常要进行翅的鉴定。测量肘脉 a、b 的长度，计算肘脉指数 Ci＝a/b（图 1－7）。

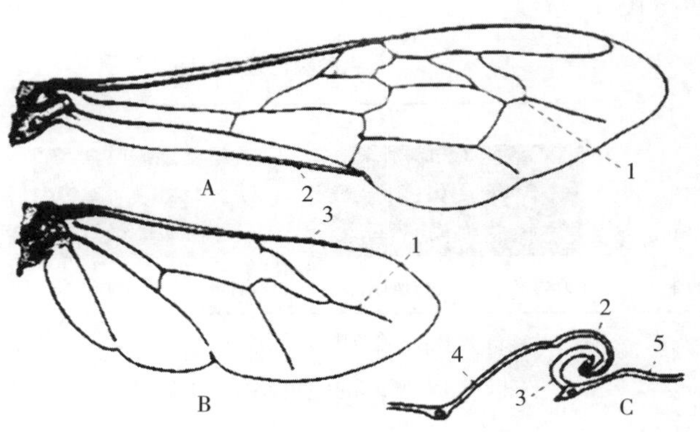

图 1－6　蜜蜂的翅

A. 蜜蜂前翅腹面　B. 蜜蜂后翅腹面　C. 卷褶和翅钩连锁状

1. 翅脉　2. 卷褶　3. 翅钩　4. 前翅　5. 后翅

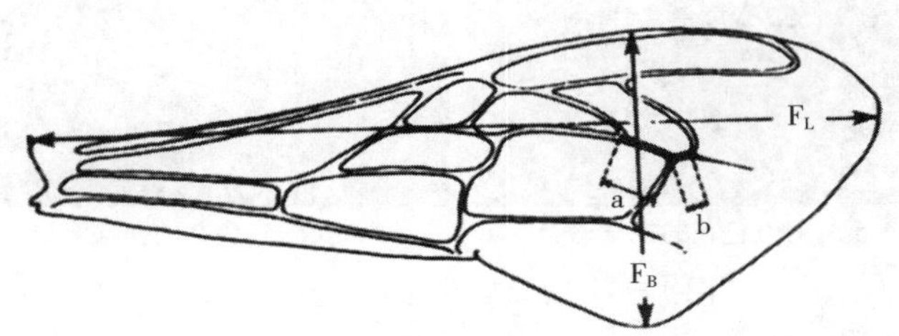

图 1－7　肘脉指数 Ci＝a/b

注：F_L 为前翅长；F_B 为前翅宽；a 为肘脉 a 长度；b 为肘脉 b 长度

不同的蜂种扇风的习性有所不同。西方蜜蜂扇风时头向内，尾向外，强劲地扇动翅膀，将巢内的气体排出巢外。中华蜜蜂扇风时头朝外，尾向内扇动翅膀（图 1－8）。

西方蜜蜂（工蜂扇风时头朝内，尾朝外）

中华蜜蜂（工蜂扇风时头朝外，尾朝内）

图 1－8　正在扇风的蜜蜂

3. 腹部 腹部是蜜蜂消化和生殖的中心，由多个腹节组成，腹节间由节间膜相连，每一腹节由腹板和背板组成，可以自由活动伸缩、弯曲，有利于采集、呼吸和螫刺等活动。在每一腹节背板的两侧有成对的气门。腹腔内充满血液，分布着消化、排泄、呼吸、循环和生殖等器官以及臭腺、蜡腺和螫针（图1-9）。

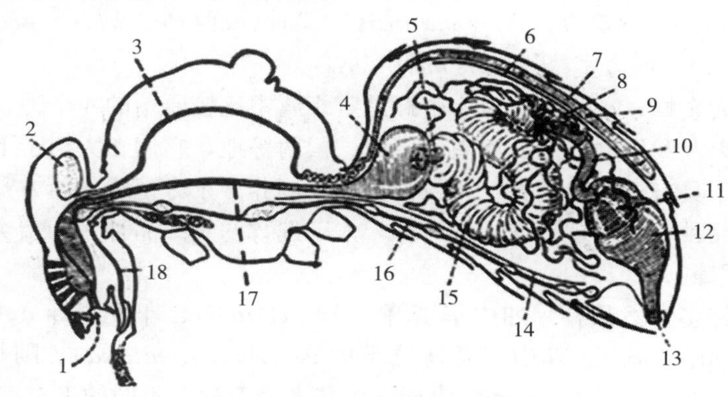

图1-9 工蜂的腹部

1. 口 2. 脑 3. 动脉 4. 蜜囊 5. 前胃 6. 背膈 7. 心脏 8. 马氏管 9. 心门 10. 小肠 11. 直肠腺 12. 直肠 13. 肛门 14. 腹膈 15. 中肠 16. 神经索 17. 食管 18. 涎管

蜡腺专门分泌蜡液，工蜂12～18日龄蜡腺最发达。工蜂有4对蜡腺，位于4～7节腹板两侧内表面，外表面两侧卵圆形区域光滑如镜，称蜡镜，是产生蜡鳞的地方。由上皮细胞特化而成的蜡腺细胞分泌蜡液，通过微孔渗透到蜡镜表面，遇空气后固化成为蜡鳞（图1-10）。臭腺能分泌挥发性信息素，用以发出信息，招引同类。工蜂的螫针是由已失去产卵功能的产卵器特化而成的，具有倒钩，内有毒液，是蜜蜂的自卫器官（图1-11）。工蜂失去螫针，不久就会死亡。

图1-10 工蜂腹部的蜡鳞

图1-11 工蜂的螫针

二、品种简介

蜜蜂在分类学上属于节肢动物门（Arthropoda）、昆虫纲（Insecta）、膜翅目（Hymenoptera）、细腰亚目（Apocrita）、针尾部（Aculeata）、蜜蜂总科（Apoidea）、蜜蜂科（Apidae）、蜜蜂亚科（Apinae）、蜜蜂属（*Apis*）。蜜蜂属的特点是：后足胫节上没有距，巢脾是用自身的蜡腺分泌的蜂蜡建造，巢脾的方向垂直于地平面，并且巢脾两面都有六角形巢房。蜜蜂属包括许多蜂种，生产上饲养的主要是东方蜜蜂和西方蜜蜂及其亚种。

截至目前，世界上现存的蜜蜂种类已达 9 种，即黑小蜜蜂（*Apis andreniformis*）、小蜜蜂（*Apis florea*）、黑大蜜蜂（*Apis laboriosa*）、大蜜蜂（*Apis dorsata*）、沙巴蜂（*Apis koschevnikovi*）、绿努蜂（*Apis nulunsis*）、苏拉威西蜂（*Apis nigrocincta*）、东方蜜蜂（*Apis cerana*）、西方蜜蜂（*Apis mellifera*）。

大蜜蜂、黑大蜜蜂、小蜜蜂、黑小蜜蜂是蜜蜂属中比较原始的 4 个种，它们广泛分布于南亚、东南亚以及我国的广东、海南、广西、云南等地，它们在大树干下、悬崖下和杂树丛中营巢。由于具有好迁徙的特性，故极少有人饲养。东方蜜蜂、西方蜜蜂又包括许多品种，多为自然品种，即地理种或地理亚种，人工选育的蜜蜂品种多为杂交种。

（一）东方蜜蜂

东方蜜蜂有许多自然品种，如中华蜜蜂（*A. c. cerana*）、印度蜜蜂（*A. c. indica*）和日本蜜蜂（*A. c. japonica*）。其中，喜马拉雅中蜂（*A. c. himalaya*）、阿坝中蜂（*A. c. abansis*）和海南中蜂（*A. c. hainana*）隶属于中华蜜蜂亚种下不同的生态型。

中华蜜蜂为东方蜜蜂指名亚种，简称中蜂（图 1-12）。我国境内绝大部分地区都有中蜂分布，主要集中在长江流域和华南各省山区。工蜂嗅觉灵敏，发现蜜源快，采集积极，善于利用零星蜜源，对于当地的自然条件有很强的适应性。中蜂不采树胶，比较耐寒，在 10℃左右时，能够进行采集飞翔，所以它们能采集柃属和鹅掌柴等冬季蜜源。中蜂飞行敏捷，灵活，抗蜂螨力强，还能根据蜜粉源条件的变化，调整产卵量。

图 1-12 中华蜜蜂蜂王

中蜂喙较短，盗性强，分蜂性强，蜜源缺乏或病虫害侵袭时易飞逃；抗巢虫力弱，爱咬毁旧巢脾；易感染囊状幼虫病和欧洲幼虫病；蜂王产卵力弱，每天产卵量很少超过 1 000 粒，蜂群丧失蜂王易出现工蜂产卵；饲料消耗少，产蜜量比较稳定。

中蜂蜂王体色有黑色和棕红色两种，全身覆盖黑色和深黄色混合短绒毛。雄蜂体色为黑色或黑棕色，全身披灰色短绒毛。工蜂喙长 4.5～5.6 毫米，体色变化较大，处于低纬度和低山、平原区则偏黄，全身披灰色短绒毛，处于高纬度及高山区的中蜂腹部的背板、腹板偏黑。

中蜂是我国自然体系中不可缺少的重要生态链环节，有着外来蜂种不可取代的作用。中蜂对我国各地的气候和蜜源条件有很强的适应性，适于定地饲养，特别在南方山区，具有其他蜂种不可取代的地位。多年以来，我国中蜂在全国各地数量急剧下降，目前已在四川、北京等地建立了多处中蜂保护区。

（二）西方蜜蜂

1. 意大利蜂（*A. m. ligustica*） 简称意蜂，原产于意大利的亚平宁半岛，为黄色品种（图 1-13）。工蜂腹板几丁质黄色，喙较长，为 6.3～6.6 毫米；分蜂性弱，能维持强群；善于采集持续时间长的大宗蜜源；造脾快，产蜡多，性温驯，不畏光，提脾检查时蜜蜂安静；易迷巢，爱作盗，抗蜂螨力弱，抗巢虫力强；蜂王产卵力强；意蜂食物消耗量大，工蜂分泌蜂王浆多，哺育力强，从春季到秋季能保持大面积子脾，维持强壮的群势；产蜜能力强，产浆力高于任何蜜蜂品种，是蜜浆兼产型品种，也是生产花粉的理想品种，也可用其生产蜂胶。意蜂是我国饲养的主要蜜蜂品种。

意蜂是世界上优势最大的一个蜂种，于20世纪初引入我国。我国大部分地区的蜜源、气候条件均适宜饲养意蜂。意蜂以其繁殖力强、产量高等优点深受广大养蜂者的欢迎。我国育种工作者还以意蜂为蓝本，选育出浙农大1号、山农1号、平湖浆蜂、萧山浆蜂等优良种系，为中国蜂业发展起到重要的作用。

2. 卡尼鄂拉蜂（*A. m. carnica*） 简称卡蜂，原产于巴尔半岛北部的多瑙河流域，大小和体型与意蜂相似，腹板黑色，体表绒毛灰色（图1-14）。卡蜂善于采集春季和初夏的早期蜜源，也能利用零星蜜源；性温驯，不畏光，提脾检查时蜜蜂安静；蜂王产卵力强，春季群势发展快，主要采蜜期间蜂王产卵易受到进蜜的限制，使产卵圈压缩；分蜂性强，不易维持强群；节约饲料；耐寒，定向力强，不易迷巢；盗性弱，较少采集树胶；产蜜能力强，产浆力弱，是理想的蜜型品种。卡蜂和意蜂、高加索蜂杂交后，可表现出较显著的杂种优势，收到良好的增产效果。

图1-13 意大利蜂蜂王

图1-14 卡尼鄂拉蜂蜂王

3. 欧洲黑蜂（*A. m. mellifera*） 简称黑蜂，原产于阿尔卑斯山以西以北的广大欧洲地区，个体较大，腹部宽，几丁质呈均一的黑色。黑蜂繁育力较弱，分蜂性弱，夏季以后可以形成强大群势；采集力强，善于利用零星蜜粉源，对深花管蜜源植物采集力差；节约饲料；性情凶暴，畏光，开箱检查时易骚动和蜇人；不易迷巢，盗性弱；可用于进行蜂蜜生产，但在春季产蜜量低于意蜂和卡蜂。

4. 高加索蜂（*A. m. caucasica*） 简称高蜂，原产于高加索山脉中部的高山谷地，个体大小、体型以及绒毛与卡蜂相似，几丁质为黑色（图1-15）。高蜂繁育力强，分蜂性弱，能维持较大的群势；采集力较强，性情温驯，不畏光，开箱检查安静；爱造赘脾；定向力差，易迷巢，盗性强；采集树胶的能力强于其他任何品种的蜜蜂，为生产蜂胶的理想蜜蜂品种。高加索蜂、意蜂、卡蜂杂交后，可表现出显著的杂种优势，收到良好的增产效果。

我国还有东北黑蜂（图 1－16）、伊犁黑蜂（原称“新疆黑蜂”）等优良地方品种。

图 1－15 高加索蜂蜂王

图 1－16 东北黑蜂蜂王

第二节 饲养管理

一、场地选择与蜂具设备

（一）场地选择

场地面积因蜂场规模和生产方式而定。重视蜂场周围环境的选择和建设，保证生产绿色蜂产品的生态蜜源环境，在养蜂生产中的地位和作用日趋重要。

1. 蜜源植物 蜜蜂的主要饲料来源是蜜源植物提供的花粉和花蜜。定地饲养要求蜂场周围至少有 2～3 种主要蜜源植物、多种花期交错的辅助蜜粉源。主要蜜源距蜂场 3 千米以内，要求生长良好，流蜜稳定，无病虫害，无农药污染，蜂群分布密度适当。

2. 水源 蜂场附近要有良好的水源，以保证蜜蜂采水。但注意不要紧靠大江、大河、水库、湖泊，以防蜜蜂溺水。水源最好是干净的溪水。

3. 周围环境 蜂场要远离铁路、工厂、学校、畜牧场，以防震动、烟雾、噪声等引起蜂群不安，造成人、畜蜇伤。为防止蜂场间的疾病传播，两蜂场间最好相距 2～3 千米或更远，避风向阳。还要考虑蜜蜂敌害分布状况。蜂场周围通信畅通、交通便利，以方便蜂群运输，以及蜂产品保鲜、储运和销售。

（二）蜂具设备

1. 蜂箱 现在全世界使用最多的是郎氏十框蜂箱。通过设计“蜂路”解决了巢脾粘连的问题，应用活动巢框结束了长久以来毁巢取蜜的生产方式，对世界养蜂业的发展产生了巨大影响。蜂箱由箱盖、副盖、巢箱、继箱、箱底、巢门、巢框、隔板和闸板等组成。

蜂路指巢脾与巢脾、箱壁与巢脾之间的距离。蜂路过大易造赘脾，过小则易压伤蜜蜂或影响通行。一般认为，意蜂单行蜂路宽度为 6～8 毫米，双行蜂路宽度为 10 毫米。

2. 日常生产管理工具 包括蜂帽、起刮刀、蜂扫、巢础、隔王板、喷烟器、饲喂器、割蜜盖刀、摇蜜机、巢框、产浆框、移虫针、镊子、取浆笔、取浆机、蜂箱连接器、蜂箱捆绑带等。转地蜂场还包括帐篷、太阳能系统或是养蜂车等。

二、蜜粉源植物

分泌花蜜可供蜜蜂采集的植物称为蜜源植物；产生花粉的可供蜜蜂采集的植物称为粉源植物。蜜粉源植物是养蜂业的物质基础。蜜粉源植物对蜜蜂的生活有重要影响，同时也影响着蜂群的饲养管理方法。

1. 主要蜜源植物 一般把数量多、面积大、花期长、分泌花蜜多、可以生产大量商品蜜的植物称为主要蜜源植物，如油菜、荔枝、龙眼、枇杷等（图 1-17）。

油菜 紫云英 刺槐

荆条 糠椴 紫椴

荔枝 龙眼 柑橘

棉花 向日葵 荞麦

图1-17　主要蜜源植物

我国主要蜜源植物见表1-2。

表1-2　我国主要蜜源植物

名称	花期	花粉	蜂群产蜜（千克）	主要分布地区
紫云英	3—5月	多	10～30	长江流域
柑橘	3—5月	多	10～30	长江流域
荔枝	3—4月	少	20～50	亚热带地区
龙眼	5月	少	15～25	亚热带地区
荆条	6—7月	中	20～50	华北、东北南部
椴树	7月	少	20～80	东北林区
刺槐	5月	微	10～50	长江以北，辽宁以南
油菜	12月至翌年4月，7月	多	10～50	长江流域，三北地区（东北、华北北部和西北地区）
橡胶树	3—5月	少	10～15	亚热带地区
苕子	4—6月	中	20～50	长江流域
柿树	5月	少	5～15	河南、陕西、河北
紫花苜蓿	5—6月	中	15～25	陕西、甘肃、宁夏
白刺花	4—6月	中	20～50	陕西、甘肃、四川、贵州、云南
枣树	5—6月	微	15～30	黄河流域
窿缘桉	5—7月	多	25～50	海南、广东、广西、云南
乌桕	6—7月	多	25～50	长江流域
山乌桕	6月	多	25～50	亚热带地区
老瓜头	6—7月	少	50～60	宁夏、内蒙古荒漠地带
草木樨	6—8月	多	20～50	西北、东北

（续）

名称	花期	花粉	蜂群产蜜（千克）	主要分布地区
芝麻	7—8月	多	10～20	江西、安徽、河南、湖北
棉花	7—9月	微	15～30	华东、华中、华北、新疆
枸杞	5—6月	多	10	宁夏
党参	7—8月	少	10～30	甘肃、陕西、山西、宁夏
泡桐	4—5月	中	20	黄河流域，河南最多
胡枝子	7—9月	中	10～20	东北、华北
向日葵	8—9月	多	15～30	东北、华北
大叶桉	9—10月	少	10～20	亚热带地区
野坝子	10—12月	微	15～25	云南、贵州、四川
鸭脚木	11月至翌年1月	中	10～15	亚热带地区
益母草	6—9月	少	10	全国各地

2. 辅助蜜源植物 只能供蜂群自己生活需要或仅能取到少量商品蜜的植物，或是单产高但只分布于局部地区，如桃、梨、苹果、山楂、薄荷、枸杞、黄连、黄芪等。

3. 有毒蜜源植物 有一些植物所产生的花蜜或花粉，能使人或蜜蜂出现中毒症状，这些植物称为有毒蜜源植物（图1-18），如雷公藤、博落回、茶树、昆明山海棠、藜芦等。

雷公藤　博落回　藜芦

图1-18 部分有毒蜜源植物

4. 粉源植物 能为蜜蜂提供大量花粉兼有少量花蜜的植物，包括大量风媒植物和一些虫媒植物，如油菜、茶花、荷花、松树、柳树、玉米、高粱、水稻、猕猴桃、板栗、瓜类等。

三、饲养管理要点

（一）蜂群选购

购买蜂群的时间应根据需求和当地的环境条件而定，选购蜂群一定要健康无病。西方蜜蜂特别注意有无蜂螨、幼虫腐臭病、白垩病及孢子虫病，中蜂要注意有无囊状幼虫病。开箱检查蜂群温驯，子脾的卵虫蛹比例协调；工蜂颜色鲜艳，绒毛密长；蜂王胸部粗大，腹部修长丰满，行动稳健；巢脾上贮存有一定数量的饲料；最好随箱附带一定数量的优良巢脾，蜂箱、巢脾规格标准。

（二）蜂群摆放

摆放蜂箱时应左右保持平衡，后部稍高于前部，以便清理蜂群，防止雨水流入。蜂群巢门通常朝南或偏南方向。

蜂群排列方法应根据场地大小、生产季节和饲养方式而定。意蜂定地饲养通常蜂箱间距1～2米，各排之间相距2～3米，前后排的蜂群位置相互交错。转地蜂场蜂群数量多，常受场地的限制，可双箱或多箱并列，也可采用方形或圆形排列法。意蜂交尾群应分散放在蜂场外围目标清晰处，巢门要相互错开（图1-19）。中蜂认巢能力较差，一般采取单箱分散摆放较多（图1-20）。

定地养蜂

转地蜂群的排列

图1-19　意蜂蜂群的排列

桶养中蜂

活框饲养的中蜂

图1-20　中蜂蜂群的排列

（三）蜂群的检查

1. 开箱检查　应选择晴暖天气进行开箱检查，尽量避开蜜蜂出勤高峰。检查时工作人员应穿白色或浅色干净的衣服，佩戴蜂帽，准备好起刮刀、喷烟器等工具。操作时要做到轻、快、稳，避免挤伤蜜蜂。用拇指、食指和中指扣紧框耳，使巢脾保持垂直状态，以免蜜汁、花粉从巢房内掉落。检查产卵情况时，工作人员要背向阳光，才能看清巢房底部。查看时注意蜂王是否存在、蜂王产卵及幼虫发育情况，以及蜜粉存储量、子脾增减情况、有无病虫病等。检查完毕，依次恢复原状，盖好副盖和箱盖并做记录。

视频1
蜂群开箱检查

视频2
蜂群箱外观察

为了减少蜂蜇，工作人员身上不要有蒜、葱、酒、香皂、汗臭等强烈刺激气味，迫不得已时才使用喷烟器。万一被蜇，应用指甲反向刮去螫针。必要时用清水或肥皂将被蜇处洗净擦干，消除蜂毒气味再检查蜂群。多数人被蜇后，有一定的红肿、疼痛症状，一般2～3天后可自动消失。有极少数人被蜇后会产生严重过敏反应，如全身出疹块、呼吸困难、心悸甚至休克等症状，应及时送医院治疗。

2. 箱外观察 可根据箱外观察的现象来分析和判断蜂群的情况，及时开箱检查，采取相应的措施。

（1）流蜜 附近蜜源植物开花后，全场蜜蜂采集繁忙，巢门口拥挤，归巢蜂腹部饱满沉重，说明蜜源已开始流蜜。反之，巢门口守卫森严，蜜蜂出勤少，说明流蜜期已结束。

（2）饥饿 在阴雨天，正常蜂群很少活动或停止活动，但饥饿蜂群的工蜂不断从巢门飞出或爬出。如果在巢门前发现新的死蜂，或被工蜂拖出的死蛹和死幼虫，表明蜂群濒于饿死。

（3）失王 天气晴暖，有些工蜂在门前振翅，来回爬动，很不安静。

（4）螨害 巢门前地上有缺翅和发育不全的幼蜂爬出。

（5）中毒 在箱前或蜂场附近有工蜂死亡，有的还携带花粉和花蜜，死后喙伸出，腹部弯曲。

（6）分蜂前兆 巢门出现“挂胡子”现象，工蜂消极怠工，说明很快要发生自然分蜂。

（7）胡蜂危害 蜂箱附近有胡蜂出没，在巢门前有较多的蜂被咬死或受伤。

（8）盗蜂 巢门混乱，有打架现象；工蜂进出频繁，进入的腹部小，出来的腹部饱满，是盗蜂表现。尤其是在早晨或傍晚，其他蜂群蜜蜂基本不活动，盗蜂却飞行积极。

（四）蜂群的饲喂

1. 饲喂糖浆 分补助饲喂和奖励饲喂两种情况。补助饲喂是对缺蜜的蜂群喂以大量高浓度的蜂蜜或糖浆，使其维持生存，如北方饲喂越冬饲料。奖励饲喂则是喂给少量糖浆，促进蜜蜂产卵育虫，如春季繁殖期经常采用奖励饲喂的方式。

2. 饲喂花粉 在蜜蜂繁殖期内，如果外界缺乏粉源，需及时补喂花粉。可以做成粉脾或花粉饼饲喂。将花粉加适量水调制，抹入巢脾的巢房中，将粉脾插入蜂巢，适用于春繁时期。

花粉饼是将花粉加水充分搅匀后，做成饼状，置于框梁上或蜂箱内供蜜蜂采食，操作简单，适用于日常缺粉情况。

（五）蜂群合并

合并蜂群时，一般弱群并入强群、无王群并入有王群，通常在傍晚蜜蜂即将停止飞行时进行。

1. 直接合并法 一般在流蜜期和早春、晚秋气温较低或蜜蜂活动性弱的时候采用。一般的做法是先提前1天把弱群蜂王去除，将无王群的巢脾放在蜂箱的一侧，再将被合并的蜜蜂连脾提出放到另一侧，彼此之间保持一框距离；或放在隔板外，第2天再将两群的巢脾靠拢。向两群的巢脾上喷些稀薄的蜜水或喷烟，使两群的气味混合，更有利于达到安全合并的目的。对失王已久，或巢内老蜂过多、子脾少的蜂群，要先补给一两框卵虫脾，然后再进行合并。

2. 间接合并法 合并时不让两群蜜蜂直接接触，待它们气味相通后，再合到一起。通常使用的方法是用报纸或铁纱盖作为隔离物。利用报纸合并时，先将报纸刺多个小孔，放在巢箱上盖严，上面叠加继箱，再把被合并的蜂群提入继箱中，让蜜蜂自行咬破报纸，使两群的群味自然混合，然后合并。采用铁纱盖合并时，同用报纸的方法类似，1～2天后，待气味混合即可撤去铁纱盖整理蜂巢。

(六) 蜂王的诱入

如果给无王群诱入蜂王，先要将巢脾上所有的王台毁除；给有王蜂群更换蜂王，应提前1天将需要淘汰的蜂王提出；在断蜜期诱入蜂王，应提前2～3天用蜂蜜或糖浆连续对诱入群进行饲喂；给失王较久，或老蜂多、子脾少的蜂群诱入蜂王，应提前1～2天补给幼虫脾；给强群诱入蜂王，最好把蜂箱撤离原位，把部分老蜂分离出去后诱入蜂王。

1. 直接诱入蜂王 就是将蜂王直接放进无王群里的诱入方法。该方法只适宜在大流蜜或气温低的情况下使用。在大流蜜期，可将蜂王放在无王群的巢脾上，或从巢门直接放入蜂王，让蜂王自己爬到巢脾上即可，安全高效。也可从无王群内提出1～2脾蜂抖落在巢门口，乘混乱之际，将诱入的蜂王捉放在乱蜂之中，让蜂王随工蜂一起爬入巢门。进行箱外观察，如果蜜蜂采集正常，巢门前没有死蜂，箱底没有蜂球，说明诱入蜂王安全无恙。

2. 间接诱入蜂王 常用扣脾式蜂王诱入器。把蜂王捉进蜂王诱入器内，将诱入器扣在有卵虫脾有蜜部位，扣脾器内放几只幼蜂更好；将脾放回原群，经过1～2天，原来紧围在诱入器上的工蜂已经散开，有的开始饲喂蜂王，表明诱入群的蜜蜂对新蜂王已无敌意，这时可将诱入器的蜂王放出，诱入蜂王成功。

3. 种用蜂王的诱入 从种王场邮寄来的蜂王，可将寄王笼固定在两个巢脾之间，有铁纱的一面对着蜂路，经过1～2天群内工蜂对笼内蜂王无敌意时，即可将王笼上的出口打开，让蜂王自行爬出。邮寄蜂王，在王笼放入蜂群之前，一定先把笼内的工蜂驱尽，里面只剩下蜂王，这样诱王容易成功。群势小、工蜂日龄小的蜂群比较容易诱入蜂王。

4. 围王的解救 许多工蜂把蜂王围起来，形成一个以蜂王为核心的蜂球，这种现象叫围王。发现蜂王被围，通常采用向蜂球喷洒清水或稀蜜水的方法，使围王的工蜂散开；也可将蜂球投入水中，使蜂球散开。蜂王解围后，若没有受伤，可用诱入器暂时扣在巢脾上加以保护，到蜂群接受时再释放；如果蜂王受伤，应立即淘汰。

(七) 修造巢脾

1. 镶装巢础 先将巢框两侧边条钻3～4个孔，穿上钢丝，拉紧，缠牢，当用手指弹能发出清脆的声音时，再将钢丝另一头在边条上拧紧。安巢础时，先将埋线板放平，衬板上铺一层纸，再将巢础的一边镶进上框梁的凹槽内。然后放在埋线衬板上，用埋线器沿铅丝滑动，使铅丝埋入巢础中。巢础的边缘与下梁保持5～10毫米距离，与边条保持2～3毫米距离。

2. 加础造脾 当外界蜜粉源充足，蜂群的巢脾框梁上出现白色新蜡时，即可将镶好巢础的巢框插入蜂群内。中小群造脾，因为没有分蜂热，脾的质量较好，没有雄蜂房。巢础框一般放在蜜粉脾和子脾之间。巢础框加入后，第2天要检查造脾的进度和质量，尽早让蜂王在上面产卵，繁育工蜂。

(八) 盗蜂的防治

盗蜂是指到其他蜂群去盗抢蜂蜜的蜜蜂。严重时被盗群蜂蜜被盗抢一空，造成蜂群整群死亡。

1. 盗蜂发生的原因 外界蜜粉源缺乏，蜂群普遍贮蜜不足；蜂场强群和弱群混放或有患病群；中蜂、意蜂同场饲养或距离较近；蜂蜜或糖浆洒落在场地没有及时清理等。盗蜂发生还与蜜源植物种类有关。在采集葵花蜜期间，特别容易发生盗蜂，在流蜜后期甚至全场作盗，乱作一团，只能趁早转场。

2. 盗蜂的防治方法

①个别蜂群早期发生盗蜂时，立刻将其巢门缩小到只容1只蜜蜂进入，有利于蜂群防卫。巢门前可放一些茅草遮蔽，或者在巢门前涂一些樟脑等驱避剂防治盗蜂。利用意蜂和中蜂体型大小差异，中蜂被盗可使用专门的防盗巢门。

视频3
盗蜂的防治

②将被盗群搬到离蜂场较远的阴凉处隐藏起来，原址放一空蜂箱，但要注意防止盗蜂进入邻近蜂群作盗。

③全场发生严重盗蜂，要尽早把蜂场转移到5千米以外的地方，并打乱原来的摆放次序，适当缩小巢门。

（九）收捕分蜂团

分蜂开始的时候，先有少量的蜜蜂飞出蜂巢，在蜂场上空盘旋飞翔，不久蜂王伴随大量蜜蜂由巢内飞出，几分钟后，飞出的蜜蜂就在附近的树上或建筑物上集结成蜂团，再过一段时间，分出的蜂群就要远飞到新栖息的地方。

当自然分蜂刚刚开始，蜂王尚未飞离巢脾时，可立即关闭巢门不让蜂王出巢，然后打开箱盖，从纱盖上往蜂群喷水，等蜜蜂安定后，再开箱检查，毁除所有的自然王台，飞出的蜜蜂会自动回巢。

如果蜂王已经出巢，大量蜜蜂涌出巢门，并在蜂场附近的树林或建筑上结团，可用较长的竹竿，用带蜜的子脾或巢脾绑其一端，举到蜂团前，当蜂王爬上巢脾后，将巢脾放回蜂箱，则其他蜜蜂自动飞回。如果蜂团结在小树枝上，可轻轻锯断树枝，然后将蜂团抖落到箱内即可。

繁殖期可以通过给蜂王剪掉部分翅膀，防止蜂王飞逃；生产期蜂群生产王浆是防止出现分蜂的有效方法。

第三节 繁殖育种

一、蜜蜂的繁殖

1. 自然分蜂 自然分蜂是蜂群发展壮大后，老蜂王和蜂群中的一部分蜜蜂飞离原群，另选它处筑巢，再也不回原巢，使原蜂群一分为二。原蜂群新蜂王出房交配后，成为一个新蜂群。

2. 人工分蜂 人工分蜂是根据气候、蜜粉源条件和蜂群内部状况，人工培育蜂王，人为地将一群蜜蜂分成两群或数群，是增加蜂群数量的一项基本方法。

常用的人工分蜂方法是将原群留在原址，从原群中提出封盖子脾和蜜粉脾共2～3张，并带有2～3框青幼年蜂，放入一空箱内，蜂王留在原群内；然后将这个无王群搬至离原群较远的地方，缩小巢门，以防盗蜂；1天后，再给这个无王的小群诱入1只产卵的新王。该群中的蜂王产卵一段时间后，可从其他强群中提出适量的幼蜂和（或）子脾补给该群实现快速增长。

3. 人工育王

（1）人工育王的时间　当外界气候温暖，蜜源充沛，蜂群群势强大，巢内已积累了大量的青年和幼年工蜂，雄蜂也开始大量羽化出房，进入自然分蜂季节，即是人工育王的最佳时期。蜜粉源丰富的流蜜期人工育王质量好，交尾成功率高。

（2）育种群的选择　着重考查蜂群蜂产品的生产性能，还要考虑蜂群发展速度、维持群势的能力、抗病性、抗逆性等方面的性状。处女王和雄蜂婚飞范围的半径可达 5～7 千米甚至更远，并在空中交尾，因此蜂王与其他蜂场或其他蜂群的雄蜂交尾可能性更大。用移虫针将育种群中 12～18 小时虫龄的幼虫移入人工王台，放入育王群哺育。

（3）蜂王的培育　选择 10～15 框蜂的强群作为育王群，蜂群有大量的采集蜂和哺育蜂，巢内饲料充足。用隔王板将蜂王隔在巢箱内形成繁殖区，育王框放在继箱内组成育王区。育王区放适量幼虫脾、子脾、蜜粉脾，夏季育王应做好防暑降温工作。处女王羽化出房的前 1 天，将成熟王台分别诱入各个交尾群。

（4）交尾群的管理　一般在诱入王台的前 1～2 天根据培育蜂王数量准备好相应交尾群。交尾箱巢门附近最好有不同颜色、不同形状的标志，以便蜂王在交尾回巢时识别其交尾箱。

蜂王发育期：卵期 3 天，幼虫期 5 天，蛹期 8 天。

在移虫后 11 天（即处女王羽化出房的前 1 天）诱入王台，每个交尾群中诱入一个，轻轻嵌在巢脾上，并夹在两个巢脾之间。王台诱入后的第 2 天，应全面检查处女王出房情况，将坏死的王台和瘦小的处女王淘汰，补入备用王台。备用王台可暂时存放在王台保护罩内。王台诱入后 5～7 天，若天气晴好，处女王便可交尾；交尾 2～3 天后，新王便开始产卵。因此在诱入王台后的第 10 天左右，全面检查交尾群，观察其交尾产卵情况（图 1－21）。

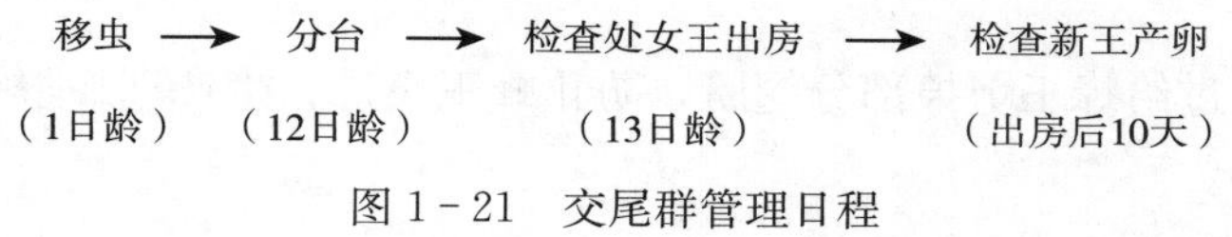

移虫 ⟶ 分台 ⟶ 检查处女王出房 ⟶ 检查新王产卵

（1日龄）　（12日龄）　（13日龄）　（出房后10天）

图 1－21　交尾群管理日程

（5）蜂王的选择　出房后的处女王要求身体健壮、行动灵活。产卵新王腹部要长，在巢脾上爬行稳健，体表绒毛鲜润，产卵整齐成片。一般 1 年左右就应更换蜂王。

二、蜜蜂的育种

1. 纯种选育　又称本种选育或系统选育，即用一个蜜蜂品种作育种素材，确定育种目标，经过若干世代，使某一优良性状稳定地遗传下去，成为某些经济性状不同于该素材品种的新品系（不称新品种），以达到改良蜂种的目的。例如，我国应用较多的“浆蜂”，实际上就是用意蜂作素材，通过十几年的纯种选育而形成的一个产浆性能特别优异的意蜂品系，如平湖浆蜂、萧山浆蜂等高产意蜂。

2. 杂交育种　是培育蜜蜂新品种常用的育种方法，即用两个或两个以上蜜蜂品种（地理亚种）作育种素材进行杂交育种，经过长期选育，培育出经济性状不同于素材品种并且能稳定地遗传下去的蜜蜂新品种。有单交、三交、双交等组配形式。我国培育了国蜂213、国蜂414、松丹1号、黄山1号等品系。由于蜜蜂空中交尾的特性，在育种过程中多采用人工授精技术。

第四节 疾病防治

一、蜂场卫生与消毒

蜂场的卫生与消毒是蜜蜂疾病防治的重要环节，是预防蜜蜂疾病发生与传播的重要手段。

1. 场地的卫生与消毒 铲除蜂场内杂草，及时清理或焚烧死亡的蜜蜂。也可喷洒5%的漂白粉乳剂对蜂场及越冬室进行消毒。蜂群有自我卫生清理的本能，患病死亡的蜜蜂幼虫或成年蜂尸体会被蜜蜂清理出巢，落到蜂场附近。清理这些被蜜蜂清理出箱外的尸体，可达到预防和减少疾病传播的目的。

2. 养蜂用具的卫生与消毒

（1）燃烧法 适用于木质蜂箱、巢框、隔王板、隔板等。用火焰消毒枪外焰对准以上蜂具的表面及缝隙仔细燃烧至焦黄为止。这样可有效杀灭细菌及芽孢、真菌及孢子、病毒、病敌害的虫卵等。

（2）阳光暴晒 阳光可使微生物体内蛋白质凝固，对一些微生物有一定杀伤作用。将蜂箱、隔王板、隔板、覆布等放在强烈的阳光下暴晒，能起到一定的消毒作用。

（3）化学药品消毒法 将烧碱、二氧化氯、苯扎溴铵、高锰酸钾，次氯酸钠、过氧乙酸等化学药品按要求浓度配制成水溶液，对场地、蜂箱、蜂具进行消毒。

二、常见疾病的防治

1. 狄斯瓦螨

【病原】 狄斯瓦螨（*Varroa destructor*）是瓦螨的一种，又称大蜂螨，是蜜蜂外寄生螨类。在2000年重新命名之前，曾一直被称为雅氏瓦螨。

【症状】 雌螨在未封盖幼虫房里产卵，繁殖于封盖幼虫房，寄生于成蜂体表，吸取蜜蜂血淋巴，造成蜜蜂寿命缩短、采集力下降，影响蜂产品的产量。受害严重的蜂群出现幼虫和蜂蛹大量死亡，新羽化出房的幼蜂翅膀残缺不全，幼蜂在蜂场到处乱爬，蜂群群势迅速削弱，严重者造成全群死亡。

大蜂螨具有卵、若螨（前期若螨、后期若螨）和成螨三种不同的形态。大蜂螨的生活史分为体外寄生期和蜂房内的繁殖期。大蜂螨完成一个世代必须借助于蜜蜂的封盖幼虫和蛹来完成。长年转地饲养和终年不断子的蜂群，大蜂螨整年均可危害蜜蜂。北方地区的蜂群，冬季有长达几个月的断子期，大蜂螨就寄生在工蜂体表与蜂群一起越冬（图1-22）。

大蜂螨对不同蜂种感染率不同。东方蜜蜂是大蜂螨原寄主，对大蜂蛹已产生一种防御机制。东方蜜蜂能迅速找到大蜂螨，可轻易将幼虫房内的蜂螨清除。西方蜜蜂对大蜂螨抵抗力差，受害较为严重。

不同地区的蜂螨传播可能是蜂群频繁转地造成的。采蜜时有螨工蜂与无螨工蜂通过花的媒介也可造成蜂群间的相互传染。蜂场内的蜂群间传染，主要通过蜜蜂的相互接触造成。蜂群间子脾调换可造成场内螨害迅速蔓延。

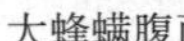

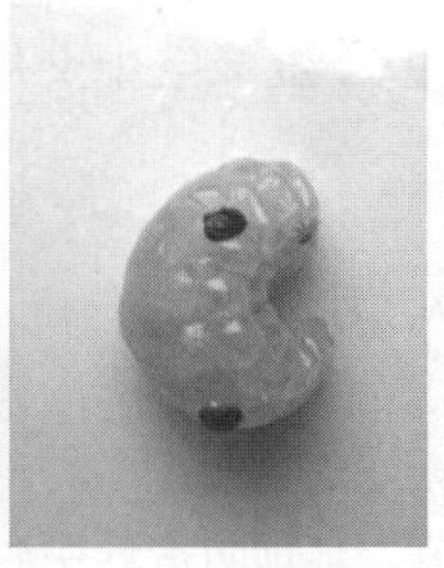

大蜂螨腹面观　大蜂螨寄生于幼虫　大蜂螨寄生于蛹　大蜂螨寄生于体表

图 1-22　大蜂螨

【诊断】蜂群受害后最明显的特征是在巢门和子脾上可以见到翅膀残缺的蜜蜂爬行，蜜蜂体表有蜂螨寄生，有时蛹体上可发现白色若螨和成螨（图 1-23），即可确定为蜂螨为害。

图 1-23　大量若螨、成螨寄生于蜂巢内

【防治】利用蜂群自然断子或采用人为断子，使蜂王停止产卵一段时间，蜂群内无封盖子脾，再用杀螨剂驱杀，效果良好。定地养蜂可采用分巢防控的方法，先从有螨蜂群中提出封盖子脾，集中羽化后再用杀螨药剂杀螨，原群蜜蜂体上的蜂螨可选用杀螨剂驱杀。利用蜂螨喜欢寄生于雄蜂房的特点，可用雄蜂幼虫诱杀，在螨害蜂群中加入雄蜂巢脾，待雄蜂房封盖后提出，切开巢房，杀死雄蜂和蜂螨。

最好不要长期使用同一种药物，以免产生抗药性。一般来说，如果发现蜂巢附近有蜂爬出、死亡，应警惕是蜂螨为害。如果发现有翅膀残缺的蜜蜂爬出，说明巢内的蜂螨寄生率已经非常高，应该果断采取措施。治螨药剂目前有水剂、粉剂、熏烟剂、螨扑缓释剂等多种类型，使用时应注意应用条件，避开采蜜期。

（1）水剂喷雾治螨　最适于在蜂群断子期或巢内没有封盖子脾的情况下使用，蜂螨寄生于蜜蜂体表，治疗效果最佳。

将杀螨剂溶于喷雾器内的适量水中，选择晴暖天气，打开蜂箱，将杀螨剂逐脾喷洒于蜜蜂体表，蜂箱四壁、隔王板、隔板上的蜜蜂也要喷洒。开箱时间不宜过长，缺蜜季节尤其注意防止盗蜂。

（2）生物诱杀　利用蜂螨偏爱雄蜂虫蛹的特性，适时割除雄蜂巢房，并杀灭寄生于雄蜂幼虫及蛹体的蜂螨。

（3）悬挂螨扑　可将螨扑悬挂于蜂路中间，利用蜜蜂在蜂群内传播螨扑上的缓释剂（氟胺氰菊酯）杀死蜂螨。可配合蜂群检查同时进行。

（4）粉剂　将适量杀螨粉剂撒在蜜蜂体表即可。只开箱，不用提脾，效率高，杀螨效果不如水剂喷雾彻底，要严格掌握剂量，防止蜜蜂中毒。

视频4
蜂螨的防治

（5）熏烟法　将杀螨剂装入特制熏烟器内点燃生成烟雾，喷入蜂箱，进行蜂螨防治。宜在晴暖无风的夜间进行，并严格控制剂量。该方法效率高，但效果较其他方法有差距。

2. 亮热历螨

【病原】亮热历螨（*Tropilaelaps clareae*）又称小蜂螨，原始寄主为大蜜蜂，对蜜蜂的危害比狄斯瓦螨更为严重（图1-24）。

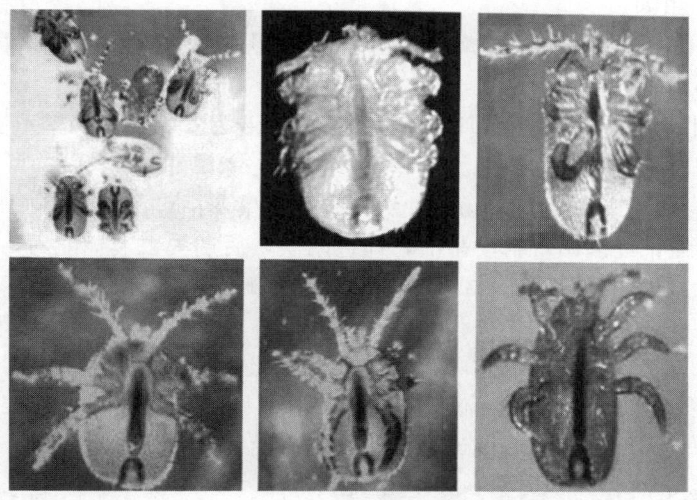

图1-24　小蜂螨

【症状】小蜂螨不但可以造成幼虫大批死亡，腐烂变黑，而且还会造成蜂蛹和幼蜂死亡，常出现死蛹，俗称“白头蛹”。出房幼蜂体重减轻及畸形，翅膀残缺，身体瘦小，爬行缓慢，受害蜂群群势迅速削弱，甚至全群死亡。

小蜂螨主要寄生于封盖后蜜蜂幼虫和蛹体上，很少寄生于成蜂体上，在成蜂体上存活时间很短（图1-25）。它们靠吸食幼虫和蛹体血淋巴为生，经常造成幼虫无法化蛹。幸而出房的幼蜂也是残缺不全。受危害幼虫表皮破裂，组织化解，呈乳白色或浅黄色，但无特殊臭味。小蜂螨发育期短，繁殖速度比大蜂螨快，防治不及时极易造成全群覆灭。

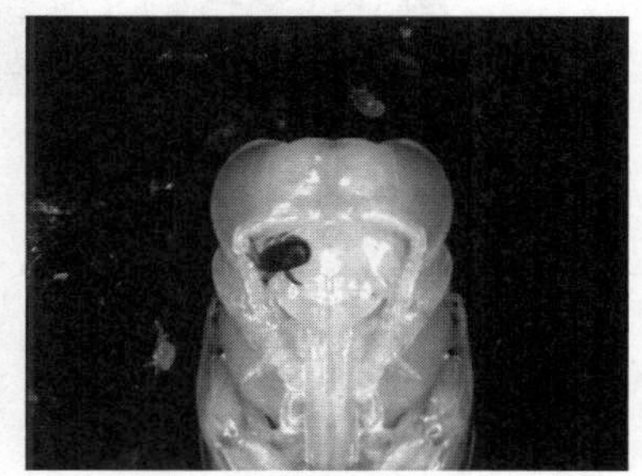

图1-25　小蜂螨寄生

小蜂螨一生分为卵、幼虫、若虫和成虫4个阶段。

小蜂螨除转房繁殖外，整个生活史都在封盖房内完成。雌螨在成年蜂体上只存活2天。在南方蜂群终年不断子地区，小蜂螨终年危害子脾。

小蜂螨在蜂群间的传播主要是蜂群饲养管理措施不当造成的，如子脾互调、蜂群合并。蜂场间的螨害传播可能是由蜂场间距离过近，蜜蜂相互接触引起。北方地区蜂群发生螨害主要是由南方转地蜂群传播。

【诊断】从蜂群中提出子脾，抖落蜜蜂，然后将子脾脾面朝向阳光，或向脾面喷烟，或敲打框梁时，可观察到在巢脾上出现赤褐色、长椭圆形、爬行速度很快的小蜂螨。

【防治】小蜂螨在蜂体上仅能存活1～2天，可采用割断蜂群内幼虫的原理进行生物防治。

升华硫对防治小蜂螨具有良好的效果。将封盖子脾提出，抖去蜜蜂，将升华硫粉末均匀涂抹在封盖子脾上。或者将升华硫粉末撒在巢脾之间的蜂路上，每条蜂路用药0.3克，每群用量3～4克，用药期间要保持饲料充足或及时补饲。用药超量、饲料不足、外界缺少蜜源都可能导致幼虫大量死亡，使用升华硫务必谨慎。

3. 蜜蜂孢子虫病

【病原】蜜蜂孢子虫病又称蜜蜂微粒子病，是成年蜂的消化道传染病，由蜜蜂微孢子虫（*Nosema apis*）引起。

【症状】寄生于蜜蜂中肠上皮细胞内，以蜜蜂体液为营养发育和繁殖。不仅感染工蜂，而且蜂王和雄蜂也感病。

【诊断】临床诊断以下痢及中肠浮肿、无弹性、呈灰白色为特征（图1-26）。蜜蜂发病初期症状不明显，逐渐出现行动呆滞，体色暗淡，后期失去飞翔能力，病蜂多集中在巢脾框梁上和边缘及箱底，腹部1～3节背板呈棕色、略透明，末端3节背板呈暗黑色。病蜂中肠呈灰白色，环纹模糊并失去弹性。

实验室检验：从蜂群中抓取10只病蜂，取消化道，剪中肠组织放入研钵内研磨，加5毫升蒸馏水制备成悬浮液，取一滴放于载玻片上，加盖玻片。在400～600倍显微镜下观察，如发现长椭圆形孢子即可确诊（图1-27）。

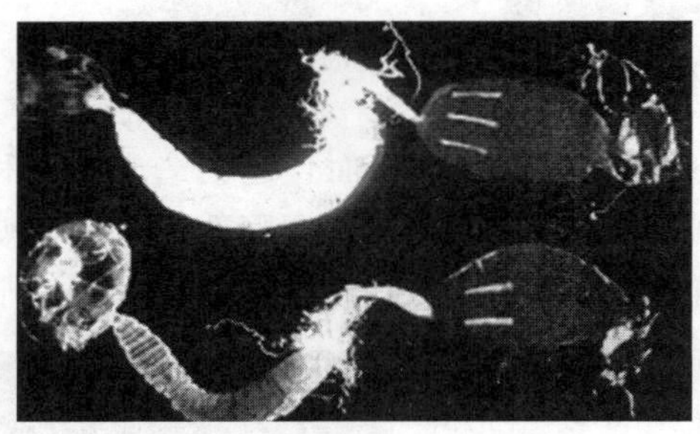

图1-26　被侵染的蜜蜂中肠（上）和健康中肠（下）

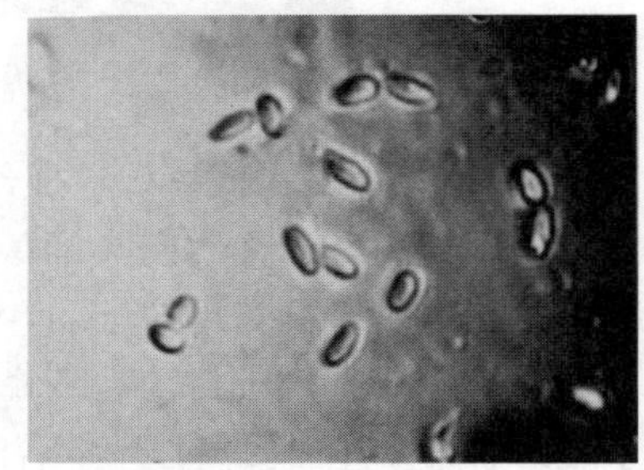

图1-27　蜜蜂孢子虫（400×）

【防治】根据蜜蜂孢子虫在酸性溶液里可受到抑制的特性，选择柠檬酸、米醋、山楂水分别配制成酸性糖浆饲喂蜂群。浓度是每千克糖浆内加柠檬酸1克或米醋50毫升、山楂水50毫升，早春季对蜂群奖励饲喂时，任选一种药物喂蜂可预防蜜蜂孢子虫病。

4. 白垩病

【病原】白垩病又称石灰子病，是由蜂球囊菌（*Ascosphaera apis*）寄生引起蜜蜂幼虫死亡的真菌性传染病，通过孢子传播，是蜜蜂的主要传染性病害之一。

【症状】白垩病的典型症状是死亡幼虫呈干枯状，身体布满白色菌丝或灰黑色、黑色附着物（孢子），死亡幼虫无一定形状，尸体无臭味，也无黏性，易被清理，在蜂箱底部或巢门前及附近场地上常可见干枯的死虫尸体，成为质地疏松的白垩状。

【诊断】 患病中期，幼虫柔软膨胀，腹面布满白色菌丝，甚至菌丝粘贴巢房壁，后期虫体布满菌丝，萎缩，逐渐变硬，似粉笔状，部分虫体黑色。虫体被工蜂拖出巢房散落于箱底、箱门口或蜂箱前（图 1－28），蜂群中子脾往往出现严重的“插花子脾”（图 1－29）。对可疑病蜂进行检验，挑取少许幼虫尸体表层物置于载玻片上，加 1 滴蒸馏水，加盖玻片，在低倍镜下观察，若发现白色似棉纤维状菌丝或球形的孢子囊及椭圆形的孢子，便可确诊为白垩病。

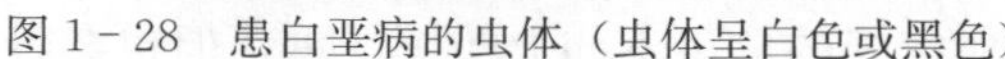

图 1－28　患白垩病的虫体（虫体呈白色或黑色）

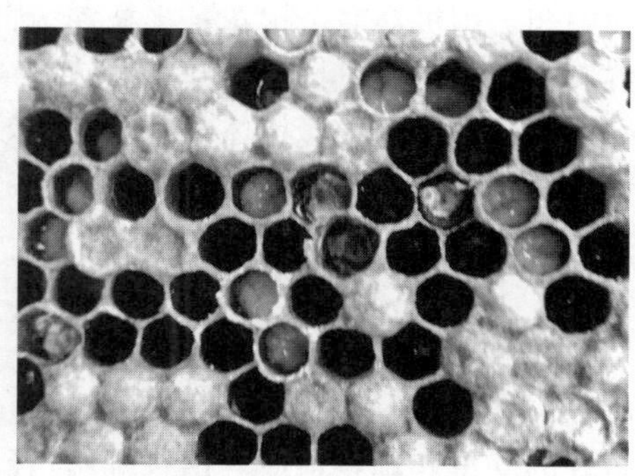

图 1－29　患白垩病的子脾

【防治】 对于白垩病的防治，采取以预防为主，结合对蜂具、花粉的消毒和药物防治的综合措施。消除潮湿的环境、合并弱群、选用优质饲料、换箱、换脾，以及彻底消毒是主要预防措施。

5. 蜜蜂囊状幼虫病

【病原】 蜜蜂囊状幼虫病的病原为囊状幼虫病病毒（sacbrood virus，SBV）。

【症状】 西方蜜蜂发生本病在蜂群发展强壮后可以自愈。中蜂囊状幼虫病（简称“中囊病”）传染力强、发病快，不能自愈，易使整群飞逃或死亡。

【诊断】 蜂群发病初期，子脾呈“花子”症状。当病害严重时，染病幼虫大多在封盖后死亡，死虫头上翘，呈尖头状，幼虫头部有大量的透明液体聚积。用镊子夹住幼虫头部将其提出囊袋状，无味，无黏性，易从巢房中移出。死虫逐渐由乳白色变成褐色，当虫体水分蒸发，会干成黑褐色的鳞片，头尾略上翘，呈龙船形（图 1－30）。

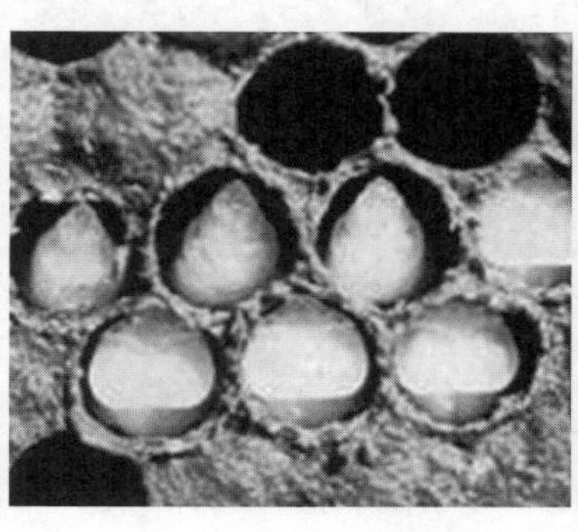

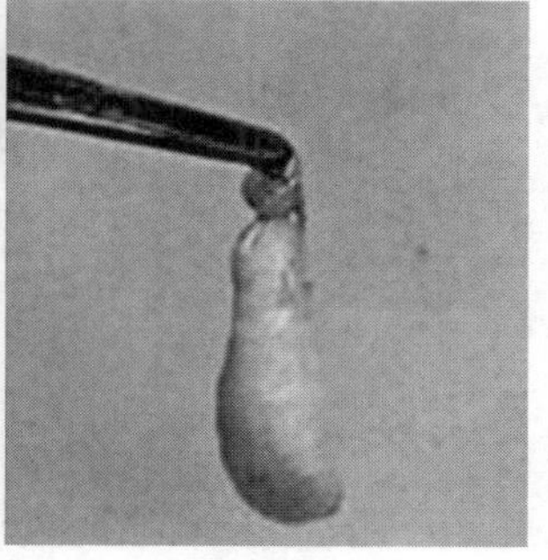

图 1－30　蜜蜂囊状幼虫病

【防治】中蜂不与意蜂在同一采集区放蜂，与外来蜂群相距5千米以上。

坚持抗病育种，选抗病群作父母群，早养王，早换王。将患病严重的蜂王杀死，用患病轻或无病群育新王替换病群蜂王。保持蜂多于脾。将蜂群置于干燥、通风、向阳和僻静处饲养，减少惊扰。

可用王笼将蜂王关闭10天，使蜜蜂清除死虫。清除患病幼虫：抽出病死幼虫较多的巢脾，烧毁。病死幼虫少的巢脾可将死亡幼虫清除后，选用0.1%次氯酸钠溶液、0.2%过氧乙酸溶液或0.1%新洁尔灭溶液，浸泡巢脾12小时以上。消毒后的巢脾要用清水漂洗晾干。

中药：用贯众、金银花、半枝莲、野菊花等清热解毒的中草药煮水，与糖水混合饲喂病群5～6天。饲喂量以当天吃完为宜。

最近研制出的中囊抗体收到较好的效果。中囊抗体、凉水、糖按1∶3∶5比例混合搅拌均匀后使用，500毫升混合液可治疗80脾蜂。

三、常见敌害的防治

1. 蜡螟 常见危害蜂群的有大蜡螟（*Galleria mellonella*）和小蜡螟（*Achroia grisella Fabricius*）两种。蜡螟的幼虫又称巢虫，危害巢脾、破坏蜂巢，在蜂巢上穿蛀隧道，伤害蜜蜂的幼虫和蛹，造成"白头蛹"。轻者影响蜂群的繁殖，重者还会造成蜂群飞逃。小蜡螟只零星分布于全世界温带与热带地区，对蜜蜂的危害不如大蜡螟严重，但也会毁坏未保存好的巢脾（图1-31）。西方蜜蜂抵抗巢虫能力强，一般不致受害。中蜂抗巢虫能力弱，要加强防治。尤其注意及时清理箱底蜡屑。

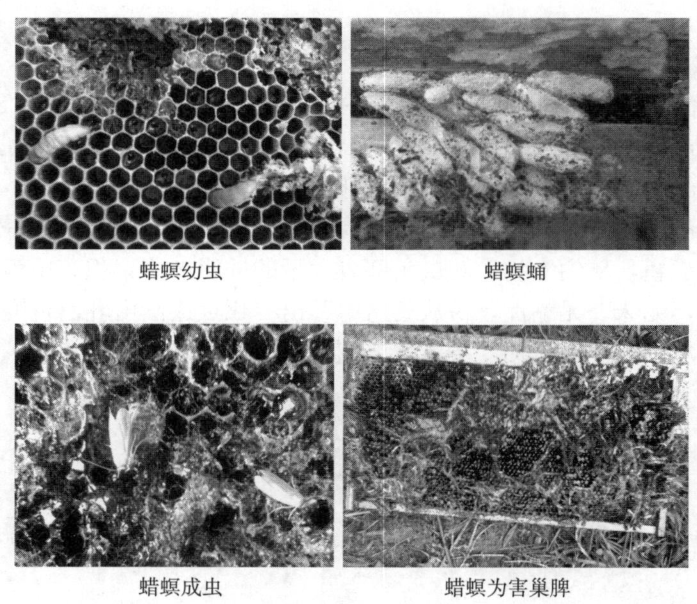

蜡螟幼虫　蜡螟蛹　蜡螟成虫　蜡螟为害巢脾

图1-31　蜡螟

防治措施：蜂箱不留缝隙，不留底纱窗，蜂箱摆放前低后高，便于蜜蜂清理。保持蜂多于脾。蜡螟以幼虫越冬，且此时又是一段断蛾期，幼虫又大多生存在巢脾或蜂箱缝隙处，因此，要抓住其生活史的薄弱环节，有效地消灭幼虫，保证蜂群的正常繁殖。同时要做经常性的防治，方法是：及时化蜡，清洁蜂箱，饲养强群，不用的巢脾及时用硫黄或二硫化碳熏蒸并妥善保存。

2. 胡蜂 胡蜂是蜜蜂的主要敌害之一，我国南部山区的中蜂受害严重，是夏秋季山区蜂场的主要敌害（图 1-32）。胡蜂为杂食性昆虫，主要捕食双翅目、膜翅目、直翅目、鳞翅目等昆虫，在其他昆虫类饲料短缺季节，集中捕食蜜蜂。

防治措施：摧毁养蜂场周围胡蜂的巢穴，是根除胡蜂危害的关键措施。对侵入蜂场的胡蜂可拍打消灭；也可用引诱剂诱杀胡蜂；或捕捉来蜂场侵犯的胡蜂，将其敷药处理后放归巢穴毒杀其同类，最终达到毁灭全巢的目的。

蜜蜂的其他敌害还包括鼠、蚂蚁、蟾蜍、蜂虎、蜥蜴、壁虎、啄木鸟、山雀、刺猬、黑熊、蜘蛛等（图 1-33）。

图 1-32 胡蜂为害

图 1-33 蜘蛛捕食蜜蜂

第五节 产品及其加工

一、蜂蜜

（一）蜂蜜的采集和酿造

蜜蜂用喙吸取植物蜜腺分泌的花蜜，吸入蜜囊带回蜂巢经过反复酿造成为蜂蜜。酿蜜要经过两个过程：一个是化学过程，蜜蜂利用自身分泌的各种酶将花蜜中的糖（主要为蔗糖）转变为单糖，即葡萄糖和果糖；另一个是物理过程，蜜蜂蜜囊细胞吸收花蜜中部分多余水分，还通过振翅扇风，把蜂巢中花蜜过多的水分蒸发。蜂蜜的含水量降到 20%左右时，用蜂蜡封住巢房口，长期贮存。

1. 蜂蜜的分类

（1）按蜜源植物分类 用蜜蜂采集的主要蜜源植物名称命名，如椴树蜜、荔枝蜜、刺槐蜜、荆条蜜、紫云英蜜、油菜蜜、枣花蜜、野桂花蜜等。蜜蜂采集多蜜源植物酿造的蜂蜜，一般称为杂花蜜或百花蜜。

（2）按生产方式分类 按蜂蜜的不同生产方式，又可分为分离蜜与巢蜜等。分离蜜是把蜂巢中的蜜脾取出，置于摇蜜机中，通过离心力的作用摇出蜂蜜，这是我国蜂蜜的主要生产方式。巢蜜又称格子蜜，是蜜蜂在规格化的蜂巢中酿造成熟后，连同蜂巢一起出售的蜂蜜。

（3）按物理状态分类　分为液态蜜和结晶蜜。蜂蜜有两种不同的物理状态，即液态和结晶态。一般情况下，刚分离出来的蜂蜜是液态的，澄清透明、流动性好。

蜂蜜具有结晶的特性，特别是在秋冬季节蜂蜜容易结晶。澄清透明的蜂蜜，由朦胧变混浊，逐渐凝结成固体，或形成大小不等的颗粒，这就是蜂蜜的自然结晶。蜂蜜是葡萄糖的过饱和溶液，蜂蜜结晶，实质上是葡萄糖的结晶，因为葡萄糖具有容易结晶的性质。蜂蜜结晶的趋向决定于蜂蜜结晶核的多少、贮存温度、含水量多少及蜜源种类等。凡结晶核多的蜂蜜，结晶速度快，个别蜂蜜因结晶核含量较少，长时间贮存都不结晶；含水量少的成熟蜂蜜，比较容易结晶；蜂蜜贮存在5～14℃条件下容易产生结晶现象，温度高于27℃时，蜂蜜不易结晶；将已结晶的蜂蜜加热到40℃以上，蜂蜜又会重新融化成液态；蜜源种类也影响结晶速度，如油菜蜜取出不久就会结晶。

2. 蜂蜜的等级　蜜源植物种类不同，蜂蜜颜色差别很大。蜂蜜的等级主要是根据颜色、味道、状态、杂质来划分的。传统蜂蜜等级中，一等蜜主要有荔枝、荆条、椴树、刺槐、柑橘、紫云英等；二等蜜主要有油菜、枣花、棉花、葵花等；三等蜜如荞麦、乌桕等。一般认为，浅色蜜在感观评级上大多优于深色蜜，而在营养价值上，一般深色蜜要优于浅色蜜。

蜂蜜浓度可用比重计或折光仪测量。蜂蜜折光仪是根据不同浓度的液体具有不同的折射率这一原理设计而成的，它具有快速、准确、重量轻、体积小等优点。使用时打开盖板，取待测溶液数滴，置于检测棱镜上，轻轻合上盖板，避免气泡产生，使溶液遍布棱镜表面。将仪器进光板对准光源或明亮处，眼睛通过目镜观察，转动目镜调节手轮，使视场的蓝白分界线清晰。分界线的刻度值即为溶液的浓度。蜂蜜习惯上用波美度（°Bé）表示。波美度高，表示蜂蜜浓度高，含水量少。

3. 蜂蜜的成分　蜂蜜是蜜蜂采集植物花蜜，经工蜂酿造而成的甜物质。现代研究已证明，蜂蜜含有180余种不同物质成分。蜂蜜的主要成分是葡萄糖和果糖，其次是水分、蔗糖、矿物质、维生素、酶类、蛋白质、氨基酸、酸类、色素、激素、胆碱以及芳香物质等。蜂蜜营养极为丰富，是一种的天然营养品，也是传统的医疗保健药品。

（二）蜂蜜的生产

蜂蜜成熟后，工蜂用蜡封存。取蜜时打开蜂箱，提起巢框将蜜蜂抖落在蜂箱中，未抖落的少量蜜蜂用蜂扫扫落，再用割蜜刀割去蜜盖，放入摇蜜机中，转动摇蜜机把蜂蜜分离出来。摇完一面再换另一面。最好采用塑料或不锈钢分蜜机。滤出蜂蜜中的蜡渣和死蜂，将蜜装桶，封口，存放在低温、干燥通风、无异味的地方。

蜂蜜有弱酸性，盛装蜂蜜不能用金属制品容器，可以采用非金属容器塑料桶、玻璃瓶等。蜂蜜本身具有从潮湿空气中吸收水分和吸收异味的特性，因而蜂蜜需要密封贮存。贮存蜂蜜的地方要干燥、通风、清洁，避免蜂蜜吸水变稀发酵。

（三）蜂蜜高产技术

1. 预测花期　选择蜜源丰富、环境良好的地方放蜂。预测主要蜜源植物的开花流蜜期，调查蜜源植物前期降水量、是否受冻、是否有虫害发生，流蜜期天气状况都要认真考查。

2. 培养适龄采集蜂　一般来说，适龄采集蜂是指日龄在2周以上的蜜蜂，采集能力较强。在大流蜜期，只有那些具有大量适龄采集蜂，并有充足后备力量（有大量封盖子脾）的蜂群才能获得高产。根据工蜂的发育期和蜜蜂的平均寿命计算，培育适龄采集蜂应该在大流蜜期开始前的51天至大流蜜期结束前的29天进行。

3. 培养强大生产群　强壮蜂群（10～20框蜂）与弱群（5～10框蜂）相比，不管按群计算，还是按单位（每千克）蜜蜂计算，蜂蜜的产量都要高一倍以上。对达不到群势要求的蜂群，可以从弱群或新分群提出封盖子脾，补给生产群，使其适时壮大，采用主副群管理方法，强群采蜜。

4. 蜂群管理　根据流蜜期的长短，调整蜂巢，合理调整群势，安排繁殖、采蜜、产浆。如果流蜜期短（如刺槐花期），适当限制蜂王产卵，减少哺育工作，能增产蜂蜜。巢箱上加隔王板，并放大继箱蜂路以便贮蜜。如果流蜜期长达1个月以上或两个主要蜜源相衔接，则兼顾蜂群繁殖，不限制蜂王产卵。

高温季节尽量把蜂群放在树荫下，或用草帘、树枝遮盖蜂箱或洒水降温。在大流蜜期，可把巢门完全打开，便于花蜜中水分的蒸发，流蜜后期（尤其是向日葵花流蜜期），蜜源减少或断绝时，要注意给蜜蜂留足饲料，预防盗蜂。

二、蜂王浆

蜂王浆又称蜂皇浆、蜂乳，通称王浆。是工蜂咽下腺和上颚腺分泌的物质，用于哺育蜜蜂幼虫。新鲜蜂王浆是一种微黏稠乳浆状物质，为半流体，外观像奶油，有光泽感，手感细腻。手工采收的蜂王浆呈朵块状，机械采收或过滤后的蜂王浆则朵块消失，形态一致。蜂王浆颜色以乳白色或淡黄色为主。蜂王浆具有较重酸涩、浓厚辛辣、略微香甜的味道，并有与酚或酸类似的微弱气味。

（一）蜂王浆生产技术

1. 生产工具　使用的工具有王浆框、塑料王台条、移虫针、削台刀、镊子、王台清理器、浆瓶等。

2. 产浆群的组织　通常采用加继箱的有王生产群生产蜂王浆，用隔王板把蜂王限制在巢箱产卵，从巢箱提1～2框幼虫脾加在继箱的中部，两侧放蜜粉脾。

3. 移虫　日龄一致的幼虫脾可以提高工作效率。将空脾插入蜂王产卵区，到第5天就有成片的适龄幼虫可供移虫。幼虫日龄一致，移虫效果最好。产浆框移虫后及时加入生产群，放在幼虫脾和蜜粉脾之间。

4. 采收　移虫70～72小时后取浆，轻轻抖落产浆框上蜜蜂，再用蜂扫把蜜蜂扫净。割去加高的王台上部，用镊子把幼虫轻轻夹出，通常是用取浆笔将蜂王浆挖出，装入塑料王浆瓶，密封，冷冻贮存。

（二）蜂王浆高产技术

视频5
蜂王浆生产

1. 选用蜂王浆高产蜂种　意蜂在我国经过多年的选育，现在蜂王浆的产量得到了大幅提升。引进蜂王浆高产种蜂王，用其幼虫人工培育的蜂王更换本场的蜂王，可以迅速提高全场蜂群的蜂王浆产量。可根据具体情况选育出适合本地区的蜂王浆高产品种。

2. 保持强群　王浆生产群必须强壮，达到12框蜂以上，使蜂多于脾，蜜蜂密集，才能获得蜂王浆高产。群势强、哺育蜂多的，可酌情增加王台数量并努力提高王台接受率。

3. 延长蜂王浆生产期 早春，饲喂花粉或花粉代用品，进行奖励饲喂，加强管理，促进蜂群增殖，早日恢复并发展强壮；秋季，把蜂群移到有蜜粉源植物的地方，或进行奖励饲喂，适当延长生产期。长期保证饲料充足，保持4千克以上的贮蜜和1框花粉脾。坚持进行奖励饲喂，外界花粉不足及时补喂花粉。

4. 建立供虫群 用副群或双王群作供虫群，或者应用多王同巢饲养技术，提供数量充足、日龄一致的幼虫。将空脾加入供虫群，第4天提出移虫。建立供虫群能提高生产效率和蜂王浆产量。

三、蜂花粉

花粉是被子植物有性繁殖的雄性配子体。由于粉源植物种类不同而具有各种颜色（从白色至黑色），但是大部分花粉为黄色或淡褐色。除少数种类的花粉有甜味外，大部分具有苦涩味道。蜜蜂采集花粉时，在1对后足上形成花粉团带回巢内，将花粉团卸到巢房中，用头将其捣实。每个巢房装入70%左右，上面再吐上一层蜜。装在巢房里的花粉，经过酵母菌等的发酵，略带酸甜的味道，称为蜂粮，是蜜蜂饲料中蛋白质和维生素的来源，也是蜜蜂制造蜂王浆的主要原料。

把蜜蜂采集的花粉通过脱粉器脱粉，然后进行收集、干燥、消毒等工序而成为商品蜂花粉。

在主要粉源植物开花期间，一般8—11时安装巢门脱粉器，巢门踏板前放花粉收集器，视进粉的速度每隔15～30分钟用小刷子清理巢门并收集花粉，晾干或进行烘干。鲜花粉也可用冷藏法保存。生产花粉季节注意一定为蜜蜂留出足够的花粉以供饲喂幼虫和蜜蜂本身的消耗。

采集蜂花粉需使用脱粉器，有多种型号。意蜂巢门脱粉器孔径为4.7～5.1毫米，其大小关系到脱粉数量和对蜜蜂的损伤程度。多层孔板可提高脱粉效率。

四、蜂蜡

蜂蜡是由蜂群内适龄的工蜂腹部的4对蜡腺分泌出来的一种脂肪性物质。通过将老巢脾、蜜盖、台基以及赘脾等收集起来，经过人工提取，除去茧衣等杂质而获得。由于花粉、育虫等原因，蜂蜡呈现出黄、棕、褐几种颜色。

现在最常用的是热熔法：在熔蜡用的锅或桶里加少许水，加热，将积攒的蜂蜡逐渐加入，直到完全熔化。将一小编织袋放入准备盛蜡的盆中，将化蜡容器中的蜂蜡与水倒入小编织袋，拧紧袋口，用夹板挤压，滤除杂质，冷却，待完全凝固后倒出水即可。这种方法简便易行，适合小型蜂场。规模化蜂场多采用专用压蜡器。最好选在晚间等蜜蜂不活动的时间进行，以最大限度地避免盗蜂。

五、蜂胶

蜂胶是蜜蜂从胶源植物（柳科、松科、桦木科、柏科和漆树科中的多数种，以及桃、李、杏、向日葵、橡胶树等植物）新生枝腋芽或植物的树皮处采集的树脂类物质，经蜜蜂混入其上颚腺、蜡腺分泌物反复加工而成的胶状物质。蜜蜂用蜂胶填补蜂箱的裂缝、孔洞，缩小巢门，磨光巢房内壁，加固巢脾。

蜂胶常温下是固体胶状物质，呈黄褐色或灰褐色，也有呈暗绿色的，有树脂香味，微苦。蜂胶主要成分为树脂，还有30%～40%的蜂蜡和少量花粉、芳香挥发油以及杂质。蜂胶低温下变硬、变脆，可部分溶于乙醇，可在常温下贮存。

蜂胶的化学成分非常复杂，其中具有生物学和药理活性的主要化合物是黄酮、黄烷酮、查耳酮、脂肪酸、芳香酸与芳香酸酯以及萜类化合物，已经分离、鉴定的成分有100多种。现已开发出多种医疗保健药品、洗化用品等。

可以直接刮取蜂箱、巢框、覆布上的蜂胶。或用专门采胶器取下冷冻，使蜂胶硬脆，然后用木棒敲打，使蜂胶脱落，然后采收，放于冷凉干燥处贮存。

蜜蜂的其他产品还包括蜂蛹、蜂毒等。

第六节　蜂类授粉

一、授粉概述

授粉（pollination）是指花粉从一朵花的花药上借助外力传到同一朵花或不同花朵柱头上的过程，是受精的前提条件，是植物有性生殖过程的重要环节。授粉可分为自花授粉和异花授粉两种方式。异花授粉是植物界最普遍的授粉方式，授粉媒介主要是风和昆虫。虫媒花常具鲜艳的花被，有特殊香味和蜜腺，有利于招引昆虫。花粉粒较大，表面粗糙，易黏附于昆虫体表而被传播。在授粉昆虫中，蜜蜂占有相当大比重，蜜蜂属也是一个庞大的家族，有1.5万～2万种。现将目前几种开发应用比较成熟的授粉蜂类作简单介绍。

二、常用授粉蜂

（一）蜜蜂

1. 生物学特性　蜜蜂是典型的社会性昆虫，工蜂数量多，在繁殖盛期每个蜂群工蜂数量可达数万只。蜜蜂对植物的适应表现为：蜜蜂周身长满绒毛，有利于收集花粉和传粉；蜜蜂的口器为嚼吸式口器，有利于取花蜜；后足发达，有特化的花粉筐，运装花粉；蜜蜂前肠的嗉囊特化为蜜囊，用于携带花蜜；六边形蜡质巢房，便于贮存蜂蜜、花粉及哺育幼蜂。尤其是以意大利蜜蜂为代表的西方蜜蜂，适于大规模饲养及转地饲养，是我国农业生产中授粉应用最广泛的蜂种。中华蜜蜂对作物授粉及维护生物多样性均有重要意义。蜜蜂授粉对我国农业生产具有显著的促进作用，我国36种主要作物蜜蜂授粉的年均价值超过3 000亿元，相当于我国农业总产值的12.3%。

2. 适用作物　蜜蜂既适用于大田作物，也适用于果园以及温室作物授粉。大田作物主要有油菜、棉花、向日葵、荞麦以及茶、油茶等。果园栽培的果树主要有荔枝、龙眼、柑橘（柑、橙、橘）、苹果、桃、杏、蓝莓、猕猴桃等作物。蜜蜂也适用于温室草莓、瓜类等果蔬授粉，应用范围最广。

3. 授粉效果　我国农业生产中，主要用意大利蜜蜂、中华蜜蜂为作物授粉。

蜜蜂授粉对于多数作物如向日葵、油菜、草莓、蜜柚、梨树等，增产效果显著。经蜜蜂授粉的作物在品质方面：结实率高、畸果率低；果实籽粒饱满、籽粒数多、千粒重高；水果类可溶性固形物、维生素C和可溶性糖等含量高，油料作物等的出油率高。

4. 授粉管理 油菜、棉花、向日葵、荞麦是主要蜜源植物，可以生产大量商品蜂蜜。向日葵场地容易发生盗蜂，后期要注意及时转场。油茶花蜜含有半乳糖及生物碱，对蜜蜂幼虫有毒害作用，授粉期间应注意补饲糖浆，以减轻对蜜蜂幼虫的影响。荔枝、龙眼丰产但不稳产，注意收听天气预报，合理安排放蜂路线；柑橘、苹果、桃、杏、蓝莓等果树授粉要注意农药使用情况，以防蜜蜂中毒。猕猴桃花粉丰富，蜜腺不发达，应用蜜蜂授粉可提高猕猴桃坐果率，并明显降低畸形果率。如果对蜜蜂实施奖励饲喂，可以显著提高蜜蜂采集的积极性。

温室作物应用蜜蜂授粉须注意以下问题：

蜜蜂授粉群应为有王群，至少 3 框工蜂（工蜂 8 000～10 000 只），储备饲料 5～6 千克，饲料不足时注意及时补喂糖浆。工蜂最好是经过蛰伏又经过排泄的越冬蜂。蜂群密集能促进蜜蜂出巢采集，并有利于延长工作时间。

蜜蜂冬季处于冬眠期，蜂王恢复产卵、卵孵化幼虫需要 1 周左右，因此，需要在盛花期前 5～6 天将蜜蜂放入温室。在保证作物生长的情况下适当降低温室温度，能在一定程度上减少蜜蜂撞膜（图 1－34、图 1－35）。

图 1－34　蜜蜂为温室草莓授粉

图 1－35　蜜蜂为温室黄瓜授粉

为了防止温室通风时，蜜蜂通过通风口飞出温室冻伤或丢失，应用宽 1～1.5 米的防虫网封住温室通风口。

（二）熊蜂

1. 生物学特性 熊蜂属于蜜蜂科（Apidae）、熊蜂属（*Bombus*）昆虫，其进化程度处于从独居蜂到社会性蜂的中间阶段。熊蜂为社会性昆虫，完整的蜂群由 1 只蜂王，若干只雄蜂及工蜂组成。蜂群因品种不同其工蜂数量差别特别明显。熊蜂耐低温，在蜜蜂不出巢的阴冷天气可以照常出巢；熊蜂有较长的喙，蜜蜂喙长 5～7 毫米，熊蜂喙长 9～17 毫米，对深花冠作物如蓝莓等授粉特别有效；熊蜂采集力强，熊蜂个体大，浑身有绒毛，访花速度快，授粉效率高；熊蜂能“声震授粉”，是声震授粉作物如茄子、番茄等的理想授粉者；熊蜂趋光性差，信息交流系统不发达，能专心为温室作物授粉，尤其适合为温室作物授粉，增产效果显著（图 1－36 至图 1－39）。

视频 6
传粉大师熊蜂

2. 适用作物 熊蜂授粉作物广泛，有无蜜腺植物均适合。熊蜂是一类重要的传粉昆虫，是高山植物的主要传粉者，特别是豆科、茄科等多种农作物的重要传粉者。

3. 授粉效果 熊蜂和蜜蜂在出巢温度、起始访花温度及日工作时间上存在显著差异，熊蜂在低温环境下能够较好地完成授粉任务。尤其是能为蜜蜂不采集的茄科作物（茄子、辣椒、番茄等）授粉，增产效果显著。蓝莓属于灌木型深花冠作物，特别适合熊蜂授粉。应用熊蜂授粉与蜜蜂授粉相比，授粉充足，果实大，优质果率明显提高，成熟期比蜜蜂授粉至少提前1周，深受种植者欢迎，在温室蓝莓开花达到盛花期15%时引入熊蜂最为适合。

图1-36　熊蜂为温室番茄授粉

图1-37　熊蜂为温室草莓授粉

图1-38　授粉熊蜂群在温室内的摆放

图1-39　熊蜂为果园樱桃授粉

4. 授粉管理

（1）蜂群的运输　熊蜂的授粉专用箱为纸箱，里面装有液体饲料，在运输过程中严禁倒置和倾斜。

（2）放蜂的数量　一般一群熊蜂可以满足667～1 334米^2（1～2亩）温室作物授粉需要，与作物种类和管理有关。蜂群的授粉寿命为45天左右。因此，要根据温室面积决定放蜂数量；花期较长的作物要及时更换新的授粉蜂群。可选择作物初花期放入蜂群。草莓、番茄等作物蜜腺不发达，只能提供花粉，所以应注意给熊蜂提供足够的饲料。

（3）蜂群的摆放　应保证蜂箱干燥和向阳，高度要随着作物花朵的高度进行适当的调节，确保有利于熊蜂认巢和蜂群采集活动的观察。蜂群放入温室后，应静置半小时，等蜂群处于平静状态的时候再开启巢门。可以通过观察进出巢门的熊蜂数量判断蜂群是否正常，熊蜂出入蜂箱频繁，归巢熊蜂携带花粉团，则表明蜂群处于正常授粉状态。

（三）壁蜂

1. 生物学特性　壁蜂属于蜜蜂总科（Apoidea）、切叶蜂科（Megachilidae）、壁蜂属（*Osmia*）昆虫，因其利用泥土等材料在墙壁的缝隙、孔洞中筑巢而得名。壁蜂是独居性昆虫，但它喜欢与同类聚集，在一些较集中的天然巢穴上，常常可以见到多只壁蜂各自筑巢，繁殖后代。现我国研究开发利用的蜂种包括凹唇壁蜂、紫壁蜂、角额壁蜂、壮壁蜂和叉壁蜂 5 种。腹部腹面具有多排排列整齐的腹毛刷，是壁蜂的采粉器。雌蜂无蜡腺，通常在天然管状洞穴营巢，并用泥土隔离巢室和封闭巢口（图 1－40、图 1－41）。壁蜂茧可在人工低温条件（1～5℃）进行贮存以延长成蜂的滞育时间，为开花较晚的果树或者设施栽培作物进行授粉。

图 1－40　雌性壁蜂

图 1－41　壁蜂巢管

2. 适用作物　壁蜂群居筑巢、一年一代、喜在人造巢穴中营巢。人们可以通过调节其出巢时间，为多种作物授粉。壁蜂是早春活动的昆虫，主要适用于春季开花的果树，如苹果、杏树、梨树、桃树、樱桃等。

3. 授粉效果　释放壁蜂授粉，苹果、梨的坐果率比自然坐果率提高 0.5～3.2 倍，桃提高 1.6～1.8 倍，杏提高 1.2～2.7 倍，樱桃提高 2.3～3.0 倍。此外，在沙田柚、杧果的授粉试验均取得成功，青花菜、油菜的制种试验也取得良好的授粉效果。

壁蜂采集活动主要受温度和风的影响。壁蜂主要在蜂巢附近 60～100 米内访花授粉。凹唇壁蜂常常在树冠的中部和下部访花，少数可以从下部的花朵采访到树冠上部。特别是对果树授粉，壁蜂已成为应用最为广泛的蜜蜂替代蜂种。对苹果树来说，壁蜂的授粉效率远远高于蜜蜂。

4. 授粉管理　通过提供人造直径 6～8 毫米、长 150～200 毫米的巢管或巢板，让壁蜂自然营巢，繁衍后代。

巢箱放在避风向阳、果树株间较开阔的树冠下，开口朝东南，距地面 40～50 厘米。巢箱每箱放 6～8 捆巢管，管口朝外，避免淋雨，并防止蚂蚁为害。壁蜂的有效授粉范围在 60～100 米，应采用多点设巢的方式，通常每隔 25～30 米设置一个放蜂点，使得壁蜂的采集能达到整个授粉区域。

授粉壁蜂的放蜂时间，必须根据当地气候、果树种类、早春壁蜂成虫破茧出房的时间和成蜂活动时间确定，使得壁蜂成虫的采集活动与果树花期相吻合，从而获得最佳的授粉效果。

壁蜂在授粉的同时，产卵繁殖后需用湿土封堵巢管，应在蜂箱附近挖深 50 厘米、直径 30～40 厘米的土坑，每天浇水以保持湿润。如果是沙地果园，坑底最好放些黏土。

（四）切叶蜂

1. 生物学特性　切叶蜂属于切叶蜂科（Megachilidae）、切叶蜂属（*Megachile*）昆虫，独栖生活，常在枯树或房梁上蛀孔营巢。切叶蜂的名字也是因为它们喜欢从植物的叶子上割取半圆形的小片带进蜂巢内而得名（图 1－42）。切叶蜂的腹部刷用于采集花粉。其喜欢阳光充足、气候温暖的地区。雌蜂喜欢选择嫩而薄、质地较柔软且充分展开的叶片为筑巢材料。由于雌蜂重复切叶，而使叶片留下一些很规则的缺口。切叶蜂以预蛹状态滞育越冬，能在 0～10℃条件下贮存，经低温处理的蜂茧很容易打破滞育并能准确预测其羽化时期，在人工控制的条件下进行孵育，可在需要时及时放入田间为苜蓿授粉（图 1－43）。

图 1－42 切叶蜂

图 1－43 切叶蜂及蜂茧

2. 适用作物 切叶蜂授粉专一性强。切叶蜂是寡食性昆虫，只采访少数植物，而且特别喜欢苜蓿。苜蓿是优质牧草，属于异花授粉植物，花器为蝶状，构造特殊，而切叶蜂腹部的腹毛刷极易黏附花粉，能为苜蓿有效授粉。

3. 授粉效果 切叶蜂授粉效果好，雌蜂采访花朵的速度快，可以在收集花粉的同时迅速有效地为作物授粉。切叶蜂绝大部分个体喜欢在蜂箱附近 30～50 米范围内进行采访活动，使苜蓿结实快，种子成熟整齐一致，放养切叶蜂可显著提高苜蓿的结实率。

4. 授粉管理 放蜂时间要与花期同步，苜蓿初花期开始放蜂。预测苜蓿的开花期，在开花前 21 天开始孵蜂。除在田间设置水源外，周围还应种植一些蔷薇科的植物，如玫瑰、月季等，植物叶片有利于切叶蜂繁殖。初花期释放大量授粉蜂，能达到快速授粉的目的；在切叶蜂繁殖期间，尽量防止其他寄生蜂侵入切叶蜂巢管。

（五）无刺蜂

1. 生物学特性 无刺蜂属于蜜蜂科（Apidae）、无刺蜂属（*Trigona*）昆虫。无刺蜂体型小，螫针发育不全，因此不具危险性，方便人工饲育。无刺蜂广泛分布在热带和亚热带地区，对温度、湿度都有较高的要求，无刺蜂采蜜的活动半径只有距蜂巢 1 千米的范围。由于无刺蜂体型微小，非常适合为深花管的植物进行授粉。无刺蜂经人工繁育规模化饲养后，还可向城市推广，为社区植物传粉，因此，无刺蜂授粉应用的国内市场需求比较广泛。澳大利亚和巴西等国已开展无刺蜂商业化工厂繁育。图 1－44 所示为无刺蜂蜂巢内部形态。

图 1－44 无刺蜂蜂巢内部

2. 适用作物 无刺蜂是热带地区多种经济作物的重要授粉蜂，可以生产蜂蜜和蜂蜡，是很有开发潜力的授粉蜂种。

3. 授粉效果 我国应用无刺蜂为作物授粉较少。应用无刺蜂为砂仁、白豆蔻植物授粉，都取得了一定的增产效果。日本用无刺蜂为温室草莓授粉也取得了成功。

蜂类授粉应用与农业生产密切相关，是养蜂生产的重要内容。近年来，熊蜂饲养技术日益成熟，壁蜂、切叶蜂也得到广泛应用，充分体现出授粉蜂的授粉价值。另外，地蜂、彩带蜂、小蜜蜂、木蜂、无垫蜂均具有开发潜力。大田作物、果园、温室作物可根据情况选择适当的授粉蜂，以提高作物产量，改善作物品质，并可为消费者提供绿色、安全的农产品。

主要参考文献

基思·德拉普拉内，丹尼尔·迈尔，2019. 作物蜂类授粉［M］. 董坤，王玲，等译. 北京：中国农业科学技术出版社.
王星，2013. 实用养蜂技术［M］. 北京：化学工业出版社.
吴杰，2012. 蜜蜂学［M］. 北京：中国农业出版社.
吴杰，李继莲，2017. 熊蜂生物学研究［M］. 北京：化学工业出版社.
周婷，王星，罗其花，2015. 中国蜜蜂主要寄生螨［M］. 北京：中国农业科学技术出版社.

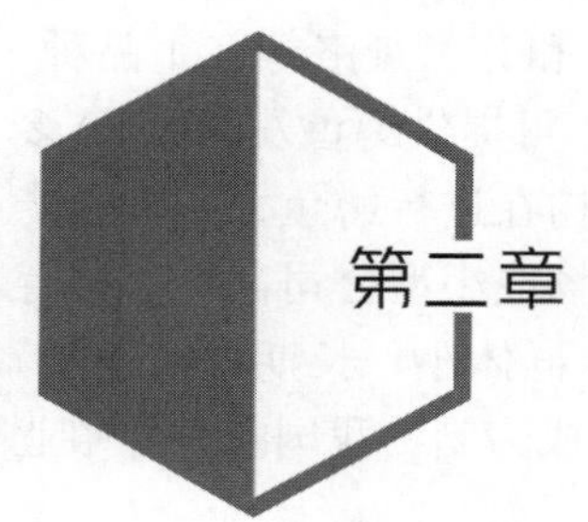

第二章　虹　鳟

第一节　品种概述

第二章彩图

一、虹鳟养殖

虹鳟（Oncorhynchus mykiss）属鲑形目（Salmoniformes）、鲑科（Salmonidae）、鲑亚科（Salmoninae）、太平洋鲑属（*Oncorhynchus*），俗称瀑布鱼、七色鱼；体侧沿侧线中部有一条宽而鲜艳的紫红色彩虹带，故称虹鳟，体侧一半或全部布有小黑斑；有陆封型、湖沼型、降海型三类，人工养殖的主要为陆封型；喜栖息于清澈、水温较低、溶氧较多、流量充沛的水域；原产于北美洲太平洋沿岸及美国阿拉斯加的山川溪流中，现已从北美西部引入很多国家。其肉质细嫩，肥厚刺少，味道鲜美，富含人体必需的二十碳五烯酸（EPA）、二十二碳六烯酸（DHA）等必需脂肪酸，是世界第三大鲑科鱼类养殖品种，属名贵肉食性鱼类，是制作三文鱼的理想鱼类，被誉为水中人参。

虹鳟为世界性养殖鱼类，是最早养殖的鱼类之一，也是全世界养殖最广泛的淡水鲑鳟鱼类。虹鳟是重要的淡水和咸淡水鲑科养殖鱼类之一，尤其对于欧美地区国家来说，因其发眼卵发育温度较低、孵化时间较长，加之对外界刺激的耐受能力较强、适合干法长途运输，因此便于引种，成为目前在世界范围内养殖的经济鱼类。世界虹鳟养殖历史要追溯到1872年美国加利福尼亚州的大麻哈鱼孵化站运出3万粒虹鳟发眼卵，之后因其适于流水集约化养殖、人工驯化良好且经济价值高被引种到世界各地。到20世纪80年代虹鳟养殖业已发展为世界性的养殖业，已推广到世界上86个国家和地区，养殖方式主要是集约化流水养殖和海淡水网箱养殖，其中美国、日本、法国、瑞典、丹麦等养鳟业发展较为领先。美国的养鳟业以淡水养殖虹鳟为主，产量高，产业化程度高；日本自1877年从美国引进虹鳟发眼卵，率先在亚洲开始了虹鳟养殖，迄今养殖鲑鳟鱼种类已多达27种；欧洲地区以瑞典、挪威、丹麦为代表的渔业发达国家，以大型海水网箱养殖虹鳟闻名，其养鳟设施研制及高脂质饲料开发均居世界领先地位。此外，一些热带国家以及诸多高海拔国家也充分利用山地或高原冷水资源和雪山融水发展养鳟业，如马来西亚、新几内亚、尼泊尔等。

我国虹鳟养殖始于20世纪60年代末，1959年周恩来总理访问朝鲜，金日成同志曾赠虹鳟，先在黑龙江省养殖，后因人工孵化效果不好而停止。1971年，我国从朝鲜运回7条虹鳟并饲养成功，1978年扩大养殖，1981年产量为7.5万千克，随着虹鳟养殖业的发展，2018 年我国虹鳟鳟鱼产量达到 3.9 万吨。自 1959 年首次引进虹鳟以来，我国先后从不同国家引进了数个虹鳟品系，养殖区域主要分布在北京、黑龙江、山东、山西、辽宁、吉林、陕西等地区。虹鳟养殖品种主要有美国道氏、西班牙皮斯和芬兰娅洛等 8 个品种，我国仅有甘肃金鳟 1 个品种。世界鳟鱼种业公司有 20 多家，每年可提供鳟鱼发眼卵 20 多亿粒，每年向我国出口发眼卵 4 000 万粒。我国仅有两家科研机构在进行鳟鱼育种，国产发眼卵 7 000 多万粒。另外，我国苗种市场销售不规范，个体渔场或小型公司都可以培育亲鱼并生产发眼卵，在忽视或不懂选育技术的生产条件下，亲鱼群体小，长期近亲繁殖，经过几十年的繁育，导致养殖虹鳟的生产性能和品质严重退化，成为制约我国虹鳟养殖业发展的一个重要因素。

二、生物学特征

（一）外形特征

虹鳟性成熟个体沿侧线有 1 条呈紫红色或桃红色、宽而鲜艳的彩虹带，一直延伸到尾鳍基部，在繁殖期尤为艳丽，似彩虹。鱼体呈纺锤形，略侧扁，口较大，斜裂，端位；吻圆钝，上颌有细齿；背鳍基部短，在背鳍之后还有一个小脂鳍；胸鳍中等，末端稍尖；腹鳍较小，远离臀鳍；鳞小而圆；背部和头顶部呈蓝绿色、黄绿色或棕色，体侧和腹部呈银白色、白色或灰白色；头部、体侧、体背和鳍部不规则地分布着黑色小斑点（图 2-1）。

图 2-1　虹鳟

（二）生活习性

虹鳟属于冷水性鱼类，在自然条件下，通常生活在海拔 2 000 米左右的河川溪流或湖泊中，居于水体的底层，喜逆流和氧，尤其在温度较低的湖泊中生长良好。虹鳟在稚鱼期以前摄食各种浮游动物，以后摄食枝角类、底栖动物、小型鱼类等。虹鳟正常生长的上限水温是 20℃，水温超过 22℃时，死亡率明显增加，达到 25℃后，不久便全部死亡；没有明显的下限，水温 4℃时少量摄食但尚能生存。虹鳟的生长水温范围在 6～20℃，最佳生长水温范围为 12～18℃，低于 8℃或高于 20℃时虹鳟摄食会受到影响。虹鳟对溶氧敏感，个体越小耗氧率就越高。虹鳟较适应的水流流速为 0.02～0.3 米/秒，流速低时水体溶氧受到限制，流速过高的逆流使虹鳟消耗体能，不利于其生长。虹鳟适宜在 pH 为 7.0～7.5 的弱碱性水体中生长。

（三）繁殖习性

通常情况下，虹鳟雄鱼 2 年达到性成熟，雌鱼则 3 年性成熟。产卵期因地域温度而异，一般温度偏高的地域，产卵期早；高寒低温区，产卵期晚。虹鳟的性腺发育具有明显的光周期现象，基本上是一年产卵一次。在性腺发育过程中，必须经历一段由长日照到短日照的过程。产卵时的水温可以很低（4℃），最适水温为 8～12℃，超过 13℃产卵困难，产出的卵子发育受阻，受精率和孵化率严重降低，畸形较多。产卵延续时间的长短也取决于水温的高低，通常情况下在 2～3 天内完成产卵。

第二节 饲养管理

一、场址选择

1. 选址

（1）水源 虹鳟人工养殖需要清澈的冷水，不能混浊，不受污染。地下水和某些涌泉水若溶氧量少或含有过饱和氮气时，须在使用前经曝气或延长进水渠距离来增氧降氮。最好选择有地下泉水的地方，一是地下泉水一般水温相对比较稳定，变化幅度不大，虹鳟处在这种水温相对稳定的水域环境中，可全年保持比较好的生长趋势，缩短养殖周期，减少养殖风险，加快资金周转，提高养殖效益；二是在发生洪涝灾害时，江河水等地表水源易变混浊，甚至含带大量泥沙，对虹鳟的生长造成巨大的影响，甚至出现死亡的现象，极易给养殖户带来严重损失。

（2）水温 全年水温变动在5～20℃范围内、年平均水温在8～15℃的水，是养殖虹鳟的理想用水，可用来全年饲养。水温最好不要超过23℃，否则随着水温的升高虹鳟食欲减退，新陈代谢出现紊乱，疾病增多，水温达到25～26℃及以上陆续出现伤亡。建场选址时需根据全年的水量状况进行规划和设计，因为通常在一定的温度、鱼池面积、饲养密度和养殖技术条件下，水量越大，饲养效果越好。

（3）地势 选择在用简单的引流方式就可使水源自流入池的地方建池，采用提水必将增加养殖成本和养殖风险。这种方式引水方便，温度稳定，水质清洁，是虹鳟养殖理想的建场地址。目前国内多数虹鳟养殖场选择在这种位置建造。

（4）环境 虹鳟养殖场一般都建在远离市区、无污染、交通便利、电力设施完善的地方，以方便饲料运输和机械增氧等的实施。同时环境应尽量安静，减少外界噪声对鱼的惊扰，以降低鱼类活动的代谢量，避免额外消耗鱼体吸收的营养物质。同时噪声还会降低虹鳟养殖的成活率。

2. 建池

（1）孵化池的修建 孵化池最好修建在室内，也可以建在避光的大棚内，这样可以保持温度稳定，避免阳光直射，大大提高孵化率。单个池子的大小视养殖的规模和修建场地的地理条件而定。一般单个孵化池的面积为2～10米^2，池深0.5～1米。修建材料可用砖混结构，也可以定制玻璃钢池。以常用的砖混结构孵化池为例：池底采用C_{20}砼现浇，厚度10厘米，墙体采用12砖砌墙，并用M_{10}砂浆对池内进行抹面、抹底。在修建过程中要注意以下几个方面：

①孵化池的形状以圆形、正方形、多边形居多，正方形和多边形的孵化池要将转角砌成弧形，以免形成死角而不利于水体交换，同时容易滋生细菌、病毒。

②池深不宜过深，太深不利于污物的排出，也不方便生产操作，一般深度在0.5～1米为宜。

③采取池底部中央排水，池底坡度一般在2%～3%。

④修建时砖间的缝隙一定要用砂浆填满，避免在使用过程中渗漏。

⑤池内壁、池底用砂浆抹面时一定要抹均匀、光滑，以减少幼鱼及卵的意外损伤。

（2）苗种培育池的修建 虹鳟苗种培育池的修建方法同孵化池的修建相同，只是适当加大单个池子的面积即可，此处不再累述。另外也可以利用孵化池来培育大规格鱼苗。

(3) 虹鳟成鱼养殖池的设计与修建

①形状设计　虹鳟因其耗氧量高，所以成鱼养殖一般采用流水方式进行养殖，常用鱼池的形状有圆形、椭圆形、正方形、长方形、长方形切角、梯形、三角形、不规则形等。不同形状的鱼池在使用中各有优劣：圆形池的水体交换均匀，没有死角，池底一般为锅底形，在池中心设排水口，排污效果理想。但在水量小、水压小的地方不宜采用。同时对地面利用率小，池壁不能相互利用，造价高。长方形、长方形切角池形，水体交换效果较好，虽然有一定的死角，易沉积污物，但在鱼群个体、密度、水量较大时，污物的沉积并不明显。同时它具有结构简单、布局容易、施工方便、场地利用率高、相邻鱼池的池壁可共同使用、成片建造节约成本的优点，故实际养殖中大多建造这两类鱼池。若采取鱼池上方进水，下方排水的方式，水体交换不均匀，有明显的死角，所以正方形池的设计一般采用池中心设排水口，这样排污效果好。其余椭圆形、梯形、三角形和不规则形鱼池在我国很少使用。

②面积设计　虹鳟养殖场总体面积是根据枯水季节水量大小来确定，一般按照1个流量产150～200吨商品鱼来确定渔场的修建面积。单个成鱼池的面积通常为40～120米^2，应根据修建场地的面积大小、地势状况、管理水平而定。

③深度设计　虹鳟成鱼池不宜修建过深，过深反而对产量有影响。在相同时间内，同样流量的水流入面积相同的流水池，水越深则池水体积越大，水体交换需水量也就大，交换时间长，不便于污物的排放；水浅则池水体积小，水体交换需水量小，交换时间短，利于污物的排放。所以多数成鱼池深度一般设计为0.8～1.8米。

④长宽比例设计　建长方形或长方形切角鱼池时，鱼池长宽比例一般为（3～2.5）：（1～1.5）。

⑤池底坡降设计　池底从进水口往出水口应有一定倾斜坡度，便于污物随水流和坡降集中到排水口排出，也便于排干池水清洁池底，鱼池坡降一般为2%～5%为宜。长方形或正方形鱼池的池底横向设计应以池底两边向中心倾斜，有一定的坡度，也便于污物向排水口集中，生产实际中一般设计为1%～2%的坡比。

⑥进水口设计　进水方式可以采取管道进水和广口式进水等方式。管道进水在圆形和正方形流水鱼池使用较为普遍，但易造成堵塞，而且存在管道老化快、阀门易损坏等状况，生产实际中不建议采用。广口式进水在我国及国外的流水养殖中使用极为普遍，优点是在单位时间内可以注入大量的新水。这在生产实际中非常有用，如某个鱼池出现缺氧、用药过量等特殊状况时，可快速往该池加注大量的新水，能够很好地起到应急作用。每个流水鱼池可设计2～4个广口式进水口，其宽度可占到鱼池总宽度的1/4～1/2。一般来说，在水量充足的情况下，设计时应尽量把进水口加宽，可增加进水量，降低入池水的流速。

⑦排水口设计　流水池养殖虹鳟密度大、需氧量高、鱼粪便污染水严重，所以排水口一般采用排污效果好的底排式。长方形鱼池的出水口设计在与进水口相对应的一侧的鱼池底部，圆形鱼池一般采用中央底部排水，正方形切角鱼池可采取中央底部排水，也可以采取与长方形鱼池一样的排水方式。

⑧拦鱼设施设计　在进水口和排水口都要设置拦鱼设施，在生产中使用最多的是钢筋

栅栏。苗种培育时根据苗种的大小可在钢筋栅栏上铺设不同尺寸网目的网片防逃，一般建议在鱼不能外逃的情况下网片的网目越大越好，这样利于排污。养殖成鱼时只要鱼逃不出去，最好钢筋栅栏不铺设网片。

⑨成鱼鱼池修建　墙体修建材料可用砖混结构，采用 24 墙或者 37 墙。池底采用 C_{20} 砼现浇。厚度视场地基础状况而定，一般不低于 10 厘米。并用 M_{10} 砂浆对池内进行抹面、抹底直至光滑。在修建过程中其他的注意事项参见上文苗种培育池的修建。用江河水作水源养殖虹鳟，应修建沉沙池，让养殖用水在进入养殖池前先进入沉沙池缓冲沉沙，减少水源中（尤其是洪水时）泥沙的含量，保证鱼池内水质符合养殖的需求。沉沙池的大小、形状、降沙类型可因地制宜进行设计与修建。

一般来说，虹鳟成鱼池面积为 100～200 米^2，水深 60～80 厘米，鱼池实际深度要高出水面 20～30 厘米。鱼池结构有水泥池和土池两种。在条件允许时，以水泥池为好，因为水泥池便于管理和清污，单产也高。鱼池的排列有平行池和串联池两种。平行池的饲养效果较串联池为佳，若水量充足，地形地势许可，可全部采用平行池。但为充分利用水量，通常多用平行池与串联池相结合的形式，以每两个池成一串联为宜（图 2－2）。

图 2－2　虹鳟池塘

二、营养与饲料

（一）虹鳟饲料与营养概况

在自然条件下，虹鳟以浮游动物（如鱼苗）为食，其次是昆虫、甲壳类动物和较小的鱼类，因此，虹鳟是一种高营养级别的鱼。在养殖条件下，饲料成本占虹鳟养殖成本的 40％～70％。因此，配合饲料的特性（成分和效率）、配制方式和应用策略（投喂量和喂食频率）是决定虹鳟养殖场盈利的关键因素。2012 年全球用于虹鳟养殖生产的商业饲料达到 114 万吨，饲料转化率为 0.8，然而在欧洲和亚洲不同养殖系统中的虹鳟拥有更高的饲料转化率（0.9～1.1）。一般来说，在最佳饲养条件和饲喂模式下，高营养饲料的饲料转化率可以达到 1 或 1 以上。此外，为了提高饲养效果，虹鳟饲料要根据鱼的大小、养殖系统、环境、市场需求和经济压力而量身定做。在营养方面，通过深入的研究，现已明确了虹鳟获得最佳生长效果时所需常量和微量营养物质的定量数据，这对于制定营养平衡的配合饲料是十分有利的。事实上，虹鳟是拥有完整营养需求数据的少数物种之一。值得注意的是，最早关于鱼类饲养的研究发表于 19 世纪末，其中就涉及虹鳟的驯化。早期养殖虹鳟所使用的饲料是以动物蛋白为来源的湿性饲料，随后还使用过半湿润颗粒饲料，最后才发展成为今天人们所熟知的干颗粒饲料。开发出干颗粒饲料并进行鲑鳟基础营养研究，是养殖鳟鱼的一项重大突破。

（二）虹鳟的营养需求

虹鳟对饵料的要求十分严格，饵料营养必须全面。虹鳟对蛋白质的需求量为 40％～45％，粗蛋白含量幼鱼在 45％左右，成鱼不低于 40％。除此之外，饵料中还要有较高的脂肪含量，粗脂肪为 6％～16％，粗纤维为 2％～5％，灰分为 5％～13％，水分为 8％～

12%，还应注意添加矿物质和维生素。饵料的制作可利用常见的动物性食材，如动物内脏、猪血、蚕蛹、蚯蚓等，将动物性食材与豆饼、麦粉、玉米、糠麸、蔬菜等在不同阶段按不同比例混合加工成颗粒饵料进行投喂，苗种阶段动物饵料可占60%左右，成鱼占50%左右，亲鱼占40%左右；在这个过程中严禁使用霉变的食物进行饵料制作，以免对虹鳟的生长造成危害。不同阶段虹鳟的营养需求可参考表2-1至表2-3。

表2-1 虹鳟幼鱼营养需求

可消化能（千焦/克）	蛋白质（%）	脂质（%）	碳水化合物（%）
17.6	40～50	16～24	15～30

资料来源：Biju Sam Kamalam J，*Nutrition and Feeding of Rainbow Trout*（*Oncorhynchus mykiss*）。

表2-2 虹鳟幼鱼微量元素需求（毫克/千克）

铜	碘	铁	锰	硒	锌
3	1.1	NT	12	0.15	15

注：NT，未检测。

资料来源：Biju Sam Kamalam J，*Nutrition and Feeding of Rainbow Trout*（*Oncorhynchus mykiss*）。

表2-3 虹鳟的通用饲料配方（克/千克）

原料	MP	Blend	PP
鱼粉	625	220	—
家禽副产品	—	60	—
血球粉	—	40	—
豆粕	—	50	60
大豆浓缩蛋白	—	100	150
玉米蛋白粉	—	50	180
谷朊粉	—	100	200
白羽扇豆粉	—	—	50
膨化豌豆	—	—	40
菜籽粕	—	—	50
全麦	245	170	20
鱼油	120	70	—
亚麻籽油	—	42	62
菜籽油	—	42	62
棕榈油	—	20	32
大豆卵磷脂	—	10	20
L-赖氨酸	—	—	13
L-蛋氨酸	—	—	3
维生素预混料	10	10	10

（续）

原料	MP	Blend	PP
矿物质预混料	—	10	10
磷酸氢钙	—	5	22
虾青素	—	1	1
诱食剂	—	—	15

注：MP，以鱼粉为蛋白质来源的饲料；Blend，混合蛋白质来源饲料；PP，以植物为蛋白质来源的饲料。

资料来源：Biju Sam Kamalam J，*Nutrition and Feeding of Rainbow Trout*（*Oncorhynchus mykiss*）。

（三）虹鳟饲料投喂

除了饲料的营养成分和质量以外，养殖期间的各方面都会对养殖对象产生影响，如饲料颗粒大小、投喂量、投喂频率、饲喂时间和饲喂方法（输送系统）等，都直接影响鱼类生长的均匀性、饲料利用率、饲料损失、单位生产成本以及养殖污水的产生。所以在整个养殖期间，饲养员必须熟悉且严格控制养殖方式、方法以及策略。在第一个饲喂阶段（内源性卵黄到外源性饲料的过渡），用粉碎过筛后的颗粒饲料饲喂鱼苗，因为此时的鱼苗相对于饲料颗粒来说较大，具有足够的消化能力来吸收和利用配合饲料。随着鱼苗的生长，投喂的饲料颗粒从小碎粒不断增大为小球。在养殖生产过程中，饲料颗粒的大小应该能够让鱼轻松舒适地捕捉并吞下，对于特定尺寸的鱼类，较小或较大的颗粒会造成饲料浪费。因此，在鳟鱼养殖场通常是将两种粒径的颗粒饲料混合进行饲喂，然后在同一时间转换成更大粒径的颗粒，以求最大限度地减少虹鳟养殖场中鱼的规格差异性。在养殖生产过程中，虹鳟每天的投喂量都是预先确定的，使其摄食量接近表观饱和水平，以避免过度摄食和饲料浪费。摄食量的高低主要取决于鱼的大小（瞬时体重）和养殖水温。基于生物能量学原理的营养模型最初是针对虹鳟研究开发的，用来预测生长、饲料粒径对鱼体营养的增益，估计营养成分损失。这种方法已经在生产实践过程中得到验证，用以评估虹鳟养殖对环境的影响。投喂频率与鱼的大小、养殖水温有关，与体重较大的鱼相比，体重小的鱼需要更高的摄食量以及更频繁地投喂。通常情况下，在不污染养殖水体的前提下，稍微过量饲喂虹鳟鱼苗，可以更大限度地增加其体重，从而缩短养殖时间。从经济效益来看这是可行的，因为在整个养殖周期中，开口饲料的使用量不到饲料总量的5%。当摄食量低于最佳值或摄食频率不足，会导致虹鳟群体内出现大小差异和社会等级，而过量摄食则会导致饲料损失，从而影响经济性和环境。虹鳟饲喂员可以根据饲喂表作为粗略的指导方针，来确定合适的饲喂量（表2-4）。

表2-4　不同规格虹鳟在不同水温下食物量占生物量总体重的比例（%）

温度（℃）	不同规格虹鳟的食物量占生物量总体重的比例										
	每千克鱼的数量（尾）										
	<6	6～8	8～11	11～16	16～26	26～43	43～83	83～195	195～670	670～5 542	>5 542
5.0	1.0	1.1	1.2	1.4	1.7	2.0	2.5	3.3	4.4	5.5	6.6
5.6	1.0	1.1	1.3	1.5	1.7	2.1	2.6	3.5	4.6	5.7	6.9
6.1	1.1	1.2	1.4	1.5	1.8	2.2	2.7	3.6	4.8	6.0	7.2

（续）

温度（℃）	不同规格虹鳟的食物量占生物量总体重的比例										
	每千克鱼的数量（尾）										
	<6	6~8	8~11	11~16	16~26	26~43	43~83	83~195	195~670	670~5 542	>5 542
6.7	1.1	1.3	1.4	1.6	1.9	2.3	2.8	3.8	5.0	6.2	7.5
7.2	1.2	1.3	1.5	1.7	2.0	2.4	3.0	4.0	5.3	6.5	7.9
7.8	1.2	1.4	1.5	1.8	2.1	2.5	3.1	4.1	5.5	6.7	8.2
8.3	1.3	1.4	1.6	1.8	2.2	2.6	3.2	4.3	5.8	7.1	8.6
8.9	1.3	1.5	1.7	1.9	2.3	2.7	3.4	4.5	6.0	7.5	9.0
9.4	1.4	1.5	1.8	2.0	2.4	2.8	3.5	4.7	6.3	7.8	9.4
10.0	1.5	1.6	1.9	2.1	2.5	2.9	3.7	4.9	6.5	8.1	9.9
10.6	1.5	1.7	1.9	2.2	2.6	3.1	3.8	5.1	6.8	8.5	10.3
11.1	1.6	1.8	2.0	2.3	2.7	3.2	4.0	5.3	7.1	8.9	10.7
11.7	1.7	1.9	2.1	2.4	2.8	3.4	4.2	5.6	7.5	9.3	11.2
12.2	1.8	1.9	2.2	2.5	2.9	3.5	4.4	5.8	8.0	9.7	11.6
12.8	1.8	2.0	2.3	2.6	3.0	3.7	4.6	6.1	8.2	10.1	12.2
13.3	1.9	2.1	2.4	2.7	3.2	3.8	4.8	6.4	8.5	10.5	12.7
13.9	2.0	2.2	2.5	2.8	3.3	4.0	5.0	6.7	8.9	11.0	13.4
14.4	2.1	2.3	2.6	3.0	3.5	4.2	5.2	6.9	9.3	11.5	14.0
15.0	2.2	2.4	2.7	3.1	3.6	4.4	5.4	7.2	9.7	12.0	14.5
15.6	2.3	2.5	2.8	3.2	3.8	4.6	5.7	7.6	10.1	12.6	15.1

（四）虹鳟营养疾病

在饲料投喂方式方面，可根据生产规模决定投饲方式，在小型养殖场使用人工手动喂养。虹鳟营养性代谢疾病的产生，通常是由于饲料中营养物质（氨基酸、脂肪酸、维生素和矿物质）的缺乏、拮抗作用、不平衡或过量所致。饮食诱导的毒性也可能与植物性成分中的抗营养因子、饮食脂质的氧化以及饲料长时间贮存产生的霉菌有关。饲料供应不规律或不足，会导致虹鳟摄入营养素缺乏，并导致其出现不同程度的分解代谢障碍和病理变化。在虹鳟孵化场，饥饿或营养不良的鱼苗会表现出头大而身体细长的情况，类似于大头针的形状。在膳食蛋白质、氨基酸不平衡的情况下，拮抗剂（如赖氨酸和精氨酸）对鱼的影响会在鱼体上有所表现，如赖氨酸缺乏会导致背鳍和尾鳍侵蚀，色氨酸缺乏会导致脊柱畸形，蛋氨酸缺乏会导致晶状体白内障。在膳食脂质方面，脂质氧化会导致脂肪炎和类脂肝变性，而必需脂肪酸缺乏会导致虹鳟患休克综合征。摄入过量碳水化合物，可能导致虹鳟的葡萄糖稳态受损、肝糖原异常沉积和肝细胞变性。相较于其他营养素，关于虹鳟膳食维生素缺乏或过量的病理特征有更细致的研究，其中值得注意的是，维生素 C 缺乏可导致骨骼畸形（前凸、脊柱侧凸和骨折综合征）；泛酸缺乏可导致棍状鳃；核黄素和维生素 A 缺乏可致白内障和失明；烟酸缺乏可导致皮肤病；叶酸缺乏可导致巨幼细胞性贫血；维生素 E 缺乏可导致肌肉营养不良。关于必需矿物质，有报道显示在虹鳟中，由于膳食营养物质间的相互作用（植物蛋白中的植酸与锌或铜螯合）以及与过量饮食摄入相关的毒性条件，将导致生物利用率降低。常见的矿物质缺乏疾病包括由于磷缺乏引起的骨骼矿化不良、锌缺乏引起的白内障、碘缺乏引起的甲状腺肿大以及与锰缺乏有关的侏儒症。值得注意的是，现今虹鳟饲料均在技术成熟的饲料厂中生产，所以虹鳟饲料很少会导致上述任何与营养有关的健康异常问题。然而，饲料成分添加和去除导致的饲料配方波动，有时可能会导致营养素的生物利用率变化与营养失调。

三、饲养管理要点

（一）放养规格与放养密度

选择体质比较健壮的鱼种放养，规格要相对整齐，以100～150克/尾的鱼种为宜。鱼种的放养量需要结合养殖过程中的注水量、池水交换率和饲养水平而定。一般来说以每平方米放养50～100尾为宜。

1. 放养前的准备 为了减少鱼种养殖过程中出现生病死亡的情况，对放养池进行消毒是放养前必不可少的步骤。用生石灰按每平方米水面用生石灰100克的标准，以1∶10的比例用清水将生石灰全部溶化后进行全池泼洒。鱼池消毒后，视实际情况在4～6天后注入新水，8～10天后pH降到7.0～8.0即可放苗。

2. 放养方法 放养之前应确保鱼种入池前的储运水体温度与放养池的水温温差不超过3℃。可将装苗种的塑料袋放入养殖池20～30分钟，待袋内外水温一致即可打开袋子。放养鱼种时，动作轻、快，将储运鱼种的器具缓慢沉入水面以下，让鱼种自由游走。

（二）饵料投喂

投喂要定时，投喂次数要适宜。鱼苗阶段日投喂3～4次，鱼种阶段2～3次，成鱼和亲鱼2次。日投喂2次时，最好在9—10时、16—17时投喂；日投喂3次时，在8—9时、12—13时、17—18时；日投喂4次时，在8—18时均匀设置4次投喂。投喂时要注意投饲速度，要耐心细致。

（三）水质调控

虹鳟养殖对于水质的要求是十分严格的，除了要求溶解氧高之外，还需要有微流水的水体环境。水色要清净透明，水中悬浮物应小于15毫克/升。溶氧量一般要求在6毫克/升以上，当溶氧量不达标时要适时开增氧机增氧。溶氧量达9毫克/升时虹鳟生长较快；低于4.3毫克/升时，鱼鳃长时间外张，随即会出现死亡；低于3毫克/升时则会大批死亡。水中的化学物质应符合渔业用水国家标准。水温全年变化保持在12～22℃，最适水温为16～18℃。pH为5.5～9.2，最适pH为7.0～7.5，养殖过程中应定期对水质进行检测。池水交换率在2次/小时以上，流速保持0.02～0.16米/秒。

（四）日常管理

在养殖过程中，坚持勤巡塘、勤观察。做好防逃、防盗，早晚巡塘是必不可少的。为了保证虹鳟的健康养殖，需要记录养殖水温、水量、溶解氧、投饵量等，池鱼活动和进食量也需要重点观察，夏季高温对于虹鳟生长不利，应注意水温不超过22℃、溶解氧不低于5毫克/升、总氨氮低于0.2毫克/升、亚硝态氮低于0.1毫克/升。一旦鱼池中开始变脏应及时进行清理，为了确保进、排水的通畅须坚持每天清污1次。水泥池底可以用抽水虹吸的方法清除水底沉积的淤泥。

第三节　繁殖育种

一、繁殖

（一）亲鱼的选择

亲鱼的选择是繁殖过程的第一步，是苗种质量的基本保证。因此在亲鱼选择过程中需要严格把关，选择优良的亲鱼进行培育。亲鱼应在2龄以上、体重大于2千克，坚持选留个体大、体形好、体质健壮、体色正常、无蛀鳍及其他疾病的个体作为亲鱼留种，其中雌雄亲鱼选择比例为（2～3）∶1。

（二）亲鱼培育

亲鱼强化培育时间为8个月，放养密度为每立方米水体15千克，每池进水量为每秒15升。主要技术措施如下：

1. 水温控制　水温是影响虹鳟亲鱼生殖腺成熟的主要外界环境因素。因此水温控制成为主要技术措施之一，具体方法为：6—10月水温为13～15℃，11月水温为12～13℃，12月水温为10～12℃。

2. 投饵量控制　饱食有碍亲鱼的成熟和卵质的提高。培育期间投饵量的控制方法为：按亲鱼总体重的1/100计算日投喂基数，产卵期按照日投喂基数的30%投饵，产卵前1个月和结束后1个月按照日投喂基数的50%投饵，其余时间按照日投喂基数的70%投饵。

3. 饲料营养控制　营养要求为：蛋白质含量高于40%，脂肪含量低于8%，碳水化合物含量低于12%。配方如下：进口鱼粉42%，豆饼30%，麸皮15%，粗粉5%，虾糠3%，青菜［胡萝卜、白菜等2%（干重）］，氯化胆碱0.5%，维生素、矿物质2.5%。

4. 分池培育　临近繁殖期的亲鱼，雌雄亲鱼生殖性状明显，若此时将雌鱼和雄鱼置于同一鱼池中，则雄鱼之间会发生激烈的争斗而致伤，容易导致水霉病的发生，雄鱼体质、产精量下降甚至死亡，因此应及时将雌雄亲鱼分池饲养。

（三）人工采卵授精

1. 成熟亲鱼鉴别　由于个体的差异，亲鱼成熟时间通常不一致，因此需要及时鉴别达到成熟的个体。一般每7天进行一次鉴定。

（1）雌鱼的鉴别　腹部膨大、柔软，生殖孔红肿、外突，轻轻挤压腹部有卵粒流出。

（2）雄鱼的鉴别　生殖孔突出，体色黑暗，轻挤腹部有少量精液流出，精液入水后立即散开。

2. 人工授精　一般采用干法授精，授精过程在无直射光照条件下进行。精卵同时挤入干燥的瓷盆中，用羽毛搅拌1～2分钟，加入少量等渗液继续搅拌1分钟，然后用清水冲净多余精液，装入孵化桶完成授精。同时，成熟亲鱼产卵前6～7天，停止投喂，防止采卵采精过程中粪便、尿等污物掺入精卵中，影响受精。

3. 孵化　采取桶式孵化和平列槽孵化两种方式结合使用。前者在发眼之前使用，发眼后使用平列槽孵化。孵化桶可用容积为12升的塑料桶改装而成；平列槽为玻璃钢材料制成，规格为2.1米×0.5米×0.5米。

4. 发眼前管理　同一批受精卵置于同一孵化桶孵化，每个孵化桶装卵6万～8万粒，孵化用水经疏网、密网、海绵三层过滤，每桶注水量为3～5升/分钟，待累积温度达到

220℃·日，即卵发育到发眼期，再把死卵拣出。整个孵化期除一次拣卵外，其他时期无须拣卵移动。

5. 发眼期管理 鱼卵发眼后，将拣过死卵的发眼卵均匀摊放于孵化盘中，每5盘为一组，罗列扣紧后移入平列槽中继续孵化。其间主要做好以下工作：一是保证平列槽进水量为10～15升/分钟；二是拣卵、移动过程中带水作业；三是避免过于强烈的振动；四是避免阳光直射。

6. 上浮稚鱼的饲养 待稚鱼上浮后，直接放入1.5米×2米×0.3米的水泥池中喂养。为方便观察及清除粪便、残饵等污物，水泥池内壁贴铺白色瓷砖。技术要点：一是改善饲养环境。上浮稚鱼的游泳能力及摄食能力不强，且对水流刺激较为敏感，容易造成鱼苗顶水，大量消耗体力，最终消瘦死亡。所以可以在培育池中放一个40厘米×40厘米×30厘米、底及四壁带孔眼的塑料箱，加盖双层窗纱，进水通过窗纱挡散、曝气增氧后，由箱体四周均匀流入池中，保证稚鱼有一个溶氧丰富、水流微弱的相对“安静”的环境。二是精心配制开口饲料。开口饲料主要由鱼粉、鸡蛋、维生素、矿物质组成。三是及时清除污物。在做到定时、定质、定量的基础上，每天用软管吸取池内积存的残饵、粪便，保持池内清洁。四是防治病害。做到“三定一不”，即定期消毒鱼池、定期消毒工具、定期消毒环境，不投喂变质饲料。鱼体消毒采取食盐浸洗和硫酸铜浸洗两种方法，即食盐浓度为3%～4%，浸洗鱼体3～5分钟；硫酸铜浓度为8毫升/升，浸洗鱼体10分钟。两种方法交替使用，可基本控制由细菌和寄生虫等引起的各类鳃病。每隔2周浸洗消毒1次，同时根据鱼的吃食情况适当延长或缩短浸洗时间。

7. 鱼苗室外培育

（1）鱼苗放养前处理 鱼苗放养前应干塘晾晒10天以上。鱼苗放养前10天加水，每667米^2（1亩）水面用生石灰150千克化浆后全池泼洒，可以使鱼苗游动活泼集群，体质健壮，无损伤、疾病、畸形，没有传染性疾病和寄生虫。鱼苗下塘时水温差应控制在2℃以内，选择在晴天进行，下塘地点在池塘的进水口处。

（2）鱼苗室外培育 鱼苗下池后，建议使用进口饲料以提高仔鱼的成活率，而且饵料系数较低。在稚鱼培育过程中，须每2周进行1次测定采样，每个池选取200～300尾鱼，测定稚鱼平均体重，然后计算日投喂量。整个苗种培育期间，生产中所用的工具应定期消毒，不同池塘的工具禁止交叉使用，消毒用10%聚维酮碘溶液200～300毫克/升浸泡；定期清除池底的残饵、鱼粪，减少病原体的滋生；按时测量鱼的生长情况，根据鱼的大小进行筛选、分养，更换大粒径饵料，确定投饵率；注意观察鱼的摄食和游泳情况；发现病情及时处理。

二、育种

（一）专门化品系的培育及配套系育种技术

采用基于最佳线性无偏预测（BLUP）育种值的家系选育及动物多性状复合育种技术，培育规格一致、特点突出的生长、抗病、优质等不同类型的专门化品系，进行杂交配套，优势互补，可以显著提高虹鳟商品鱼的生产效率。配套系育种代表了虹鳟良种生产技术的主流发展趋势，有利于维护亲本，提高我国虹鳟种质的生产性能和虹鳟产业的国际竞争力。

（二）病毒性疾病的抗病育种技术

虹鳟养殖业集约化高产出的背后也存在着巨大的病害和环境胁迫隐患，可能引发虹鳟免疫力低下、抗病力下降等一系列严重问题，导致严重的经济损失。通过遗传改良方法培育出对传染性造血器官坏死病（IHN）或传染性胰腺坏死病（IPN）等病毒性疾病有抗性的新品种，对防止疫病传播和流行、减少养殖投药、保障鲑鳟鱼养殖业的产业安全具有重要意义。

（三）分子标记辅助育种研究及基因组选育育种技术

随着结构基因组学和功能基因组等学科和相关技术的持续发展，虹鳟基因组解析程度不断提高，可以开发覆盖虹鳟全部基因组范围的单核苷酸多态性（SNP）等分子标记。利用分子数量遗传学手段，结合传统育种技术体系，开展基于基因组信息的估计育种值研究，将基因组信息整合入既有的虹鳟选育计划中，可加快虹鳟生产性能的遗传改良速度，进一步缩短选育周期。

第四节　疾病防治

一、消毒与防疫

（一）清塘

长期养殖的池塘由于鱼类粪便、残饵等堆积造成池底淤泥较厚，因此在春季放苗前应先清除池塘底部淤泥，再使用漂白粉、生石灰、巴豆、塘克宁、茶籽饼、氨水等进行清塘，以消灭池塘中的凶猛鱼、野杂鱼、病原微生物等。虹鳟养殖池塘的清塘通常使用生石灰和漂白粉。

1. 生石灰清塘　生石灰即氧化钙，遇水成氢氧化钙，在此过程中通过释放热量和强碱性达到消毒和杀死水中生物的作用。氢氧化钙在水中与二氧化碳反应成碳酸钙-碳酸氢钙缓冲系统，提高了水体的钙含量，使水体钙、碳的含量更加稳定，同时碳酸钙能使淤泥变成疏松的结构，改善底泥通气条件，加速底泥有机质分解，加上钙的置换作用，释放出被淤泥吸附的氮、磷、钾等营养素，使池水变肥，起到了间接施肥的作用。生石灰清塘的方法有两种，分为干法清塘和带水清塘。

（1）干法清塘　先将池塘水放干或留水深5～10厘米，在塘底周边挖掘几个小坑，每亩用生石灰70～100千克，并视塘底污泥的多少而增减10%左右。把生石灰放入小坑或用水缸等乳化，不待冷却立即均匀遍洒全池，次日清晨最好用长柄泥耙耙动塘泥，充分发挥石灰的消毒作用，提高清塘效果。一般经过1～2天即可加注清水，7～8天后检测水体pH降到7～8时即可放苗。

（2）带水清塘　对于清塘之前不能排水的池塘，可以进行带水清塘，每667米^{2}水深1米的池塘用生石灰150～200千克，通常将生石灰放入木桶或木船中溶化后立即趁热全池均匀遍洒。7～10天后检测水体pH降到7～8时即可放苗。实践证明，带水清塘比干法清塘防病效果好。带水清塘后不必加注新水，避免了清塘后加水时又将病原体及敌害生物随水带入，但成本高，生石灰用量比较大。

不论是带水清塘还是干法清塘，经这样的生石灰清塘后，数小时即可达到清塘效果，防病效果好。但必须注意的是，碱性较强的水体不能用此法清塘，尤其海水不适宜使用生石灰。

2. 漂白粉清塘 漂白粉一般含有效氯30%左右，经水解产生次氯酸，次氯酸立即释放出活性氯，活性氯具有强氧化性，能快速杀死水中细菌及其他生物。施用漂白粉时先用木桶加水将药物溶解，立即全池均匀遍洒，洒完后再用船和竹竿在池中荡动，使药物在水体中均匀分布，以增加药效。每667米^{2}水深1米的池塘用13.5千克。4～5天后检测水中余氯达标即可放鱼。漂白粉有很强的杀菌作用，但易挥发和潮解，使用时应先检测其有效含量，如含量不够，需适当增加用量。同时使用漂白粉消毒的池塘在放苗前应进行余氯检测方可大量放苗。

（二）鱼体及鱼卵消毒

在苗种及亲鱼捕捞运输过程中鱼体容易受伤，为了减少因受伤感染而引起的鱼类损失，经转运的鱼需要先进行浸泡消毒后再放入池塘中。可以使用2%～3%的食盐水或使用1%的福尔马林浸泡15分钟。

二、常见疾病的防治

（一）寄生虫疾病

1. 小瓜虫病

【病原】 小瓜虫病又称白点病。病原体为多子小瓜虫。

【症状】 该病在各养鱼区均有，是一种流行广、危害大的寄生虫病。从鱼苗到鱼种均可寄生，对当年鱼苗危害最大，尤其在密养情况下，此病更为猖獗。适宜小瓜虫生长和繁殖的水温为15～25℃，当水温低于10℃或高于28℃时小瓜虫发育迟缓或停止，甚至死亡。

幼虫侵入鱼的皮肤和鳃，夺取宿主组织作为营养，引起组织增生形成白色的囊泡。严重感染时，病鱼的皮肤、鳍、鳃上布满白色小点状囊泡。虫体刺激鱼体分泌大量黏液，影响呼吸。病鱼食欲减退，消瘦，游泳缓慢，漂浮水面。鱼体不断与其他物体摩擦，表皮糜烂。眼被小瓜虫大量寄生时，可引起眼睛发炎、失明。虫体寄生于体表、口腔、眼和鳃等部位，寄生部位出现许多小白点。寄生于鱼的眼球可使眼球混浊、发白。病鱼表现不安状态，常侧身与池边发生摩擦，食欲明显减退；或跳出水面，身体消瘦发黑，鳃丝充血，呼吸困难，严重时会出现大批死亡。常诱发细菌性烂鳃并发症。

【诊断】 通过症状可初步诊断，显微镜确诊。该病的简易检查方法是从病鱼体表或鳃上用针挑取小白点，置于玻片上，滴一滴水，片刻便可见有灰白色小点（成虫）在水中移动。

【防治】

（1）水温在15℃以下，用15～30毫克/升的甲醛溶液浸洗1小时，每天1次，连续3次，进行预防。

（2）用1%～1.5%的食盐水浸洗1小时。

（3）中药制剂青蒿末0.3～0.4克/千克（按体重计），连续使用5～7天。

（4）生姜每立方米水体3克、辣椒粉每立方米水体0.5克，先将生姜捣烂，加入辣椒粉混合煮沸30分钟后泼洒。

2. 三代虫病

【病原】 该病主要由鲑三代虫引起。

【症状】该病往往会与水霉病并发，分布广，每年春季和夏初危害饲养鱼的鱼苗、鱼种。主要寄生在鱼体表及鳃上，随着病情加重，鱼类的表皮和鳃组织都会受到损伤，逐渐食欲减退，体色发黑，消瘦，鱼极度不安，狂奔急游，之后游动迟缓，直至死亡。患病鱼体表常常出现一层灰白色的黏液，给鱼体造成一定的损伤。三代虫的寄生还可引起眼角膜混浊及失明。通过显微镜检查鱼鳃和体表可以看见大量三代虫。

【诊断】显微镜观察在低倍镜下每个视野能观察到3个虫体即可诊断。

【防治】

（1）用20毫克/升的高锰酸钾溶液对鱼苗进行20～30分钟的药浴。

（2）用0.2～0.3毫克/升的90%的晶体敌百虫对水体进行全池泼洒。

（3）用0.1毫克/升的甲苯咪唑全池泼洒。

（二）细菌性疾病

1. 弧菌病

【病原】病原体为螺菌科的鳗弧菌。鳗弧菌为有鞭毛的革兰氏阴性杆菌，无荚膜，不形成芽孢，能运动。鳗弧菌属条件致病菌，多数水产养殖动物都能感染，当养殖动物在不良的环境条件下，遭遇不利刺激或是受伤时，会诱发疾病。感染途径有多种，主要包括皮肤、鳃、侧线以及肠道等。

【症状】该病属世界性流行的鱼病。从孵化后数月到1龄左右的虹鳟均易感染，病程发展快，死亡率高。个体大的虹鳟乃至亲鱼都易感染，但多为慢性。一旦发病，损失惨重。

在躯干的任一部位的皮下或肌肉形成一个比较大的类似疖疮的溃疡，形状不规则，伴有出血，其他部位的肌肉也常有出血点。主要表现为病鱼眼球突出，出血。肌肉出血、肿胀、糜烂、坏死。鳍基部、体表、口腔、肛门出血。肠管充血、发炎、无弹性。肝脏出现血斑，脾脏肿大，肾脏肿胀。

【诊断】通过症状观察即可初步诊断，可通过细菌鉴定等方法确诊。

【防治】

（1）在发病季节，加强水体消毒，用二氧化氯等药物挂袋，进行水体消毒。每个小袋装二氧化氯50克左右，连用3天。

（2）磺胺类药物拌饵投喂，按每千克体重75～100毫克给药，连用7天，第1天药量加倍。

2. 疖疮病

【病原】病原体为气单胞菌科（Aeromonadacea）的杀鲑气单胞菌（*Aeromonas salraonicida*）。该菌属革兰氏阴性菌，无鞭毛，适宜生长温度为20～25℃，适宜pH为7.0，生长盐度为0～3%。

【症状】杀鲑气单胞菌可感染不同规格的各种鲑鳟鱼类，虹鳟易感性相对较差。发病水温为3～21℃，晚春和夏季水温10～20℃时最易发病，死亡率较高。水温9℃以下死亡率较低，10～15℃居中，高于15℃死亡率最高。

病菌可经皮、鳃感染，皮肤创伤是经皮肤感染的主要途径。病菌侵入后，在躯干部肌肉内形成小的感染病灶，由于细菌增殖，肌肉组织溶解坏死、出血、浆液渗出，患部皮肤软化、向外隆起，形成疖疮。经鳃感染的首先是在鳃小片上皮和毛细血管形成细菌集落，引起血行障碍和组织崩坏，继而细菌经血流侵入心脏及其他内脏，形成转移病灶；经口感染则表现为肠道发红，肠道内含混有血液的黏液物质，逐渐形成严重的卡他性炎症。

该病分为四个类型：急性型，外部症状未表现出来，病鱼已开始死亡；亚急性型，病鱼表现出疖疮症状后开始死亡；慢性型Ⅰ，病鱼表现出肠道发炎，鳍基部出血症状，死亡较慢；慢性型Ⅱ，能分离到病原菌，但无明显症状，也不引起死亡，有时在鳃上有轻度症状。虹鳟对杀鲑气单胞菌的敏感性在鲑鳟鱼类中相对较低，多表现为慢性型或亚急性型。

【诊断】该病可通过症状观察进行初诊，确诊需要进行细菌学和血清学检查。

【防治】

（1）在发病季节，加强水体消毒，用二氧化氯等药物挂袋，进行水体消毒。每个小袋装二氧化氯 50 克左右，连用 3 天。

（2）磺胺类药物拌饵投喂，按每千克体重 75～100 毫克给药，连用 7 天，第 1 天药量加倍。

3. 细菌性烂鳃病

【病原】病原体为嗜鳃黄杆菌（*Flavobacterium branchiophila*），属革兰氏阴性好气长杆菌。

【症状】该病在美国、加拿大、意大利等国家及亚洲各国养殖的虹鳟中广泛流行，流行水温为 13℃，主要发生于上浮幼鱼至 10 克左右（体长 5 厘米）的鱼种，常引起大量死亡，体长超过 5 厘米的鱼较少发病。当养殖密度过高、水质恶化及水质混浊时更易引起该病的发生。

病鱼活动迟钝，离群独游，摄食下降或不食。鳃黏液分泌增多、充血，鳃丝肿胀，显微镜观察鳃上皮细胞增生，黏液细胞脱落，细胞结构丧失，黏附污泥，鳃小片愈合，鳃丝棍棒化，在鳃丝表面可发现大量长杆状细菌，鳃盖不能完全闭合，轻轻按压可见鳃腔流出带污泥的黄色黏液。

【诊断】通过症状进行初诊，通过细菌鉴定等方法进行确诊。

【防治】

（1）保持合理的放养密度，保证水质清洁，及时清除底层残饵、粪便，防止水中缺氧。

（2）定期使用净水剂（生石灰、底质改良剂等）及消毒剂（高锰酸钾、氯制消毒剂等），如使用 1～2 毫克/升高锰酸钾溶液浸浴 1 小时。

（3）用 1%～1.5%食盐水浸浴 1 小时。

（4）用 1 毫克/升的漂白粉全池遍洒，同时内服抗菌药物。

4. 烂鳍病

【病原】病原体为黄杆菌目、黄杆菌科、黄杆菌属的柱状黄杆菌（*Flavobacterium columnaris*）。该菌是一种严格需氧的革兰氏阴性菌，菌体呈细长弯曲状，具有滑动能力和团聚性，在世界范围内的水体环境和土壤中均有分布，其宿主范围极其广泛，几乎所有的淡水鱼类均对该菌敏感。

【症状】主要流行于夏季。不同规格的虹鳟均可感染，在水温 15℃时开始流行，到 20℃以上发病率明显升高，死亡率可达 50%以上。

病鱼在鳃、体表、吻、尾柄、鳍等部位形成病灶，患部组织发生糜烂、崩解、坏死及缺损等病变。外观表现为烂鳃、烂鳍、烂尾及吻部溃烂等。发病初期先是吻端、背鳍、尾鳍、胸鳍尖端外缘的上皮组织，形成黄白色小斑点状病灶，随后逐渐向基部扩展，最后鳍条分散，残缺不齐，吻端发白溃烂，体表患部周围发红，较重时皮肤溃烂，鳞片脱落。严重时影响病鱼摄食，甚至死亡。

【诊断】 通过症状进行初诊，通过细菌鉴定等方法进行确诊。

【防治】

（1）苗种放养前用5%食盐水浸泡3～5分钟，把好鱼体消毒关。

（2）病鱼用2%～3%的食盐水溶液浸洗10分钟后放回原池中饲养。

（3）全池泼洒二氧化氯，泼洒浓度为0.5毫克/升，泼洒时暂停微流水，2小时后恢复流水，每天上午泼洒1次，连用3天。

5. 细菌性肠炎

【病原】 病原体为点状产气单胞菌和嗜水气单胞菌，二者都是革兰氏阴性短杆菌，且都属条件致病菌。

【症状】 当环境骤变、水质恶化时，点状产气单胞菌和嗜水气单胞菌常会与其他菌（弧菌等）混合感染使病情加重，可引起鱼类大批死亡。病鱼食欲下降或不摄食，游动缓慢，常离群独游。解剖病鱼肠道充血、发炎，无食物，严重时肠道内充满淡黄色黏液，有时充血，肠道呈紫红色，肛门红肿。

【诊断】 通过症状进行初诊，通过细菌鉴定等方法进行确诊。

【防治】

（1）彻底排污清池，增大水的流量，保持水质清洁。

（2）不投喂变质饲料，投喂新鲜饲料，最好现配现喂。

（3）发病初期，在饲料中加3%～5%的大蒜素，投喂3～6天。

（三）病毒性疾病

1. 传染性胰腺坏死病（IPN）

【病原】 传染性胰腺坏死病病毒（IPNV）属于双RNA病毒科（Birnavirdate），水生双RNA病毒属（*Aquabirnavirus*），是鲑鳟鱼类的重要病原体之一。IPNV病毒颗粒呈正二十面体，无囊膜，单层衣壳，包含92个壳粒，直径为50～75纳米。

【症状】 IPNV最早是在美国北部发现，随后在欧洲以及日本等地发生流行，20世纪80年代传入我国。该病是一种严重危害虹鳟鱼苗、幼鱼的病毒性鱼病。在我国东北、山西等地均有流行，曾经造成90%的虹鳟稚鱼死亡。此病在水温10～15℃时流行，10℃以下、15℃以上发病较少，而且病较轻，死亡率低。发病后残存未死的鱼，可数年以上乃至终生成为带毒者，并通过粪便、鱼卵、精液排出病毒，继续传播。

在患病初期，虹鳟会出现食欲不振、体色变黑、反应迟钝等明显症状。经过30天后，鱼类开始出现死亡，一般个体大的鱼类率先死亡，且死鱼的腹部和胃部外凸，肠道内充满乳白色液体。经解剖后发现，鱼类的肝脏、胰脏具有明显病变和坏死症状。此外，死鱼还会出现眼球突出、鳍基渗血等病症。

【诊断】 通过症状进行初诊，通过免疫学方法进行确诊。

【防治】 该病目前无有效治疗方法，只能通过加强检疫、严格消毒的方式来降低发病率。因为该病主要危害20周龄以内的幼鱼，所以可对进行产卵、鱼苗孵化及培育的水体进行消毒处理，切断感染源的传播途径。当感染此病后，可以通过控温方法控制病情（如国外将病鱼放在5～6℃水温中饲养，以控制病情），同时增加溶氧，改善养殖环境也能适当降低鱼类死亡率。

2. 病毒性出血败血症（VHS）

【病原】病原体为病毒性出血败血症病毒（VHSV），该病毒是一种弹状病毒。

【症状】该病流行于冬末春初，水温6～12℃时发病较多，水温升到14～15℃时，发病少且逐渐消失。鱼种和1龄以上的虹鳟对该病较敏感，累计死亡率高达80%。而鱼苗和亲鱼很少发病。该病通过病鱼和带病毒鱼的尿、粪、鱼卵及精液排出病毒，在水中扩散传播。

该病根据发病时间和症状可分急性型、慢性型和神经型三种类型。急性型：发病迅速，死亡率高。病鱼体色发黑，眼球突出，眼和眼眶结缔组织及口腔上颚充血，鳃苍白或花斑状充血，肌肉和内脏有出血症状；有时胸鳍基部充血。慢性型：病程较长，死亡率低。病鱼体色发黑，眼球突出，鳃丝肿胀，贫血，肌肉和内脏有或无出血症状。神经型：主要表现为病鱼运动异常。在水中时而静止或沉入水底，时而激烈或挣扎地做旋转运动；病鱼腹壁收缩，体表症状不明显；病程较长，死亡率较低。

【诊断】通过症状进行初诊，通过免疫学方法进行确诊。

【防治】该病尚无有效的治疗方法，但可以采取一些措施降低发病率和死亡率。可采取提高水温的办法控制该病的发生。

鱼卵消毒：采用0.05%的聚乙烯吡咯烷酮碘剂洗浴15分钟，可达到完全消毒。

（四）真菌性疾病

1. 水霉病

【病原】病原多为卵菌纲（Oomycetes）中水霉属（*Saprolegmia*）和绵霉属（*Achlay*）的一些种类。水霉广泛存在于世界各地的淡水或半咸水水域及潮湿土壤中，对宿主无严格选择性，水产动物及其卵都可被感染。

【症状】水霉病为淡水养殖中常见的寄生性疾病，对宿主无明显选择性，在水生生物的各阶段都有发生。对各种饲养鱼类，从鱼卵至成鱼都可感染，对鱼卵和幼鱼危害尤其严重，密养池更易生长。水温在15～20℃时极易发生该病，并迅速蔓延。

鱼受伤时，水霉菌的动孢子侵入鱼体伤口，吸取皮肤里的养分，迅速萌发，并向内向外长出菌丝，当受伤较深时，霉菌可向内深入肌肉。菌丝与伤口的细胞组织缠绕黏附，同时能分泌蛋白质分解酶分解鱼的组织，从而造成组织坏死，刺激鱼体分泌大量黏液。向外生长的菌丝似灰白棉毛状。病鱼表现焦躁不安，运动失常，皮肤黏液增多，食欲减退，最后衰弱而死。鱼卵孵化过程中发生此病时，受伤的鱼卵上菌丝像根状物侵入卵膜，外菌丝穿出卵膜呈辐射状浸入水中，形成一个白色绒球，严重时造成鱼卵大批死亡。

【诊断】通过症状进行初诊，通过显微镜观察即可确诊。

【防治】

（1）用生石灰清塘。捕捞、转运和放养时，避免鱼体受伤，注意合理的放养密度。

（2）亲鱼在人工繁殖时如果受伤，可在伤口处涂擦适量的磺胺类药物软膏或碘酒。

（3）五倍子煎熬取汁，按五倍子质量浓度2～4毫克/千克全池泼洒。

（4）鱼卵孵化时要选用水杨酸每隔一定时间消毒一次。

（5）孵化期间可用 1 000 毫克/升的过氧化氢进行浸泡来防治水霉病。

2. 虹鳟内脏真菌病

【病原】虹鳟内脏真菌病是虹鳟、大麻哈鱼等鱼种的内脏被蛙粪霉、异枝水霉、半知菌类等真菌感染所引起的一种鱼病。

【症状】我国辽宁省饲养的虹鳟鱼种，以及日本、美国饲养的虹鳟、大麻哈鱼的鱼种均会感染该病，死亡率高。

病鱼的腹部明显膨大，剖开鱼腹，用显微镜检查，可以看见消化道、肝脏、脾脏、肾脏、鳔、腹腔、体壁内有大量真菌寄生。我国至今只发现真菌寄生在虹鳟的消化道内，主要为肠道后部，近肛门处最密集；少数病鱼在胃内也可检出菌丝体。日本发现的异枝水霉，最早感染部位是胃的幽门处，菌丝在该处的肌层内大量繁殖，侵入胃黏膜层内的菌丝较少，一般黏膜层破坏不严重；也有的菌丝通过胃壁伸到腹腔内，大量繁殖，引起腹腔内出血、积水，腹腔内的菌丝集落大多出现在胃下部的周围，菌丝甚至可侵入腹膜、骨骼肌以及皮肤，但几乎没有菌丝穿过活鱼的皮肤而伸出鱼体外（即使是临死的鱼），也很少有菌丝侵入肝脏、肾脏、脾脏、肠等部位。半知菌类真菌最初感染部位是鳔或胃贲门部附近的胃壁，侵入胃黏膜层的不多，伸入腹腔的菌丝常侵入肝脏、肾脏等内脏，甚至侵入肌肉；菌丝在鳔内生长很旺盛；受菌丝侵袭的内脏器官、肌肉发生坏死、解体；菌丝群落主要出现在胃前部附近的腹腔内。

【诊断】通过症状进行初诊，通过显微镜检查即可确诊。

【防治】预防的关键在于保持水质的清新，如水质发生变化，可选用光合细菌、增氧底保净等调水质产品调节水质。

治疗措施：

（1）全池泼洒水杨酸或聚维酮碘溶液、二氧化氯等消毒剂。

（2）全池泼洒高碘酸钠溶液与二氧化氯，内服大黄等中草药。

（3）五倍子煎熬取汁，按五倍子质量浓度 2～4 毫克/千克全池泼洒。

主要参考文献

窦玉龙，吴立新，2021. 虹鳟鱼营养与摄食研究进展［J］. 中国水产（4）：65-71.

刘澧津，1996. 虹鳟［J］. 水产学杂志，9（1）：73-75.

唐嘉嘉，李诗钰，李安兴，2020. 鲑鳟鱼类寄生虫病研究进展与展望［J］. 渔业科学进展，41（6）：200-210.

王炳谦，谷伟，徐革锋，2021. 虹鳟“水科 1 号”［J］. 中国水产（10）：90-95.

张峰，权生林，2015. 虹鳟鱼人工繁殖和养殖技术［J］. 水产养殖，36（12）：22-24.

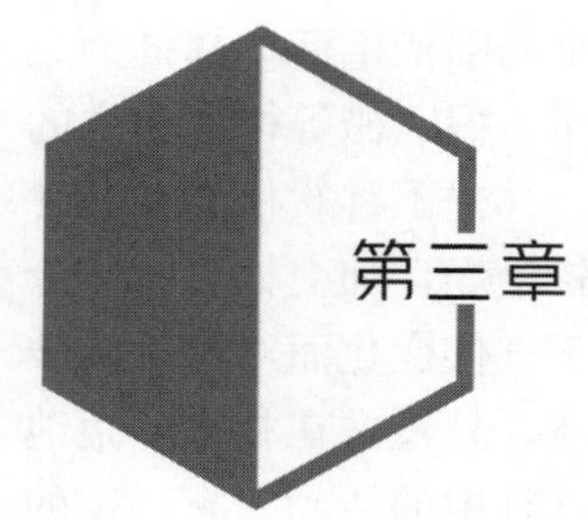

第三章 林　蛙

第三章彩图

第一节　品种概况

林蛙，又称哈士蟆、油蛤蟆、田鸡等。其药用部位为去内脏的全体和雌蛙的干燥输卵管，药材名分别为哈士蟆和哈士蟆油（也叫林蛙油），国际市场上，哈士蟆油价格已达每千克 3 000 元以上，有“软黄金”及“动物人参”之称。

林蛙全身都是宝，是一种适合男女老少的滋补保健品。其干燥全体具有滋补强体作用，主治虚痨咳喘、体弱等病。其腿肉鲜嫩细腻，营养可口，属“高蛋白、低脂肪、低胆固醇”的“双低一高”健康肉类。蛙卵的氨基酸和维生素含量丰富，含有的核糖核酸酶具有抗肿瘤作用。蛙皮内含有较为丰富的生物活性分子，被称为“生物活性肽和生物胺的巨大储存库”，并且这些广谱抗菌活性小肽具有在不破坏生物正常生理细胞的同时，将癌细胞杀伤的作用。林蛙油营养极为丰富，蛋白含量达 50%以上，含 18 种人体所需氨基酸，对机体有特殊功能的油酸含量为 28%、亚油酸为 13.2%、亚麻酸为 17.6%；含雌二醇、孕酮、睾酮等激素及丰富的维生素 A、维生素 D、维生素 E、β-胡萝卜素；还含有丰富的钙、磷、钾、镁、钠、铜、铁、猛、锌、硒、碘、铬、钴等矿物质元素。林蛙与猴头、熊掌、飞龙并称“四大山珍”。剥林蛙油后的残体，可作为毛皮兽如水貂、紫貂的饲料，也可加工成林蛙蝌蚪的饲料。

在林蛙资源日益锐减，林蛙产品供不应求的情况下，大力开发林区林蛙资源，培养、扶持林蛙养殖，对于繁荣林区经济、培养新的经济增长点、拓宽人员分流渠道、解决就业等有着重要的现实意义。

林蛙主要以昆虫为食，并且其所食的昆虫绝大部分为有害昆虫。据统计，1 只林蛙 1 年能捕食各种害虫 3 万多只。它还采食传播疾病的动物和寄生虫的中间宿主如蝇等。另外，林蛙主要生活在针阔混交林下，林区害虫成为其生长所需的食物。林蛙有著名的“森林卫士”之称，尤其对于林区森林虫害的防治有重要的生态学意义。

一、生物学特征

（一）林蛙的生活史

林蛙是典型的水陆两栖动物，其生活史主要可分为森林生活期、冬眠期和繁殖期三个时期。5 月初至 9 月下旬为森林生活期，林蛙生活在阴湿的山坡林间、农田、草丛中。9 月底至翌年 5 月间为冬眠期和繁殖期，营水栖生活。

1. 森林生活期 林蛙成蛙春季繁殖后，经短暂的生殖休眠，5 月初即开始进入山林，转入夏季森林生活期，直至 9 月下旬，气温降到 10℃左右结束。

林蛙与青蛙等其他蛙类不同，夏季必须栖息在森林中，营完全的陆栖生活。林蛙栖息的森林类型主要为阔叶林。在东北，主要栖息在以桦、柞、杨、榆、椴、槭等树木为主的杂木林中；在长白山一带，针阔混交林也是林蛙栖息的主要林型。林蛙不喜欢栖息在针叶林中，尤其是落叶松。这种林下缺少灌木及草本植物层，地面比较干燥，加上松林特殊分泌物，林蛙很难在其中生活。林蛙不仅对森林类型有选择性，由于气候变化而对森林的坡向也有一定的选择性。春季刚进入森林时，林蛙多喜欢栖息在阳坡，且经常在林缘、荒地里活动；盛夏时林蛙多转到阴坡，生活在阴坡的森林中。林蛙在森林中的活动，有一定的范围和规律。通常以其冬眠和繁殖的水域为中心，一般不超出 3 千米。

林蛙在森林生活期，大致可分为上山期、森林生活期和下山期三个阶段。

(1) 上山期　生殖休眠过后，5 月初到 5 月中下旬为上山期，林蛙从山脚下向山上移动。历时 20～30 天。两年生幼蛙 4 月末从冬眠河流出来后，在陆地土壤中经过短暂休眠，与成蛙同时进入森林。一年生幼蛙从 6 月中旬变态后，经 15 天左右，即广泛分布于山林之中。

林蛙喜欢沿潮湿的植物带上山，缺乏植物带时，林蛙可通过农田进入山林。农田对林蛙通过十分不利，尤其大片农田对幼蛙更是天然障碍，当遇到干旱缺雨，幼蛙很难通过大面积农田，常因干旱而死亡。

(2) 森林生活期　从 5 月中下旬到 8 月末为林蛙的森林生活期。此期林蛙分散栖息在森林各处，主要生活在阴坡的林下。6、7、8 三个月是林蛙摄食最旺盛的时期，也是林蛙一年中主要的生长发育时期。

林蛙在森林生活期的活动，与青蛙有所不同。其摄食时间集中在 8 时至 15 时，夜间不捕食。炎热时，中午的高温时间段，林蛙会潜伏在草丛或落叶层下，基本不活动。

(3) 下山期　9 月开始，天气逐渐变冷，当气温下降至 15℃以下，林蛙开始从山上向山下移动，9 月 15 日左右，大多数林蛙已移动到山下沟谷、沿河流两岸的森林草丛、甚至附近的农田。当气温下降到 10℃左右，林蛙即陆续入水冬眠。

2. 冬眠期 冬眠期从 9 月中下旬到翌年 4 月初或中旬，约 6 个月。冬眠主要受温度变化影响，气温 10℃以下时开始冬眠。冬眠期可划分为入河期、散居冬眠期、群居冬眠期和冬眠活动期四个时期。

(1) 入河期　9 月下旬到 10 月初，为期半个月。此时林蛙陆续从陆上进入水里过冬，气温和水温均须在 10℃以下，否则林蛙不入水冬眠。正常情况 50%以上的林蛙入河主要集中在 1～2 天夜晚。但当不降温、降温过早或过晚等不适宜的气象条件出现时，林蛙集中入河的现象不明显或不出现，而是分散陆续入河。

整个入河期，林蛙在水中的生活是不稳定的。水温高出 10℃时，林蛙则重新登陆上岸活动，甚至开始吃食，或潜伏在水边的石块下面。待温度下降，林蛙再进入水中生活。此期林蛙营水陆两栖生活。

(2) 散居冬眠期　10 月初至 11 月初，约 1 个月。此期特点是分散冬眠，林蛙分散栖息于河流各处，常单独分散潜伏于小河、溪流的较浅水域石块下、沙粒之间，或钻进河岸边水下树根间及水草间。此时期林蛙经常变更生活场所，寻找新的更适宜的冬眠场所。

（3）群居冬眠期 11月之后至翌年3月中下旬，约5个月。整个生活过程中，只有此期林蛙具有明显的集群现象。集群现象即集体冬眠是林蛙冬眠的特点，是特殊的冬眠现象，也是林蛙真正意义上的冬眠期。十几只甚至成百上千只的林蛙集中到一个冬眠场所，相互拥挤堆积成一个蛙堆或蛙团。这样有利于降低新陈代谢，减少体内物质消耗，对保证林蛙安全过冬、保证生殖细胞的发育成熟，都有重要的生物学意义。

实际上集群冬眠仅是林蛙中的一部分，尚有相当大数量的林蛙仍散居冬眠。与散居冬眠期不同的是，群居冬眠期的栖息环境集中在深水区或不结冰的缓水区。一般正常情况下，林蛙能比较准确地找到安全的越冬地点，不至于因河水干涸而死亡。但个别情况或特殊干旱缺水年份，会出现因河水冻干，造成大量冻死现象。林蛙在群居冬眠期，处于深沉的冬眠状态，不经人为触动，一般不出来游动。但有人翻开石块或触动蛙体时，林蛙仍能较快地苏醒，并缓慢游动。

（4）冬眠活动期 3月末至4月上旬，约10天。此期主要特点是林蛙处于活动期，冬眠群体分散，分散冬眠的林蛙也从冬眠场所出来，在河里短距离游动，但不上岸，仍在水中生活。从生理活动上看，雌蛙处于跌卵期，卵细胞从卵巢跌落体腔，经输卵管进入子宫，雄蛙精巢发育，精子大量发育成熟，为繁殖期做好生理准备。林蛙生殖腺的变化，可能是促使其在水里活动的主要因素。幼蛙的冬眠方式与成蛙冬眠有所不同。幼蛙没有集群冬眠现象，也没有冬眠活动期。

林蛙除了水下冬眠外，个别可能有地下或枯枝落叶层冬眠的现象。原因可能是气候因素的变化如秋季干旱少雨，林蛙难以集中下山入河；或秋季气温突然下降，冰冻提前出现，林蛙来不及下山，被迫转入地下冬眠。

3. 繁殖期 每年的4月初到5月初，约1个月，是林蛙出河、配对和产卵的时期，即繁殖期。

（二）林蛙的食性

中国林蛙在不同生长发育时期食性差别很大，蝌蚪期食性为杂食，变态后为肉食性。

1. 蝌蚪期食性 自然状态下蝌蚪属于杂食性，其食物可分为动物性和植物性，但以植物性食物为主，共25～30天。采食第1周主要吃卵胶膜，之后摄取植物及人工饵料。25天前后，是食量最大的时期，到变态前1周停止摄食。蝌蚪的植物性食物种类主要包括藻类、水生植物的嫩芽、落于水中的嫩草、烂叶等；动物性食物种类包括动物尸体如死蛙、死鱼、死河蛙、死昆虫等，蝌蚪也会吞食少量浮游动物。

2. 林蛙的食性 林蛙的视觉器官只能对活动的物体产生反应。幼蛙个体小，跳跃力差，所选择的食物种类也少，其中蚊蚋类、小型蜂类及小型昆虫、蚁类较多，而成蛙多捕捉较大的蝗虫、蚯蚓以及软体动物蜗牛等，这可提高觅食效率，对其生长和繁殖也很有利。

林蛙和青蛙一样，吃食时不用牙齿咀嚼，而将食物整个吞下去。舌是捕食的主要器官，生在颌下前端，舌尖游离，当发现食物时，能迅速将舌伸出口外，扑向食物。由于舌体分泌黏液，将食物黏住，舌头翻卷收回口腔。林蛙不仅食性广，而且食量大，几乎不加选择地捕获一切能捕捉到的昆虫。

二、常见品种

林蛙属脊索动物门、脊椎动物亚门、两栖纲、无尾目、蛙科、林蛙属。在我国的分布记录中有 8 种，即中国林蛙、黑龙江林蛙、日本林蛙、峨眉林蛙、昭觉林蛙、桓仁林蛙、阿尔泰林蛙、中亚林蛙。这些林蛙中，中国林蛙体型最大，经济价值最高。

1. 中国林蛙　为国家二级保护动物。在我国的东北地区主要有三大地理分布区系，即长白山区系、小兴安岭区系和大兴安岭区系。在吉林省林区分布广泛，数量最多。此外，辽宁、黑龙江、内蒙古、甘肃、青海等地区也有少量分布。由于野生资源的日益减少，中国林蛙已被世界自然保护联盟列为濒危物种。

其体型肥大且匀称，外形像青蛙，雌蛙体长 71～90 毫米，雄蛙较小，头部较为扁平，头长略小于头宽，呈锐角三角形；吻端钝圆；鼓膜处有近似三角形黑色斑。背侧褶与额部褶成曲折状，较为不平直，体背为黑色或黑褐色，并伴有黑斑；背体上有“人”字形的明显黑色斑纹，四肢背侧有数条黑色横纹，背部大腿处还有细小的疣突。雌蛙腹面多为黄白色夹杂橙黄色斑纹，雄蛙腹面则为灰白色略带褐斑。雄蛙前肢粗短，强壮有力，拇指内侧有发达的瘤状婚垫，常呈黑色或灰色；雄蛙有一对内声囊在咽侧下部，也是性别判定的根据（图 3-1）。

图 3-1　中国林蛙

东北的中国林蛙不仅蛙油产量高且质量好，冬眠初期输卵管占体重的 15%～20%，一直被认为是正宗的哈士蟆，目前市场上的哈士蟆油主要产于东北。

2. 黑龙江林蛙　主要分布在我国辽宁、黑龙江、吉林，国外分布于俄罗斯、朝鲜。体长 70～80 毫米，头较扁平，吻端钝圆而略尖，眼大小适中，前肢短而粗壮，后肢较短，皮肤粗糙。身体颜色变异较大，雄蛙背部及体侧一般为灰棕色微带绿色，有的为褐灰色或棕黑色；雌蛙多为红棕色或棕黄色（图 3-2）。

3. 日本林蛙和峨眉林蛙　主要分布在我国中南部，和中国林蛙的明显区别在于日本林蛙背侧褶自眼后角直达胯部，褶成一直线；峨眉林蛙侧褶不成直线。日本林蛙和中国林蛙相比，体型相对较小，雄蛙体长 48 毫米左右，雌蛙体长 54 毫米左右；趾间蹼均不达趾端，缺刻深；雄蛙婚垫扁平，基部两团略分，刺细灰色（图 3-3）；繁殖期在 1—4 月。

图 3-2　黑龙江林蛙

图 3-3　日本林蛙

峨眉林蛙原定名为日本林蛙，其与日本林蛙的主要区别在于峨眉林蛙繁殖期在 8 月下旬至9月中旬，且个体较大，雄蛙体长60毫米左右，雌蛙体长67毫米左右，趾间蹼发达，雄蛙第一至第三趾外侧和第五趾内侧的蹼达趾端，缺刻浅，雌蛙略逊。雄蛙婚垫发达，基部两团大，分界明显，密布白色刺粒，背面一般为黄色。

4. 昭觉林蛙　分布于四川、陕西、贵州和云南山区，生活于海拔1 150～3 340米的山岭地带近水域的草间或树林内。体中等大小，雄蛙体长56毫米，雌蛙体长59毫米。头长略大于头宽；吻端尖圆，吻棱明显；皮肤平滑，极少数背部和体侧有或长或圆的疣粒。生活时颜色有变异，背面一般黄棕色、棕色或深棕色，散有橘红小点；两侧褶间有隐约可见的不规则斑纹；两眼间有横纹；体侧蓝灰色，疣粒上显黑色不规则的小斑点；四肢背面有黑色或黑绿色横斑（图3-4）。

图3-4　昭觉林蛙

5. 桓仁林蛙　是20世纪90年代刘明玉教授定名的新种，分布于辽宁省桓仁山区，在吉林省通化地区也有分布，俗称石蛙。其个体较中国林蛙小很多，雄蛙体长39.0～46.9毫米，雌蛙体长42.4～49毫米；形态上和昭觉林蛙相似，体背面有疣，其疣较黑龙江林蛙小；后腹部皮肤光滑，咽、胸及腹部色浅，灰色细斑点；背侧褶细窄而折曲，胫长于足，趾间全蹼（图3-5）。

图3-5　桓仁林蛙

6. 阿尔泰林蛙　分布于海拔1 300～1 500米的山地，国内仅发现存在于新疆维吾尔自治区布尔金河上游一带，国外分布于俄罗斯和哈萨克斯坦的阿尔泰山及附近草原。

第二节　饲养管理

当前，林蛙养殖模式主要有半人工养殖、全人工养殖、人工综合养殖三种。半人工养殖包含封沟养殖和围栏养殖。封沟养殖是把沟和山林封起来，达到水丰林茂，越冬池的下方用塑料布围到两山的半山腰，使林蛙在此环境中活动，同时人工孵化蝌蚪、喂养，以提高效益；围栏养殖主要是把孵化池、越冬池、山林全部用塑料布封起来，采用自然孵化、人工管理、补充食物等方法，提高林蛙回收率。全人工养殖是将林蛙的产卵、孵化、蝌蚪喂养、变态、幼蛙及成蛙喂养、越冬等一系列过程都在人为控制下进行，优点是成蛙回捕率高，但养殖成本比较大，仅为试验阶段，技术不完备，效果不确切，对产品及动物本身的影响不明确，有一定风险。人工综合养殖是根据当地的自然环境条件和养殖者的经济能力进行养殖。自然条件好时，以半人工养殖为主，对于经济条件好的养殖者可同时辅以对成蛙的全人工喂养，以及进行人工围栏养殖；缺乏自然资源环境条件时，经济能力充裕的养殖者可通过人工创造适合林蛙生存的环境，进行全人工养殖，一般对当年幼蛙不进行人工养殖，以降低成本，提高养殖的经济效益。

一、场址选择

（一）林蛙养殖场的选择

选址的原则是养殖场地必须具备中国林蛙生物学特性的基本要求，即适宜林蛙生活的天然场所作养蛙场，必须有清洁的溪水、茂密的森林、充足的食物和隔断的大山。而自然状态下没有林蛙分布的场所不能作为养蛙场地。

1. 水源 必须有充足、清洁无污染的水源，在冬季最严寒的季节，水源上层结冰，下层还要有流水，能保证林蛙安全越冬。最好选择具有常年溪流的小流域，夏季作为控制蛙群活动的水源，冬季作为越冬水源，春季作为繁殖用水。有些山沟比较短，具有季节性溪流，也可选作养蛙场，春夏秋三季有水，冬季采取人工修建越冬池贮水越冬。以江河水库作为养蛙场的水源也可。

2. 植被条件 是养蛙的重要条件之一。主要考虑森林类型和林下植被，养蛙场应选择阔叶林或以阔叶为主的针阔混交林地带，不能选择大片针叶林，特别是落叶松为主的林地，同时要考虑林相结构，如森林的层次、密度和年龄都要适当，最好有乔、灌、草三层遮阴的林地，要保证林下光线暗淡、湿度大、盛夏季节温度低，郁闭度 0.6 以上。上层林主要树种有榆树、椴树、杨树、柞树等，下层林有适当的灌木丛如忍冬、软枣、山梅花、榛树等，有适当的杂草，地面有较厚的枯枝落叶层，这样能为林蛙提供充足的食物如昆虫和小动物，又有利于林蛙的活动取食，保证林蛙的陆栖生活。

3. 山岭 林蛙在进化史上适应于山地森林生活，因此为防止养殖的林蛙外逃，以自然形成的山沟作为天然围墙，“两山夹一沟”或“三山夹两沟”的小流域，作为养殖场地，沟长 2 000～10 000 米，沟宽 200～500 米，过宽导致幼蛙上山消耗能量，过窄导致阳光不充足，不利于沟内河流温度的提高。坡向以东南向或西南向为宜。

4. 食物 林蛙生长速度取决于食物是否充足及种类的多少，所以养蛙场内及周围要有大量的昆虫繁生，以保证林蛙生长捕食之需。成蛙的食物有蜘蛛、蝗虫、蜗牛、蛞蝓、苍蝇、蚊子、蝼蛄、蛾蝶、金龟子、蚂蚁、蟋蟀、螟虫、瓢虫等；幼蛙和成蛙食物基本相同，但只是捕捉体长 12 毫米以下的小型昆虫而已。

（二）林蛙养殖场的修建

蛙场的基本建设主要是产卵孵化池、蝌蚪饲养池、变态池、晾水池、越冬池、围栏、遮阴和喷雾设施。另外要建设临时房屋及饵料饲养加工车间。

1. 产卵孵化池 是每年春季成年雌雄林蛙出蛰后进行抱对、产卵、孵化的场所。由于林蛙出蛰时气温较低，并且林蛙产卵后要进行生殖休眠，因此产卵孵化池应修建在河流一侧、离冬眠池很近、阳光充足、地势较平坦的地带。

产卵孵化池面积以 10～20 米^2 为宜，应窄一些，便于捞取卵团，长 5 米或 10 米、宽 2 米、水深 20～30 厘米即可。有渗漏水的地方可以铺设塑料薄膜，并在池周围修筑宽 0.6 米、高 0.5 米的土埂。进水口与排水口都建在池的一侧，使池内形成大面积静水区，还可提高水温。进、排水口要设纱网，防止蝌蚪顺水流出。为防止早春低温的侵袭，人工孵化蛙卵时可在孵化池上架设塑料棚。白天气温高时打开塑料膜，通风散热，晚间气温低时盖好塑料膜。

孵化池的数量可依据具体生产规模而定，一般以每平方米放置 5～6 个卵团计算。

2. 蝌蚪饲养池 是繁殖场的主体部分，面积以 30～40 米^2 为宜，占繁殖场面积的 80%～90%，池水深 30～40 厘米，水池中间建一个深 30 厘米、直径 50 厘米的圆形安全坑，内衬塑料薄膜，用石块压实，以防浮起，一旦水池供水中断时，蝌蚪能自动集中到安全坑里，可避免因缺水而死亡。另外，水温低或遇到低温天气时，蝌蚪也能躲进安全坑，此时安全坑起到保温避寒作用。进、排水口可呈对角线设置，并安装防逃纱网。饲养池每平方米可投放蝌蚪 1 500 只左右。

3. 变态池 是根据林蛙变态发育的生物学特性，在其变态发育阶段，使幼蛙能顺利登陆上岸而设置的水池。每圈设一个变态池，其位置通常在蛙圈的中央区域。变态池的设置降低了蝌蚪饲养池的蝌蚪密度和幼蛙死亡率，提高了成活率。

每池面积 10 米^2 左右。池底修成锅底形，中央深四周浅，中央水深 30～40 厘米，边缘水深 5～10 厘米，有利于蝌蚪变态。进、排水口设在池的一侧，使水沿池的一侧边缘流动，保持池水大部分呈稳定状态。

4. 晾水池 可以为养蛙生产储备温度适宜、水量足够的生产用水。应建在地势较高的地带，以方便池水的排放，供养蛙生产之需。晾水池的蓄水量应视生产规模和用水量而定，但晾水池的水位不宜超过 1 米。水位过深会使池水温度相对较低，与孵化池、饲养池内的水温差异大，对蝌蚪的孵化与饲养不利，甚至造成蝌蚪死亡。如蛙场内有天然的小溪、池塘、人工鱼池等，也可取代晾水池，供林蛙养殖生产之需。但必须确保水质优、水温宜、水量足、溶氧高。

5. 越冬池 又称冬眠池，供成蛙、幼蛙冬眠，一些天然的水泡、水库或较大的山涧溪流或江河是林蛙的天然越冬池。养蛙场应根据需要决定所建越冬池的数量。池的大小可根据养殖量而定。越冬池的池水深度保持在 2.5 米以上，冰下水深要保持在 1 米以上，池底要有一些树根、石块、瓦片等作为隐蔽物。

越冬池必须在林蛙秋季下山的地方或附近。同时入水口要修建防洪设施，及时排除山涧洪水，以防冲毁越冬池。另外，进行全人工养殖，尚需修建幼蛙成蛙的防逃设施、遮阴及补湿装置和人工饵料的生产设施。

6. 围栏 是除产卵池、孵化池、饲养池和冬眠池之外的又一重要基础设施，用以防止养殖场内的林蛙大量外逃。建栏的方法很多，如围墙法、挖沟法及塑料布围栏法等。目前普遍采用的是最简便经济的塑料布围栏法。即塑料薄膜地上部分高 90 厘米左右，地下部分埋实，不能留有空隙，每隔 3 米打 1 个木桩，再用塑料布围起来。

7. 遮阴和喷雾设施 蛙圈内距离地面 0.5～1.5 米处设喷雾和遮阴装置，可用遮阴网、竹帘、草帘或树枝等遮阴，郁闭度控制在 0.7 左右。在蛙场周围栽植阔叶林，池内栽植高棵大叶植物，防止日光直射蛙体，池内种植杂草以招引昆虫，同时也利于林蛙隐蔽栖息。由于树木不能迅速成荫，可在养殖场内栽 2 米高的木桩、竹竿、水泥柱或铁管，上面用铁丝相互牵拉，栽种良种葡萄，然后再种植爬藤植物如丝瓜、南瓜等遮阴。另外养殖范围内除孵化、越冬池以外的陆地都要栽种花卉、树木、中药材等灌木丛甚至蔬菜等绿色植物。夏秋高温，土层表面干燥时可采用喷雾器人工喷雾控制湿度，但雾滴不要太大，避免落到林蛙身体而对林蛙造成应激。地表温度最好控制在 30℃ 以内。每块场地的中间地面要略高于周边，渗水性能要好。

二、营养与饲料

1. 饵料的种类及加工 蝌蚪的饲料可分为植物性饲料和动物性饲料两种。以植物性饲料为主，动物性饲料为辅。植物性饲料包括藻类、水生植物的嫩芽、植物的鲜嫩茎叶、玉米面、豆饼粉等，需煮熟后喂食；动物性饲料包括猪、牛、羊等动物的肉以及内脏、鱼粉、鸡蛋、骨粉等，以煮熟为好，有些较松软的肌肉如鱼肉也可直接生喂。

2. 饵料的投放 孵化后的蝌蚪第5天开始投饵，开口料最好用蛋黄水，每1万只蝌蚪投喂1个蛋黄水，每天1～2次，清晨和傍晚全池泼洒。5天以后可投喂煮熟的青菜、玉米面、豆饼粉等。待蝌蚪长至20天，进入其生长发育旺盛时期，食量增加，此时除增加饲喂次数外，可加喂动物性饲料，与植物性饲料按1：2配比混合磨碎熟制后方可投喂。蝌蚪大概40～50天进入变态期，停止摄食，此时可停止投喂。

投饵量和次数要根据蝌蚪大小和蝌蚪多少灵活掌握，每日通过对蝌蚪投喂食物的采食情况的观察，及时调整投喂量，以足量又不剩余为原则，要多点投放。

投饵方法：投饵时可将饵料堆放在水池边缘或将饵料装在饵料台上，饵料台可用宽10厘米、长30厘米左右的薄木板固定在水中。

饲喂蝌蚪要定时定点，同时饲料要保质保量。料量不足时，蝌蚪相互残杀，一般体型大的蝌蚪会咬小的或几只围攻1只，直至将其吃掉。料量过剩时严重污染水质，引起池水溶氧量降低，易造成蝌蚪大量死亡。

三、饲养管理要点

（一）蝌蚪池消毒

蝌蚪摄食完卵胶膜后移入蝌蚪饲养池饲养。蝌蚪池在放养之前，要严格做好清池消毒工作。将蝌蚪池放干水，清除杂草、垃圾、池周附生物等，清整干净，安装防逃网防止蝌蚪逃跑及防池漏水。消毒可按饲养池每平方米水面用生石灰250～300克或漂白粉30克化浆，全池泼洒消毒，消毒7天后待药效消失方可放入蝌蚪。

（二）日常管理

1. 灌水 水是蝌蚪生存的必要条件，池水管理是蝌蚪期管理的重点，概括为“水质、水量和水温”。人工养殖蝌蚪的数量大，代谢物和残饵使池水很快污染，水中溶氧量下降，因此必须采用灌水技术才能不断排出污水，灌入净水，保证蝌蚪正常生长发育。

灌水方法分为单灌法和串灌法两种。单灌法即单灌单排，每个池子由灌水支渠直接灌入新水，其废水直接泄入排水渠。单灌法优点是每个池子灌入的水都新鲜纯净，换水速度快，水中溶氧量高，水质不受其他池中蝌蚪排泄物的污染，适于蝌蚪生长的中后期使用。串灌法即数个池子连在一起灌水，甲池由支渠灌入水，经由乙池、丙池等，再排出池外。串灌法优点是节省用水，并且后面池子水温较前面池子高，比单灌单排法容易提高水温。但此法可导致下游的池水受上游池水的污染，水中溶氧量低，对蝌蚪生长不利，因此串灌时池子不能过多，一般以3个池子串联为限。

蝌蚪生长初期（15日龄内），气温较低，需氧量少，密度不大的时候一般用串灌法。白天为提高水温，应灌约10厘米的浅水，夜间为保温应灌20～30厘米的深水，且池子进、出水口在同侧，保证水的温度和池内水的相对稳定。阴天也要加大灌水量，使水深达到 50 厘米左右，起到保温、防止结冰的作用。每天的 14—15 时进行灌水。蝌蚪生长后期（15 日龄后），体长和体重增加，食量大，气温升高，蝌蚪耗氧量增加，应采用对角线式单灌法，加大灌水量，增加换水速度，既能降低温度又能保持水质清洁，提高含氧量。也可通过灌水来预防低温冷害和热损伤的可能。出现低温时，水深要达到 30 厘米以上，即可避免冷害；6 月要防止热损伤，提高排水口，更深的含水层能达到冷却的目的，防止水温超过 28℃时造成的蝌蚪死亡。蝌蚪期灌水即要防止断水，还要预防洪水损毁养殖池，造成蝌蚪大量流失。为防止蝌蚪顺水口流失，进水口和出水口都要安装拦网。

无论采用哪种排灌方法，都要经常检查池内水质状况。池水干净透明、蝌蚪活动及池底泥沙清晰可见，说明水质良好；否则说明水质不良，应及时排灌。正确判断水中溶氧量也是排灌技术的关键。晴朗的白天，蝌蚪安静地取食、游动等，表明溶氧量充足；如蝌蚪在水上层游动，一部分蝌蚪时而穿出水面吞食空气，时而沉入水下，说明水中溶氧量不足，灌入新水即可恢复正常；如大批蝌蚪漂浮在水面上，身体直立，口部突出水面，长时间吞空气，并且由于蝌蚪反复吞吐空气，水面上留下一层气泡，表明池水严重缺氧，时间稍长蝌蚪就会大批死亡，则必须立即大量注入新水，排出废水。如此时排灌有困难，应立即把蝌蚪移入别的池里饲养。蝌蚪生长期间池水不能干涸，要经常清理安全坑内的淤泥，以防断水时蝌蚪能进入安全坑避难。

2. 巡塘　每天细心观察蝌蚪的摄食、活动及水质、病虫害等。当蛙卵孵化结束，即卵胶膜被蝌蚪吃完时，就应向池内喷洒一次防病和杀虫药。当发现蝌蚪出现长白毛、烂尾、打转、漂浮于水面、消瘦、肿胀等现象，或蝌蚪池内有龙虱、水蜈蚣、水螳螂等害虫时应及时使用高效、安全、无公害、无残留的杀虫杀菌药进行杀灭和治疗。

要经常检查池中的水位，及时清理沉积物，确保饲养池不断水、不臭水，严防污水及农药等的污染。池水 pH 为 6.5～7.0。每周要把池水彻底更换 1 次。

3. 密度调节　蝌蚪的放养密度要合理，并随时进行调整，以每平方米水面放养 1 000～2 000 只为宜。密度过大造成蝌蚪生长发育迟缓，成活率降低；密度过稀，浪费水面。

4. 确保同池蝌蚪的日龄一致　人工养殖蝌蚪时，密度高时易造成蝌蚪间大吃小的现象。蝌蚪开食后可以很快地咬破未孵化的卵膜，造成卵大量死亡。必须将同期的卵团放在同一孵化池内，以确保同池蝌蚪日龄的一致性。

（三）变态期饲养管理

蝌蚪 40～50 天后进入变态期，一般在 6 月 15 日前后，少数蝌蚪进入变态期，6 月 20 日前后，大批蝌蚪进入变态期，四肢长出，尾缩短，由鳃呼吸变为肺呼吸，这时就要在池中搭引桥，使变态的小蛙通过引桥爬到陆地上。方法是在池中多放一些树枝，树枝一头放入水中，一头放在池岸上。

1. 变态幼蛙的饲养　变态幼蛙刚上岸时，主要靠吸收尾巴营养生活，此时不必投喂饵料。上岸 7 天左右，当变态幼蛙散开、不集堆时，开始投喂饵料。变态幼蛙与成蛙在食物组成上没有原则性区别，主要不同的是幼蛙个体小，跳跃能力差，口裂很小，摄入的食物也较小，所以人工饲喂的黄粉虫不宜过大，以 2～3 龄幼虫为好。投饵区域应在变态池的岸边附近，投饵量宜多不宜少，随着幼蛙的逐渐生长发育，可逐渐投喂较大的饵料，投饵范围逐步扩大，最后将饵料投放到固定的饲喂台。

蝌蚪发育至变态期时，如幼蛙饲养圈内设有蓄水池（面积为 2～4 米^2），则可将变态期的蝌蚪直接捞取并转运到饲养圈的蓄水池中，令其自然完成变态，直接进圈饲养。

若饲养圈内没有蓄水池，则必须等幼蛙变态完毕，及时将其捕捉送到饲养圈内饲养。捕捉时最好用手操网，而不直接用手抓，以免损伤幼蛙。

另外，在蝌蚪变态期到来之前，要预先用塑料布将变态池围起，并要求围栏严实无缝隙，以防幼蛙逃跑。

2. 变态期的日常管理 6月中下旬，蝌蚪生长发育到40～50天，进入变态期，腹部收缩，出现前肢，且停止进食。蝌蚪在水中经常做上下垂直运动，并将头部浮出水面，这是蝌蚪由鳃呼吸变为肺呼吸进行的适应性锻炼。可以将蝌蚪从饲养池送往变态池，变态池水温以20～26℃为宜，水温低于15℃，蝌蚪四肢发育缓慢；高于28℃，蝌蚪易死亡。

蝌蚪进入变态期，在其尾巴还没完全被吸收时，常在水边活动，受惊吓时逃入水中，此时由鳃呼吸变为肺呼吸，而皮肤的呼吸功能还不完善，如不能及时登陆将有可能被淹死。因此，蝌蚪完全变态后，3天之内幼蛙必须上岸。为防止变态幼蛙干旱死亡，采取的措施有：在岸边设置一些如树枝、秸秆等遮蔽物的藏身之处，造成比较低温、湿润的生活条件；每天可根据情况对蛙圈进行喷水，保持圈内湿润，空气的相对湿度保持在70%～80%。

池埂上每隔2米放置一些豆腐渣、马粪、蒿草等物料，待其发酵腐烂后招引和繁殖小昆虫；也可事先种植蜜源植物招引昆虫以供幼蛙上岸捕食，保证充足的食物供应，促进变态幼蛙的快速发育，提高其成活率。

定期更换变态池内的水，保持池水清洁。一般情况下，可进行部分更换，既可保持池水较高的温度，利于蝌蚪变态，又能节省工时。做好天敌防治工作。蝌蚪变态期的天敌主要是鸟类和鼠类，要经常看管，驱赶麻雀，严防其啄食蝌蚪。大型家鼠及黑线鼠会捕食蝌蚪，可在变态池四周布设电猫或下毒饵。

（四）幼蛙、成蛙的饲养管理

1. 全人工养殖

（1）放养前准备 养殖区消毒可在日常喷水时定期加消毒剂来完成。一般可用百万分之五的高锰酸钾或百万分之三的漂白粉喷洒整个养殖区。撒完生石灰或漂白粉1周后才可把林蛙放入养殖场地。

放养密度可根据环境、人工饵料和天然饵料的丰富程度及越冬前预期长成的规格等灵活掌握。一般刚登陆的幼蛙放养密度为250～300只/米^2；1个月左右为150～200只/米^2；2个月左右为80～100只/米^2，成蛙商品蛙为40～60只/米^2，后备种蛙为20～30只/米^2。

（2）投饵量、时间及次数 幼蛙日投饵量初期按幼蛙群体总量的8%～10%投喂，之后根据幼蛙大小、水温和气温高低、饵料质量优劣和摄食情况灵活掌握。成蛙的日投饵量一般按成蛙体重的10%～12%投喂，视具体情况酌情增减。

根据自然条件下林蛙的捕食规律，4—7时和16—20时两个时段为林蛙的捕食高峰期，此时投喂最好，即每天投喂2次。投喂饵料要新鲜，品种多样化，营养全面，严禁投喂发霉变质饵料，投喂要定时、定质、定量和定位。将食物投放到固定地点，避免放在阳光直射的地方，当幼虫蠕动时，林蛙就会捕食。为避免活饵料死亡和逃逸，要注意投放数量，如饲喂黄粉虫时，每只成蛙投喂5～6龄的黄粉虫3～4条为宜。要多地点投放，且分布均匀，一般应尽量投放在林蛙经常活动的地方，以减少食物浪费。另外，喂养林蛙时，为降低饲养成本要人工补充饲料，如在幼蛙池附近堆放一些动物粪便、豆渣、秸秆等培养蝇蛆和繁殖昆虫，也可用黑布包住白炽灯，晚间利用黑光诱引昆虫，以及种植蜜源植物招引昆虫让林蛙采食。

（3）日常管理　注意天气变化，晴天少雨时要经常喷雾或洒水，保持场地湿润，一般喷雾时间在 10 时和 14 时。幼蛙、成蛙陆地生活期的适宜温度为 18～28℃。要加强防护，防止人畜等对围栏的破坏，防止野鸭、乌鸦、蛇、鼠等天敌的危害；建立林蛙防逃措施，幼蛙、成蛙养殖池均需设防逃障碍。阴雨天、大雾天，尤其大风、雷雨等恶劣天气下，要注意看护，以防损失。

2. 半人工养殖　幼蛙和成蛙的生长主要在陆地生活期进行，半人工养殖是当前林蛙养殖的主要模式，主要利用天然生态环境进行放养。放养场必须适合林蛙的生物学特性，距离越冬场不能超过 2 千米，与越冬池之间不能有较大的隔离带（大面积农田）。根据当地自然地理条件、人力物力、技术等具体情况确定放养场面积，小的几万平方米，大的数十万甚至数百万平方米不等。半人工养殖的优点是投资小，可结合承包荒山荒地进行生产；缺点是看管较困难，林蛙易逃逸。

（1）放养密度　不同养蛙场内的放养密度是不同的，要根据养蛙场的位置、大小及饵料的多少进行，一般每 667 米^2 山林可放养林蛙 1 000 只左右。幼蛙入林后，多活动于山坡的中下部，栖息于湿润凉爽的草丛间，多见于早晚活动。因此养殖场地要选择以天然阔叶林和针阔混交林为主的森林生态环境作为栖息场所。

（2）食物　半人工养殖的饵料来源于天然昆虫和人工投喂的昆虫，以天然昆虫为主。刚变态上山的幼蛙对外界不利因素抵抗力很弱，反应迟钝，特别是烈日暴晒或干旱常造成大批死亡。除了要在幼蛙池周围种一些树木和灌草丛，创造出阴暗潮湿的良好生长发育环境条件外，还需投放少量食物供其捕食。为减少饵料损失，要将食物放在木板或者用塑料布做成的投饵台上，对刚变态的幼蛙，要投喂小的幼虫，如刚蜕皮 2 次的黄粉虫小幼虫。当幼蛙能自主寻找食物时，就停止投喂人工食物，让其独立生存。成蛙可直接放养到山林。但为增加放养场内的昆虫数量，可用诱虫灯吸引昆虫，还可堆积一些动物粪便、蒿草等招引昆虫。

（3）日常管理　加强放养场地的巡视和看护，放养后要精心看护管理，除了防止人为偷捕外，要随时对林蛙的天敌如蛇鼠、黄鼬、水獭、狐狸等进行防范和驱赶，用声响、假人等赶走害鸟。

随时对人工辅助设施如防逃障碍、水池等检查维修，发现问题及时处理。

控制非放养蛙类的数量。蟾蜍、青蛙、树蛙等与林蛙有共同的食性和栖息环境要求，在饵料和生活空间上存在竞争。因此要随时将其成蛙和幼蛙捕出，移送到远离放养地的农田或林地中去，将其卵团和蝌蚪移送到远离放养地的水域中去，减少其放养地内的数量，避免与林蛙争夺放养场地的食物和空间。

（五）越冬管理

每年 9 月下旬至翌年 4 月中下旬，林蛙进入长达 6 个月的冬眠期。

林蛙越冬主要有越冬池水下越冬和地窖越冬两种方式。越冬池水下越冬的基本条件：低温（2～4℃），高氧（>5.5 毫克/升），微流（水体微弱流动）。第一，加深池水到 2.5 米以上，可保持底层水温，即使表层结冰也能保证林蛙的安全越冬。随时调整水位，防止严冬断水，保持冻层下有 1 米的深水层，最低不得少于 80 厘米，并且水要处于流动状态。

第二，注意池水渗漏现象的发生。第三，解决越冬池溶氧量不足的问题。准备好补水、增氧设备，如冰封期较长，冰上又有积雪，底层发生缺氧现象时应及时灌水、增氧，如没有增氧设备时则可在冰面上挖掘一定数量的冰洞，冰洞打在深水处，每 667 米^2 水面打一个长 3 米、宽 1.5 米的冰洞，顺着主风向排开，借风力的作用形成水浪，加速氧向水中溶解，从而提高补氧效果。为防止冰洞重新结冰，夜间可用草帘子覆盖起来。当蛙、鱼同池越冬时，为避免蛙鱼争氧，越冬鱼数量应控制在每立方米水体 0.2 千克，比正常量减少一半，并要尽量清除野生杂鱼，以减少耗氧量。另外，一定要及时清除池内冰上的积雪，增加池内阳光，增加氧气。第四，可在水池上 30 厘米处，覆盖塑料薄膜保护，使冰层不致过厚。

还要做好越冬前准备。经多年使用的越冬池，池底淤泥较厚，影响蓄水量，并积累有大量的林蛙致病菌和天敌虫害，越冬前要认真修整处理。将水池放开，清除池底淤泥，恢复到原池底层，池底在阳光下暴晒 20～30 天，杀灭部分病菌和害虫。注水前 20～30 天，用漂白粉或高锰酸钾对越冬池进行消毒，有效杀灭林蛙致病菌和水蛭、寄生虫等天敌虫害。并在河流里投放大石块。越冬池林蛙密度以 200～300 只/米^2 为宜。

越冬窖越冬即用一般的农家地窖，底部铺 25 厘米厚的泥沙土，放些枯枝、落叶、杂草，控制好温度、湿度，窖顶要留通气孔用于排放气体和调节温度，且要防止鼠害。窖内每周喷水一次，保持相对湿度在 80%～90%，窖内温度控制在 1～5℃即可。放蛙时不要过于集中，应留有一定的空隙。

第三节　繁殖育种

林蛙是雌雄异体，两性之间有较显著的差异。生殖期，雌、雄蛙抱对，雌蛙产卵，雄蛙排精，在水中体外受精，受精卵在水中发育，胚胎没有羊膜，蝌蚪经变态成为幼蛙。种蛙质量直接影响林蛙生产力，一定要逐个进行选择。

一、种蛙选择

1. 体色　要选择标准体色即黑褐色，体背有“人”字形黑斑的蛙作种蛙，土黄色或花色蛙抱对产卵期死亡率高，一般不宜作种蛙。

2. 个体规格　要选择体型及体重大的蛙。两年生雌蛙体长 6 厘米以上，体重不低于 26 克；三年生雌蛙体重不低于 40 克；四年生雌蛙体重不低于 50 克。

3. 年龄　无论是从野外获取，还是从养殖户购买，或是从自养后备蛙中选留，2 龄以上的林蛙都可作种蛙，但 3～4 龄为壮龄，生命力旺盛，怀卵量高，繁殖力强，适宜作种蛙，但数量少，所以一般选择发育良好的 2 龄蛙作种蛙。超过 6 龄的蛙不宜选留。

4. 选种　选种时，不应每年选同一养殖场或同一地区的蛙，否则会造成近亲繁殖，下一代体弱多病，发育不良。

5. 体质　种蛙应体表光滑湿润，分泌物多；无病、无伤、无畸形，外形完整，活力旺盛；品质优良，具有典型林蛙特征的个体。

6. 雌、雄蛙鉴别与配比　正确鉴定林蛙的性别，在亲蛙选择和实际生产中十分重要。林蛙雌、雄外形基本相似，雄蛙个体较小，有一对咽侧下内声囊，其右侧较左侧稍大，前肢指上有瘤状突起（婚垫），腹部呈白色或黄白色，带有灰色不规则斑块。而雌蛙个体较大，无声囊，不鸣叫，前肢无雄蛙粗壮，无瘤状突起，腹部有呈红黄色稍带灰白色的斑块。

雌、雄蛙配比通常为1∶1，有时可适当多留些雄蛙。但雄蛙的比例不宜过大，过大则出现多雄争一雌现象，影响抱对、排卵及受精，同时也增加了投喂饲料的数量和活动空间的竞争，增加养殖成本。

二、求偶与抱对

春季随着温度的升高，林蛙逐渐解除冬眠而苏醒过来，并陆续登陆进入产卵场。

1. 出河 林蛙生殖期必须从越冬河里出来，转入静水如水泡中产卵，这个过程称为出河阶段。

林蛙出河产卵一般在4月上中旬。在辽宁，林蛙开始出河时间是4月上旬即清明前后；在吉林，林蛙出河时间是4月中旬；在黑龙江，林蛙一般4月中下旬开始出河，结束一般在4月末或5月初。林蛙解除冬眠出河主要受气候条件的变化制约。出河适宜温度是气温5℃以上，水温3℃以上。

出河高峰一般在气温较高、气压较低、无风、微风或小雨的天气。一般从16时开始到翌日凌晨2时结束。出河高峰在20—22时，24时之后出河数量急剧减少，2时基本结束。

出河方式为雄蛙先出河，雌蛙后出河。一般雌蛙多数顺水漂流一段距离，然后上岸奔向产卵场。水流较急的情况下，漂流距离要远些。雄蛙多数在水中漂流很短距离就上岸进入产卵场。

2. 抱对 蛙类没有外生殖器，没有性器官的交接作用，属体外受精。抱对即产卵前的配对行为，只起到异性的刺激作用，引起雌性排卵，雄性排精，从而完成生殖作用。

雄蛙出河进入产卵场后，开始鸣叫，鸣叫的高峰时间为20—24时。雌蛙听到雄蛙的求偶声后，寻声进入产卵场，雌蛙、雄蛙会合后进行配对。林蛙的配对方式是腋抱型配对法，雄蛙爬到雌蛙背部，用两前肢紧紧抱住雌蛙的前肢腋部，手指在雌蛙胸部腹面相搭接，头部向下紧贴于雌蛙头后背面。拥抱腋部是林蛙固定的拥抱方式。林蛙求偶、抱对与水温关系密切，林蛙抱对的适宜温度为8℃以上。

林蛙配对时，正常状态是一雄一雌，但有时也出现一雌多雄的现象，即两三只雄蛙同时拥抱一只雌蛙。个别情况还出现两雄相拥的现象。

配对时间长短不一，一般为5～8小时，但也有长达1天或几天的情况。配对多在浅水处，伏在岸边，或伏在水中的草杆及树枝上面，头露出水面；也有的进入深水区沉入水底，但经常浮到水面呼吸。

三、产卵

1. 产卵场地的选择 林蛙的天然产卵场大体包含永久性泡沼和临时性水洼两大类。永久性泡沼指林区的河流、小溪两岸附近的小型水泡子，或沼泽性水甸子。这类水域的水源充足，多数由地下水渗出，或有涌泉，能常年存水，尤其春、夏两季水量充足。临时性水洼指春季融雪积水或降雨积水的水洼如稻田积水、田边水坑、路边水沟等。除降雨外没有补充水源，大部分水洼会在短时间内断水干涸。无论是永久性泡沼或临时性水洼，只要符合产卵要求，林蛙就可在其中产卵。在永久性泡沼所产的卵团，能正常孵化成蝌蚪，变态成幼蛙。在临时性水洼产的卵团，多数在不同发育时期因水洼干涸而死亡。

林蛙主要选择水层浅、水面小的静水区产卵。产卵场的水深通常为 20～30 厘米。水面一般为几十平方米，小的不足 1 米^2。产卵场的水面必须是平静的，即使轻微流动，林蛙也很少在其中产卵。产卵场地多是泥质水域，有石块、植物茎秆等残杂物，水质呈微酸性或中性，pH 为 6.5～7.0。

2. 产卵过程 林蛙产卵前有一个准备过程，即跌卵。产卵前 7～10 天开始跌卵，跌卵过程在冬眠河里进行，出河时跌卵已完成。跌卵过程需 5～7 天，分卵细胞跌落、包裹胶膜、子宫贮存三个阶段。完成跌卵的雌蛙在雄蛙的抱对刺激下，泄殖腔开放，子宫内贮存的卵细胞迅速呈脉冲式排出体外，同时雄蛙泄殖腔向外翻动收缩，将精液排出体外，与雌蛙的卵在水中结合，形成受精卵。林蛙的排卵时间非常短暂，一般 1 分钟左右，有的不足 1 分钟。

林蛙产卵的最适水温为 8～10℃，临界水温为 2℃。一天内从 0 时开始产卵，5 时前是产卵高峰，17—24 时基本停止产卵。林蛙排出的卵团呈球形或椭圆形，直径为 4～5 厘米，卵胶膜透明，富有弹性且具有强烈吸水性。雌蛙每年产卵一次，每次只产一个卵团。产卵数量个体间差异较大，体重越大，产卵量越高。不同年龄的林蛙产卵量也有明显差别，2 龄林蛙平均产卵 1 300 粒，3 龄林蛙平均产卵 1 800 粒，4 龄以上平均产卵 2 300 粒。

3. 产卵箱产卵 将规格为 60 厘米×70 厘米×50 厘米的产卵箱放入产卵池中，放入 30～50 对种蛙，产卵箱框架为木质结构，底为孔径 1.21 毫米的铁纱网，周围用塑料薄膜密封，不加盖。箱内保持 10 厘米水层，如池水太深，可用石头把箱底垫起，使箱内保持浅水层，也可将产卵箱斜放，使箱内一侧水深，一侧水浅，深水区水深 15～20 厘米，供林蛙配对时活动，浅水区水深 10 厘米，供林蛙产卵或休息；箱内密度不能过大，否则种蛙活动易影响正在产卵和排精的蛙，也易冲散卵团，造成损失。产卵箱可根据地形排列，箱与箱之间保持 20 厘米。

产卵后要及时将卵团捞出送入孵化池进行孵化。夜间不能停止捞取，一般每小时捞 1 次，刚排出时暂不捞取，要捞取直径 5 厘米以上的卵团。如不按时捞卵，卵团吸水膨大，占据产卵箱内的水面，既影响其他蛙产卵，也容易互相粘连在一起，捞取时造成损失。已排完卵的雌蛙要及时从产卵箱中取出，送往休眠场，同时取出一半左右的雄蛙。

4. 圈式产卵法 即让种蛙在产卵池自由配对产卵。林蛙攀缘能力及穿洞能力很强，产卵池四周池埂上要用塑料薄膜设置屏障，通常地上部分高 1～1.3 米，地下部分深 25 厘米。注意塑料薄膜必需平整，防止种蛙沿大的皱褶攀登而逃出池外。产卵池以 20～30 米^2 为宜。池底铺垫大颗粒砂石。按 1∶1 的雌雄比例，约 50 对/米^2 放置种蛙，产卵后按时捞取卵团移入孵化池，有时卵团被泥沙污染，严重时可用水冲洗后再送到孵化池。

由于产卵池的面积较大，随时捞取已产卵的雌蛙比较困难，可采取在池埂上放置枯枝落叶的办法，供产卵后的雌蛙暂时休眠用。一般产卵 3～4 天后，应对产卵池进行一次清理，将已产卵的雌蛙和部分雄蛙移走，否则强制其留在水中，会出现严重死亡现象。

5. 产后休克 是产卵的最后阶段。雄蛙在雌蛙排完卵后大多数立即松开前肢，离开雌蛙，游向别处。少数雄蛙继续拥抱 1 分钟左右，再离开雌蛙。雌蛙排卵完后，在产卵原地停止不动，处于昏迷“休克”状态，时间长达5～10分钟。然后缓慢恢复活动能力，登陆上岸，进行生殖后休眠。

四、生殖休眠

林蛙抱对完成排卵和排精，解除“休克”现象之后，很快离开产卵场，到陆地寻找合适的场所，进行生殖休眠。雌蛙产卵之后都进行生殖休眠，而雄蛙则有一部分个体，尤其没得到配对机会的个体，可不进行休眠。生殖休眠的生物学意义是恢复生殖过程中的体力消耗，具有产后休养的作用。生殖休眠场所主要在其产卵场附近的农田、林缘等潮湿的地方。休眠的林蛙潜伏在比较疏松的土壤里，或钻进树根、石块及枯枝落叶层下面，潜入土壤3.5～5厘米深处。

生殖休眠多是单独分散休眠，时间为10～15天，一般从4月中旬至5月初。当土层温度稳定在10℃以上时，林蛙解除生殖休眠，转入夏季森林生活期。

五、人工孵化

1. 孵化前准备 蛙产卵之前，产卵及孵化的准备工作要同时做好，如孵化之前修整池埂、清除池底淤泥等。孵化前（至少3天）放水灌池，为放卵孵化做准备。如孵化池的塑料薄膜保水性能好，当灌水到一定水位时停灌，日晒增温。水位下降时，再进行补灌以保持一定水位。如孵化池用的旧塑料薄膜渗漏性较大，保水性能差，则必须经常补灌。孵化池的水源要保持稳定，否则干旱或多雨对蛙卵孵化影响非常大，有时可造成整池卵及蝌蚪灭绝。

另外，孵化前要备足孵化筐或孵化箱等孵化工具。对已有的孵化筐（箱）进行检修，及时修补破损部分。如孵化与蝌蚪饲养合在一起，直接将蛙卵放入饲养池。这种情况下，更需要在孵化前做好准备。

繁殖季节应经常巡池，及时采集卵块。避免卵块被鱼、虾、蛇、蛙等动物吃掉，或沉入水底，而使孵化率降低。采集时一般用捞网即可，捞取的蛙卵立即放入事先盛有半桶水的水桶中。

将收集到的同步发育的卵块按5～6团/米^{2}投放到孵化池中。保证同一池内的卵孵化时间大致相同，相差不超过3天，使蝌蚪孵化整齐，避免大吃小和蝌蚪吃卵。

2. 孵化条件

（1）温度 蛙卵孵化期调节水温是非常关键的，10℃以上开始孵化，最适宜水温是16～18℃。水温低则孵化时间长，且蝌蚪发育不良，成活率低，低于8℃时卵死亡率较高，超过35℃死亡率也极高，所以应尽量提高水温和保持水温恒定。为提高水温，晴天可浅灌水，晚间和阴雨天可增加灌水量，或在孵化池上方覆盖塑料薄膜。但必须注意的是，昼夜温差不能超过5℃。此方法可以比露天孵化池提高水温5～8℃以上，这样的人工控温法5～7天就能孵化出蝌蚪，既可缩短孵化时间，又能提高孵化率。

（2）水质 主要反映水中泥沙含量的多少。泥沙可污染卵团，使卵团沉入水底，并粘连在池底沙石泥土上，从而降低孵化率。自然条件下林蛙在静水区产卵孵化，水中泥沙含量甚低，适于蛙卵发育。而人工养蛙孵化池需要引河水灌注，有的孵化池水是流动的而不是平静的，不可避免地带有一定量泥沙进入孵化池。要避免“沉水卵”，可在孵化池前修一个沉淀池，经沉淀之后的水泥沙减少，再灌入孵化池会减少蛙卵的污染程度。此外，产卵池内要求水质清新，无大量泥沙污染的水质，可防止沉水卵。对已形成的可用干净的流水冲洗粘连在卵团上的泥沙，再放在清洁的池水里，也可在孵化过程中，用木棒插入卵团下面，将卵团翻起来，移动位置，每天翻动 1～2 次，部分沉水卵团能漂浮水面，从而提高孵化率。水的酸碱度对蛙卵的孵化和蝌蚪的生长都有一定的影响，应保持中性或微酸性，即 pH 为 6.5～7.0。

日常管理中提高孵化率的措施：一要维持和提高孵化池内的水温，防止低温冷害，使蛙卵在适宜条件下孵化；二要注意增加池水中的溶氧量，注水和排水要缓慢，以保持孵化池内有大面积的静水区，水质清新，无泥沙；三要防止水老鼠、水乌蛇、其他蛙类、蜻蜓幼虫、水蜈蚣等敌害生物捕食蝌蚪。

六、种蛙采集与运输

1. 春季采集种蛙 一般在每年初春林蛙抱对产卵之前，即 4 月初至 4 月中旬半个月左右的时间内进行。此时林蛙刚刚结束冬眠，生理活动较弱，新陈代谢水平较低，便于运输，成活率高。而且亲蛙到养殖地后，经短期饲养和强化培育，即可进入繁殖。

温度较高的 5—10 月不宜进行亲蛙的选择和长途运输，此期间林蛙生理活动较旺盛，新陈代谢水平也较高，活动能力强，容易碰撞致死，而且由于气温高，经长途运输易产生各种疾病而导致死亡。

2. 秋季采集种蛙 秋季是采集种蛙的最佳时期。9 月中旬至 10 月末，种蛙数量多，有充足的选择余地。晚秋气温下降，林蛙即将下山进入冬眠之前，进行亲蛙的选择。但运抵养殖地后，要经过较长时间的暂养和漫长的越冬冬眠期，增加了饲养管理的工作量，而且越冬期间，林蛙对外界环境和温度等的变化以及对疾病的抵抗力等都较弱，存在部分夭折的危险。

捕捉时可在山底部或河沿岸用塑料布和小木棍做成高约 50 厘米的栅子。在林蛙迁来的方向沿塑料布挖一个宽约 30 厘米、深约 45 厘米的沟，即可捕捉到大量下山的林蛙。但捕捉时应避免损伤蛙体，否则产卵过程中容易死亡。

3. 亲蛙运输 林蛙的幼蛙、成蛙是用肺呼吸，运输时不必像运输受精卵团和蝌蚪那样浸泡在水中，只要保持一定的湿度，保证透气良好，保持较凉爽的温度即可。

（1）运输工具 采用木制、铁制、塑料制的桶或箱均可，内侧衬以光滑柔软的塑料薄膜或布等，桶或箱侧面和上面要有多个通气孔洞，并保证内衬不堵塞通气孔洞。桶或箱的底部要垫较厚且浸足水的海绵泡沫、水草等，以保持湿度和减轻运输过程中的震动。

由于亲蛙个体较大，活动力也强，为避免碰撞和拥挤叠压致死，最好将运输工具分隔成若干个小室，每一室内放 2～4 只林蛙。幼蛙、成蛙的弹跳能力强，为防止运输途中逃跑，装完箱后，应用湿布或密眼网片封口。

（2）运输方法 装箱运输前 2～3 天要停食，以免运输途中林蛙排出粪便，污染环境，同时可降低其新陈代谢强度和活动强度，以利运输和提高运输中的成活率。运输密度为 200～300 只/米^2，装箱之前将蛙体洗干净。

4. 鉴别青蛙、蟾蜍与林蛙的卵 林蛙产卵时间早，大部分在清明前后，刚产出的卵团是圆形的，卵粒大而呈黑色，孵出的蝌蚪也是黑色。青蛙产卵时间较林蛙晚 20 天左右，一般在 4 月下旬后，所产的卵粒大而呈黄绿色，卵团的外表有一层黄胶膜，孵出的蝌蚪大，皮肤呈黄色。蟾蜍产卵时间最晚，一般在 5 月上旬后，卵粒大而呈黑色，卵呈直线形状，孵出的蝌蚪呈黄色，尾短。

5. 蛙卵的收集 从清明到谷雨是收集林蛙卵块的最好节气。捞取卵块时，不要碰破灰白色的保护膜，并将发育相同的卵块收集在一起，分别存放。

6. 蛙卵的运输 短距离运输可用干净的盆、塑料袋、水桶、编织袋盛装，桶内可不放水，只装卵团；远距离运输可用苫布或大塑料布加水盛装，加水量为卵团体积的三分之一，一般在捞取卵团后 4 小时运送到孵化池。

第四节 疾病防治

蛙病的发生与三方面因素有关，即外界环境条件、病原微生物以及人为因素导致的林蛙体质变化。

其一，引起林蛙发病的外界环境条件：林蛙赖以生存的外界环境条件如水温、气温、光照等对林蛙的取食、活动、生长发育、繁育起着重要作用。当这些环境条件发生变化时，会影响林蛙一系列生命活动和新陈代谢，从而不同程度上引起林蛙发病。水中的溶氧量低时，蝌蚪的代谢强度降低，体质变弱，容易发病甚至窒息死亡。水中的酸碱度对蝌蚪生长发育也有明显影响。蝌蚪饲养池中腐殖质过多，以及残饵等被微生物分解时，排出硫化氢、沼气、二氧化碳等有害气体，能使蝌蚪中毒。幼蛙、成蛙遇到暴晒以及冬眠期林蛙皮肤干燥都能造成林蛙大量死亡。

其二，引起林蛙发病的病原微生物：分为两大类，一类是植物性病原体，如病毒、细菌、藻菌等；另一类是动物性病原体，如原生动物、寄生虫、蠕虫等。

其三，人为因素导致的林蛙体质变化：当饲养管理不当，使林蛙体质虚弱，免疫力下降，从而导致林蛙发病。如放养密度不当，投喂饵料单一，营养不全面；投喂变质饵料，引起水质变化；繁殖场没有进行彻底消毒，从异地购进种蛙没有消毒，带进细菌和寄生虫；没有及时清除有病的蝌蚪和病蛙，致使病菌蔓延造成重复感染。

因此，消灭病原微生物，为林蛙创造适宜的生态环境条件，以及优良的饲养技术，是蛙病预防和治疗的理论根据和基础。林蛙常见病及其防治方法如下。

1. 红腿病

【病原】幼蛙和成蛙的常见病，有时蝌蚪也会发病。一年四季均可发生，传染快，死亡率高。该病的病原体为嗜水气单胞菌，常因池水不清洁，饲养密度过大，或蛙体外伤等引起。

【症状】病蛙精神不振，行动迟缓，腿部肌肉充血、红肿，逐渐停食，以致死亡。

【诊断】将病蛙腹部及后腿皮剥离，观察肌肉有点状淤血，严重时腹肌及后腿肌肉充血而呈红色可初步诊断；对病原进行分离、培养与鉴定即可确诊。

【防治】定期换水，保持水质清新，合理控制养殖密度，定时、定量投喂食物，及时将发病个体隔离治疗，控制疾病蔓延。

用 3%的食盐溶液浸泡病蛙 20 分钟或者用 5%高锰酸钾溶液浸泡病蛙 24 小时。用消毒剂带蛙全池消毒，使水体浓度达到 10 毫克/千克，1 次/天，连用 3 天。

在饵料中拌磺胺嘧啶，每千克饵料加药1～2克，连续投喂3天。

2. 气泡病 为蝌蚪常见病，及时诊治很容易治愈，但诊治不及时也会造成大量死亡。

【病原】 水中浮游植物多，强光照射下，光合作用旺盛，产生大量氧气，引起水中溶氧量过分饱和；温度突然升高，造成水中溶解的气体过饱和；池中剩余饵料长时间积在水底不断发酵水解，释放出过量气体。这些过饱和的气体形成气泡，蝌蚪取食过程中不断吞食，气泡在蝌蚪消化管内聚集过多而引起发病。

【症状】 蝌蚪肠道充满气体，腹部膨胀，身体失去平衡仰浮于水面，严重时膨胀的气泡阻碍正常血液循环，破坏心脏。

【诊断】 仔细检查蝌蚪外观，特别是鳃盖皮肤及眼睛的角膜有无气泡，或眼球是否向外突出。另外，取蝌蚪鳃丝做成鳃压片镜检，在血管中可看到气体栓子，鳃丝可能会肿胀或淤血。

【防治】 投喂干粉饵料前先用水稍加浸湿，植物性饵料煮熟以后投喂。勤换水，保持水质清新，控制池中水生生物数量。发现气泡病可将发病个体捞置于清水中暂养2天，不喂食物，以后少喂一点煮熟的发酵玉米粉，几天就能痊愈。另外，可以向养殖池加入食盐进行治疗，每立方米水体加食盐15克。

3. 黄皮病

【病原】 主要是由感染坏死性杆菌而发病，多发生于生殖期的成蛙。

【症状】 患黄皮病的林蛙皮肤由黑褐色变为黄色，体被及四肢背面的变化显著，皮肤变黄色之后，很快死亡。

【诊断】 观察病蛙皮肤的切片，见到真皮层黑色素细胞收缩呈球形，黄色素细胞伸展开来，使皮肤呈现黄色。

【防治】 目前没有较好的防治办法，一般用1.5毫克/升漂白粉溶液对场地消毒，应用抗生素药物和维生素A有减轻病害的作用。

4. 水霉病 又称肤霉病、白毛病，林蛙越冬期、蝌蚪期常发生水霉病。该病病程长，死亡率低，多发生在蛙的四肢，如不及时治疗常会造成蛙残疾，并引发其他疾病。

【病原】 蝌蚪和越冬期的成蛙易患此病，病原体是水霉，由外伤而引起发病。

【症状】 水霉菌丝吸收蝌蚪和蛙体的营养物质，导致蝌蚪和成蛙烦躁不安，食欲减退，逐渐消瘦。并使蝌蚪和蛙体肌肉腐烂坏死，体表长出白色菌丝，最终衰竭而亡。

【诊断】 根据症状及流行情况进行初步诊断；因固着类纤毛虫大量寄生时，会形成灰白色棉毛状物，所以再用显微镜检查，才能最终确诊。

【防治】 运输、分池过程中小心操作，谨防造成外伤。入场前要用10×10^{-6}浓度的高锰酸钾溶液浸泡蛙体10分钟；定期用漂白粉（水体浓度为0.5×10^{-6}）进行全池消毒。

发病后可用浓度为20×10^{-6}的高锰酸钾溶液浸泡10分钟，每天2次，连续3天一个疗程；也可在水池内加福尔马林，浓度为20×10^{-6}。

5. 肠炎 是蝌蚪、幼蛙、成蛙共患的一种常见病，传染性强，死亡率高。

【病原】 该病因投喂不洁饵料、水体不洁、细菌感染所致。如给蛙投喂天然的蝇蛆，如果消毒处理不当，极易引起肠炎，导致大批死亡。

【症状】 病蛙焦虑不安，东爬西窜，食欲不振，反应迟钝；蝌蚪发病后多浮于水面。

【诊断】 目检，病蛙体色暗淡，伏于食台附近，弓背；解剖可见胃肠黏膜充血，其余内脏器官无病变。

【防治】 定期换水，以保持水质清新；不投喂发霉、变质的饵料。另外，暴饮暴食也会引发胃肠炎，因此饵料投喂要定时、定量、定点。

发病后要及时进行水体消毒，用1毫克/升漂白粉溶液全池泼洒，每周1次，连用3周，并在饵料中拌磺胺类药物，每千克饵料加磺胺类药物3克，饲喂5天可治愈。

6. 车轮虫病

【病原】 蝌蚪养殖密度过大（20日龄时，蝌蚪养殖密度不能超过1 000只/米^2），车轮虫寄生所致。

【症状】 蝌蚪被大量车轮虫寄生后，食欲减退，常浮于水面喘息，尾部发白，严重者全身发白，往往单独游动，生长缓慢，不及时治疗会引起大量死亡。

【诊断】 将患病蝌蚪捞出，置于盛有清水的白瓷盘中，观察尾部，见有蚀斑或鳍膜发白者可初步诊断；剪下一小段鳃或尾鳍置于显微镜下观察，见大量车轮虫时可确诊。

【防治】

（1）减小林蛙养殖密度，扩大林蛙的活动空间，加强营养，预防发病。

（2）清池消毒，保持池水清洁。发病初期，每立方米水体用硫酸铜0.5克和硫酸亚铁0.2克稀释后全池泼洒消毒，每天1次，连用3天。

7. 皮下充气病

【病原】 该病多发生在林蛙冬眠初期和春季繁殖期。该病的发生可能与林蛙皮肤机能失调有关，水下冬眠时，二氧化碳要经皮肤排出体外，如果皮肤的呼吸功能失调或发生障碍，则可能出现皮下充气病。

【症状】 病蛙皮下充气，全身鼓成球状，漂浮于水面，使蛙失去活动能力，但可生活较长时间才死亡。

【诊断】 根据蛙的发病时间和蛙体的症状基本可初步诊断。

【防治】 目前对本病尚无防治方法，发现病蛙捞取淘汰。

8. 四肢溃烂病

【病原】 由外伤感染所致。

【症状】 病蛙四肢溃烂，皮肤先发炎、溃烂，继而肌肉溃烂，以至露出骨骼，导致死亡。

【诊断】 此病发生在夏季饲养期间，根据病的发生时间、蛙体的症状及病变可初步诊断。

【防治】 注意保持环境清洁卫生，发现病蛙或受伤蛙应立即取出隔离饲养，并用5%高锰酸钾溶液定期浸泡病蛙，反复多次，直至痊愈。

第五节　产品及其加工

一、林蛙的干制

将林蛙用60～70℃的水烫死，然后用铁丝或麻绳从上下颌或左右眼睛穿过，穿成串，放在通风良好的地方晾晒7～10天至自然干燥。干燥过程中要注意防止受冻或发霉，阴雨天或夜间要收于室内。或用火炕加温干制，室温20～25℃，4天基本可以干燥，但不可直接放火炉上烘烤，如若烘烤，必须在空气中干燥 1 天使体重减轻 30%～40%之后，再放火炉上烘干。目前，最好的干燥方法是采用烘干箱干燥，温度 50～55℃，约 48 小时可完全干燥。

无论采用哪种方法干燥，都要保证干透，否则容易引起林蛙腐烂变质，失去价值。干燥好的林蛙干放在阴凉处保存备用。

二、林蛙油的剥取

1. 采收 林蛙生长期一般为 5～7 年，以 3 龄雌蛙油质量最佳。每年 9—11 月霜降前后采收的雌蛙油质量最好。少量捕捉时最好在黄昏和夜间进行，用手电筒照射林蛙的眼睛，林蛙受强光刺激静止不动，可捞网迅速捕捉；大量捕捉时，可直接用网捞或将池水放干，用捞网逐一捕捉。运输时，可用木箱、竹篓、泡沫箱等容器来盛装，洗净之后放少量水草，再装入林蛙，留 1/3 空间，不拥挤、不重叠，途中每 2 小时洒一次水以保持湿润。

2. 加工 捕捉时注意区别雌雄。对于雄蛙，用锥子刺入后脑，或用刀背等打击头致死，剖腹除去内脏，用绳子、铁丝等挂起风干。对于雌蛙，其林蛙油的加工有鲜剥和干剥两种方法。干剥法即先制成林蛙干制品，之后剥油。将林蛙干置于 60～70℃水中浸泡 5～10 分钟，取出后用湿润的麻袋等覆盖，在温暖室内闷润 6～7 小时后，待蛙皮肤和肌肉变软时即可取油。注意林蛙干浸泡时间不能过长，否则会引起蛙油膨胀变软，难以取油（图 3－6）。

图 3－6 林蛙油

取油时一只手托住闷软的林蛙，腹面向上，大拇指紧紧地顶住林蛙的两条腿；另一只手掐住林蛙的头部，两只手同时用力下折。这时将靠近两腿的皮撕破，露出片状油，用手轻轻撬起一端，撕下两大片油，并取出零星小块油，放于盘内晾干即可。鲜剥法是将活蛙杀死后，用手术刀将林蛙横向开腹，看到腹内两侧白色盘曲的输卵管，取出后伸长呈肠状，干燥即可。

3. 林蛙油的分级、包装与保存 刚取出的林蛙油水分多，放在通风干燥处晾晒 3～5 天后，待充分干燥，以油的色泽、油块的大小及杂质含量分等级。其等级标准可分为四级，即一级金黄或黄白色，块大整齐，透明有光泽，干净无皮肌、卵粒等杂质，干而不湿；二级淡黄色，皮肌及碎块等杂质不超过 1%，无碎末，干而不潮；三级油色不纯白，碎块、粉籽、皮肉等杂质少于 5%，无碎末，干而不潮；四级（或以下）呈黑红色，皮肉、粉籽及其他杂质不超过 10%，干而不潮。

林蛙油可用木制、玻璃容器盛装，容器内衬油纸或白纸，装入后加盖严封，贮存在干燥环境中，防止潮湿发霉和生虫。夏季易受鞘翅目昆虫危害，应设法防除。一般采用白酒喷洒，或将启盖的酒瓶放入装林蛙的箱中，用日光暴晒也能防潮灭虫。

4. 林蛙油真伪鉴别 因林蛙油市场价格日益增高，市场上出现了许多伪品。目前一般有用鳕鱼精巢或大蟾蜍输卵管等制作伪品。鉴别方法可通过看林蛙油外观，含潮 20%

状态下，真品呈半透明，黄色或淡黄色块状；伪品呈团状，或大块状，颜色为深黄色，不透明。无潮干品林蛙油呈黄色或黄杂褐色，蜡质明显半透明；气味特殊，微甘，嚼之黏滑。鉴别真伪最简单的方法是试水法，即利用林蛙油吸水性强这一特点，以水浸后看其膨胀程度为指标鉴别真伪。林蛙油常温下浸泡 24 小时呈白色棉絮状，体积可增加 15～20 倍，40℃温水浸泡 4 小时可膨大 20 倍以上。

还可用火试法，林蛙油遇火易燃，离火自熄，燃烧时发泡，并有噼啪的响声，无烟，有焦煳气，但不刺鼻。蟾蜍输卵管燃烧无烟，但遇水稍膨胀，且不呈棉絮状。其他伪品燃烧有烟。同时还可结合形态、解剖特征等理化性质进行综合鉴别。

主要参考文献

胡元亮，2001. 实用药用动物养殖技术 [M]. 北京：中国农业出版社.

黄权，王艳国，2005. 经济蛙类养殖技术 [M]. 北京：中国农业出版社.

李家瑞，2002. 特种经济动物养殖 [M]. 北京：中国农业出版社.

李清文，2010. 中国林蛙常见疾病防治 [J]. 现代农业科技 (10)：332-333.

马丽娟，2006. 特种动物生产 [M]. 北京：中国农业出版社.

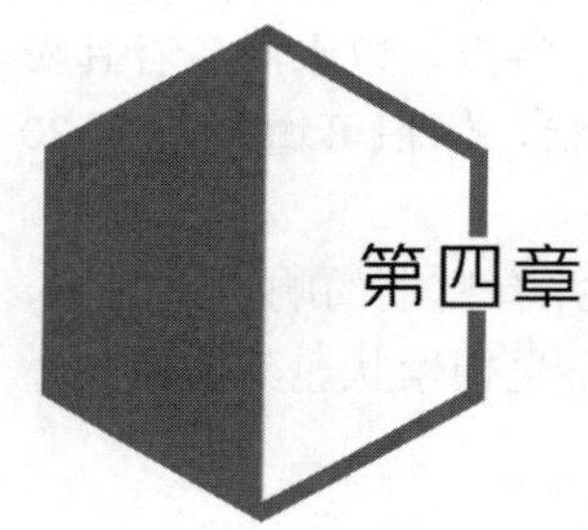

第四章 鹌　鹑

第四章彩图

第一节　品种概述

鹌鹑在生物分类学上属鸟纲、鸡形目、雉科、鹌鹑属。鹌鹑肉质鲜美，蛋白含量高，脂肪含量低，富含多种维生素、矿物质、磷脂等营养物质。鹌鹑蛋营养价值高且具有药用滋补功效，其深加工食品受到消费者的广泛欢迎。我国捕捉食用鹌鹑的历史可以追溯到1 500年前，并于20世纪30年代开始引入养殖鹌鹑，改革开放后我国鹌鹑养殖行业快速发展，目前我国年出栏鹌鹑超3亿只，产业规模及年消费量均居世界第一。

一、生物学特征

（一）鹌鹑的外形

鹌鹑头部较小，喙细而长，尾巴较短，无冠，体型极似雉鸡。成年鹌鹑生有尾羽10～12根，翼较长约10厘米。鹌鹑脚有4趾，3趾在前，1趾（拇趾）在后。

鹌鹑的羽毛颜色因品种而不同，常含色素为黑、黄、红3种，不同羽色系由这3种颜色混合而成。鹌鹑的羽毛可分为正羽、绒羽、纤羽3类：正羽覆盖身体大部，绒羽多生在腹部，纤羽量少而纤细，生于绒羽之下。鹌鹑有自然换羽的习性，春、秋季各换羽一次，所形成的夏羽和冬羽呈现不同的色彩。

鹌鹑皮肤薄，与肌肉连接不紧密而有利于剧烈运动。除尾脂腺外，皮肤未着生其他腺体，皮肤内分布有大量脂肪分泌细胞，可维持羽毛的滋润及起到防水的作用。目前养殖鹌鹑均由野生鹌鹑驯化改良而来，是常见家禽中体型最小的种类。

（二）鹌鹑的习性

与鸡、鸭等家禽相比，鹌鹑的驯化时间较短，现阶段饲养的鹌鹑品种多是100多年前驯化选育而来，因而残留的野性较强，如喜爱跳跃、奔跑、短飞、擅鸣，且好斗。雄鹌鹑叫声高昂，啼鸣时挺胸直立，昂首引颈，雌鹌鹑则叫声尖细，声如蟋蟀。鹌鹑反应灵敏，性情活泼，对周围环境的轻微改变都有明显的应激反应，常发生群体骚动。

鹌鹑新陈代谢快、精力旺盛，人工饲养环境下总是不停地运动、采食，每小时排粪2～4次。成年鹌鹑体温40.5～42℃，心跳频率为150～220次/分，适宜环境下雄鹌鹑呼吸频率在35次/分左右，雌鹌鹑在50次/分左右，但呼吸频率随环境温度的变化很大。

鹌鹑分布广泛，对环境的适应性强，能够适应多种自然环境和饲养环境。野生和养殖鹌鹑耐受力强，对多种鸡鸭常见疾病具有很好的抵抗力，较少发生严重的传染病疫情，因而适合集约化养殖。

鹌鹑食性较杂，以谷类籽实为主食，也可采食青绿饲料、农产品及食品加工副产品、昆虫饵料等，特别喜欢采食颗粒饲料和昆虫。由于鹌鹑对饲料的全价性比家鸡要求严格，所以在饲料营养不均衡时啄癖发生率比鸡高，争斗和外伤也比鸡严重。

鹌鹑发育迅速，性成熟与体成熟均较早，雌鹌鹑在35～50日龄可开产，肉鹌鹑在40～45日龄可上市。养殖的蛋鹌鹑或种鹌鹑产蛋率高，且无就巢性，每只鹌鹑年产蛋可达250～270枚。雄鹌鹑、雌鹌鹑均有较强的择偶性，导致种蛋受精率较低。

二、常见品种

（一）蛋用鹌鹑

1. 日本鹌鹑 由日本利用中国野生鹌鹑培育而成，是世界著名的标准蛋用鹌鹑品种。日本鹌鹑外观呈栗褐色，头部着生黑褐色羽毛，体型较小，成年雄鹌鹑重100克左右，雌鹌鹑重140克左右，平均蛋重10克，年均产蛋量300枚，最高可达450枚。初生雏鹌鹑重6～7克，种蛋受精率60%～80%。产蛋要求环境温度为20℃以上，高于30℃或低于10℃时，产蛋量与受精率均下降。

2. 朝鲜鹌鹑 由朝鲜利用日本鹌鹑培育而成。朝鲜鹌鹑外观与日本鹌鹑类似，中等体型（图4-1、图4-2），成年雄鹌鹑体重125～130克，雌鹌鹑体重150～170克，平均蛋重11～12克，年平均产蛋170～180枚，受精率约75%。

图4-1 朝鲜鹌鹑（180日龄，雄鹌鹑）

图4-2 朝鲜鹌鹑（180日龄，雌鹌鹑）

我国引入朝鲜鹌鹑之后，又先后选育出中国白羽鹌鹑和中国黄羽鹌鹑两个品系。白羽鹌鹑全身呈白色，有浅黄色条斑，成年雄鹌鹑体重130～140克，雌鹌鹑体重160～180克，年平均产蛋270～300枚。黄羽鹌鹑体羽呈浅黄色或栗褐色，成年雄鹌鹑体重110～130克，雌鹌鹑体重130～150克，年平均产蛋250～300枚。

（二）肉用鹌鹑

1. 迪法克肉用鹌鹑 由法国迪法克公司育成，又称法国巨型肉用鹌鹑。体型硕大，成年个体体羽呈黑褐色，夹杂有红棕色羽毛，雄鹌鹑胸部羽毛呈红棕色，雌鹌鹑为灰白色。该品种适应性强、繁殖速度快、生长迅速，4月龄体重雄鹌鹑可达350克，雌鹌鹑可达 450 克。

2. 中国隐性白羽肉用鹌鹑 由北京市种鹌鹑场、原中国人民解放军兽医大学等单位，从迪法克鹌鹑中选育而来，体型与迪法克鹌鹑相似。以该品系作为父系，栗色鹌鹑作为母系，组成配套系，其杂一代雌鹌鹑为白羽，雄鹌鹑为栗羽，可自别雌雄。该品系生产性能很高，平均产蛋率 80%，成熟期 45 日龄，成年雌鹌鹑体重 200～250 克。

3. 莎维麦脱鹌鹑 由法国莎维麦脱公司育成，后引进我国，体型外貌类似于迪法克鹌鹑，其增重快、饲料转化率高，在适应性和抗病力方面要优于迪法克鹌鹑，雄鹌鹑体重可达 300 克，雌鹌鹑体重可达 450 克。

第二节　饲养管理

一、场址选择

（一）场址选择原则

鹌鹑场进行选址时，必须考虑建场地点的自然条件和社会条件。自然条件包括地势、土壤、气温、湿度、光照、风向风力及其他自然因素，社会条件包括水源、电力、交通、疫情、经济条件及社会习俗等方面，并考虑将来发展的可能性。

鹌鹑养殖场场址应选择生态环境良好，地势高燥开阔，利于通风，背风向阳，水电设施齐全，远离居民区、屠宰场、交易市场和便于污染物处理的地方。以贫瘠、稍有坡降、朝南的山坡地较好。避免选择在阴湿、低洼积水的地方。选择场地时，确定场地面积大小，既要符合生产规模，又要考虑可能的发展目标。

图 4-3　现代化鹌鹑养殖场外观

必须具备良好的卫生条件，以沙土或沙壤土为好。认真调查水源，检测水质，保证充足清洁的饮水。饲养场远离居民区、车站、码头、机场、矿区等，保证饲养场安静。交通便利，但远离交通主干道。电力充足，供电正常（图 4-3）。

（二）舍内环境的基本要求

旧房改造鹌鹑舍或新建鹌鹑舍，须具备的基本条件：

（1）鹌鹑舍须具备基本的保温隔热条件，一般舍内温度在 18～25℃，育雏时温度在 30～35℃。

（2）鹌鹑舍方位应坐北朝南或坐西北朝东南，窗户面积与室内面积之比控制在 1∶5 左右，这样可以更多的利用阳光，减少照明用电且通风良好，冬暖夏凉。窗户应安装纱窗，以防蚊蝇和野鸟。

（3）具有稳定的水源，有充足、清洁的饮水，保障鹌鹑饮用、冲洗鹌鹑舍之用。从某种意义讲，水比饲料还重要。

（4）避免遮挡，便于采光，充足的光照能促进鹌鹑的生长发育，促进其性成熟。阳光照射可增进食欲，促进机体的新陈代谢，还可以促进机体内的钙、磷代谢。如果光照时间或强度达不到要求，需利用人工辅助光照。

(5) 场地设施应有利于消毒防疫。舍内以水泥硬化地面为好，注意留足下水道口，以便于清扫消毒，减少寄生虫病和鼠害发生（图 4-4）。

图 4-4 鹌鹑养殖场内部设施

(三) 鹌鹑用笼具

笼养利于鹌鹑增重，而且易管理。目前鹌鹑通常采用重叠式多层笼养，空间利用率高，集约化程度高，鹌鹑发育整齐，产蛋高，且可有效减少球虫病、白痢病等疾病的发生。根据鹌鹑不同养殖阶段的生长发育需求，所需笼具可分为 2 种。

1. 育雏笼 是鹌鹑集约化育雏的必需设备，一般常用育雏笼分 5 层，供雏鹌鹑采食、饮水和活动栖息。其中右 1/3 处用木板或纤维板制成木罩，顶部与两侧设有通气孔，供雏鹌鹑休息和采食。中间隔板（也可用布帘）留两个洞门供雏鹌鹑进出。

门设于正面，左右分为三段，于木罩门上镶一玻璃小窗，以便观察。其余两门均蒙以孔眼为 15 毫米×10 毫米的铁丝网。门用合页焊在下框上，上方用搭钩固定。

顶网、两侧、后壁部分，采用孔眼为 10 毫米×15 毫米的塑料编织网；底网采用孔眼为 6 毫米×6 毫米或 10 毫米×10 毫米的金属编织网，供 1～14 日龄的雏鹌鹑栖息。底网最好分两块：运动场一块，木罩箱一块，这样便于分别抽出刷洗消毒。底网下要多设支撑，以防下陷。15～30 日龄雏鹌鹑的底网，可采用孔眼为 20 毫米×20 毫米的铁丝网。

为了能一笼多用，即从出壳养至 30 日龄，底网可先安装网眼为 20 毫米×20 毫米的金属编织网，上面再放置一块网眼为 6 毫米×6 毫米或 10 毫米×10 毫米的金属网，直到 14 日龄时取出。此时顶网宜改为塑料网，以防止 14 日龄后雏鹌鹑飞跃时撞伤头部。

运动场的左侧并列放置 2 盏白炽灯，下面三层均使用 100 瓦灯泡；上面两层可用 60 瓦与 100 瓦灯泡各 1 盏。木罩内的白炽灯下面三层的为 60 瓦，上面两层的为 40 瓦。可根据鹌鹑的日龄、气温，分别更换不同功率的灯泡，也可通过调整开、关次数及开灯时间调整温度。气温低时，顶网上需加盖木板，四周围裹塑料布或黑布保温。

每层育雏笼下设承粪板，材质可用白铁皮、铝皮或塑料制成，卷边 20 毫米，窄面有一边无卷边，以便倾倒鹌鹑粪便。

育雏笼均安放在笼架的角铁上，要求牢固、平稳，最好为拼装式。

2. 成鹌鹑笼 成鹌鹑笼按照结构可分为种鹌鹑笼、产蛋笼等。

(1) 种鹌鹑笼 为专供饲养种鹌鹑和生产种蛋用的笼具，要求宽敞，密度小，以便于鹌鹑交配和种蛋破损率低为设计原则。一般种鹌鹑笼采用层叠式，双列式四单元结构，每单元放 2 只雄鹌鹑、6 只雌鹌鹑。

种鹌鹑笼每层前后宽 600 毫米，长 1 000 毫米，中间高 240 毫米，两侧各为 280 毫米。笼门宽 200 毫米，高 150 毫米，位于各单元的正中，边框用 8 号铁丝。门向内开，略大于门框，用小合页焊接在栅格上方。门上还需设搭钩，扣在下边栅条上。

笼底、两侧以及中间隔网，均用钢板网（10 毫米×20 毫米）结构，只是笼底向两侧倾斜 7°。笼顶应覆以塑料制栅格或塑料纱（不宜用金属制品，防止成鹌鹑飞跃时头部受伤）。

承粪板要求与育雏用的相同。

（2）产蛋笼　为专供饲养生产食用鹑蛋的笼具，不需要放种雄鹌鹑，因而其高度可降低，一般为180～200毫米（饲养生产商品鹑蛋的笼具甚至可降至150毫米）。中央隔栅可取消，成为大统间。笼底前部放食槽处，需距笼底40毫米，使鹑蛋能顺利滚到集蛋槽内，便于捡蛋。但笼底网不宜过陡，否则易增加破损蛋率。若在底网上做喷塑处理，可减少蛋的破损。

较理想的笼具应有如下优点：

（1）可增加层次，但总的高度不变，从而增加饲养量。

（2）采用一面喂料、集蛋，另一面喂水的方式，比两面集蛋方便。

（3）每三层设一承粪板，比每层设一承粪板能增加透气性，在不影响卫生的情况下，可大大节省清粪的劳动强度，同时还节省承粪板耗材。

（4）鹑笼制作材料的价格较便宜。

（四）食槽、水槽和其他用具

饲养鹌鹑需配置数量充足的食槽和饮水器，以利于笼内鹌鹑均能够采食到足够的饲料与饮水，避免因采食不均而影响整齐度，造成成活率下降，引起整体养殖效益降低。随鹌鹑的生长发育阶段不同，食槽和水槽均可分为雏鹌鹑及成鹌鹑两种规格：

1. 雏鹌鹑的食槽和水槽　育雏阶段的食槽、水槽因要放入育雏笼内使用，需经常拿进拿出，所以必须做到小巧耐用，易于换料换水，同时便于冲洗消毒。

（1）食槽　不同日龄的雏鹌鹑（10只）所需的食槽长度分别为：1～5日龄为8厘米；6～15日龄为20厘米；16～40日龄为25厘米。

食槽可用镀锌板、铝皮、塑料板或木板制作，规格要求为宽7.5厘米，四边高1.5厘米，长度可自由选择。槽内配备一块1.5厘米×1.5厘米的铁丝网，当食槽内放入饲料后把铁丝网平放在饲料上，以防止雏鹌鹑扒食挑料，防止浪费饲料，也可保持饲料的清洁。

（2）水槽　如果使用传统的长条形水槽，则水槽长度达到食槽长度的一半即可，但目前这种类型的水槽已逐渐被其他类型的饮水器具替代。有条件的养殖场最好采用自动饮水器，目前应用较多的为杯式自动饮水器，可设置在育雏笼两侧。

2. 成鹌鹑的食槽和水槽　雏鹌鹑长到10天以后，喂水、喂料都可在笼外进行。不论水槽、食槽均可用塑料管、铁皮、竹子等制成，其长短的截取基本与笼体的长度相等。

（1）食槽　由于鹌鹑吃料时有钩食甩头的习惯，采用塑料管或竹子做食槽时不要等分切开，最好只切掉1/3，保留2/3用作食槽，使其自然形成一个回弯，以减少饲料的浪费。如果选用铁皮、木板钉制，最好下窄上宽，内侧低外侧高，并将上边向里回扣几毫米。

（2）水槽　用塑料管或竹子作材料，长约10厘米，一剖为二，两头堵死，不漏水即成。水龙头安装在高处，水由高向低缓流，水流的大小可通过水龙头控制，水流到另一头通过排水管进入下水道，形成细水长流，既可保证饮水清洁，同时又能减轻劳动强度。

3. 其他用具　舍内除上述食槽、水槽外，每栋鹌鹑舍尚需备有料盆、料簸箕、集蛋盒、粪车、捕鸟网、搬运箱等。还应配备普通温度计，干湿球温度计，最高温度计、最低温度计等。

二、营养与饲料

（一）鹌鹑的营养需要

鹌鹑代谢旺盛，体温高，呼吸频率快，具有生长发育迅速、性早熟、产蛋多等特点，但其消化道短，消化吸收能力差。因此，鹌鹑的营养需要有自己的特点。

1. 蛋白质需要 蛋白质是鹌鹑维持生命，保证生长和生产产品的重要营养物质。蛋白质缺乏时，鹌鹑生长缓慢，食欲减退，羽毛生长不良，性成熟晚，产蛋量少，受精率低，蛋重小；而蛋白质过高则会引起消化障碍，出现“痛风”现象。

2. 能量需要 无论是生长鹌鹑还是成年鹌鹑，都只能适应一定的日粮能量范围。日粮内能量的高低以及和其他营养物质的正常比例，是确定营养需要时首先要考虑的问题。

3. 矿物质需要 矿物质在鹌鹑体内含量不多，只占3%～4%，但其作用却很重要。鹌鹑体内必需的常量矿物质有钙、磷、钠、氯等；微量矿物质有碘、钾、镁、锰、硫、铁、锌、铜等。

4. 维生素需要 鹌鹑饲料中需要含有14种维生素，包括维生素A、维生素D、维生素E、维生素K、维生素C、维生素B_1、维生素B_2、泛酸、烟酸、吡醇素、叶酸、生物素、胆碱、维生素B_{12}。缺少任何一种维生素，都会给鹌鹑生长和生产带来不利影响。

（二）饲养标准

目前，我国鹌鹑饲养尚无统一标准，各鹌鹑饲养场制定营养需要量主要参考国外鹌鹑的饲养标准（表4-1）。

表4-1 1994年美国国家科学研究委员会（NRC）推荐日本鹌鹑饲养标准（90%干物质）

营养成分	雏鹌鹑及仔鹌鹑期	产蛋及种用期
代谢能（兆焦/千克）	12.13	12.13
蛋白质（%）	24.00	20.00
精氨酸（%）	1.25	1.26
甘氨酸+丝氨酸（%）	1.15	1.17
组氨酸（%）	0.36	0.42
异亮氨酸（%）	0.98	0.90
亮氨酸（%）	1.69	1.42
赖氨酸（%）	1.30	1.00
蛋氨酸（%）	0.50	0.45
蛋氨酸+胱氨酸（%）	0.75	0.70
苯丙氨酸（%）	0.96	0.78
苯丙氨酸+酪氨酸（%）	1.80	1.40
苏氨酸（%）	1.02	0.74
色氨酸（%）	0.22	0.19
缬氨酸（%）	0.95	0.92
亚油酸（%）	1.00	1.00

（续）

营养成分	雏鹌鹑及仔鹌鹑期	产蛋及种用期
钙（%）	0.80	2.50
非植酸磷（%）	0.14	0.14
钾（%）	0.40	0.40
钠（%）	0.15	0.15
氯（%）	0.14	0.14
镁（毫克/千克）	300.00	500.00
铜（毫克/千克）	5.00	5.00
碘（毫克/千克）	0.30	0.30
铁（毫克/千克）	120.00	60.00
锰（毫克/千克）	60.00	60.00
硒（毫克/千克）	0.20	0.20
锌（毫克/千克）	25.00	50.00
维生素A（国际单位/千克）	1 650.00	3 300.00
维生素D（国际单位/千克）	750.00	900.00
维生素E（国际单位/千克）	12.00	25.00
维生素K_3（毫克/千克）	1.00	1.00
维生素B_{12}（毫克/千克）	0.003	0.003
生物素（毫克/千克）	0.30	0.15
胆碱（毫克/千克）	2 000.00	1 500.00
叶酸（毫克/千克）	1.00	1.00
烟酸（毫克/千克）	40.00	20.00
泛酸（毫克/千克）	10.00	15.00
吡哆醇（毫克/千克）	3.00	3.00
维生素B_1（毫克/千克）	4.00	4.00
维生素B_2（毫克/千克）	2.00	2.00

三、饲养管理要点

（一）饲养制度

根据鹌鹑不同的发育阶段，应采取不同的饲养制度，包括有限制（定量）喂料和无限制（不定量）喂料两种，而有限制喂料包括限制饲料的喂给数量和质量。

一般鹌鹑从出壳到1月龄期间采用无限制饲喂方法，要定时饲喂，少喂勤添，使幼鹑吃饱吃好，迅速生长发育。1月龄左右不作种用的雄鹌鹑，采取无限制喂料法，增加饲料中碳水化合物含量，增加饲喂次数，并饲养在育肥笼内，限制运动，进行催肥。5周龄即可达120克左右作肉鹌鹑上市。

1月龄后到开产前，仔雌鹌鹑应采取限制喂料法，以免过肥。可限制饲料中碳水化合物的比例，增加饲料中蛋白质的含量，或限制20%～30%的饲料量，均可获得较好的产蛋率和较高的饲料转化率，增加经济效益。限量时必须注意：

(1) 要有足够的食槽和饮水器，以及合理的鹌鹑舍面积，使每只鹌鹑都有均等的采食、饮水与活动机会。

(2) 鹌鹑发病时应停止限饲，恢复自由采食。

(二) 饲喂方式

根据饲料中加水量的不同，饲喂方法可分 3 种。

1. 干喂法 将混合好的配合饲料（包括多种维生素、微量元素等）直接放在食槽中饲喂，任鹌鹑自由采食。这种方法不论大规模的养殖场或家庭饲养均可采用。其优点是省工、省时、饲料不易变质。缺点是饲料缺少水分，适口性差，因鹌鹑边吃料边饮水，水槽内的水易混浊，且饲料为粉末状，易扬起灰尘，若粉料粒子稍粗时，容易造成挑食，影响鹌鹑的生长发育和产蛋率。若注意供给充足的新鲜饮水以及粗细适度的干料，干喂法是深受欢迎的。

2. 湿喂法 把配合好的混合饲料或配合饲料加青料、水等拌成松散的湿料喂鹌鹑。优点是适口性好，吞食方便，并可充分利用当地的农副产品，饲料不易挑剔；缺点是需要经常刷洗食槽，尤其是夏季饲料容易腐败，更需要勤加刷洗。因此要吃多少拌多少，多投入人工。该法适用于小规模的养殖场和家庭饲养。

3. 干湿兼喂法 该法为综合上述两者的优点，取长补短的饲喂方法，如平时自由采食干粉料，在中午增喂一餐加汤水的湿料，特别是在夏季是有好处的。但不宜经常改变饲喂方式。因此要另添湿食槽，食槽要充足，否则可能发生啄斗行为，饲料也易变质。

第三节 繁殖育种

一、繁殖

(一) 鹌鹑的孵化技术

鹌鹑受精卵需经孵化后才能产出雏鹌鹑，完成其繁殖过程。野生鹌鹑每产一窝蛋后即停止产蛋，开始抱窝，孵出雏鹌鹑后进行育雏。但经过人类驯化与培育的家养鹌鹑，由于长期的定向选育，在产蛋量显著提高的同时却丧失了就巢性（抱性），因而无法完成受精卵的自然孵化，因此必须通过人工孵化才能繁殖后代。

人工孵化鹌鹑种蛋的技术要点与孵化鸡蛋相同，要严格控制并灵活掌握孵化过程中的温度、湿度、翻蛋、凉蛋、通风、出雏等重要环节。孵化过程中的各个操作技术环节，须环环扣紧，哪一个步骤都不容忽视，否则任何一环出了问题，就可能造成严重的损失。

传统人工孵化的方法很多，如炕孵法、缸孵法、煤油灯孵化法、机器孵化法等。但不论哪一种孵化方法，其孵化原理都一样的，只要操作方法正确，都可得到理想的孵化成绩。机器孵化法操作技术成熟，工艺流程统一，易于学习和掌握，是目前主流的人工孵化方法（图 4-5）。

图 4-5 机器孵化法的孵化室内部场景

1. 孵化机的选择 机器孵化法的主要设备是孵化机，凡孵化禽蛋的孵化机均可用来孵化鹌鹑种蛋，使用前只需把蛋盘换成鹌鹑用蛋盘即可。目前市场销售的孵化机种类和型号很多，按入孵蛋量大致可分为小型、中型、大型、超大型四个类型。一般情况下，小型孵化器一次孵化 50～1 000 枚蛋，中型为 1 000～10 000 枚蛋，大型为 1 万枚蛋以上，超大型为 10 万枚蛋以上。如按孵化器箱体结构分，可分为平面式、平面分层式、柜式和房间式等。

小型平面孵化机一次一般可以孵化 300 枚蛋，其大致结构为：孵化器内有摆放 300 枚种蛋的蛋盘，盘底是孔眼较细的铁丝网。孵化器内顶部四周装有电热丝，通电后电热丝发热，用于孵化器内保温。蛋盘下方底部放一镀锌板做成的水盘，孵化时注水，用以保持箱内一定的相对湿度。孵化器后壁留有一定空隙，正面开有几个小孔，使空气流通。机内装有温控器，用以调节和控制箱内的温度。孵化时，种蛋上方吊放一温度计，以便观察种蛋附近温度变化。

小型立体孵化机一次一般可以孵化约 800 枚蛋，其大致构造为：孵化机上部孵化，下部出雏，或左边孵化，右边出雏。还有规格更大的立体孵化机使用分体设计，孵化箱和出雏箱相互独立。孵化机上部有十几个蛋盘，下部有 4 个出雏盘，在孵化机后上方装有电热丝，用以供热保温，蛋盘全部插入孵化机上部的蛋座内。四周围有铁皮带固定，以防蛋盘转动时脱落、晃动。电动机驱动蛋座转动，一方面用于翻蛋，另一方面也可以使孵化机内的空气流动。孵化机内装有温控器，用以控制调节所需温度。孵化机正面设有能自由开闭的进气孔，正面上部设有可自由开闭的排气孔，可根据箱内换气需要将进出气孔进行自由调节。蛋盘和出雏盘之间放置 2 个水盘，以保持孵化机内一定的相对湿度。蛋座中心用一根铁轴支撑，铁轴末端露在机外，并装有摇把，用手转动摇把，蛋盘便可以转动 90°。

不论何种类型的孵化机，首先要考虑的是孵化性能。性能优良的孵化机应具备的基本条件是：控温准确，稳定耐用，安全可靠，维修方便，美观大方，经济实惠等。因此，在购买孵化机前要查询产品说明书，或向科研单位与禽场咨询，以便了解机型、结构、特性、容量、技术指标和有关参数，以及孵化工艺、价格等。最好选购经市级或省级以上机构鉴定的合格产品。

2. 种蛋的选择 鹌鹑种蛋品质高低直接影响孵化成绩，也决定着雏鹌鹑的质量，最终也会影响未来鹌鹑群的养殖效益。因此，入孵前必须把好种蛋这一关，确保入孵种蛋的新鲜度和种蛋的孵化品质。选择种蛋时应着重考虑以下几个方面。

（1）种蛋来源 种蛋应来自品种明确、遗传性状稳定、饲养管理完善、无遗传性疾病、非疫区的种鹌鹑群。凡是品种不纯、生产性能不稳定、有传染病，特别是蛋传性疾病的种鹌鹑所产的种蛋不可用于孵化。

（2）种蛋新鲜程度 种蛋保存的时间越短，胚胎的生命力越强，孵化率、健雏率也越高。一般情况下应选择 5 天以内的种蛋入孵。而且以开产后 4～8 个月内的种蛋品质最佳。这是因为受精蛋在雌鹌鹑体内已开始发育，如果产出后立即孵化，种蛋所受外界的影响更小，蛋内水分散失少，胚胎生命力更强，在孵化过程中胚胎的发育也就更加正常。

（3）蛋形大小 种蛋要求大小适中，形状正常，呈卵圆形或纺锤形，各类畸形蛋均不适合孵化。蛋重应符合品种标准，蛋用鹌鹑种蛋的重量以 10.5～12 克为宜，肉用鹌鹑种蛋的重量以 16～17 克为宜，过大或过小的蛋不宜用来孵化。此外，凡是过长、过圆、凹腰、两头尖等畸形鹌鹑蛋应直接淘汰，这类蛋大多数在孵化的后期会出现胚胎死亡。

（4）蛋壳厚度　蛋壳应厚薄适度，蛋壳结构坚实、致密、均匀，蛋壳厚度与结构直接影响种蛋内水分的蒸发速度，因而会影响胚胎的正常发育。蛋壳粗糙或过薄，水分蒸发快，容易破裂，孵化率下降；蛋壳过厚，气体和水分散发受阻，雏鹌鹑出壳困难，许多雏鹌鹑在孵化后因无法及时破壳而窒息死亡。另外，种蛋壳色须符合品种特征。

（5）蛋壳清洁度　种蛋的蛋壳必须保持清洁干净，新鲜的种蛋表面应没有斑点或污点附着。蛋壳若被粪便或脏物污染，其表面将滋生大量微生物，并通过蛋壳的气孔进入到蛋内，会引起细菌感染。同时，表面的污物会堵塞气孔，影响气体交换，使胚胎在生长发育过程中得不到充足的氧气供应，同时也不能及时排出二氧化碳以及其他代谢产物，造成胚胎死亡。如果蛋壳较脏，应用干布或砂纸擦抹干净，消毒后孵化，一定不能用湿布擦抹。为了保持种蛋的清洁，要求产蛋窝、垫草垫料干净清洁，减少窝外蛋的数量，及时捡蛋，种鹌鹑舍在使用前用福尔马林熏蒸消毒。

必要时可通过照蛋观察蛋的内容物来检查蛋的品质。新鲜鹌鹑蛋的气室小而固定不动，蛋黄完整，位于蛋的中央而不来回移动，蛋白无色透明，系带位于蛋黄两端、色淡。照蛋判别出的粘壳蛋、裂纹蛋、黑腐蛋、散黄蛋、双黄蛋等，都不能用于孵化，必须予以淘汰。

在外地购买种蛋时，可以随机抽测部分种蛋，打开后直接观察蛋的内容物，以评测蛋的质量。

3. 种蛋的保存　种蛋应保存在干净、整齐、无灰尘、通风、无鼠害的蛋库内，库内最好安装有空调，以保持温度恒定。

种蛋的保存温度以 15～18℃为宜。若种蛋保存时间在 1 周以内，则保存温度以 17～18℃最好；保存 1 周以上时，以 15℃为宜。

蛋库内的相对湿度以 75%较为合适，湿度过低造成蛋内水分蒸发过快，种蛋失水严重，气室增大，湿度过高则易滋生细菌，加快种蛋腐坏。

种蛋保存时间一般不要超过 1 周，保存时间越长，种蛋质量越差，孵化率越低。若超过 1 周，则应每天翻蛋一次，或将蛋的钝端朝下放置，使蛋黄位于蛋的中央，以防止胚胎与蛋壳粘连。

4. 种蛋的消毒　为了减少种蛋的病原污染，控制传染性疾病的传播，提高种蛋的孵化率和健雏率，必须对种蛋进行消毒处理。

种蛋产出后，常被种鹑粪便、垫料污物所污染。试验表明，刚产下时蛋壳表面的细菌数为 100～300 个，经 15 分钟后则增长为 500～600 个，此后更以极快的速度增殖。着生的细菌多是大肠杆菌、沙门氏菌等危害严重的病原菌，如不及时消毒，当繁殖到一定数量时，可侵入蛋内、感染初生雏鹌鹑，并污染孵化设备和用具，进而传播疾病。所以种蛋产出后的当天应及时消毒处理，然后再转运至蛋库保存。为了防止交叉污染，入孵前应再进行一次熏蒸消毒。消毒时按每立方米空间使用福尔马林（含甲醛 40%）30 毫升，高锰酸钾 15～20 克，密闭熏蒸，熏蒸 20～30 分钟后将气体彻底排出。为了获得较好的消毒效果，消毒室内应保持适宜的温度（25～27℃）和湿度（75%～80%）。

5. 孵化室和孵化机消毒　种蛋在入孵前，要对孵化室及孵化机进行全面消毒，同时对孵化机的各种设施设备进行检查，查看功能是否完好，防止中途发生故障停机。此后开启孵化机通电试机，运行时间 1～2 天，如机器运转正常，温湿度稳定后才可进行正式孵化。

6. 上蛋 由于种蛋保存期内温度较低，为了使上蛋后的种蛋能够很快地达到孵化机内的温度，需要在正式孵化前 12 小时将种蛋移入孵化室内。此后将已消毒过的种蛋大头朝上放入蛋盘，预热后放到蛋盘架上进行正式孵化。

7. 孵化过程中孵化条件的正确掌握 鹌鹑胚胎的发育过程大部分是在母体外通过孵化完成的，因而孵化条件的优劣直接影响胚胎的发育状况，进而影响雏鹌鹑的质量，并与育雏的成绩好坏密切相关，因此必须创造适宜的孵化条件，以满足胚胎发育的要求。孵化条件包括孵化机内的温度、湿度、通风换气、翻蛋和凉蛋等。

（1）孵化温度　是胚胎发育的首要条件，只有在适宜的温度下胚胎才能维持正常的物质代谢和生长发育。温度过高，胚胎发育加快，但体质较弱，如温度超过 42℃，2～3 小时后胚胎即出现死亡；温度过低，则胚胎发育迟缓，如温度低于 24℃时，经 30 小时后胚胎即会全部死亡。当孵化温度为 37.2～38.3℃时，鹌鹑胚胎的发育最好，而温度偏高或偏低，孵化率都会降低，孵化出壳时间也会提前或推后。在胚胎发育的不同阶段，对孵化温度的要求也不同。根据胚胎发育的特点，孵化温度调节的原则是“前高后低”，即在孵化的前期温度可以稍微高些，孵化的后期可以适当低些。因为在孵化初期胚胎正在分化形成，物质代谢处于较低水平，胚胎产生的体热少，且无体温调节能力，所以要求稍高而稳定的温度，以刺激糖类代谢，促进胚胎快速发育。当然，温度过高也容易使心搏紧张和血管过劳而引起出血，出现较多的死胚。照蛋时看到的“血圈蛋”，大部分是因为早期温度过高引起的胚胎死亡。孵化进入中期后，胚胎进一步发育，物质代谢日趋复杂，脂肪代谢逐渐增强，体温逐渐升高，孵化温度需逐渐降低。孵化末期，胚胎增大，脂肪代谢强烈，产生的热能大量增加，蛋内温度高于孵化器内的温度，此时需要降低孵化环境温度，以利于散发多余的热量，保证胚胎的正常发育，否则大量胚胎会因高温致死。

因平面孵化机易受孵化室温度影响，所以当孵化室温度在 20～22℃时，平面孵化机的孵化温度应控制在：1～6 天为 39.4～39.7℃，7～14 天为 38.9～39.2℃，15～17 天为 38.6～38.9℃。当孵化室温度偏低时，采用高限温度孵化；反之，则用低限温度孵化。

立体孵化机或房间式孵化机，如果是间隔 5 天入孵一批，则应采用恒温孵化法：当入孵第一批种蛋后，保持恒温 37.8℃孵化，以后入孵的种蛋均采用此温度，15 天时移盘，由蛋盘转入出雏盘出雏，15 天（下午起）至 17 天出雏温度为 36.7～37.2℃。如果整批入孵（即一次装满孵化机），则采用变温孵化：1～5 天为 38.9～39.2℃，6～10 天为 38.6～38.9℃，11～15 天为 38.3～38.6℃，15 天（下午起）至 17 天为 36.7～37.2℃。如果孵化室温度偏高，则孵化温度取低限，偏低时孵化温度取高限。

平面孵化机的温度计水银球应与在孵种蛋高度持平，并置于蛋盘近门端的 1/3 处以便于观察；立体孵化机的温度计应悬于距离机门观察窗的 10 厘米处。在孵化时需经常检查孵化器不同位置的温差，一般不能超过±0.5℃。当温差太大时，应采取措施平衡箱内温度，如调换蛋盘或减少孵化数量等。

此外，还要通过照蛋检查胚胎发育的情况，以判断孵化温度是否合适，并根据胚胎发育的快慢调整孵化温度高低。当发育偏慢时，应适当提高温度；发育过快时，则应适当降低孵化温度。

（2）孵化湿度　空气湿度对胚胎发育也有重要影响。第一，湿度有利于导热作用，适宜的孵化湿度可以使胚胎受热均匀，特别是在孵化末期可以使胚胎散热作用加强，有利于胚胎的生长发育。第二，湿度与种蛋内水分的蒸发相关，如果湿度过高则影响种蛋内水分的正常蒸发，导致尿囊、绒毛膜含水过多而影响胚胎的气体交换，而过量的二氧化碳与水结合形成碳酸，引起胚胎酸中毒。同样，湿度过低则造成蛋内水分蒸发过快，使尿囊绒毛膜复合体失水，因而阻碍胚胎代谢产物二氧化碳的排出和氧气的吸入，而尿囊和羊膜腔的液体失水过多，会因渗透压增高而破坏其正常的电解质平衡。第三，湿度与胚胎啄壳出雏有关，出雏时较高的相对湿度与空气中的二氧化碳形成碳酸，能使蛋壳的主要成分碳酸钙变成碳酸氢钙，使蛋壳的硬度大大降低，从而有利于胚胎破壳出雏。

种蛋对湿度的要求在不同的发育阶段也是不同的：孵化初期，孵化湿度应适当高些以使胚蛋受热良好，并减少蛋内水分的过量蒸发，有利于形成绒毛尿囊液；孵化中期，胚胎形成尿囊和绒毛膜后，因需要将羊水、尿囊液和代谢产物排出而需要降低湿度；孵化后期，即在出雏前几天，为了促进胚胎散发多余的体热，防止胚胎绒毛与蛋壳粘连，应增加湿度，以利于破壳出雏，先进的孵化机一般都能自动控制湿度。根据鹌鹑蛋蛋壳结构薄而疏松的特点，孵化湿度应做如下控制：前期湿度60%；孵化中、后期湿度可降低至50%；出雏期湿度提高到70%～72%（即“两头高，中间平”）。但在分批入孵种蛋时，则要求“前平后高”，即孵化期湿度控制在55%～60%；出雏期为70%～72%。

孵化湿度是否适宜，可根据种蛋气室的大小、失重率和出雏情况等加以判断，如出现异常必须及时调整湿度。一般用干湿球温度计测定孵化机的相对湿度，湿球温度计的水杯应注满水，最好用纯净水或蒸馏水，并定期更换棉绳。

（3）通风换气　孵化中的胚胎跟其他动物一样需要充分的空气供应。胚胎在孵化过程中，必须不断吸入氧气并排出二氧化碳。为了保证胚胎的正常气体代谢，必须供给充足的新鲜空气。因此，在调节孵化机内的温度、湿度时，还需注意通风换气。孵化机内通风不良时二氧化碳增多，引起胚胎发育迟缓，造成胎位不正或胚胎畸形，甚至中毒死亡。孵化后期死胎及出壳时，污浊空气增多，所以需要加强通风换气，排出污浊空气。一般要求孵化器内二氧化碳的含量不可超过0.5%。

孵化期间胚胎的气体交换量随胚龄的增长和代谢的增强而日益加大：孵化初期，物质代谢率很低，胚胎只需利用蛋黄内的氧气，且需要量很少；孵化中期，代谢作用逐渐增强，氧气需要量也逐渐增加，并随着尿囊的形成和发育，胚胎可以通过蛋壳气孔直接利用空气中的氧气，气体的代谢、交换随之增强；孵化后期，胚胎从尿囊呼吸转入利用肺呼吸，氧气的吸入和二氧化碳的排出量显著增加。通气量可以通过开闭通气孔的大小加以调节，一般在孵化初期可完全关闭通气孔，以后随着胚龄的增加逐渐打开通气孔，至后期可完全打开。孵化器的进、排气孔与孵化间的进、排气孔应处在对应位置，以利于新鲜空气的进入和污浊气体的排放。

（4）翻蛋　自然孵化时，雌鹌鹑会经常翻动所孵种蛋，并且不时地将蛋从巢的中央位置移动到边沿，又从边沿移动到中央，这即是翻蛋。人工孵化时也模仿自然孵化时雌鹌鹑的做法进行翻蛋，以提高孵化效果。

孵化时进行翻蛋具有三个方面的作用：第一，防止胚胎与蛋壳粘连。由于蛋黄的脂肪含量高，相对密度较小，浮于蛋白之上，胚盘的相对密度更小，位于蛋黄的上面而与蛋壳膜相接触，随着胚胎的不断发育变大，与蛋壳膜的接触面积也逐渐增大，如长期不进行翻动，胚胎很容易与蛋壳膜发生粘连而导致胚胎死亡。第二，促进胚胎活动，保持胎位正常。翻蛋可以改变胚胎所在的位置，增加胚胎活动量，同时也增加了卵黄囊血管、尿囊血管与蛋黄、蛋白的接触面积，有助于营养吸收。第三，使胚胎受热均匀并调节体温。一般在孵化器内不同位置存在温差，翻蛋可改变种蛋所在位置，使其所感受到的温度也随之改变，特别是对温度变化较大的孵化器，其作用更明显。

翻蛋具体操作步骤如下：在入孵后的1～15天，每昼夜翻蛋6～8次，翻动角度以90°为宜，翻蛋的间隔时间要相同。平面孵化机则抽出蛋盘，将中心位置的种蛋取出一部分，再将四周的种蛋向中心移转靠拢，最后将移出的种蛋放置在四周，即可达到翻蛋的目的。孵化中期，要将蛋盘调转前后方向孵化，以使孵蛋受热均匀。移盘以后停止翻蛋。

每次翻蛋时做好翻蛋时间、孵化机内温度和湿度等的记录，并注意观察孵化机通气孔大小及机器的运转是否正常，一旦发现异常情况，应立即切断电源，检查原因，排除故障。

（5）凉蛋　自然孵化时雌鹌鹑每天会定时离窝或站起，使巢内空气流通，蛋温下降。人工孵化时加以效仿，在孵化的中后期，每天定时打开孵化器门或取出蛋盘降低蛋温，这就是凉蛋。鹌鹑种蛋的人工孵化也应如此。在孵化的中后期，随着胚胎逐渐生长发育，体内物质代谢增强，特别是脂肪代谢的增强，产生大量的热量，同时胚胎对氧气的需要量也随之增加，凉蛋时可以降低温度，排出过剩的体热，同时可以增强气体对流，促进气体交换。

凉蛋的频率、时间长短随外界气温和胚龄而定。在孵化中后期，外界气温较低时，每天凉蛋1次，每次15分钟。在孵化后期且气温较高时，每天凉蛋次数可增加为2次，每次凉蛋时间可延长为20～30分钟。凉蛋时将蛋面温度降低至32℃左右，然后再恢复供温，使其恢复到正常的孵化温度。使用平面孵化机时，手工翻蛋的同时也有凉蛋的作用，可以不另外进行凉蛋。

（6）照蛋　照蛋是利用禽蛋的透光性，用灯光或日光检视蛋内容物状况的一种方法。照蛋的作用为：第一，全面了解胚胎的发育情况，检查孵化制度、孵化温度、孵化湿度是否合适。如果发现胚胎发育过快或过慢，可及时进行调整，以保障孵化效果。第二，可及时检出无精蛋，了解入孵蛋的受精率，如发现受精率过低，可通知种鹌鹑舍查明原因加以改进。剔出的无精蛋可供食用，在受精率低时，可增加空间，提高种蛋的孵化数量。第三，及时剔除孵化过程中的死胚或被微生物污染的蛋，减少污染，保持孵化器的清洁卫生。

鹌鹑种蛋照蛋一般用专用照蛋器，也可用自制照蛋箱。照蛋箱的制作方法为：用一木箱或纸盒，内装100瓦灯泡，在箱的一侧或两侧壁上方略高处开一个圆洞，圆洞直径为2.2厘米。照蛋时，只要用拇指和食指拿住蛋的小头，将入孵蛋的大头对准圆洞，轻轻地旋转即可看到蛋内情况。照蛋时的温度不能太低，以免胚胎受凉，冬季气温较低时，要做好保温工作，室温应保持在28～30℃。

鹌鹑种蛋入孵后，一般需要进行2次照蛋：第1次照蛋在入孵后5～7天进行，目的是检查种蛋是否受精以及胚胎发育情况，及时取出无精蛋和死精蛋。此时，发育正常的胚胎，气室是透明的，其余部分均呈淡红色，可看到要形成心脏的红斑点和以红斑点为中心向四周扩散的如树枝状的血管；无精蛋显得跟新鲜蛋一样透明，和受精蛋很容易区别开来。死精蛋内出现有圆圈状血丝，意味着胚胎发育已停止。第 2 次照蛋是在入孵后的 12～13 天进行，目的是发现并取出停止发育的死胚蛋。这时胚胎发育正常的种蛋气室变宽，其余部分呈暗色，而死胚胎蛋则两端发亮。

（7）移盘　种蛋入孵后的 14～15 天，将其转移到出雏盘内出雏，称之为“移盘”，此时可停止翻蛋。在出雏前的 1～2 天，可向种蛋表面喷洒少量温水，每天喷一次以利于出雏。

（8）出雏　在种蛋质量与孵化条件均正常的情况下，一般在入孵第 16 天开始破壳出雏，在第 17 天达到高峰。用平面孵化机时，雏鹌鹑可在较短时间内出齐；而用立体孵化机时，出雏过程会较长，往往需要 24 小时左右才可出齐。

等出雏数量超过一半时，就需把已出壳且绒毛已干的雏鹌鹑取出，以防止其影响未出壳的胚蛋的正常出壳。从孵化机内取出的雏鹌鹑，应放在预先准备好的保温育雏箱或笼内，使其充分休息，以恢复体力。如果需要向外运输，则需要把雏鹌鹑放入专用的运输箱内，适时运出。需要注意的是，运输过程要注意保温通风，减少运输应激。

（二）鹌鹑的性别鉴别

应根据鹌鹑不同的品种、品系、配套系与年龄进行性别鉴别。一般而言，有色羽鹌鹑于 1 月龄时较易从外貌进行鉴别，近些年我国培育成功的雌雄自别配套系，1 日龄时即可鉴别。目前常用的鉴别方法有以下几种。

1. 初生雏鹌鹑的性别鉴别

（1）翻肛鉴别法　国内外通用的鉴别方法，准确率高时可达 99%，但鉴别者须经专门训练，掌握一定方法后方可进行。

翻肛鉴别的姿势要求正确，动作轻巧迅速，并应在出雏后 6 小时内空腹完成。鉴别时，在 100 瓦的白炽灯光照下，左手将雏鹌鹑的头朝下，背紧贴手掌心，轻握固定。左手拇指、食指和中指捏住鹌鹑体，接着用右手食指和拇指将雏鹌鹑的泄殖腔轻轻翻开。如泄殖腔的黏膜呈黄色，其下壁的中央有一小的突起（生殖突），即为雄鹌鹑；如呈淡黑色而无生殖突起，则为雌鹌鹑。

实际应用发现，由于初生雏鹌鹑的泄殖腔黏膜颜色不一，通过黏膜颜色鉴别困难。此外雏鹌鹑个体小，保定与翻检泄殖腔非常困难，易伤害雏鹌鹑，影响其成活率与生长发育。

（2）雌雄自别配套系　利用特定配套系和伴性遗传特征，根据初生雏鹌鹑胎毛颜色而鉴别雌、雄雏鹌鹑的方法。例如，利用中国白羽鹌鹑雄鹌鹑与栗褐羽的朝鲜雌鹌鹑，或法国肉用雌鹌鹑杂交，其后代羽毛颜色为淡黄色的雏鹌鹑为雌鹌鹑，栗褐色的为雄鹌鹑。据测定，其自别雌雄准确率为 100%，已在国内得到推广应用。

2. 仔鹌鹑的性别鉴别　初生雏鹌鹑的性别从外貌上难以鉴别，但其长到 3 周龄后就比较容易从外貌上对性别加以区分了。

雏鹌鹑初级换羽后，羽毛生长正常情况下，栗褐羽型仔鹌鹑可根据羽毛形状与色斑进行鉴别。胸部开始长出红褐色的胸羽，上偶有黑色斑点的为雄鹌鹑。偶有少数雌鹌鹑胸羽酷似雄鹌鹑，并且其脸部与下颌部尚未换好新羽，此法会有鉴别错误出现，此外对于白羽鹌鹑尚难予以正确鉴别。1 月龄的仔鹌鹑一般已换好体躯部的永久羽。栗褐羽系鹑，其雄鹌鹑在脸、下颌、喉部开始呈现赤褐色，胸羽为淡红褐色，其上偶有少数黑色小斑点，腹部为淡黄色，胸部较宽，有的已开始鸣叫。雌鹌鹑脸部为黄白色，下颌、喉部呈白灰色，胸部密布许多黑色小斑点，其分布范围形似鸡心，腹部呈灰白色。少数雌鹌鹑胸部羽毛底色酷似雄鹌鹑，可再检查其下颌、喉部颜色。雌鹌鹑鸣声低而短促，似蟋蟀叫声。

（三）健康雏鹌鹑的识别技术

留作种用的雏鹌鹑要进行严格筛选，把性质优良者作为种用。雏鹌鹑须来自健康的优良品种、品系或配套系的高产商品代，并且在规定的孵化期内出壳。健康雏鹌鹑的外貌标准为：

（1）外形正常，个体高大，体格健壮，初生重符合品种要求，即在7克以上。

（2）全身绒羽蓬松紧密，腹部绒毛长而致密，整洁有光泽，眼观有丰满感。

（3）活泼好动，行动迅速，双眼有神，鸣声响亮。

（4）雏鹌鹑握在手中感觉柔软，腹部柔软。

（5）雏鹌鹑的喙和脚趾粗壮，颜色鲜艳。

（6）雏鹌鹑脐部愈合良好。

二、育种

（一）鹌鹑的选种

种鹌鹑外貌应符合品种特征，健康无病，体重大小适中。除此之外，种雄鹌鹑还要体质健壮，色彩鲜艳而有光泽，发育匀称，头大，眼大有神，交配能力强，鸣声洪亮、稍长而连续。雌鹌鹑羽毛有光泽，产蛋率高，蛋品质好，眼睛明亮、大小适中，颈长，体态匀称，腹部容积大。

（二）鹌鹑的配种

鹌鹑野性强、生性好斗，其求偶和交配行为与其他家禽存在差异。目前常采用自然交配的方式配种，人工授精多因技术难度大、雄鹌鹑精液少等原因，故在生产中应用相对较少。

1. 自然交配　自然交配中，常根据育种或生产的实际需要，分为以下3种配种方式。

（1）单配或轮配　单配是指1只雄鹌鹑配1只雌鹌鹑；轮配是利用1只雄鹌鹑配4只雌鹌鹑，但须每日在人工控制下进行间隔交配。这种配种方法谱系记录清晰且受精率高，育种场较多采用。

（2）小群配种　小群配种通常以2只雄鹌鹑配5～7只雌鹌鹑。一般种鹌鹑场多采用此种方法，受精率也较高。

（3）大群配种　通常用10只雄鹌鹑配30只雌鹌鹑，一般种鹌鹑场也有采用，但因雄鹌鹑较多，啄斗现象比较严重，既影响受精率，也容易造成种鹌鹑受伤。实践证明，配比不当将直接影响受精率。一般而言，以小群配种为好，因为雄鹌鹑较少争斗，雌鹌鹑的伤残率也低。

种鹌鹑入笼时，应先放雄鹌鹑，使其先熟悉环境，占据笼位顺序优势，数日后再放入雌鹌鹑，这样可防止雌鹌鹑欺负少数雄鹌鹑，有利于提高受精率。

2. 人工授精　分为两步，即采精和输精。

（1）采精　准备用于采精的雄鹌鹑与雌鹌鹑分开饲养。并将雄鹌鹑肛门周围的羽毛用剪刀剪去，这样在采精时精液不容易被污染和流失浪费。

正式采精前1～2周必须对雄鹌鹑进行调教，采用的方法是背腹部按摩法。在调教过程中，注意将精液量少、精液稀薄、夹杂粪便等质量不好的雄鹌鹑做记号，如反复调教都没有明显变化，则予以淘汰。选留特别优秀的雄鹌鹑用于正式采精配种，可以获得更高的受精率。

采精时，一人用双手将雄鹌鹑的翅膀和爪子抓紧，减少挣扎，露出肛门，以便采精。另一人右手夹住采精杯，并用拇指和食指挤压雄鹌鹑腹部，左手稍微用力压在雄鹌鹑的背部，从前往后轻轻地抚摸至雄鹌鹑尾根部，用分开的拇指和食指捏住尾巴根部两侧，如此从前往后反复按摩。采精时要求动作由轻到重，由慢到快，按摩5～6次后两手用力合并，雄鹌鹑生殖突起会有节奏地用力向外突出，此时用左手的大拇指和食指卡住肛门两侧，同时用右手挤压腹部，雄鹌鹑精液就会自动流出。这时应马上用采精杯接住，如此再反复挤压2～3次即完成采精动作。每次采完1只雄鹌鹑的精液，用肉眼观察精液的质量，质量合格的即用吸管移入集精瓶中（气温低时应采取保温措施）。如果发现所采精液稀薄，或被粪便、血液等污染，则予以丢弃。

用于人工授精的精液最好先进行精液品质检测，检测项目包括精子密度、活力和质量。

为了节约精液，提高种蛋的受精率，可使用稀释液对精液进行适当的稀释，稀释比例为2份精液加1份稀释液。稀释后的精液应在18～23℃温度下保存，并在半小时内用完。

（2）输精　输精工作一般由3人合作完成，2人抓住雌鹌鹑翻肛，1人进行输精。翻肛时右手抓住雌鹌鹑的双腿，倒提起来，用左手向下使劲压迫雌鹌鹑尾部，并用拇指和食指把雌鹌鹑的肛门翻开，暴露出2个孔，右边的孔是泄殖腔，左边的孔是阴道口。当阴道口完全翻开后，输精员将输精管斜插入阴道1～2厘米，将精液输入。

输精用的精液，可以用未经稀释的原精液，也可用稀释后的精液。因雄鹌鹑射精量太少（约0.01毫升左右），使用原液常因精液不足而影响受精率，因此越来越多的养殖场采用稀释后的精液进行输精。此外，多只雄鹌鹑的混合精液比单只雄鹌鹑的精液受精率高，所以生产中常采用混合精液进行输精。

输精时间的选择对受精率有明显的影响，适宜时间为大部分雌鹌鹑已产完蛋后的这段时间。输卵管中有蛋时，精液被鹌鹑蛋阻挡，不能顺利达到受精部位，会严重影响受精率。

输精频率同样是影响受精率的重要因素，一般每5～7天输精1次。初次人工授精时，每3天输精1次，3～4次以后每周输精1次；在产蛋高峰期，为减少对产蛋量的影响，可每隔10天输精1次；产蛋末期需增加输精次数，可每5天输精1次。

（3）注意事项

①加强对种用雄鹌鹑的饲养管理，饲料营养要搭配全面，应适当补充蛋白质和维生素。

②经常检查雄鹌鹑的精液品质，如精液品质不好，精子密度小、活力差，应停止使用或予以淘汰。

③采精过程中要保持安静，动作轻柔，否则会使雄鹌鹑因受惊而排出色淡或稀薄的精液。采精时应注意不要对雄鹌鹑按摩时间过长或挤压泄殖腔力量过大，以免损伤黏膜，导

致出血和排出粪尿，引起雄鹌鹑受伤且污染精液。

④采集好的精液应在半小时内用完，以防精液长时间暴露在外而引起品质下降，影响受精率。

⑤自来水、酒精和消毒剂能引起精子损伤或死亡，在人工授精过程中不能使用。

⑥雄鹌鹑患传染病或输卵管有炎症时不能进行人工授精，以防交叉感染，引起疾病大范围传播。

⑦人工授精的器具必须保持清洁卫生，用过的器械应先用自来水洗干净，再用蒸馏水冲洗，进行高压或干热消毒后密封保存。

第四节　疾病防治

鹌鹑体型小，野性强，代谢旺盛，生长迅速，抗病力弱，发病时病情常发展快速，直接影响鹌鹑养殖的成败与经济效益。因此，为了减少疾病（特别是传染性疾病）发生，提高鹌鹑群的整体健康水平，应当坚持“以防为主，防重于治，防治结合”的原则，着眼于日常卫生防疫工作，采取综合预防措施。

一、消毒与防疫

（一）建立健全卫生防疫制度

采取健全的卫生防疫制度，可将 90％以上的病原微生物杀灭。如果清洁消毒不彻底或无清洁消毒措施，病原微生物将长时间存留在生产区域，造成反复感染而使疾病频繁发生，导致鹌鹑群生长停滞或生产成绩严重下降，且大量投入药物与人工，造成养殖成本急剧增加。鹌鹑养殖场的清洁消毒包括场区环境、养殖舍、配套设备及用具、饲养人员等多个环节的消毒。

鹌鹑养殖场区每月至少消毒 1 次，门口设车辆消毒池，人员通道安装喷雾消毒设施，消毒液经常更换。鹌鹑舍每周带禽喷雾消毒 2 次，疫病流行期间每天消毒 1 次。开放式饮水器每天应消毒 1 次，乳头式饮水器每批次消毒 1 次。食槽每月消毒 1 次。工作人员进入生产区前须更衣、消毒后进入鹌鹑舍，谢绝非生产人员进入生产区。鹌鹑饮水为自来水则不用消毒，如果使用地下水则应配套过滤消毒装置。

对于病毒性疾病及其他传染性疾病，最佳的预防措施是进行疫苗接种。养殖场应根据当地养殖实践，建立适宜的疫苗免疫制度并严格执行，如有条件可进行鹌鹑群的抗体水平检测，以监测群体免疫状况，实时地进行疫苗接种。

（二）建立科学的饲养管理制度

1. 实行全进全出　雏鹌鹑、仔鹌鹑、成年产蛋鹌鹑以及商品肉用鹌鹑、种用鹌鹑等各养殖阶段或养殖类型的鹌鹑全部实行全进全出制度，即同一日龄进舍，同一日龄出舍。鹌鹑转群、出栏或淘汰后，对鹌鹑舍、笼具、配套设施等进行彻底的清扫消毒，晾干后空置 1～2 周再进下一批次生产，如此可显著减少传染性疾病感染的途径。

2. 加强日常观察　在日常饲喂、捡蛋等工作中，注意观察鹌鹑群的精神状态、采食及饮水量、粪便外观、鸣声变化等，出现异常情况应及时查找原因，第一时间采取相应防范措施。

3. 隔离饲养 不同生产目的、不同养殖场应保持一定距离，防止疾病传播。同时要远离其他畜牧场、屠宰场、兽医院、集市等场地。

（三）加强饲养管理，提高整体健康水平

饲料营养水平、饲喂制度、饮水质量、饲养密度、应激管理、通风换气、环境温度、粪便或污物处理、生产管理制度、技术操作程序等对鹌鹑的免疫力和抗病力均有影响，完善的饲养管理制度，可提高鹌鹑群机体健康水平，增强其抗病力，降低疾病发生率。因此，提供全价而平衡的日粮，供应清洁而足量的饮水，建立科学的管理制度，创造适宜的饲养环境，对于提高机体抵抗力，减少疾病的发生具有重要作用。

二、常见疾病的防治

1. 马立克氏病

【病原】该病是由一种疱疹病毒引起。病毒在羽毛囊上皮细胞中增殖，随皮屑脱落而传播，呈水平性传染，局限性流行，病毒侵入体内，经数十天后引起肿瘤，动物发病后 5 个月左右排出病毒。雏鹌鹑最易感，雌鹌鹑易感性大于雄鹌鹑。

【症状】病鹌鹑精神不振，瘫痪，消瘦，贫血，两翅下垂，下痢，排出绿色稀粪，育雏率低。该病多为内脏型，常在心脏、肺、腺体、胃、肝、肾、睾丸及卵巢处可发现单个或多个肿瘤。组织学损害表现为淋巴网状细胞增生。神经型马立克氏病也有发生，表现为脚软、坐骨神经变粗、水肿，神经变成灰白色。

【诊断】根据症状、病理变化可做出初步诊断，确诊需要进行血清学诊断或病毒分离。注意与淋巴性白血病、网状内皮细胞增生症相区别。

【防治】该病目前尚无特效药物可供治疗，故重点在于预防。鹌鹑出壳后及时注射马立克氏病疫苗，平时宜加强饲养管理，以增强体质和增加抗病力，注意清洁卫生和进行定期消毒。

2. 新城疫

【病原】该病是由新城疫病毒引起的一种急性败血性传染病，鸡最敏感，鸽、鹌鹑也可感染。鹌鹑新城疫多在新城疫流行后期发生，病毒侵入机体后引起败血症，死亡率较高。病鹌鹑的唾液、鼻涕、粪便里都含有大量的病毒，污染饲料、饮水和用具之后就能传播病毒。病鹌鹑在咳嗽或打喷嚏时，飞沫中含有大量病毒粒子，散布在空气中，健康鹌鹑吸进之后，亦能感染。该病一年四季均可发生，但以春、秋两季多发。

【症状】病鹌鹑初期出现神经症状，头向后或偏向一侧倒，也有低头和犬坐姿势，口中流出液体，食欲不振，精神萎靡，软壳蛋及白壳蛋增多，一般 2～3 天内死亡。急性病例则引起神经紊乱，呼吸困难，很快死亡。发病的大都是 40～70 日龄的青年鹌鹑，7 月龄以上的鹌鹑发病率较低。死亡率一般在初产蛋前为 50%，而初产蛋后降低到 10%以下，但病程较长，产蛋明显减少。发病期死亡率每天超过 1%，解剖时腺胃、肠道及卵巢有出血性病变，尤其是食道与腺胃接合处的黏膜上有针尖状的出血点或出血斑，这是典型症状。有时可见卵坠入腹腔，小肠有卡他性炎症。

【诊断】根据症状、病理剖检和血清学诊断可做出诊断。

【防治】该病目前尚无有效的治疗药物，故应以预防为主。接种鸡新城疫疫苗是预防该病流行的最可靠有效的方法。可采用鸡新城疫Ⅱ系疫苗，饮水免疫，连续 3 次。第 1 次在4日龄，用鸡新城疫Ⅱ系弱毒疫苗1毫升加凉开水1 000毫升稀释后饮用，每1 000只雏鹌鹑需要饮水1 500毫升；第2次在20日龄，约饮水2 000毫升；第3次在50日龄，约饮水5 000毫升。为了能使所有鹌鹑在2小时内将疫苗稀释水饮完，可在头一天夜里停止供水，翌日再提供放入鸡新城疫Ⅱ系疫苗的饮水，使所有鹌鹑都能饮上疫苗水。

3. 鹌鹑传染性支气管炎

【病原】该病是由鹌鹑传染性支气管炎病毒引起的一种急性、高度传染性呼吸道疾病。8周龄以下鹌鹑感染后发生急性支气管炎，人工感染鹌鹑潜伏期为2～7天。成年鹌鹑及老年鹌鹑的传播速度及发病程度均较低。

【症状】4周龄以下鹌鹑症状为咳嗽，打喷嚏，支气管有杂音，有聚堆现象。有的出现流泪和结膜炎病症，但通常不流鼻涕。有的有神经症状。病程1～3周，发病率高达100%。气管和支气管中有大量黏液，眼结膜、角膜呈云雾状，不透明，有时有渗出物，鼻窦和眶上窦充血。

【诊断】鹌鹑突然出现咳嗽、打喷嚏、气管杂音，并迅速扩散，出现死鹌鹑。剖检以支气管黏液为主，即可做出初步诊断。分离病毒及特异性血清学反应可帮助确诊。

【防治】目前尚无特殊疗法。应适当增加育雏室温度，保证空气流通，避免拥挤。适当使用抗生素防止继发感染。孵化工作应延迟到病鹌鹑症状消失后2周进行。

4. 球虫病

【病原】该病是由艾美耳属的各种球虫寄生于禽类肠道所引起的一种以下痢、排血便、肠道高度肿胀、出血为特征的原虫病。病禽是主要传染源，其粪便污染饲料、饮水、垫草、用具及禽舍地面后，球虫卵囊在适宜的条件下1～3天发育成侵袭性的孢子卵囊，被健康的幼禽吞食后，孢子卵囊钻入宿主肠壁发育成裂殖体，致使肠黏膜受到严重损害。裂殖体在肠壁上皮细胞内进行有性繁殖，发育成成熟卵囊，随粪排出体外，再感染健康雏。昆虫、老鼠及饲养员也可成为机械传播者。鹌鹑、鸡、火鸡、雉鸡、鸭、鹅、鸽、鹧鸪等均易感。该病主要危害3月龄内幼雏，死亡率高达80%。

【症状】

(1) 急性型　病鹌鹑精神倦怠，食欲减少，渴欲增加，羽毛逆立，缩头拱背，两翅下垂，呆立一角，呈嗜睡状，反应迟钝。下痢，排褐色或红色糊状恶臭粪便，重者排血便，肛门周围羽毛被液状排泄物污染而粘在一起。随病情发展，多数病例呈现神经症状，两翅轻瘫，两脚外翻或直伸，或定期痉挛收缩。可视黏膜苍白，体况消瘦，体温下降而死亡。病程5～20天。

(2) 慢性型　多见于3月龄以上的鹌鹑。症状与急性型相似，但不明显。病鹌鹑渐进性消瘦，体重减轻，间歇性下痢，产蛋量减少，少见死亡。病程较长，约为数周或数月。

【诊断】主要病变在肠道，盲肠高度肿胀，充血、出血严重，并有溃疡坏死灶；十二指肠充血，并有斑点状出血；空肠后段及回肠弥散性充血、出血，肠黏膜增厚，有坏死灶，肠内容物似血样。

【防治】氯苯胍，每只鹌鹑（体重150克）口服5克，1天1次，连用5天；磺胺二甲基嘧啶0.5%拌料，连喂7天，0.5%浓度饮水，连用7天；青霉素25万单位/升，克球粉0.25克/升，混入饮水中；做好鹌鹑舍、笼具的清洁卫生，地面、料槽、用具及污染处用热碱水消毒，笼可用热水冲或火烘烤；粪便收集于粪池，进行生物热灭虫；加强饲养管理，供给雏鹌鹑富含维生素的饲料，以增强其抵抗力；成鹌鹑与雏鹌鹑分开饲养，雏鹌鹑还应按日龄分成小群饲养，定期进行消毒、检疫，发现病雏及时隔离和治疗。

5. 维生素A缺乏症 维生素A是脂溶性维生素，当饲料中缺乏时，就可使雏禽或初产母禽发生一种以黏膜、皮肤上皮角化变质、干眼、夜盲、生长停滞为特征的代谢病。

【症状】雏鹌鹑精神委顿，食欲减少，羽毛蓬乱，体况瘦弱，发育受阻。站立姿势异常，运动失调，忽而倒地，忽而惊恐。眼流泪，眼睑内有干酪样物质积聚，眼周围皮肤粗糙，眼睛发干。如果治疗不及时，死亡率很高。

成鹌鹑多为慢性经过，精神不振，食欲欠佳，体质下降，消瘦贫血，羽毛粗乱，步态不稳，行动迟缓，趾爪色淡、蜷缩，产卵减少。眼常流出水样分泌物，严重者眼睑内积有干酪样物质，角膜发生软化或穿孔，甚至失明。鼻孔有黏性分泌物，呼吸困难。

【诊断】鼻腔、口腔、咽喉、食道及嗉囊有角化上皮，气管与支气管黏膜上有假膜或小脓疱、坏死及溃疡。肾肿大呈灰白色，肾小管和输尿管充满白色尿酸盐。心包、肝、脾也有尿酸盐沉积。

【防治】每千克饲料中添加维生素A 1万国际单位，成鹌鹑每天增喂鱼肝油1～2毫升；重病例可在皮下注射鱼肝油1～2毫升，或肌内注射维生素A注射液2 500～5 000国际单位。

6. 维生素B_1缺乏症 特点是病禽出现糖代谢紊乱及多发性神经炎。

【症状】病鹌鹑精神委顿，食欲减少，羽毛蓬乱无光，生长不良，体况不佳，瘦弱贫血，步态不稳，外周神经发生麻痹或呈现多发性神经炎症状。随病情发展，颈、翅及腿部伸肌发生痉挛，头颈弯曲，或呈背弓状。后期病鹌鹑出现腹泻，卧地不起，或呈麻痹状态，皮肤广泛发生水肿。

【诊断】病鹌鹑胃肠发炎，并有溃疡和萎缩现象；肾上腺肥大；生殖器官萎缩（睾丸比卵巢明显）；心脏内侧扩张（心房比心室明显）。

【防治】病鹌鹑口服或肌内注射维生素B_1，每只5毫克，5～7天为一个疗程；多喂一些富含维生素B_1的饲料，或饲料中添加维生素B_1。

7. 啄癖症 包括啄羽、啄肛、啄趾、啄鼻、啄蛋等。该病发生的原因比较复杂：①日粮配合不当，赖氨酸、亮氨酸、蛋氨酸和胱氨酸含量不足；②日粮中维生素B_2、维生素B_6缺乏；③日粮中缺乏某些矿物质和微量元素（钙、磷、锰、硫、钠等）；④日粮不足，致使禽处于饥饿状态；⑤饲养条件不良，温湿度不适宜，通风不良，光照过强，密度太大，禽舍不卫生等，均可致使禽类发生啄癖症。

【症状】

（1）啄羽 病鹌鹑神态不安，时而啄自身羽毛，时而啄其他鹌鹑的羽毛，甚至背部、尾部羽毛被啄光，皮肤裸露。

（2）啄肛 病鹌鹑相互啄肛，致使肛门破伤、出血，严重者引起泄殖腔及肛门发炎，或发生溃烂，疼痛不定。

（3）啄趾 病鹌鹑时而啄自己的趾，时而啄其他鹌鹑的趾，致使啄趾破伤、出血，甚至发炎、溃烂，呈现跛行，或卧地不起，饮食欲均不佳，烦躁不安。

（4）啄鼻 病鹌鹑相互啄鼻，致使鼻端破伤、出血，鼻道发炎，炎性分泌物常阻塞鼻腔，呈现呼吸困难，甚至鼻啄变形，精神、食欲欠佳。

（5）啄蛋　雌鹌鹑产蛋后，自己立即啄食，或被其他鹌鹑啄食，特别是产薄壳蛋或软壳蛋时，啄食更为严重。

【防治】

（1）啄羽鹌鹑应隔离饲养。加强环境卫生，调整饲养密度，饲料中添加适量的石膏粉。病鹌鹑每天每只喂服0.3～1克硫化钙或按日粮的0.2%加入蛋氨酸。

（2）啄肛鹌鹑应及时调整饲料、饲养密度，隔离饲养，饲料中添加蛋白质饲料；或每50千克饲料中添加硫酸亚铁10克、硫酸铜1克、硫酸锰2克，连喂10～15天，治疗效果良好；肛已破者应涂抗生素药膏。

（3）啄趾鹌鹑应在饲料中添加必需的氨基酸及维生素，及时治疗破趾，防止感染，鹌鹑舍保持卫生。

（4）啄鼻鹌鹑应加强饲养管理，保持饮食卫生，日粮要充足，饲料中增加蛋白质饲料或鲜肉及鱼粉等。

（5）啄蛋鹌鹑的饲料要重新调配，保证供给全价饲料，日粮中补充钙、蛋白质及骨粉。

（6）在1～9日龄时断喙，也可防止啄癖发生。

主要参考文献

韩占兵，2016. 鹌鹑高效健康养殖技术［M］. 北京：金盾出版社.

胡文博，程祥生，2013. 蛋用鹌鹑养殖关键技术［M］. 郑州：中原出版传媒集团.

李成凤，唐建宏，2015. 我国鹌鹑标准化规模养殖的实施路径［J］. 中国禽业导刊（10）：22-24.

陆龙波，马旋，田茂秀，等，2020. 鹌鹑的营养价值及其国内发展现状［J］. 甘肃畜牧兽医，50（8）：25-25，38.

赵永国，王卫国，2005. 鹌鹑标准化饲养新技术［M］. 北京：中国农业出版社.

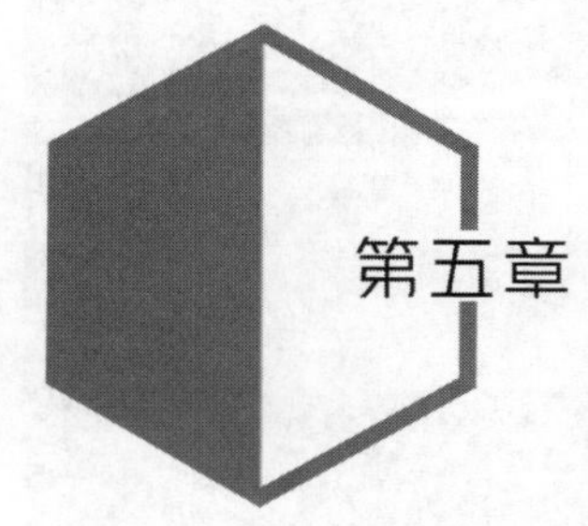

第五章 鸽

第五章彩图

第一节 品种概述

鸽又称家鸽，是鸽形目、鸠鸽科、鸽属中的一种。人类养鸽的历史已有 5 000 年，经过长期的人工繁育，现主要的鸽包括信鸽、观赏鸽和肉鸽。信鸽在古代主要用途是传递信息，现在主要是用于比赛。观赏鸽的用途是以其艳丽的羽色和奇异的举止，供人们欣赏。肉鸽素有“动物人参”的美誉，其鸽蛋、鸽肉不仅具有高蛋白、低脂肪的营养特性，还具有一定的药用价值，广受消费者的青睐。

我国肉鸽规模养殖始于 20 世纪 80 年代初。上海、广东分别于 1976 年和 1980 年引进国外肉鸽品种，自此由南向北、由沿海到内地迅速发展，逐步形成了中国的肉鸽养殖产业。经过近 40 年的发展，肉鸽产业逐步成为我国家禽行业新的增长点。目前，养鸽业是我国继鸡、鸭、鹅以外的第四主流家禽产业，其饲养量和销售量均居世界第一。2020 年底，我国种鸽的存栏量约为 134 万对，同比增长 10%，是自 2017 年以来的最大存栏量。

一、生物学特征

1. 单配 鸽子是成对生存的鸟类，且对配偶有一定的选择性，固定单配（1♂：1♀），严格地遵循“一夫一妻”制。配对后雌雄形影不离，感情专一，不会再与其他鸽随意交配。如果有一方飞失或死亡，另一方很久后才会重新寻找配偶。因此，在人工饲养过程中，不能随意将配好对的种鸽进行调换。

2. 轮流孵化、共同哺育 鸽交配后，雌鸽和雄鸽会共同寻找筑巢材料，构筑巢窝。雌鸽产下蛋后，雌、雄亲鸽轮流孵蛋，雄鸽每天 9 时入巢孵化，换雌鸽出巢觅食、活动；16 时雌鸽入巢孵化至翌日 9 时。就这样雌雄交替，日复一日，直到孵出雏鸽为止。雏鸽孵出后，雌、雄亲鸽共同分泌鸽乳，哺育仔鸽（图 5-1）。

图 5-1 亲鸽轮流孵化

3. 晚成鸟 禽类在刚出雏时分为早成鸟和晚成鸟两种类型。鸽子属于晚成鸟，刚出生时体重仅 20 克左右，软弱无力，全身赤裸无毛，头不能抬，眼不能睁，不能独立行走与采食，需经亲鸽用嗉囊产生的鸽乳哺喂 1 个月左右（图 5-2）。

图 5-2　亲鸽哺喂雏鸽

4. 素食　鸽子没有胆囊，对脂肪的乳化能力相对比较弱。一般情况下以采食植物性饲料如玉米、小麦、豌豆、高粱等原粮为主（图 5-3），对青绿饲料和沙粒也比较喜欢，但不喜熟食和动物性饲料。人工饲养条件下，鸽饲料中除了原粮还要根据生产时期添加一定比例的人工配合颗粒饲料。另外，鸽有嗜盐的习性。

5. 适应性强　鸽对环境的适应能力比较强，无论是寒冷的冬季还是炎热的夏季环境，鸽都有一定的适应能力。这是鸽经过长期自然选择形成的一种本能，因此鸽的抗病力相对也较强。

6. 警觉性高　鸽警觉性较高，易受惊扰，对周围的刺激反应十分敏感，闪光、怪音、移动的物体、异常颜色等均可引起鸽群骚动和飞扑。因此，在饲养管理中要注意保持鸽群周围环境的安静，要禁止生人出入鸽舍，禁止在鸽舍及附近高声喧哗、打闹，夜间要注意防止鼠、蛇、猫、犬等侵扰，以免引起鸽群混乱，影响鸽群正常生活。

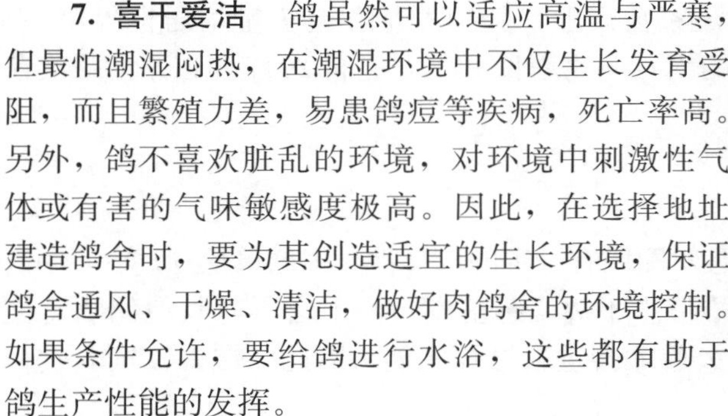

7. 喜干爱洁　鸽虽然可以适应高温与严寒，但最怕潮湿闷热，在潮湿环境中不仅生长发育受阻，而且繁殖力差，易患鸽痘等疾病，死亡率高。另外，鸽不喜欢脏乱的环境，对环境中刺激性气体或有害的气味敏感度极高。因此，在选择地址建造鸽舍时，要为其创造适宜的生长环境，保证鸽舍通风、干燥、清洁，做好肉鸽舍的环境控制。如果条件允许，要给鸽进行水浴，这些都有助于鸽生产性能的发挥。

图 5-3　鸽饲料（原粮）

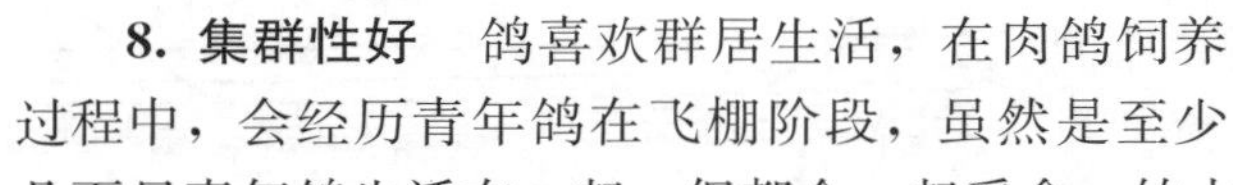

8. 集群性好　鸽喜欢群居生活，在肉鸽饲养过程中，会经历青年鸽在飞棚阶段，虽然是至少几百只青年鸽生活在一起，但都会一起采食、饮水和休息，表现出很明显的合群性。

9. 夜息昼出　鸽在野生状态下的活动特点是白天活动，晚间归巢栖息。肉鸽在人工养殖过程中，明显表现出在白天活动十分活跃，频繁采食、饮水，夜晚则在笼内安静休息。

10. 归巢性强　鸽的感觉器官灵敏，对方位的认知能力很强，具有强烈的归巢性。笼养的鸽子一旦飞到笼外，即使有数千只笼子，也能自行找到原笼回巢。

11. 记忆力强　鸽具有很强的记忆力，对固定的饲料、饲养管理程序、环境条件和呼叫信号均能形成一定的习惯，甚至产生牢固的条件反射。对经常照料它的饲养员，很快与之亲近，并熟记不忘。若平时粗暴地对待它们，往往会不利于饲养管理。鸽还是习惯性较强的动物，要改变它们的原有生活习惯，需经过一段时间逐渐调教。

二、常见品种

（一）分类学地位

鸽属于脊椎动物亚门（Vertebrata）、鸟纲（Aves）、鸽形目（Columbiformes）、鸠鸽科（Columbidae）、鸽亚科（Columbinae）、鸽属（*Columba*），是由野生的原鸽（*Columba livia*）经过人类长期驯养而成。

（二）品种划分

目前，世界上鸽的品种约有250多个，本书着重介绍用于肉鸽生产且具有一定饲养量的品种（品系）。

1. 石歧鸽 石歧鸽是我国的地方品种鸽，原产于广东省中山市石岐镇一带，故名石歧鸽。现保存的石歧鸽基本为白色石歧鸽。石歧鸽体型较长，翼及尾部也较长，形状如芭蕉的蕉蕾，胸圆，适应性强，耐粗饲，生产性能良好，可年生产乳鸽14～15只，乳鸽28日龄体重500克（图5-4）。

图5-4 石歧鸽

2. 塔里木鸽 又称新和鸽、叶尔羌鸽，也是我国的地方品种鸽。原产于新疆塔里木盆地西部叶尔羌河与塔里木河流域一带。塔里木鸽颈粗短，胸部突出，背部平直。羽毛以灰色及灰二线、雨点色为主，喙短微弯，呈紫红色或黑色，爪呈黑色。塔里木鸽选育程度较低，由于体型小、生长慢，28日龄体重仅350克左右，目前未达到规模化饲养的程度。但塔里木鸽适应性强（尤其适应干燥、寒冷、昼夜温差大的自然环境条件），耐粗饲。

3. 王鸽 又称大王鸽，是美国培育的著名肉鸽品种，也是世界上饲养数量最多的品种。1977年引种到我国，成为我国肉鸽养殖中饲养数量最多、分布最广的品种。按照羽色主要分为白羽王鸽和银羽王鸽。

（1）白羽王鸽 又称白王鸽，是由白鸾鸽、白马耳他鸽、白贺姆鸽和白蒙丹鸽四元杂交选育而成。白羽王鸽特点是头圆，前额突出，全身羽毛洁白，尾羽略向上翘。白羽王鸽原本的培育目的是生产商品乳鸽，但在引进我国后由于缺乏系统的选育，当前白羽王鸽的生长性能有所退化，乳鸽28日龄体重只有480～500克。但其产蛋性能优良，年产蛋可达20枚，因此未来白羽王鸽可以向蛋鸽方向选育。

（2）银羽王鸽　又称银王鸽，是美国用灰色鸾鸽、灰色马耳他鸽、灰色蒙丹鸽、灰色贺姆鸽四元杂交培育的肉鸽品种。银羽王鸽的特点是全身紧披银灰略带棕色羽毛，翅羽上有两条黑色带，腹部和尾部呈浅灰红色，颈部羽毛呈紫红色略带有金属光泽（图 5－5）。银羽王鸽生长性能好，乳鸽 28 日龄体重可达 600 克，乳鸽生长速度快，饲料转化率高。

图 5－5　银羽王鸽

4. 蒙丹鸽　蒙丹鸽又称蒙腾鸽、蒙台鸽、地鸽。原产地是法国和意大利。其体型与白羽王鸽相似，但其尾不向上翘，呈方形，胸深而宽，龙骨较短，体大，笨重，繁殖力强。该品种鸽是优良的肉用鸽，乳鸽 28 日龄体重可达 750 克。

5. 卡奴鸽　又称赤鸽，产于比利时、法国，为世界名鸽。该鸽性情温顺，哺育能力强，可以适应“2＋3”或“2＋4”生产模式，生产性能好，繁殖力强，年产乳鸽 16 只，乳鸽 28 日龄体重 550 克，属于肉蛋兼用型。主要有红卡奴鸽、黄卡奴鸽和白卡奴鸽 3 种，在我国饲养量比较多的是白卡奴鸽。

6. 贺姆鸽　原产于美国，属于大型品种，在世界养鸽业享誉盛名。该鸽平头，羽毛坚挺紧密，脚部无毛。羽毛有白色、灰色、黑色及雨点等多种颜色。雌鸽年产乳鸽 14～16 只，乳鸽 28 日龄体重可达 600 克左右。该品种乳鸽肉肥美、嫩滑，并带有玫瑰花香味。该品种鸽耐粗饲、育雏性能好，因此可用做保姆鸽。

7. 鸾鸽　又称伦脱鸽，原产地是意大利或西班牙。该鸽是目前所有肉用鸽品种中体型最大、体质量最重的一种，雄鸽体重可达 1 250 克，雌鸽体重为 1 000 克左右。该鸽性情温驯，不能高飞，食量大，繁殖力强，年产蛋 16～20 枚。由于体质量较重，所以孵化时易把蛋压碎，因此在自然孵化时，巢盆内应加厚垫料。该品种鸽在乳鸽阶段生长速度较慢，要到童鸽以后才迅速生长发育，所以在养殖场常将此鸽用作经济杂交的种鸽，以期培育出新品种。

第二节　饲养管理

一、场址选择

专业化、集约化养鸽需要科学地选择场地，合理地规划布局，严格控制环境条件。因此，场址选择要根据肉鸽生产特点、饲养管理方式、生产集约化程度和经营方式，结合当地的自然条件、社会条件进行综合考虑，为鸽的科学生产创造必要条件。

（一）场址选择与鸽舍建造的原则和要求

1. 场址选择原则和要求　因鸽肉的价值高，所以对于规模化养殖的场地有一定的要求。场址的选择，场地的规划以及设计要综合考虑自然条件和社会条件以及未来的发展空间。场址选择要遵循经济、实用、便利、有利于增加养殖户的经济效益为原则，选择干燥、地势平坦、向阳背风、排水良好、安静、便于防疫的地方，要远离城市及居民区。

（1）地形和地势　鸽舍内要常年保持干燥，要有新鲜的空气流通以及充足的光照，必须选择在地势高燥、排水良好、向阳背风且有一定坡度便于排水的地方建造鸽场。地形要求平坦，以正方形为好，不宜选择狭窄和棱角太多的地方，否则既增加建设成本又不利于鸽场布局和防疫。

（2）土壤　土壤以沙壤土为好，越是贫瘠的沙性土地，越适于建造鸽舍。这类土壤透气性强，吸湿性和导热性小，热容量大，保温性能好，微生物不宜繁殖，尤其便于设立地面运动场以满足肉鸽沙浴的习性。如果找不到贫瘠的沙土地，就要保证鸽舍土地排水良好，暴雨后不积水，因为雨天易泥泞与积水，会导致寄生虫、微生物大量滋生繁殖，不利于鸽场卫生。

（3）水源和水质　肉鸽饲养对水的要求很高，供水要保证干净、无污染，乳鸽要依靠种鸽分泌的鸽乳生存，水的质量会直接影响乳鸽的健康。此外，鸽饮水量（尤其在夏季）较多，当气温在28℃以上时，1只成鸽24小时的饮水量为150～250毫升。因此，鸽舍选址离水源地要求近并且取水方便。水源应满足如下要求：①要保证鸽场水量充足，既能满足鸽场内的人、鸽用水，还要能满足其他生产、生活用水；②要保证水质良好，不经处理即能符合饮用标准的水最为理想；③水源要便于保护，以保证水源经常处于清洁状态，没有病菌和“三废”污染。

（4）气候　我国各地气候条件相差很大，因此在考虑气候因素方面，鸽舍建造要以能改善不同气候条件为前提。在气候炎热的地区，应注意通风降温，而寒冷地区则注意防寒保暖，以营造一个适合肉鸽生产的良好环境。

（5）社会关系　鸽场应建在交通方便，道路平坦，距离主干道较近而距离居民区与繁华市区较远的地方，鸽场要有单独的道路与主干道相通，并且要与主干道保持一定距离，以利于运输及防疫工作。鸽场既不能成为周围社会环境的污染源，同时也不要受周围环境的污染。鸽场位置应设在居民点下风向、地势较居民点低的地方，但要远离其他畜禽场、屠宰场及制革厂，以免疫病传播。此外，鸽场的生产离不开能源、电力、劳力和物资供应，因此选场时一定要考虑后勤保障的便捷性。

2. 鸽舍建造原则和要求

（1）因地制宜、节省成本　养鸽的目的在于取得良好经济效益、社会效益和生态效益，鸽舍建筑以满足生产所需的温度、湿度、光照、通风和防疫等综合条件为前提，本着经济实用的原则，因地制宜，尽量降低建筑成本，达到经济实用的目的。

（2）注重改善环境因子　闷热潮湿的环境容易导致鸽患鸽痘等疾病；通风不良会导致鸽舍中氨气、硫化氢等有害气体不易排出，直接影响鸽的健康和生长；光照对鸽的生长、发育和繁殖起着至关重要的作用；清洁卫生是构建养殖场生物安全体系的一个重要环节。

因此，在设计、建造鸽舍时，朝南一面要做开放式或半开放式，后面要有通风口（窗），且保证通风口（窗）能按需要开启或关闭，这样既可保证通风良好、空气新鲜，又能使光线充足、冬暖夏凉。为了保持鸽舍清洁，应选择水泥地面，并稍有坡度，还要设排污沟，这样便于清扫和消毒。

（二）鸽舍及辅助设施合理布局

1. 房舍排列位置　从防疫卫生角度考虑，房舍应根据养殖场当地当年主风向排列，即应将孵化室、育雏室、育成舍和种鸽舍建筑在上风向；病禽隔离区、兽医室、鸽粪处理场和病死鸽无害处理厂置于下风向；饲料仓库、饲料加工间、修理间根据具体情况安排在鸽场中部；办公室等行政用房设置在生产区以外，生活区与生产区分开。

场内道路应分设两条：一条为清洁道，为运送饲料、种蛋等用；另一条为污染道，为运送鸽粪及病死鸽用，这样既有利于组织生产，又符合防疫要求。

2. 鸽舍坐落方向 鸽舍的坐落方向应本着夏季易于通风散热，冬季易于背风保温的原则。根据我国所处的纬度位置及冬、夏两季主导风向，鸽舍一般宜采取朝南或朝南偏东方向。

3. 鸽舍间距 出于冬季采光及防疫卫生的考虑，鸽舍间的距离最好在30米以上。如只考虑冬季采光问题，鸽舍间距为鸽舍高的1.5～2倍即可。

（三）常见的鸽舍形式

目前我国所建的鸽舍尚无统一的标准和规格，可结合当地的实际情况进行建设。

1. 全封闭式 这种鸽舍投资较大，是砖混结构的长条形鸽舍，相对更适合于北方地区。配套有通风、供暖、光照等设施，适于大批量乳鸽生产。此类型鸽舍一般分为单列式单笼鸽舍和多列式单笼鸽舍。

2. 半封闭式 多采用砖瓦结构，三面有墙，向南一面开设1个或几个门窗，门窗可根据情况开敞或关闭。

3. 开放式 这种鸽舍结构十分简单，用钢管、水泥柱等作支架，棚顶盖上石棉瓦、油毡等防雨材料，四周敞开不用围墙，必要时安放上下可拉动的塑料布，以挡风雨。此类型鸽舍适于我国南方地区。

（四）常用养鸽用具

1. 鸽笼 用于饲养种鸽、生产鸽和乳鸽育肥，青年鸽上笼之前一般在飞棚进行散养，不需要鸽笼。

一般每组生产鸽笼规格为：三层重叠式，200厘米×60厘米×167厘米（长×宽×高），可饲养生产鸽12对；乳鸽育肥笼则采用单层三单元，180厘米×60厘米×100厘米（长×宽×高），可饲养肥育鸽30只。

鸽笼一般用镀锌铁丝网做成，底网镀塑料，网眼为2厘米×2厘米，养殖场（户）可到金属加工厂定做或到笼具市场购买。

2. 巢盆 供鸽产蛋、孵化和哺育仔鸽。巢盆可使用方形或圆形塑料盆、瓦钵、木盆和石膏盆，也有用稻草或麦秆编制的草巢盆。用小铁丝编织成的圆形巢盆或者网格塑料巢盆实用性比较强，塑料巢盆和铁丝巢盆轻便耐用，透气性好，破蛋少，育雏率和乳鸽成活率高，同时还易于清洁和消毒。

巢盆内必须垫好垫料，垫料要求具有良好的保温性、通气性与弹性，能保持孵化蛋的蛋温，蛋不易滚动，不易碎损，使亲鸽抱窝时感到舒服，从而有利于孵化率的提高。巢盆中常用的垫料有稻草、干草、谷壳、细沙、麻布片等。目前鸽养殖场用麻布片作垫料比较普遍，麻布片保温性与弹性都好，更便于清洗和反复利用。

3. 食槽 是给鸽盛食物的装置，食槽的设计应满足鸽容易啄到食物、不浪费饲料而且便于清理的要求。食槽可用铁皮或塑料制成。对于笼养鸽来说，食槽一般挂在鸽笼前网上。有一种自取食槽，其顶部是一带盖的贮料箱，配合好的饲料直接放到贮料箱里，鸽根据自己的需要来采食，这种食槽具有饲料浪费少、省时省力的优点，每装满一次饲料可供鸽采食 2～3 天。

4. 饮水器

（1）饮水器应具备的条件　保持饮水清洁、新鲜和充足，且鸽的爪或身体无法进入；饮水的深度最少 2.5 厘米左右，能浸没鸽瘤，且加水方便，不会弄湿弄脏鸽舍地面；鸽粪和垃圾不会污染饮水，方便清洗消毒；经济耐用，使用方便，价格适宜。

（2）笼养种鸽饮水器

①杯式饮水器　有陶瓷杯、塑料杯、玻璃质缺头瓶等，容积在 400 毫升以上，敞口。每对种鸽或两对种鸽共用 1 个。

②槽式饮水器　水槽可用锌皮、塑料制成，长短与鸽笼排列长度相同，适于大中型养鸽场使用。用自来水笼头加水，清洗方便，但容易被粪便污染，需经常擦拭。

③水管饮水器　可用直径为 12～16 厘米的塑料圆管、铁皮管制成，根据鸽笼的宽度在圆管上面开椭圆形口，每个笼位开一个口，以自来水笼头供水，保证饮水的清洁。清洗水管时，可用一块海绵用尼龙绳捆绑，从水管的一端穿入，从另一端拉出，反复几次，将管内的污物清洗干净。

5. 栖架　鸽喜欢居高，群养的青年鸽常需配备栖架。栖架通常安置于鸽舍的墙根或墙壁上及运动场四周，可以平放，也可以斜置。除了信鸽的栖架比较讲究外，肉鸽和观赏鸽的栖架一般比较灵活。

6. 脚环　脚环又称脚标，用塑料或铝片制成。为了辨认鸽和进行鸽的系谱记录，种鸽和留种的童鸽都应套上编有号码的脚环。

7. 保健砂钵　目前保健砂钵一般是由塑料盒制成，容量不能太大，保健砂也不要装得太满，以免盛放时间过长，受潮变质。保健砂钵规格要求深 6～8 厘米，下底直径 4～5 厘米，上口直径 6 厘米。

二、营养与饲料

家禽生产中，饲料成本约占总成本的 75%，精确饲粮中各营养素的水平是降低家禽生产成本的主要途径之一。我国肉鸽养殖业还属于新兴行业，目前种鸽饲粮以原粮为主，再额外添加保健砂，饲粮单一，营养不均衡，饲粮浪费较严重，且迄今仍没有正式颁布的种鸽营养需要以及相应的饲养标准，影响了鸽产业的健康发展。为解决这些难题，国内外进行了种鸽营养需要及饲料等方面的相关研究和探索。

（一）肉鸽营养需要

蛋白质是动物机体组织和动物产品的主要成分。肉鸽在生长发育及繁殖后代过程中，需要足量的优质蛋白质来满足细胞组织更新、修补的需要。有研究表明，日粮蛋白质水平不足时，易造成乳鸽生长受阻、死亡率增加，以及种鸽繁殖性能下降等不良后果。因此，要维持种鸽的正常繁殖性能，保证乳鸽正常生长，必须为种鸽提供富含充足蛋白质的日粮。但在实际生产中，日粮过高的蛋白质水平不仅造成养殖成本增加、饲料浪费，还会导致乳鸽血清尿酸增多，肾脏代谢负担加重，体脂沉积增加，雄鸽精子活力降低，雌鸽产蛋间隔延长，以及乳鸽出壳困难等问题。此外，饲粮粗蛋白质以及代谢能水平不仅影响种鸽自身的体重变化，还与其产蛋周期、鸽乳分泌相关。因此，研究种鸽日粮蛋白质和能量的最佳营养需要量，优化饲料配方，是实现肉鸽高效养殖的前提。依据种鸽和乳鸽的生产性能等表现，本书汇总了种鸽适宜的粗蛋白质和代谢能需要量（表 5－1）。

表 5－1　种鸽的粗蛋白质和代谢能需要量

品种	年龄	饲喂周期	饲喂模式	粗蛋白质水平（%）	表观代谢能水平（兆焦/千克）	试验结果
杂交王鸽	2	180	“2+2”	13.5、14.5、15.5、16.5	11.30、11.70、12.10、12.50	粗蛋白质水平为 15.5%、表观代谢能水平为 12.50 兆焦/千克时，连续 4 窝平均产蛋 9.7 枚，开产蛋鸽比例达 60%
美国王鸽	1	70	“2+2”	12.50、12.56、13.86、13.90、14.02、15.41、15.44、15.59	11.72、12.35、12.98	粗蛋白质水平为 12.50%、表观代谢能水平为 11.72 兆焦/千克时，乳鸽平均日增重为 17.4 克，料重比为 2.63
杂交王鸽	2	60	“2+2”	11.79、14.22、14.29、16.16、16.18	11.82、11.85、11.86、11.87、12.51、12.52、13.31	粗蛋白质水平为 16.16%、表观代谢能水平为 11.86 兆焦/千克时，30 日龄乳鸽平均体重为 517 克，种鸽生产周期为 37.4 天
美国白羽王鸽	—	21	“2+4”	16.0、17.0、18.0	12.01、12.13、12.25	粗蛋白质水平为 16.0%、表观代谢能水平为 12.01 兆焦/千克时，乳鸽死亡率为 4.3%，种鸽产蛋间隔为 22.8 天
杂交王鸽	—	60	“2+3”	15.0、16.0、17.0	12.39、12.81	粗蛋白质水平为 17.0%、表观代谢能水平为 12.39 兆焦/千克时，1～21 日龄乳鸽的平均日增重高达 22.73 克，料重比为 3.55
美国白羽王鸽	3	45	“2+4”	15.0、16.0、17.0、18.0、19.0	12.13	粗蛋白质水平为 18.0%、表观代谢能水平为 12.13 兆焦/千克时，乳鸽的生长性能提高，种鸽产蛋间隔为 35.2 天

注：饲喂模式“2+2”“2+3”“2+4”分别表示 1 对种鸽哺喂 2、3、4 只乳鸽；“—”表示未知。

资料来源：姜世光等，2019。

（二）肉鸽常用饲料

鸽的饲料可分为能量饲料、蛋白质饲料、矿物质饲料和维生素饲料。同时，实际生产中往往需要额外补充一定的保健砂和饲料添加剂。

1. 能量饲料　鸽的一切生理活动、生活行为如体内的新陈代谢、血液循环、神经活动、体温调节和日常行为、生长发育、产蛋哺仔等都需要能量，家鸽的能量饲料主要是谷类籽实，如玉米、小麦、高粱等。这类饲料含能量高，纤维较少，适口性强，且产量高，价格便宜；粗蛋白质含量在10%左右，粗纤维在6%以下，主要用于提供能量，是鸽的优良饲料。

2. 蛋白质饲料 蛋白质饲料的粗纤维和无氮浸出物含量较低，可消化的有机物质较多，一般其干物质中粗蛋白质含量在20%以上，主要提供蛋白质营养，如大豆、豌豆、蚕豆、绿豆和花生等豆科作物的籽实。但大豆中含有抗胰蛋白酶，生喂影响消化，故应蒸熟或炒熟饲喂，大豆在鸽日粮中的比例一般为5%～10%。

3. 矿物质饲料 矿物质是鸽机体组织、细胞、骨骼等重要的成分，并在体内代谢中起重要作用，鸽需要的矿物质包括常量元素钾、钠、钙、镁、磷、硫、氯和微量元素铜、锌、铁、钴、锰、碘、硒等。常用的矿物质饲料有贝壳类、骨粉、蛋壳粉、熟石灰和食盐等。目前，鸽对矿物质饲料的摄入除了主要来源于保健砂，全价颗粒饲料也会提供一部分。

4. 维生素饲料 鸽对维生素的需要量甚微，但维生素却在机体的物质代谢中起重要的调控作用。大多数维生素不能在体内合成，必须从饲料中补给，饲料中缺乏某些维生素，会造成鸽新陈代谢紊乱，影响其生长发育、产蛋和健康。

5. 保健砂 饲喂保健砂是鸽补充矿物质和维生素的有效方式，除了上述提到的矿物质和维生素，保健砂的成分还有：粗砂、石米、黄泥、木炭末等。目前，保健砂中各矿物质元素含量、差异均极大，迄今没有统一的标准，质量问题不容忽视。

6. 饲料添加剂 指为满足特殊需要而在鸽饲料的加工、制作、使用过程中添加的少量或者加入的各种微量物质的总称，其目的是保障鸽机体健康、促进鸽的生长发育。饲料添加剂分为营养性和非营养性的。目前，用于鸽饲料的添加剂有酶制剂、酸化剂、植物提取物及重要多糖等。自饲料禁止添加抗生素以来，鸽肠道健康问题日益突出，因此功能性饲料添加剂的开发对维持鸽健康和提高鸽生产性能具有重要意义。近期研究报道，植物提取物茶多酚以及昆虫饲料黑水虻幼虫粉等对提高鸽生产性能、机体抗氧化能力，以及维持肠道健康具有一定的促进作用。

（三）日粮配合原则

日粮配合是养好鸽的一个重要环节。只有根据不同品种、年龄、用途、生理阶段、生产水平鸽的营养需要合理搭配饲料原料，才能充分发挥鸽的生产性能。种类单一的饲料原料难以发挥各种营养物质的互补作用，难以达到较高的消化率、适口性和生产效能，从而也难以达到营养的全面与平衡。因此，根据养鸽实践经验，配制饲料最好选用4～8种饲料原料。此外，配合好的日粮要求适口性好，便于保存和饲喂，不应含有害、有毒、霉变、污染物以及致病菌和寄生虫卵。

三、饲养管理要点

（一）种鸽的饲养管理

由于种鸽在不同的生产阶段有不同的生理特点，因此在饲养管理上应采取不同的技术措施。

1. 配对期的饲养管理 青年种鸽一般在6月龄开始配对，从飞棚转入笼舍。配对的种鸽要佩戴脚环，同时记录其与对应笼舍的编号，便于饲养员核查。人为配对的种鸽，需要2～3天的时间相互建立感情；如果出现打架、争斗等现象，应及时分开，分开3～4天后仍不能相互适应的，应重新配对。配对要遵循鸽群的雌雄比例，要求满足数量基本相等、配对鸽群必须达到性成熟月龄，以及体重悬殊不能太大等原则。

2. 孵化期的饲养管理 新配对的种鸽在适应对方以及生活环境后，开始交配产蛋。鸽属于刺激性排卵，一般是在交配后的 10 天左右产第 1 枚蛋，隔 1 天产第 2 枚蛋。鸽子的就巢性很强，每当产完 2 枚蛋，雌、雄鸽便开始轮流进行孵化。生产中，如果人为取走一枚蛋，鸽子会再产一枚，然后开始进行孵化。

在鸽子产蛋前饲养员应及早给巢盘铺上垫料，并给每对产鸽建立记录卡，及时记录种鸽产蛋时间；同时记录蛋的破损、受精、死胚等情况，出雏时间以及出售、留种、转移的日期和数量，为选种、选配、提纯复壮和掌握其生产情况提供科学依据。

在种鸽孵化期间，应保持巢盘的卫生，在第 4～5 天和第 10～13 天及时照蛋，以剔除无精蛋和死胚蛋；同时对同日或相差 1 天的胚蛋合理并窝，以便使无孵化任务的产鸽提早产蛋。鸽蛋的孵化期一般为 18 天，对出壳不顺利的仔鸽应采用人工辅助技术。仔鸽出雏时，应保持舍内外环境的安静，避免人为因素的应激；并注意管理亲鸽，防止亲鸽压伤雏鸽。

3. 哺育期的饲养管理 哺育期要提高亲鸽的营养水平，要求蛋白质饲料达到 30%～40%，能量饲料占 60%～70%；保健砂应在平时使用成分的基础上增加贝壳片、微量元素、复合维生素和酵母片的供给。

一般雏鸽出壳后 4～5 小时，由亲鸽开始哺喂乳鸽，如果雏鸽出壳 5～6 小时仍不见亲鸽哺喂，应及时将亲鸽隔离。如果亲鸽没有经验则应给予调教，对于初产种鸽母性行为欠缺的，应及时将雏鸽调窝，交付给母性行为强的种鸽哺喂。

4. 换羽期的饲养管理 种鸽一般在每年的夏末初换羽 1 次，时间长达 1～2 个月。为了缩短换羽休产期和保证换羽后的正常生产，可在鸽群普遍换羽时降低饲料的蛋白质质量和饲喂量，或者在换羽高峰期停止喂料而只供给饮水，促使鸽群在统一的时间内因营养不足而迅速换羽；待换羽高峰过后逐步恢复至原来的饲养水平，并在日粮中加些有利于羽毛生长和体力恢复的饲料，以促使其早日进入生长期。

在换羽期种鸽产蛋量明显下降，要利用这段时期全面检查种鸽的生产情况，结合生产记录，把生产性能差、换羽时间长、种用年限较长的种鸽淘汰；另外，从后备种鸽中选择优良的青年鸽予以补充，实现种群的合理调整。

(二) 乳鸽的饲养管理

出壳到离巢（30 日龄）这一段时间内的幼鸽均称为乳鸽。7 日龄以内的雏鸽，完全由亲鸽嗉囊吐喂的鸽乳来哺育乳鸽。鸽乳是由亲鸽嗉囊组织生成并分泌的富含营养成分的凝乳状物质。鸽乳中含有蛋白质、脂肪（甘油三酯）、碳水化合物、维生素、矿物质、表皮生长因子和免疫球蛋白等，其中蛋白质占 11%～23%，脂肪占 4.5%～12.7%，碳水化合物占总组分的 0.9%～1.5%，整体上，蛋白质和脂肪的比例随乳鸽日龄的增加而减少，碳水化合物的比例则逐渐升高。

4～10 日龄的雏鸽，亲鸽为其吐喂的食物也由浓稠的鸽乳变成鸽乳和饲料的混合物（图 5-6）；10 日龄以后的乳鸽，对外界环境的适应性开始增强，达 15 日龄的乳鸽，亲鸽喂给的饲料与其所吃饲料相同；20～25 日龄后，乳鸽可以在笼内四处活动，可以啄食一些代乳料和适口性好、易于消化的饲料。

图 5-6　1～21 日龄鸽乳形态

（三）青年鸽的饲养管理

留作种用的童鸽称为青年鸽。5～6 周龄内的童鸽，处于开始独立生活的转折点，其饲养管理的条件发生了较大的变化，而本身对外界环境条件的适应能力较差，因此要精心饲养。2 月龄左右的童鸽开始进入换羽期，饲料中的大麻仁、油菜籽能促进羽毛生长，可增加其比例。保健砂中适当加入中草药和消炎、抑菌的功能性饲料添加剂均可预防呼吸道疾病及副伤寒等病的发生。

3～5 月龄，鸽开始进入稳定生长期，并开始发情，此时要把留种的雌、雄鸽分群，保证鸽正常生长发育，避免因早配早产而影响以后的生长发育和生产性能。日粮中可以减少能量饲料而增加蛋白质饲料，在保健砂或日粮中适当添加微量元素。6 月龄以上的鸽大多已成熟，这时可进行选择和淘汰，选留出来的鸽要及时配对和转入种鸽舍进行笼养。

第三节　繁殖育种

一、繁殖过程

鸽一般 4～6 月龄性成熟，雌、雄鸽开始发情配对，配对以后就进入周而复始的交配产蛋期、孵化期、育雏期，循环往复直至终生。鸽的每个繁殖周期一般为 45～58 天，其中，交配产蛋 10～12 天，孵化期 17～18 天，育雏期 18～28 天。掌握鸽繁殖周期中每一阶段的生理特点及饲养管理要点，对于鸽场良种繁育至关重要。

1. 配对行为　鸽在达到性成熟时会表现出各种求偶行为，求偶行为随鸽子的年龄、环境等不同而不同。求偶过程中，一般雄鸽主动，嗉囊膨大，颈羽竖立，不断发出咕咕声，在雌鸽周围打转，点头躬身、嬉戏雌鸽。当雌鸽有性冲动时，则颈部膨大，点头或站立不动，或主动接近雄鸽，把喙伸进雄鸽喙内，或蹲卧下来等候交配；然后雄鸽呈倾斜状，调整身躯与雌鸽的泄殖腔紧贴，把精子射入雌鸽生殖道内。交配完后雄鸽从雌鸽身上滑下来，两鸽精神兴奋，个别鸽继续保持亲热状态。配对后的家鸽从发情交配直至产蛋的这一时期称为配合期。

2. 产蛋行为 鸽属于周期性发情，刺激性排卵的鸟类，不交配卵巢就不会排卵和产蛋。这一特性与鸡、鸭等不同，这也是为什么鸽生产中不能开展人工授精的原因。在交配刺激下，卵巢开始排卵，通常每次排2粒卵，每个卵产出间隔24～48小时。此外，养殖生产过程中，如果只为了获得商品鸽蛋，也可以采用双雌配对。一般亲鸽的产蛋间隔时间为35～45天，高产鸽一般在仔鸽出壳7～14日龄就产下窝蛋。

鸽产蛋存在明显的季节性差异，春季是生产鸽的繁殖高峰期，而秋季由于鸽要进行换羽所以此时是全年中产蛋率最低的季节。正常的鸽蛋呈椭圆形，蛋壳呈白色或粉红色，蛋重为16～22克，表面光滑。凡是受精蛋，在孵化过程中会稍变为灰蓝色，而无精蛋则不变色。

3. 自然孵化行为 自然孵化条件下，雌、雄鸽对受精蛋进行轮流孵化。孵化时，雌、雄鸽配合默契，雄鸽一般在9—16时，雌鸽在16时左右至第二天9时左右孵化；孵化至一段时间后开始翻蛋、晾蛋，用嘴和爪慢慢将蛋翻转或移动再继续孵化，晾蛋通常在种鸽换孵、食料或暂停孵化时完成。在孵化期要仔细检查鸽蛋的孵化过程，及时照蛋，对无精蛋和死胚蛋要及时剔除，把剩下的种蛋进行并窝孵化，让无蛋可孵的亲鸽重新交配、产蛋、孵蛋。但要注意并窝时要将孵化时间接近的蛋并在一起。

4. 人工孵化技术 目前鸽养殖生产中，大多采用人工孵化。其优点是可避免孵化时种鸽压破种蛋、鸽粪污染种蛋，减少死胚或弱雏的发生。人工孵化时要注意到以下几点：①孵化期检修、消毒和试温；②种蛋的选择、存放及消毒；③注意孵化温度和湿度；④胚胎发育的检查，及时剔除无精蛋、死胚和弱胚；⑤做好出雏前的准备和出雏记录。

二、选种选配

1. 选种 是指在鸽群中按照鸽的标准来衡量其每一个个体，把性状优良的个体选择出来留做种用，而把品质较差的个体剔出来予以淘汰。鸽的选种方法有以下几点。

（1）个体品质鉴定 是通过肉眼观察和手触摸，来评定鸽的发育和健康状况，以确定是否留作种用。除了外貌外，留种的鸽子还应具有本品种的特征。

（2）系谱鉴定 是指对鸽上代生产性能的鉴定，一般要考察3～5代。通过分析鸽场建立的系谱档案，了解每只鸽的遗传和繁殖性能，其中父母代对子代的影响最大。

（3）后裔鉴定 是通过测定后代的性状，来评估种鸽的种用价值和遗传性。

2. 选配 由于雌、雄种鸽在各自的遗传性和生物系特性等方面有时会缺乏亲和性，导致在生产实践中优良种鸽配对后并不一定会繁殖出优良的后代。因此，在亲鸽配对时要注意以下方面。

（1）品质选配

①同质选配 选择具有相似生物学特性和经济特性的优良种鸽进行配对繁殖，以便使后代能保持和加强双亲原有的优良品质。

②异质选配 选择具有不同优点的双亲进行配对，它可将双亲的优良性状融合在一起

遗传给后代，从而获得双亲不同优点的后代。

（2）亲缘选配　根据双亲的血缘关系进行选配，近交可以使优良个体的遗传性稳定，保留和巩固祖代的优良性状或特征而常采用的一种方法。但如果长期近交，会使后代的生活力、繁殖力等严重下降，所以在近交使后代的优良性状稳定后，应立即改用非近交，甚至杂交。

3. 品种退化的因素及避免措施　当前是打好种业翻身仗的关键时期，在鸽选种选育过程中，一定要及时纠正和防止品种退化。在保种和提纯复壮的同时，做好迎合市场需求的定向选育，以期培育新品种（或配套系）。影响品种退化的因素有以下几点。

（1）种系不纯　品质优良的种鸽，是保持品种优良的基础，如果种鸽本身种系不纯，个体的遗传性就不稳定，易引起性状分离，导致品种退化。因此，选择优良种鸽在防止品种退化的作用上非常重要。

（2）近亲繁殖　长期近亲繁殖导致后代的生活力、生产力及繁殖力下降，以致品种退化。

（3）不注重定向培育　忽视对种鸽定向培育，可能导致其优良品质不稳定、不明显。

（4）超负荷繁殖　种鸽连续繁殖时间过长，生理机能衰退，在繁殖期体力消耗大，都可导致后代品种退化。

（5）饲养管理不当　饲养管理、环境条件对品种的优劣有着直接影响。在恶劣环境下或饲养管理不善、营养不良，都可能影响种鸽优良性能的发挥。

第四节　疾病防治

一、消毒与防疫

消毒工作是动物疫病预防工作中重要且必需的环节，其措施得当与否，是预防和控制养殖场内动物疫病发生的关键。

（一）消毒方式及方法

根据消毒的目的，可以分为预防性消毒、临时消毒和终末消毒。预防性消毒是指在日常饲养管理定期的对生产区、鸽舍、用具和鸽群等消毒的措施。临时消毒是指为抑制疾病的暴发和传播，紧急采取消灭病原的措施。终末消毒是指发生疫病后，为全面清除残留的病原体而采取的彻底消毒的措施。

常见的消毒方法有物理消毒、化学消毒和生物消毒。物理消毒是指不使用化学药品进行的消毒，包括机械、紫外线、火焰、蒸煮和高压蒸汽灭菌等。虽然物理消毒不能根除病原体，但是能减少病原体的滋生，是其他消毒措施的铺垫。化学消毒是指利用化学药物抑制或杀灭病原体，降低疾病发生的概率，但目前市面上的消毒剂较多，需要根据需求选择适宜的消毒剂。生物消毒是指用生物热能杀灭病原体，常见用于粪便的无害化处理。养殖场应综合不同的消毒措施的作用，制订适宜的消毒计划。

（二）鸽场基本的消毒防疫程序

（1）鸽场和生产区门口应设有车辆和人行消毒通道。凡进入鸽场的车辆和行人均需要经消毒池消毒，消毒池内的消毒液配制遵守“现用现配，定期更替”的原则。

（2）饲养管理人员上班时需要准备专门工作服，并经洗手消毒后方可进入工作，且工作服不可离开生产区。

(3) 每月定期对全场范围内进行灭鼠、驱逐猫和野鸟的工作，同时对场舍周边的水沟、野草和蜘蛛网等及时清理。

(4) 各饲养管理人员保证各自舍内的卫生，做到每天机械清扫，每周带鸽消毒一次，及时清理粪板上的粪便和残留的饲料。

(5) 空鸽舍在启用前，必须留出15～30天时间进行全面的消毒后方可使用。

(6) 发现病鸽，及时转移隔离。病死鸽则采取焚烧或深埋处理。

(7) 对于场内公共使用的场所和器械，如孵化间和兽医室等，应增加消毒次数。

(8) 严格控制种鸽来源。有条件的鸽场可采取自繁自养的模式。必须引种时，引进种鸽需持有动物检疫证明，引入种鸽先隔离饲养1个月，确认健康后方可并入养殖区。

(9) 制定科学的免疫程序。目前针对鸽子的商用疫苗较少，可以借鉴鸡、鸭、鹅等家禽的免疫程序，并根据本场的疾病流行情况制订疫苗的免疫接种计划。

(10) 药物治疗采取联合、交替用药的方式，同时可以选择中兽药等无抗、减抗和绿色的药物进行治疗，减少耐药株的出现。

二、常见疾病的防治

(一) 病毒性传染病

1. 新城疫 鸽新城疫，俗称鸽瘟，是一类急性、热性的高度接触性传染病，由鸽源新城疫病毒（又称鸽Ⅰ型副黏病毒）引起，以肠炎、严重腹泻和神经症状为特征性临床症状。

【病原】 新城疫病毒（Newcastle disease virus，NDV）属于单股负链RNA病毒目、副黏病毒科、副黏病毒亚科的禽腮腺炎病毒属。NDV只有一个血清型，但基因型较多，根据遗传进化分析可将NDV分为2类，即Ⅰ类和Ⅱ类，其中Ⅰ类多为弱毒株，Ⅱ类则包含强毒株和弱毒株。鸽中分离的多为Ⅱ类Ⅵ类毒株。

【症状】 该病分为最急性、急性、亚急性和慢性四种类型，最急型病鸽常无明显症状便突然死亡。急性型最为常见，发病初期病鸽行走困难，喜卧伏，并伴有单侧或双侧翅下垂，体温高达42～43℃，倒提流口水，严重时流墨绿色口水，排黄绿色、青绿色或灰白色糊状或水样稀粪。发病后期病鸽不能站立，常蹲伏或侧卧，排墨绿色黏性稀粪，严重者出现摇头、歪颈和转圈等神经症状。亚急性型和慢性型多由急性型转化而来，主要表现为神经症状，最终因采食不到饲料而死亡，病程10～20天。

【诊断】 病理变化主要集中在消化道和中枢神经系统。剖检时可见皮下广泛性充血和淤血；气管内有黏液，气管轮层黏膜出血；腺胃乳头出血，腺胃与肌胃交界处黏膜有出血，甚至呈条纹状出血；肌胃角质膜下黏膜有点状、斑状出血；胃内容物变成墨绿色；小肠有弥散性出血，切开可见枣核样溃疡病变；脑部也有出血的情况。观察呼吸器官和消化道等病变情况，并结合临床症状做初步诊断，确诊有赖于进行相关血清学试验或病毒分离鉴定。

【防治】

(1) 加强生物安全措施　防止病原入侵鸽群，不从疫源地购买种鸽、仔鸽以及饲料、设备和用具等。严格落实隔离制度，禁止无关人员、飞鸟和野生动物等进入生产区。

（2）定期疫苗接种　该病的治疗没有特效药，疫苗防控是唯一的手段。目前常用针对鸡新城疫的弱毒疫苗和灭活疫苗进行鸽群免疫，以增强鸽群的免疫力和降低易感性。应根据当地新城疫的流行情况制定合适的免疫程序，同时要定期测定本厂鸽群的新城疫抗体水平，一旦发现病情之后，要及时应用鸡新城疫油乳剂灭活苗进行紧急防疫。

2. 鸽禽流感　鸽禽流感是由A型流感病毒引起的以呼吸道症状为主的疾病，各日龄的鸽都敏感，但以仔鸽更为敏感。每年从秋末到初春较为流行。

【病原】禽流感病毒（Avian influenza virus，AIV）属正黏病毒科、A型流感病毒属，为有囊膜、分节段的负链RNA病毒。AIV特别容易变异，目前鉴定出16种HA亚型（H1～H16）和9种NA亚型（N1～N9），根据各亚型对禽类的致病能力的不同，分为高致病性毒株、低致病性毒株和不致病性毒株。目前高致病性的禽流感病毒都是由H5和H7引起。

【症状】感染低致病性禽流感时，病鸽一般没有明显的症状，但鸽群整体的产蛋量和孵化率会有所降低。当高致病力毒株出现时，仔鸽的死亡率逐渐上升，常见从幼龄的仔鸽逐渐传染至种鸽；病鸽反应迟钝，幼龄的病鸽皮肤暗红；成年鸽精神萎靡，缩颈昏睡；部分病鸽有呼吸道症状；排黄绿色带有黏液的粪便；脚鳞出血；部分耐过鸽会有扭颈和转圈等神经症状。

患有低致病性禽流感时，剖检时可见肠道黏膜充血，雌鸽输卵管充血、水肿，但呼吸道没有明显的病理变化。感染高致病性禽流感时，病鸽眼周、颈部和胸部皮下水肿；鼻腔和气管内有黏性分泌物；肌胃角膜下和十二指肠有明显的出血斑；肝脏肿大、充血；胰脏表面有黄色的结节。

【诊断】该病与新城疫的发病症状相似，容易发生误诊，需要通过病原学和血清学试验进一步确诊。

【防治】可参考对鸡禽流感的预防措施。对种鸽和后备鸽接种疫苗，常用H5+H9二价灭活油乳剂疫苗，在20～30日龄时进行第一次接种，以后每隔3个月接种一次。

3. 鸽圆环病毒病　特点是侵害鸽的免疫系统，与其他致病菌、病毒混合感染，导致鸽死亡率增高；主要感染2～4月龄的幼鸽，因此该病又称为"青年鸽病综合征"。该病可以通过繁育垂直传播，也可以通过排泄水平传播。

【病原】鸽圆环病毒（Pigeon circovirus，PiCV）属于圆环病毒科、圆环病毒属，无囊膜，呈二十面体对称球形，直径为17～22纳米，其基因组为单链环状DNA，大小约为2.0kb（千碱基对）是已知最小的致病性病毒；常在法氏囊和肝脏中检测到。

【症状】病鸽精神沉郁、呼吸困难，食欲减退，体重降低，贫血，眼睑和皮肤颜色变淡和黄染，喙、口咽黏膜颜色由红转苍白，有时也会出现羽毛渐进性营养不良，进而导致大量脱毛和喙变形。

法氏囊萎缩病变是本病的特征性症状，同时免疫器官脾脏和胸腺也会有不同程度的坏死。肝肿大，肾肿大、变黄、质脆，胃肠道和肌肉由于贫血而苍白，并伴有点状出血和炎症。

【诊断】临床症状与病理解剖以及显微镜检查进行初步诊断，显微镜下观察到的羽毛上皮细胞、淋巴组织或法氏囊滤泡上皮中的嗜碱性包涵体。实验室检测手段有很多，其中最为准确的是原位杂交法。

【防治】

(1) 加强生物安全　把控源头，杜绝从污染场引进鸽，如引进鸽需要严格隔离后再混入鸽群；坚决淘汰健康状况不良、体质差的弱鸽；对病死鸽、排泄物等进行无害化处理。

(2) 加强饲养管理　给鸽提供清洁饮水，保持鸽舍卫生。饲喂高能、高蛋白饲料，确保其能量和营养需要。

(二) 细菌性疾病

1. 大肠杆菌病　鸽大肠杆菌病是由致病性大肠杆菌引起的不同疾病的总称，常见的有急性败血性型、气囊炎型、卵黄性腹膜炎型和脐炎型等病型。该病一年四季均可发生，各年龄段的鸽均可感染，其中乳鸽更为易感。

【病原】大肠杆菌属于肠杆菌科、埃希氏菌属，菌体为两端钝圆的中等大小的杆菌，革兰氏染色阴性，无鞭毛、荚膜和芽孢。该菌的血清型众多、抗原复杂、容易形成耐药性，且各鸽场流行菌株不同，往往给该病的免疫预防带来许多困难。

【症状】病鸽表现为精神沉郁，呆立嗜睡，羽毛蓬松松乱，食欲减退或废绝，眼睑发生粘连，眼球发炎、流泪，眼角变混浊，多数为一侧性，少数为两侧性；张口呼吸，以排黄白色或黄绿色水样稀粪为典型症状，个别严重腹泻的病鸽后期出现头部侧歪抽搐死亡，一般 2～5 天后死亡，耐过鸽子终生带毒。

不同病型的大肠杆菌感染个体剖检结果不同，常见鼻、喉和气管有大量黏性分泌物；腹腔积液呈黄色混浊胶冻样；气囊、心、肝和腹膜等表面均有不同程度的纤维素性渗出物，并且有不同程度的肿胀、出血；雄鸽单侧睾丸肿大，卵巢、卵泡和输卵管感染发炎，腹腔中有淡黄色腥臭液体和破损的卵黄；乳鸽的脐孔附近红肿，腹部膨大，脐孔闭合不良。

【诊断】鸽突然出现精神沉郁、腹泻，排黄白色或黄绿色水样稀粪，并且剖检可见腹腔内有黄色混浊胶冻样积液等特征性病理变化，即可做出初步诊断。借助病原菌的分离鉴定应可帮助确诊。

【防治】

(1) 加强饲养管理和做好环境卫生，加强通风和保温。

(2) 及时清理鸽粪，定期消毒舍内笼具、器械和周边环境。

(3) 制订疫苗接种计划，目前已有针对主要致病血清型的多价大肠杆菌灭活疫苗。

(4) 药物防治要注意交替用药，给药时间要早，疗程要足。

2. 沙门氏菌病　鸽沙门氏菌病又称为鸽副伤寒，是由沙门氏菌引起的以发热、下痢、关节炎，以及后期神经失调为特征性症状的疾病，是导致乳鸽死亡的主要传染病之一。

【病原】沙门氏菌属于肠杆菌科、沙门氏菌属，其中鼠伤寒沙门氏菌最为常见。菌体为两端钝圆的杆菌，革兰氏染色阴性，无鞭毛、无荚膜，也不形成芽孢。目前为止，已经发现沙门氏菌有 51 个 O 群，O 抗原 58 种，H 抗原 63 种，组成 2 500 种以上的血清型，给疾病防治带来一定的难度。

【症状】病鸽表现为典型腹泻症状，排黄绿色或褐绿色带泡沫稀粪；单侧或者双侧关节肿大，病鸽跛行，行走困难；有的病鸽共济失调，头颈歪斜或后仰，呈现神经症状。

剖检可见心、肝、肺等器官表面有大小不一的黄白色结节，肝脏肿大、充血，表面有针尖大的坏死点；患肢关节肿大，内有干酪样渗出物；神经型主要表现头颈歪斜，头后仰或做转圈运动。

【诊断】 根据发病情况、典型的症状与剖检病理变化可做出初步诊断，经病原菌分离与鉴定后便可确诊。

【防治】

(1) 利用检测手段定期对全群进行感染筛查，淘汰阳性带菌鸽，坚持疫病净化，逐步建立无病原菌鸽群。

(2) 由于沙门氏菌病可垂直传播，所以应做好种蛋、孵化器和出雏器的消毒工作。

(3) 加强饲养管理，春、秋两季注意舍内保温，避免昼夜温差过大，并保持舍内环境干燥，避免潮湿，供应清洁的饮水和无霉变的饲料。

(4) 该病的常用药为氨苄青霉素、强力霉素、氟苯尼考、庆大霉素和磺胺类药物，必要时做药敏试验，选择敏感性较好的药物联合使用。

3. 巴氏杆菌病 鸽巴氏杆菌病（Pastureland multiracial，PM）又称鸽霍乱、鸽出血性败血症，是由多杀性巴氏杆菌引起的鸽的一种急性传染病，主要是以高热、下痢、败血症和死亡为特征，发病率和死亡率都较高。在各地方呈散发性或地方流行性，小型养鸽场尤为严重。

【病原】 多杀性巴氏杆菌属于巴氏杆菌科、巴氏杆菌属，菌体为两端钝圆、中央微凹陷的短杆菌，革兰氏染色阴性，染色后可见典型的两极浓染的短杆菌。无鞭毛，不形成荚膜和芽孢。该菌是畜禽呼吸道和消化道的常在菌，但在动物营养不良和抵抗力下降时容易暴发，属于一种条件致病菌。从患病的动物体液或组织中分离培养得到的菌株基本分为两种：一种为血清型乙型，对小鼠、家兔和猪毒力强大；另一种为血清型甲型，对鸡、鸽毒力强大，对猪的毒力较次。

【症状】 该病的特点是来势急、病情重、死亡快。肥壮的乳鸽最易发生急性死亡。病鸽主要表现为发热，体温高达 42～44℃；精神萎靡，食欲减退或不食，渴欲增强，频繁饮水，因此有的病鸽嗉囊胀满液体，倒提时可以从口鼻流出淡黄色黏性液体；眼结膜潮红；常伴有持续的腹泻，粪便颜色呈灰白色、铜绿色和黄白色；病程 1～3 天，最终病鸽死于衰竭。部分病鸽临死前有神经症状，如拍翅抽搐和角弓反张。

剖检可见嗉囊积有未消化饲料和酸臭味液体；心冠脂肪、心包外膜和心脏上有出血点，心包液增多；肝脏肿胀质脆，表面布满针尖大小的灰白色坏死点；脾脏、肺部和肠道均有不同程度的出血。

【诊断】 病鸽口渴喜饮，嗉囊积液，倒提时口鼻流出淡黄色带泡沫水样黏液，呼吸困难，不断摇头，根据这些症状可以进行初步诊断，需要经病原菌的分离和鉴定进行确诊。

【防治】

(1) 定时检查鸽群，一旦发现病鸽，立即采取隔离措施。

(2) 平时要加强饲养管理，提高饲料营养水平，饮水中添加中药、电解质等。改善鸽舍饲养条件；同时每日使用消毒剂对鸽舍、鸽群及日常用具进行消毒；还要严格控制人员进出，引进新鸽时应先隔离观察再进行正常饲喂。

(3) 治疗前先应进行药敏试验，筛选出高敏抗菌药，并且遵循多种抗生素联合、交叉使用的原则。常用药物有磺胺二甲嘧啶及碳酸氢钠、链霉素和青霉素。该病因来势急，死亡快，所以必须尽早用药，且剂量应加大或药物联合才易收到效果，发病后期用药则往往难以奏效。

4. 绿脓杆菌病 鸽绿脓杆菌病是由绿脓假单胞杆菌引起的以败血症、关节炎、眼炎为特征的传染病。多发生于潮湿和高温的季节，在新城疫、鸽痘和禽流感等疾病发生后更为常见。幼鸽更为易感。

【病原】绿脓假单胞杆菌又称铜绿假单胞菌，属假单胞菌属，是革兰氏阴性杆菌，菌体单在、成双或成短链，菌体有鞭毛和很多绒毛，可以运动。绿脓杆菌对外界环境的抵抗力非常强，对抗生素也容易产生耐药性。

【症状】发病乳鸽精神不振，食欲减退，生长缓慢；常见眼、颈部和胸腹发生皮下水肿，严重的两腿内侧部皮下也见水肿；腹部膨胀，伴有不同程度的腹泻，严重的粪便中带血；死亡乳鸽外观消瘦、脱水，切开胸部和腹部可见干酪样物和血性渗出液，肝脏出血、肿大。

【诊断】根据临床症状表现及其病理变化进行初步诊断，细菌学检验是诊断绿脓杆菌病最可靠的方法。

【防治】

（1）保持鸽舍内通风、干燥。

（2）定期检查笼具和消毒注射用的针头，避免锐物刺伤皮肤，引发感染。

（三）真菌性疾病

1. 鸽曲霉菌病 主要是由烟曲霉菌和黄曲霉菌等曲霉菌引起的一种真菌性呼吸道传染病。该病病程长，呈慢性经过，临床上主要出现病鸽张口呼吸、打喷嚏、流涕、呼吸道啰音及气囊炎、眼炎、鼻窦炎等病症，以严重的呼吸道症状为特征。且各种年龄的鸽均可发生，高发于多雨季节。

【病原】该病的主要病原体是烟曲霉，其次是黄曲霉。黑曲霉、土曲霉和构巢曲霉也具有一定的致病性，但较为少见。曲霉菌可以形成霉菌孢子，通过空气散布在四周的环境中。霉菌孢子对环境的抵抗力很强，一般消毒液中须经1～3小时才能灭活，在临床上难以根除。

【症状】仔鸽患病后常呈急性经过，而成年鸽呈慢性经过；急性者初期表现为精神沉郁，食欲不振，羽毛蓬乱；随着病程发展，病鸽表现出眼睑肿大，用力挤压可见黄色干酪物；鼻液由水样转为黏稠样；呼吸困难，张口呼吸，有“咯咯”的喘息声，夜晚尤为明显；有的病鸽后期出现头颈扭曲、共济失调等神经症状；慢性者多生长缓慢，消瘦，呆立，生产性能降低。

病死鸽的整个呼吸系统都有病变，严重者在口部和咽喉部也可看见黄色或灰黄色的溃疡。气囊和肺脏的病变最为明显。气囊增厚、混浊，气囊和肺部有黄白色或灰白色的霉菌结节，可以作为本病初步诊断的依据。肺部的结节分布于整个肺部组织中，与实质器官粘连发生炎症反应，表面像肉芽组织的炎性层，呈红色。

【诊断】注意与有呼吸道症状的疾病进行鉴别，根据流行病学、临床症状和剖检可做出初步诊断。确诊需要进行微生物学检查，在病料压片镜检中可见霉菌菌丝，即可确诊。

【防治】

（1）防控本病首先应禁止饲喂发霉、变质的饲料，杜绝病从口入。

（2）加强饲养管理，降低养殖的密度，保持鸽舍通风、清洁和干燥。定期消毒，排除空气中的霉菌孢子。

（3）饲料中适量添加制霉菌素等药物，并适当在饮水中添加葡萄糖和电解多维等，提高鸽群免疫力。

2. 鸽念珠菌病 又称霉菌性口炎，特征是病鸽口腔、食道和嗉囊黏膜有白色的假膜核溃疡。

【病原】该病的病原是白色念珠菌，菌体呈卵圆形，革兰氏染色阳性，菌丝的发育是白色念珠菌最重要的致病性特征。该菌对外界环境以及消毒药物有很强的抵抗力。

【症状】病鸽消瘦，羽毛凌乱，甩食，食欲不振，伸颈张口呼吸；喙缘有结痂，病鸽嗉囊明显肿大，倒提时有酸味液体自口中流出；同时伴有腹泻，肛门周围粪污较多；发病初期死亡率较低，病程约 1 周，最后病鸽因脏器衰竭死亡。

剖检可见口腔、咽喉、食道和嗉囊表面大小不等的干酪样假膜，干酪样假膜可被抹去，抹去后可见红色溃疡面。嗉囊内留有未消化充分的、掺杂大量水分的谷物和饲料，并带有浓重的腐败酸味，食道、嗉囊和腺胃黏膜增厚。消化道空虚无内容物，心、肝和脾等器官无明显病变。

【诊断】剖检典型的病变是病鸽的嗉囊内表面有灰白色的菌落结节，进一步诊断需要结合病料的镜检。

【防治】

（1）加强饲养管理，防止饲料发霉，保持舍内通风干燥，降低舍内鸽群密度。

（2）可通过饮水中添加制霉菌素，进行全群预防。清除患病鸽口腔的假膜后，涂碘甘油并在饮水中添加硫酸铜。

（四）支原体病

鸽支原体病是由鸡毒支原体引起的慢性呼吸道病，一年四季都可发生和流行，在寒冷和梅雨季节较为严重，各种年龄的鸽都可发生，发病后死亡率低，但传播速度较快，混合感染严重。

【病原】鸡毒支原体是支原体科、支原体属的一个致病种，菌体呈球杆状，革兰氏染色弱阴性。鸡毒支原体对外界的抵抗力较差，常用的消毒剂可迅速将其杀灭。

【症状】潜伏期 1～2 周，多呈慢性经过，病程长达 1 个月；病初患病鸽流出水液性鼻液，继而呈黏性或脓性，鼻孔堵塞，影响呼吸，甩头；眼睛出现炎症，向外突出，有黄白色渗出物；病情逐步向呼吸道发展，病鸽咳嗽加重，呼吸啰音加重，呼出恶臭气。

剖检可见鼻腔、气管、支气管和气囊均有黄色黏稠渗出物和干酪样物，气囊增厚混浊；腹腔内有泡沫样液体；肝脏表面附着黄白色絮状物，有针尖大小的出血点。

【诊断】根据症状和剖检进行初步诊断，避免与传染性鼻炎、霉菌性肺炎、感冒等疾病混淆。不能诊断时必须进行实验室检查才能确诊。

【防治】

（1）加强饲养管理 消除发病诱因，控制饲养密度和保证舍内的卫生和通风。

（2）消毒种蛋 该病可以通过卵传播，应定期对种蛋、孵化机和孵化间进行消毒，不同舍的工作人员不得串舍，避免交叉感染。

（3）药物防治 该病对支原净、泰乐菌素、红霉素和链霉素等敏感，但对青霉素和磺胺类药物有抵抗力。

(五) 衣原体病

鸽衣原体病又称鸟疫，是由鹦鹉热衣原体引起的一种人兽共患病。每年的 5—7 月和 10—12 月是发病高峰，并且常伴随发生肠道疾病、支原体病、毛滴虫病等。

【病原】 鹦鹉热衣原体是该病发生的病原，是一种专门在细胞内寄生的微生物，可在细胞质内形成包涵体。呈多形型，典型者多为梨形，直径为 200～500 纳米，具有感染性。该病菌对外界环境有较强的适应能力，但常规的消毒药均可将其杀死。

【症状】 病鸽精神沉郁，食欲减少，呼吸困难；主要可见眼部、鼻部有症状，眼睑肿大，眼结膜增厚，有黏性分泌物，严重者失明；同时还会有腹泻的表现，排黄白和黄绿稀便。

剖检可见鼻腔和器官有大量黄白色渗出物；气囊增厚，腹腔浆膜面和肠系膜上附有纤维蛋白性渗出物；肝脏和脾脏常见肿胀、柔软和色变深；肠道黏膜充血、出血，发生卡他性炎症；泄殖腔内容物中有含大量尿酸盐的稀粪。

【诊断】 当鸽出现单侧眼结膜炎、鼻炎、腹泻等典型症状，一般可以初步诊断。实验室常见诊断手段有聚合酶链式反应（PCR）和抗体检测。

【防治】

(1) 加强饲养管理　保证充足的清洁饮水，并添加电解多维、葡萄糖等，以保证能量需要及代谢平衡。做好环境卫生和消毒工作。

(2) 生物安全　由于该病也能感染人类，如果发现病鸽必须隔离，同时对病鸽使用的垫草、鸽具以及饲料、饮水等做好生物安全处理。

(3) 药物预防　衣原体对四环素类和红霉素都较敏感。

(六) 寄生虫病

1. 毛滴虫病　鸽毛滴虫病又称口腔溃疡，亦称“鸽癀”。其特征是在口腔、食道、嗉囊、前腺胃出现坏死性溃疡，造成上消化道和呼吸道阻塞，妨碍进食及正常呼吸，进而引起饥饿造成宿主死亡。各品种、各日龄的鸽均可感染，以 2～3 周龄乳鸽、童鸽发病率较高，一经感染，可终身带虫，强毒虫株感染时死亡率可达 50%。

【病原】 鸽毛滴虫是原生动物门、鞭毛虫纲、动鞭亚纲、多鞭毛目、毛滴虫科。虫体为梨形或长圆形，长 5～9 微米，宽 2～9 微米，虫体周围有 4 根典型的游离鞭毛，可使虫体迅速移动。鸽毛滴虫以二分裂方式繁殖，3～6 小时产生一代，但对外界抵抗力不强，在 20～30℃温度下的生理盐水中经过 3～4 小时便死亡。

【症状】 在肉鸽养殖生产中许多幼鸽和成年鸽是无症状的带虫者，终身带虫，鸽不表现明显的临床症状；若虫体毒力强，根据病症可分为咽型、脐型、内脏型和泄殖腔型四种。咽型最为常见，且危害最大，鸽感染后口中散发出恶臭味，有青绿色的涎水流出；嗉囊塌瘪，做伸颈吞咽姿势，口腔黏膜上会形成特征性黄色干酪样积聚物；鼻咽黏膜布满针头大小的病灶；病鸽常张口摇头，有时甩出干酪样物，最终因窒息死亡。脐型较为少见，患病鸽脐部皮下形成炎症或肿块；行走困难，呈前轻后重状，有的发育不良会变成僵鸽。内脏型多表现为精神沉郁，饮水增加，采食减少；随着病情的发展，鸽毛滴虫可侵袭鸽的内部组织器官。泄殖腔型患病鸽的粪便带有血液和恶臭味，肛门周围羽毛被稀粪沾污；最后全身消瘦、衰竭死亡。

该病的特征性病变是口腔、食道、嗉囊出现坏死性溃疡，咽喉黏膜形成粗糙纽扣状的黄色沉着物。有些病死鸽的肝脏表面有大小不等的脓肿，实质内有灰白色或深黄色的圆形病灶。

【诊断】口腔内是否有黄色附着物且易于剥离，是鸽毛滴虫病主要的诊断和治疗依据，但往往此时已经是鸽感染毛滴虫病的中、后期阶段。发病前期通过口腔或嗉囊的直接涂片能观察到虫体，即可确诊。

【防治】

（1）加强卫生和环境灭虫工作，定期检查鸽群（特别是成年鸽）口腔，及时发现隔离病鸽，控制和消灭传染源。

（2）对鸽毛滴虫治疗可用鸽滴净和二甲硝唑等药物。禽毛滴虫全虫灭活疫苗对健康鸽群有很好的保护率。

2. 球虫病 鸽球虫病是由多种艾美耳球虫（尤其是拉氏艾美耳球虫和鸽艾美耳球虫）寄生于鸽肠道中而引起的一种常见的寄生虫病。几乎所有成鸽都是球虫带虫者，并长期随粪便排出卵囊，但绝大多数带虫鸽几乎没有明显症状表现，只有少数才表现临床症状。发病无明显季节性，但梅雨季节常见多发。

【病原】拉氏艾美耳球虫的卵囊为椭圆形，大小为（18.2～21.8）微米×（16.8～19.7）微米；鸽艾美耳球虫的卵囊为近圆形，大小为（14.4～18.2）微米×（13.2～16.1）微米。球虫发育属于直接发育型，不需要中间宿主，当外界环境温度、湿度适宜时，粪便中球虫就能逐代繁衍，并通过粪便传播。球虫的孢子对外界环境有极强的抵抗力，常用的消毒剂不易破坏，但孢子对高温、干燥的环境抵抗力较弱。

【症状】临床上可分为亚临床型和急性型两种。其中，亚临床病例和康复鸽一般无明显临床症状，偶尔腹泻，用饱和食盐水对鸽粪进行漂浮法镜检，可检出球虫卵囊。急性型病例多见于3周龄以上的童鸽，病鸽精神不振，食欲废绝，渴欲增加，逐渐消瘦，眼球凹陷，排出带有黏液、有恶臭气味的水样稀粪，严重病例呈血性下痢。

剖检可见十二指肠变粗，是正常的2～3倍，肠腔内充满气体或液体，膨大；肠黏膜充血、出血、坏死；肠内容物有的呈绿色或黄绿色，有的呈红色；脾脏和肝肿大，表面有大量坏死点。

【诊断】根据临床症状、病理解剖变化进行初步诊断。通过取病鸽肠黏膜直接涂片或刮取肠内容物做饱和盐水漂浮法检查球虫卵囊以及显微镜镜检而进一步确诊。

【防治】

（1）加强饲养管理，保持环境清洁，鸽舍及运动场地保持干燥，对场地、鸽舍包括笼具、巢窝、食槽、水槽进行彻底消毒。将病、健鸽分圈饲养。及时清除粪便，缩短卵囊在舍内停留时间，不让卵囊有充分的时间孢子化，以打断其发育史，从而降低该病的发病率。

（2）饲粮中必须含有足量的维生素A、维生素K_3和复合维生素B族。

（3）在饲料或饮水中添加抗球虫药，并注意轮换用药、穿梭用药或联合用药，防止产生耐药性。地克珠利和托曲珠利具有广谱的抗球虫活性，是治疗球虫病的首选药物。

3. 蛔虫病 是鸽常见的一种体内寄生虫病，各种年龄的鸽均可发生，对刚分窝的幼鸽危害大。该病主要是由于鸽吃了被虫卵污染的饲料、饮水或泥土而引起。维生素A等营养成分不足和缺乏，会促进本病暴发，无症状的球虫感染鸽对蛔虫的易感性增强。

【病原】 鸽蛔虫病的病原体属线虫纲、蛔虫目，主要寄生于鸽的小肠内，有时寄生于腺胃、肌胃、食道、肝脏或体腔内，是鸽体内最大的寄生线虫。鸽蛔虫属直接发育型线虫，雌虫在鸽小肠内产卵后，卵囊随粪便排到体外，在适宜的条件下，虫卵进一步发育成为感染性虫卵，再次被鸽吞食，循环感染，鸽蛔虫从虫卵到成虫的发育过程需 35～50 天。虫卵对外界环境和消毒药的抵抗力很强，但对干燥和高温（50℃以上）较敏感。

【症状】 轻度感染时病鸽常不表现临床症状。严重感染时病鸽可视黏膜苍白，羽毛松乱，精神萎靡，呆立，体形消瘦；出现便秘和下痢交替，粪便变稀，呈黄绿色，有时稀粪中还带有血或黏液；有的病鸽还出现抽搐及头颈歪斜等神经症状，出现神经症状后很快死亡。

剖检病死鸽可见肠管苍白、肿胀，肠腔内可见淡黄色线虫，严重者线虫堵塞整个肠管，形成肠梗阻。部分腺胃及肌胃部分也可见到蛔虫虫体，腺胃黏膜有弥散性出血，且有少量红褐色黏液。

【诊断】 剖检时肠道中见大量鸽蛔虫或粪检中发现蛔虫虫卵即可确诊。

【防治】

（1）分群饲养　因成年鸽多为带虫者，是感染来源，所以幼鸽与成年鸽应分群饲养。病鸽与假定健康鸽分群饲养。

（2）定期驱虫　阿苯达唑、盐酸左旋咪唑和四咪唑交替使用，每季度驱虫一次。

（3）定时清除粪便　要求 1～3 天清粪一次，并尽量避免鸽与粪便接触。

第五节　产品及其加工

一、主要产品

鸽素有“动物人参”的美誉，鸽肉、鸽蛋不仅具有高蛋白、低脂肪的营养特性，还具有一定的药用价值。

（一）鸽肉

鸽肉中含有蛋白质、肽类、氨基酸、脂肪、甾类和糖类，全鸽含 6-磷酸葡萄糖脱氢酶等，故鸽有“一鸽胜九鸡”的美誉。鸽肉中含有 17 种以上氨基酸，氨基酸总和高达 53.9%，且含有 10 多种微量元素及多种维生素，属于高蛋白、低脂肪的理想食品；而且肉鸽有很好的药用价值，其骨、肉均可以入药，能调心、养血、补气，具有预防疾病，消除疲劳，增进食欲的功效。鸽肉性咸平，入药有滋肾益气、祛风解毒的功效。鸽肉可入药，为病后虚弱及老年人的高级滋补佳品。中成药“乌鸡白凤丸”中的白凤，就是采用鸽的肉与骨制成，可治多种妇科疾病。

（二）鸽蛋

鸽蛋营养丰富，含大量优质蛋白、卵磷脂以及钙、铁、钾、钠、镁、锌、硒等多种微量元素和维生素 A、维生素 B、维生素 D 等营养成分。中医学认为鸽蛋味甘、咸、性平，能补肝肾、益气血，也能养心安神、滋阴润肺，对增强记忆力也有一定功效。特别适宜老年人、体弱多病者、儿童及产后妇女食用。鸽蛋中的胶原蛋白含量颇高，亦有护肤养颜、美白嫩肤的作用。

二、产品加工

（一）鸽肉的加工

肉鸽有多种烹饪方法，如煮、炸、烤等，但是却没有形成像桂花鸭、盐水鹅、风鹅、口水鸡、白斩鸡等的工业化加工产品。鸽肉除了可以盐焗、红烧、煎炸外，还可以煲汤或者做成休闲食品。

（二）鸽蛋的加工

鸽蛋煮熟吃爽滑细嫩、有弹性，口感好。鸽蛋食用方法众多，煎、炒、蒸、炸、煮、炖、焖，只要做得好，样样是美味，具体的烹饪工艺还要根据消费者的需求来选择。

主要参考文献

侯广田，2003. 肉鸽无公害饲养综合技术［M］. 北京：中国农业出版社.
李和平，2009. 经济动物生产学［M］. 哈尔滨：东北林业大学出版社.
刘洪云，2002. 工厂化肉鸽饲养新技术［M］. 北京：中国农业出版社.
熊家军，2014. 高效养肉鸽［M］. 北京：机械工业出版社.
余四九，2020. 特种经济动物生产学［M］. 北京：中国农业出版社.

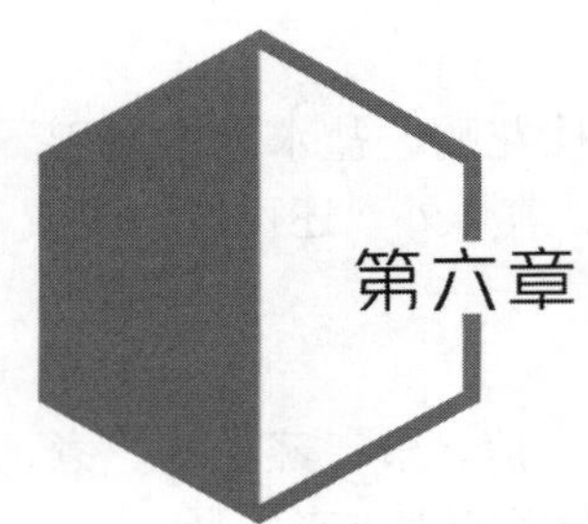

第六章 珍珠鸡

第六章彩图

第一节 品种概述

珍珠鸡，又称珠鸡、山鸡、几内亚鸟，是一种集观赏、肉用、蛋用、毛用等为一体的野生飞禽类动物。珍珠鸡因其头似孔雀，形似火鸡，羽毛上有圆形白点，形如珍珠，故得名“珍珠鸡”。珍珠鸡的羽毛光彩艳丽，具有较高的观赏价值，为羽绒制品的上等原料。珍珠鸡肉质鲜嫩，瘦肉多，蛋白质含量高，低脂肪和胆固醇，氨基酸齐全。珍珠鸡性温、味甘，具有特殊的营养滋补功能，长期食用对神经衰弱、心脏病、冠心病、高血压、妇科病等疾病均有一定疗效。在日本，珍珠鸡的烹饪已列为国宴名菜。

现在养殖的珍珠鸡由野珍珠鸡驯化而来，国外以法国、俄罗斯、美国、意大利和日本等国饲养较多，欧洲在世界珍珠鸡生产中占有优势，其中80%来源于法国。现在世界各地均有养殖，经人工培育已形成数个品种，到20世纪50年代已经在珍珠鸡的育种、新品系育成、繁殖、饲养管理、商品生产等方面都取得了非常好的成绩。我国自1985年首次从法国引入大量商品种珍珠鸡进行饲养，现已遍及全国各地。

珍珠鸡具有喜温暖、群居、善鸣叫等特点，对环境的适应性强，生长快，繁殖力强，喜粗饲，抗病力强，食性广而杂，饲养珍珠鸡对设备和房舍要求不高。珍珠鸡年产卵量为160枚左右，可提供雏鸟110只左右。商品珍珠鸡12～13周龄便可上市，平均体重为1.75千克左右，料重比为（2.7～2.8）∶1，育成率达95%左右，因此从事珍珠鸡饲养投资少、成本低、周转快，具有很高的经济效益。随着人们膳食结构的改善和市场对珍珠鸡需求量的迅速增加，珍珠鸡的养殖也由传统的家庭式饲养向规模化、产业化、深加工方向发展。

一、生物学特征

（一）栖息地、食性与分布

1. 盔珠鸡 栖息地的范围很广，从茂密的热带雨林到干旱的半荒漠都有分布。用爪挖食昆虫、种子和块茎，是珠鸡中比较早驯化的家禽。原产于非洲撒哈拉沙漠以南、马达加斯加岛和阿拉伯地区，现广泛分布非洲各国、北美洲加勒比海地区、新西兰、葡萄牙、西班牙等国家和地区。

2. 东非冠珠鸡 栖息于森林边缘、次生林、森林带及草原灌丛。食性杂，以植物茜草科、苋科、菊科、锦葵科和豆科等植物的种子、果实（包括荚果、翅果、坚果和浆果等）为食，也吃昆虫及小型的无脊椎动物。野外分布于肯尼亚、索马里和坦桑尼亚联合共和国。

3. 南非冠珠鸡 栖息于森林中和茂密的河边林地，成对或小群聚集，经常跟随猴子觅食，啄食从树顶落下的果实、种子和小型的无脊椎动物。春季和夏季繁殖，雌鸡在厚厚的植被中挖掘一个浅坑作为鸟巢，每巢产4～5粒卵。分布于安哥拉、博茨瓦纳、马拉维、莫桑比克、纳米比亚、南非、斯威士兰、坦桑尼亚联合共和国、赞比亚、津巴布韦等国家和地区。

4. 西非冠珠鸡 栖息环境和食性和东非冠珠鸡差别不大。分布于非洲西部多个国家，如安哥拉、贝宁、布隆迪、喀麦隆、中非共和国、刚果共和国、刚果民主共和国、科特迪瓦、加纳、几内亚、几内亚比绍、肯尼亚、利比里亚、马里、尼日利亚、卢旺达、塞拉利昂、南苏丹、坦桑尼亚联合共和国、多哥、乌干达、赞比亚等国家和地区。

5. 中非冠珠鸡 栖息环境和食性和东非冠珠鸡接近。分布于安哥拉、喀麦隆、中非共和国、刚果共和国、刚果民主共和国、赤道几内亚和加蓬等中非国家和地区。

6. 白胸黑珠鸡 栖息于森林，喜群居，通常15～20只为一小群，群体成员通常聚在一起，受到干扰会大声呼叫，当威胁临近时，就会四处散开躲进森林。食性杂，主要以小型无脊椎动物为食，也吃白蚁、蚂蚁、蟋蟀、千足虫、甲虫的幼虫，以及浆果和落地的种子等。分布于非洲西部，包括加纳、科特迪瓦、利比里亚和塞拉利昂。

7. 黑珠鸡 主要栖息于茂密的原始雨林中，尤其偏好茂密的灌木丛和森林。食物基本上以昆虫为主，包括甲虫、蚂蚁、白蚁、千足虫、蚯蚓等，也吃小青蛙、植物种子、浆果和枝条。分布于非洲中部的安哥拉、喀麦隆、中非共和国、刚果共和国、刚果民主共和国、赤道几内亚、加蓬、尼日利亚。

8. 鹫珠鸡 栖息于森林和草原地区，常在繁茂的灌木丛、林缘地面和树上栖息，在热带草原干燥、开阔地带繁殖。非繁殖期小群觅食，并用粗短的叫声相互联系，在水洼附近常能见一大群成对繁殖。以爪挖掘地下的种子、块茎为食，也吃杂草、嫩芽、花蕾、浆果、昆虫、蜘蛛和蝎子等。分布于非洲东南部，包括索马里半岛、肯尼亚、埃塞俄比亚、坦桑尼亚联合共和国。

（二）生活习性

1. 对环境适应性强 成年珍珠鸡喜干厌湿、耐高温、抗寒冷、抵抗疾病能力强。对外界不良环境的耐受力很强，特别是对温度的耐受力强，在−20～40℃时都能生活，能保持安静，甚至不影响产蛋，因此，特别适宜于家庭饲养。但刚出壳的雏珍珠鸡在温度稍低时，易受凉、腹泻或死亡。

2. 胆小怕惊 珍珠鸡性情温和、胆小、性机警、神经质、易受惊吓，一旦遇到意外，鸡群即出现不安并发出惊叫声，鸡群会发生连锁反应，叫声此起彼伏；鸡只胡乱飞撞，常导致颈部、脚腿、翅膀折断或撕裂，甚至因惊吓窒息而死。人工饲养时，若把红色饮水器换成黄色饮水器，鸡群也会较长时间不敢靠近饮水器。

3. 群居性强 放养或散养时，几十只或数百只鸡常聚集在一起，决不单独离散，稍有异常动静，互相挤压在一起，失散的鸡也能找到自己的鸡群。人工驯养后，仍喜群体活动，遇惊后亦成群逃窜和躲藏，故珍珠鸡适宜大群饲养。

4. 野性尚存、好活动 珍珠鸡全天几乎能不停地走动，即使晚上也能看到它们在活动，尤其是雏鸡更加活跃，常因到处乱钻而导致挤压致死，饲养中应对此习性给予足够重视，加强管理。

5. 善飞翔、喜攀登 珍珠鸡两翼发达有力，1日龄就有一定的飞跃能力，1月龄就能飞1米高，3月龄能飞上屋顶，人工养殖时应设围网，或拔去飞羽。珍珠鸡喜登高栖息，养殖场所应设栖架，供其攀登栖息。

6. 喜沙浴 珍珠鸡散养于土质地面或沙质地面上，常常会在地面上刨出一个个土坑，将沙土均匀地撒于羽毛和皮肤之间进行沙浴。

7. 喜鸣叫 珍珠鸡有节奏而连贯的刺耳鸣声，这种鸣叫声会释放出不同的信号：夜间鸣叫声强烈骤起有报警的作用；鸣叫声出现减少或者声音强度减弱，可能是鸡群出现疾病的预兆。

8. 择偶性强 珍珠鸡对异性有很强的选择性，这是造成自然交配时受精率低的主要原因，而采用人工授精就可以从根本上解决受精率过低的问题。

9. 归巢性强 珍珠鸡具有较强的归巢性，傍晚归巢时，偶尔失散也能归群归巢。

10. 食性广、耐粗饲 珍珠鸡对饲料的要求不高，一般谷类、糠麸类、饼类、鱼骨粉类等都可用来配制日粮，常用的禽类饲料都可饲喂珍珠鸡。珍珠鸡特别喜食青草、叶菜、树叶、瓜果等青绿多汁饲料，多喂青绿饲料不仅可以降低成本，还可以改善其肉质。

二、常见品种

（一）分类学地位

珍珠鸡在动物分类学上属于脊索动物门（Chordata）、脊椎动物亚门（Vertebrata）、鸟纲（Aves）、今鸟亚纲（Neornithes）、鸡形目（Galliformes）、珠鸡科（Numididae）。

（二）品种划分

珠鸡科共有4属8种，分别是：盔珠鸡属（*Numida* Linnaeus，1764）的盔珠鸡（*Numida meleagris* Linnaeus，1758）；冠珠鸡属（*Guttera* Wagler，1832）的南非冠珠鸡（*Guttera edouardi* Hartlaub，1867）、中非冠珠鸡（*Guttera plumifera* Cassin，1857）、东非冠珠鸡（*Guttera pucherani* Hartlaub，1861）、西非冠珠鸡（*Guttera verreauxi* Elliot，1870）；鹫珠鸡属（*Acryllium* G. R. Gray，1840）的鹫珠鸡（*Acryllium vulturinum* Hardwicke，1834）；黑珠鸡属（*Agelastes* Bonaparte，1850）的白胸黑珠鸡（*Agelastes meleagrides* Bonaparte，1850）、黑珠鸡（*Agelastes niger* Cassin，1857）。

（三）品种特征

1. 盔珠鸡 盔珠鸡（*Numida meleagris*）是一种身体肥胖、头小、体型中等的陆生鸟类，体长63厘米，翼展95～100厘米，成年公鸡体重1.75～2千克，成年母鸡1.35～1.5千克。因其头顶有一2～2.5厘米高的角质化突起的骨质盔，形如古代勇士头戴的钢盔顶而得名（图6-1）。盔珠

图6-1 盔珠鸡

鸡颈部裸露，裸露处皮肤色深、粗糙，上有皱褶。毛色以黑色基底为主，上遍布白色斑点，状如珍珠点缀。翅短而圆，善飞行，但遇到威胁时多奔跑逃走。

公鸡体羽为暗褐色，遍布皮黄色和暗红褐色的斑纹；头顶和羽冠黑色，裸露的脸部为蓝灰色；翅膀和尾羽上有白斑和眼状斑，眼状斑呈灰绿色、紫色和皮黄色的虹彩；飞羽上排成一列，外圈为黑色及淡皮黄色。母鸡头顶为黑色并有棕褐色和皮黄色羽缘，冠羽为暗灰色，裸露的脸部也为蓝灰色，头后部为栗红褐色，体羽有黑色杂斑和条纹，以及褐红色、栗色和皮黄色的虫蠹状斑纹。虹膜褐色，嘴呈浅蓝色或白色，腿、脚近红色。刚出壳的幼雏，像年幼的鹌鹑，羽毛呈棕褐色，背上有3条纵向深色条纹，腹部羽毛较浅，喙和脚为红色。成年珠鸡肤色像乌鸡，6～8周龄时，羽色由棕褐渐变为珍珠花纹。8周龄开始头上长出肉髯和头饰。

2. 东非冠珠鸡 东非冠珠鸡（*Guttera pucherani*）体长46～56厘米，翼展75～100厘米，体重721～1 573克。头顶由卷曲的黑色羽毛形成特定形状的羽冠，羽冠的形状因亚种不同而有差异，头部和颈部皮肤裸露，颈皮呈灰蓝色，眼周、额头和喉咙上有大片红色斑点（图6-2）。全身羽毛为纯黑色，上面密布白色的斑点，飞羽外缘黄色。虹膜红色，鸟喙粉色，腿爪灰色。

3. 南非冠珠鸡 南非冠珠鸡（*Guttera edouardi*）曾列为东非冠珠鸡的亚种，2014年设为独立物种。身体特征和东非冠珠鸡接近，头部和颈部皮肤同样裸露，颈皮呈白色（图6-3）。

图6-2 东非冠珠鸡

图6-3 南非冠珠鸡

4. 西非冠珠鸡 西非冠珠鸡（*Guttera verreauxi*）曾经是东非冠珠鸡的亚种，2014年划为独立物种。西非冠珠鸡体长46～56厘米，翼展75～100厘米，体重910～1 160克。头顶独特的黑色羽冠，由卷曲的羽毛形成（图6-4）。头部和颈部裸露的皮肤光滑呈灰蓝色，喉部红色。全身羽毛为浓密的黑色，上面布有密集的白色斑点。虹膜黑褐色，鸟喙粉色，腿爪灰色。

5. 中非冠珠鸡 中非冠珠鸡（*Guttera plumifera*）体长51厘米，体重750～1 000克。发现于中非湿润的原始森林。拥有一个更直的（不卷曲的）和更高的羽冠，鸟喙两侧有相对较长的荆棘（图6-5）。目前有2个亚种，西部亚种的面部和颈部裸露的皮肤完全是暗淡的灰蓝色，而东部亚种的灰蓝色中有一些橙色的斑点。

6. 白胸黑珠鸡 白胸黑珠鸡（*Agelastes meleagrides*）是西非最稀有的鸟类，体型中等，体长 40～43 厘米，体重 700 克左右。具有全秃的红头和上颈，以及白色的胸部和脖子，身体呈黑色，翅有非常细的白线纹（图 6-6）。尾巴很长。腿长，呈灰褐色、灰棕色或灰黑色，上有一个或两个毛刺。喙强大稍有弯曲，呈绿褐色。公鸡和母鸡外观相似，但公鸡体型稍大，公鸡的跗跖后缘生有距趾，而母鸡则没有。雏鸡的头呈暗黑色，羽毛比成鸟更黑，黑色的斑点扩散到颈部和胸部，胸部、颈部没有白色，但是腹部呈白色，脖子上的黑色斑块随着年龄增长而减少，白色增长。但是一些成年鸡的头部侧面仍然有小的黑色痕迹，头颈几乎赤裸，仅有稀疏的羽毛并着生红色肉瘤，喉下垂有红色肉瓣，背稍隆起，两翅有白斑，脚和趾强大，性情温顺，行动迟缓。

图 6-4　西非冠珠鸡

图 6-5　中非冠珠鸡

7. 黑珠鸡　黑珠鸡（*Agelastes niger*）体长 40～43 厘米，体重 700 克。成年鸡的头部和上颈部没有羽毛，裸露的头部呈淡黄色，颈部的皮肤呈粉红色。头冠上有一小段柔软的羽毛，喉咙和脖颈上有一层柔软的羽毛（图 6-7）。母鸡和公鸡的羽色相似，为黑色基底上遍布白色斑点，如同珍珠。身体和尾巴的羽毛呈黑色，腹部有少许苍白的斑纹。

图 6-6　白胸黑珠鸡

图 6-7　黑珠鸡

8. 鹫珠鸡 鹫珠鸡（*Acryllium vulturinum*）是珠鸡中体型最大的一种，体长61～70厘米，体重1 100～1 800克，公鸡比母鸡略大。头小而圆。比其他珠鸡的颈、腿和尾更长，翅膀短而圆。成年鸡裸露蓝色的脸和黑色的脖颈，看起来特别像一只秃鹫，故得名“鹫珠鸡”（图6-8）。公鸡和母鸡羽色相似，全身的羽毛由钴蓝色、淡紫色、黑色和白色相混合，色彩绚丽异常。虽善于飞行且栖宿于树上，但受惊扰时常奔跑逃窜，持续50～100米以上。脚强健，具锐利的爪子，善于行走和掘地寻食，跗跖后缘具距趾。鹫珠鸡的身体结实，喙短呈圆锥形，适于啄食植物种子。

图6-8 鹫珠鸡

第二节 饲养管理

一、场址选择

（一）场址的选择原则

选择珍珠鸡养殖场场址时要考虑当地的自然条件和社会条件等多种因素。选址前应进行环境评估，禁止在生活饮用水源地、风景名胜区、自然保护区的核心区和缓冲区、城市和城镇居民区等人口集中区、禁养区等区域建场。珍珠鸡的胆子较小，嘈杂的声响会引发珍珠鸡群的惊扰和不安，影响珍珠鸡的生长、生产，严重时会造成珍珠鸡的死亡，所以，珍珠鸡养殖场周围的自然环境应较为安静。一般珍珠鸡养殖场的选址距离城镇、学校、村庄等应不小于3 000米；距离铁路、高速公路、交通主干线不小于1 000米；距离普通道路不小于500米；距离有毒害的化工厂、畜产品加工厂、屠宰场、医院、兽医院、禽类饲养场等不小于2 000米。珍珠鸡养殖场的场址选择还要考虑以下几方面因素。

1. 气候条件 根据本地区常年气象资料，包括常年主风向、平均气温、绝对最高和最低气温、最大风力、降水量、日照情况等数据。在珍珠鸡舍的建筑施工设计时，需要科学合理地考虑珍珠鸡养殖场的防暑防寒、鸡舍朝向、鸡舍排列、排污、防疫等日常管理工作。

2. 地势与排水 珍珠鸡养殖场场址要求地势高、干燥、平坦、背风向阳、排水良好，地面坡度以3%～5%为宜。山区要注意地质结构状况，避开山体断层、易滑坡和易塌方的地段、昼夜温差过大的山顶、潮湿低洼地。

3. 水源水质 珍珠鸡养殖场用水量很大，附近必须有清洁充足的水源。珍珠鸡饮用水须达到国家标准，水源要远离畜禽加工厂、化工厂、粪污堆放场所。

4. 交通 珍珠鸡养殖场的饲料、鸡蛋、粪污等的运输量大，需要便利的交通，才能保证饲料的快速供应、产品的及时销售、粪污和废弃物的定点堆放处理，以降低生产成本，防止污染周围环境，减少疫病的传播。通往珍珠鸡场的道路最好是路基坚固的水泥路、砂石路或柏油路。

5. 供电 珍珠鸡养殖场的用电量很大，孵化、照明、供暖、清粪、饮水、通风换气等都需要用电，为防止供电不足，影响珍珠鸡的饲养，给生产造成损失，养殖场还要自备发电机。

（二）笼舍设计要求

珍珠鸡的饲养方式包括散养、舍饲两种，舍饲又分地面平养、网上平养和立体笼养三种。

1. 散养 考虑到珍珠鸡的群居性和野性尚存，在条件允许的前提下可以采取舍外散养（或放养），这有利于保持其飞翔能力，减少母鸡脂肪，提高产蛋率，促进生长发育和增强抗病力。舍外散养要在养殖场四周和天空设置飞禽围网，以防珍珠鸡受惊后飞逃。飞禽围网包括四周围网和天网构成，材质以抗老化尼龙网、铁丝网、不锈钢网为主；因珍珠鸡喜登高栖息，所以还要设置栖息架，栖息架数量可按每 15 只鸡设一条 1 米长的栖息架进行计算。栖息架的栖木一般用木条或竹竿制作，南方也可以用铁管制作。栖息架距离地面 1 米左右，可固定在两棵树之间、地面固定的架杆上或是垂吊在飞禽围网的天网支架下端，两根栖木间距离 30～35 厘米，栖木表面应光滑平整，以防扎伤或划破鸡的皮肤。

2. 舍饲 在昼夜温差比较大的地方，常采用密闭式鸡舍饲养。鸡舍应为水泥地面，以便于冲洗消毒，并要有通风的设备，以保持舍内空气新鲜。

（1）地面散养 采取地面散养时，寒冷地面要铺上垫草，天热时铺沙子，舍内同样要设栖息架，规格和安装参考散养部分。鸡舍正面要用 8 号铁丝焊接成间隔 4～6 厘米的栏杆，也可以选用镀锌铁丝网片或塑料网片组装而成，外挂料槽与水槽，供鸡自由采食与饮水。

（2）网上平养 可划分为全地板网饲养、2/3 地板网饲养和 1/2 地板网饲养 3 种类型，地板网以外部分的地面铺垫草。在比较冷的地方，育成前期特别是刚从育雏舍转来时，仍需要一定供暖设备，可以将育成鸡集中在比较小的饲养面积上，进行局部供暖，以防雏鸡到育成舍初期受凉、患病。

（3）立体笼养 少量饲养时可采用此法。选用镀锌铁丝网片或塑料网片组装而成，顶部用铁丝编成活片或固定片遮盖，并留个小门。正立面焊成栏杆，外放食槽与水槽，其他三个立面用铁丝网片、塑料网片或木板堵严。笼底下部安装可抽取的活动粪盘，以 10 厘米深为宜。每笼按鸡的大小饲养 5～7 只。采用网养时，网眼大小要适宜（1.2 厘米×1.2 厘米），要求既不夹住珍珠鸡的脚，又不影响粪便落下。

（三）饲养密度

不同阶段的珍珠鸡，饲养密度要有变化，具体密度见本章“饲养管理要点”。同时还要考虑环境的温湿度变化。如果舍温高、湿度大，应适当减小密度；舍温低、湿度不大时，可酌情将饲养密度加大，但密度不宜过大，否则会影响鸡的生长发育与出栏。

二、营养与饲料

（一）珍珠鸡的饲料

珍珠鸡属杂食性动物，耐粗饲，可用野果、嫩草、小昆虫、畜禽下脚料及各种蔬菜作为饲料。珍珠鸡喜食多纤维青绿饲料，1 月龄以上的珍珠鸡要求日粮中纤维水平高达 4%～6%，常用的家鸡商品全价饲料中的纤维素含量远远不能满足珍珠鸡需要，冬季青草少，更要注意纤维素含量高的饲料的添加。在珍珠鸡饲料中加入适量的天然色素，可使其皮肤更加靓丽，消费者的喜爱度也会大增。各阶段珍珠鸡都可以设置补饲槽，槽里面放置粗沙、红泥，也可以加诸如鱼腥草或穿心莲等中草药，能够有效防止因消化机能紊乱而导致的腹泻和大腺胃等病症的出现。还可以把补饲成分按照5%的比例均匀拌入饲料中。

珍珠鸡喜食颗粒饲料，所以精饲料不可过细，饲料混合后要生喂，不要煮熟喂。要喂干料，同时供给充足的饮水。有条件时，要经常喂给一定量的青饲料，以促进其食欲。

出壳雏鸡体重小、耗料少、增重快，因此要求饲料质量好，营养水平高，符合卫生标准。

(二) 珍珠鸡的饲养标准

商品珍珠鸡和种用珍珠鸡的主要营养需要推荐量分别见表6-1和表6-2。

表6-1 商品珍珠鸡的主要营养需要推荐量

项目	育雏期（1～28日龄）	生长前期（29～56日龄）	生长后期（57～90日龄）
代谢能（兆焦/千克）	13.02～12.70	13.30～13.10	13.45～13.35
粗蛋白（%）	24～23	22～21	20～18
钙（%）	1.30	1.10	1.00
有效磷（%）	0.55	0.50	0.50
食盐（%）	0.17	0.17	0.17
蛋氨酸+胱氨酸（%）	0.98	0.92	0.87
赖氨酸（%）	1.33	1.17	0.96
粗纤维（%）	3～4	4～5	5～6

表6-2 种用珍珠鸡的主要营养需要推荐量

项目	育雏期（0～4周龄）	育成前期（5～8周龄）	育成后期（9～12周龄）	后备期（13～30周龄）	种鸡（31周龄以上）
代谢能（兆焦/千克）	12.97	12.55	11.71	11.51	11.71
粗蛋白（%）	22.0	20.0	18.0	15.0～16.0	18.0～19.0
钙（%）	1.2	1.0	1.0	1.0	3.0
磷（%）	0.7	0.5	0.5	0.5	0.7

三、饲养管理要点

珍珠鸡的群居性与归巢性很强，饲养人员可通过信号训练，使其建立条件反射，实现定时饲喂、定时饮水、定时归巢。由于地面散养和网养时，接触粪便机会多，容易感染疾病，故要定期对鸡舍和用具等进行严格消毒。

珍珠鸡按其用途和饲养管理的不同，可区分为种鸡和商品肉鸡。其中，种鸡可分育雏期、育成期和产蛋期三个阶段：育雏期为0～28日龄；育成期为29日龄至30周龄；产蛋期自31周龄开始。商品肉鸡可分为育雏和生长两个阶段，商品肉鸡养至12～13周龄，平均体重达到1.5千克左右时即上市出售。

（一）育雏期的饲养管理

1. 选择适合的育雏方式 育雏方式可分为地面散养、地板网平养。地面散养时，冬春季应铺以5～7厘米厚的垫草，夏季地面铺沙土后再铺一薄层清洁、干燥、无霉变的垫草。垫草定期与粪便一同清出鸡舍。采用地板网平养时，网面可以用铁丝或木、竹制成。网的间距（或网眼大小）要适宜，一般为1.2厘米间距或1.2厘米见方的网眼，网面高度60～70厘米，整个网面以活动的为好，以便鸡群转出后，揭开网面清除粪便和清扫鸡舍。采用地面散养或地板网平养时，要按鸡的数量配备并均匀放置水槽及食槽、供暖的保温伞。育雏舍要饲养同一大小、品种的雏鸡，公、母雏应分栏饲养，有条件的可分舍饲养。要求育雏舍密封性能好，以利于鸡舍保温。育雏舍可铺设水泥地面，有利于鸡舍清扫、排水、冲洗和消毒。

2. 保持合适的饲养密度 饲养面积应随着雏鸡生长而加大，饲养密度应随雏鸡周龄的增加而逐渐降低。育雏第1～4周，饲养密度依次为50～60只/米^2、30～40只/米^2、25只/米^{2}和20只/米^2。

育雏期为0～28日龄，由于雏鸡体温调节、消化等能力还不完善，对外界环境和疾病抵抗力较差，易生病死亡，所以要精心饲养、认真管理。

3. 保持合适的温湿度 育雏3周内，鸡舍里的温度适宜与否，是育雏工作成败的关键。刚出壳的雏鸡所处的保温伞温度维持在35～38℃，以后每周下降3℃左右。温度过低，鸡群扎堆；温度过高，鸡张口喘气。体弱、体型小、站立不稳的雏鸡要分成小群并多加照顾，注意保温、饲料饮水充足，饮水中添加电解质多维，以促进雏鸡快速恢复健康。

育雏舍内温度高，湿度会偏低，造成空气干燥，雏鸡失去水分太多会影响健康，严重时造成脱水。在舍内悬挂干湿球温度计。育雏前期舍内保持60%～65%的相对湿度，湿度低时可在地面洒些清水，育雏后期对湿度要求不高，保持正常的饲养状态即可。

4. 注意育雏舍的通风与光照 只要饲养密度不大，一般的门、窗、地窗、屋顶无动力风帽等通风措施就可以满足雏鸡对通风的需求。通风时不要直吹雏鸡的身体，以防引发感冒。

雏鸡需要一定的光照时间和光照度。在密闭式鸡舍，1～2日龄的雏鸡需光照23小时，3～7日龄需20小时，2周龄需16小时，3周龄公雏需12小时、母雏需14小时。日光照射的笼养鸡舍，雏鸡笼不要靠窗太近，以防光照过强影响雏鸡的健康和生长发育。

注意育雏舍全舍的光照均匀一致，光照度保持在0～10日龄为15勒克斯/米^2，11～21日龄为10勒克斯/米^2。

5. 注意育雏期珍珠鸡的饲喂 雏鸡出壳后24小时左右开食，先让雏鸡饮5%的葡萄糖水，2～3小时后再喂给湿软的碎米、小米或玉米糁，1～2天后可喂给配合饲料。育雏期可采用自由采食，每次给料量要少，每天给料次数要多，以促进雏鸡采食。随着雏鸡周龄的增加，每天给料次数可逐渐减少。2周龄前每天给料6～8次，2～4周龄期间每天给料5次。

出壳雏鸡体重小、耗料少、增重快，初生珍珠鸡雏鸡体重约30克，到4周龄体重可以达到280克。因此要求饲料质量好，营养水平高，符合卫生标准。可参考的饲料配方为：玉米50%，麦粉3%，麦麸2%，豆饼31%，鱼粉12%，骨粉1.1%，食盐0.4%，饲料添加剂0.5%（包括微量元素、多种维生素、氨基酸、促生长素等）。

开食后自由饮水，应保证水质清洁、水温 20～25℃。保证饮水设备（雏鸡用乳头式饮水器、水塔、水槽、储水箱等）的清洁，防止污染。

为便于今后散养管理，同时要做好饲喂调教，让雏鸡建立采食的条件反射，具体调教方法是：雏鸡 3 日龄后开始每天定时喂 6 次食，每次放食前都给予固定信号刺激（如吹哨、敲锣等），吃完食后就把料桶收起，只留饮水器，保证其饮水。经过一定时间的训练后，珍珠鸡就建立起采食的条件反射，听到固定信号呼唤，会到达采食点及时采食。

6. 制订雏鸡的免疫计划 珍珠鸡雏鸡的抗病力较差，还应根据当地疫情和种鸡接种疫苗情况，制定严格的免疫程序。一般 1 日龄颈部皮下注射鸡马立克氏病毒疫苗、传染性喉气管炎病毒疫苗等禽痘疹病毒活载体疫苗；12 日龄进行鸡新城疫Ⅱ系或Ⅳ系疫苗滴鼻；传染性法氏囊病疫苗的免疫接种，应根据有无母源抗体及抗体水平选择相应的疫苗和接种日龄。

7. 加强鸡群的观察 育雏期间饲养人员每天多进入鸡舍，观察鸡群的精神、饮食、粪便等状况是否正常，发现异常应及时查明原因，确认病情，及时隔离、治疗或淘汰，视具体情况可对鸡群有针对性地投药预防。及时拣出死鸡，淘汰病、弱、残鸡，并做好记录。

8. 雏鸡断翅 为便于日后的管理，防止啄癖、降低飞行能力，放养的珍珠鸡必须断翅，一般在 1 日龄进行。可对出壳雏鸡实施断翅，刚出壳的雏鸡用消毒后的剪刀剪去左侧或右侧翅膀的最后一个关节，用烙铁止血。每剪 1 只雏鸡，剪刀口要用酒精消毒 1 次。也可以用断喙器进行断翅。

（二）育成期的饲养管理

珍珠鸡的育成期分为育成前期和育成后期，前者为 29～56 日龄，后者为 57 日龄至 25 周龄。

1. 做好育成鸡舍的准备 在四季温差较大的地方，育成鸡采用密闭式鸡舍，可采用水泥地面，便于冲洗消毒。育成鸡舍应设有自然通风和机械通风的设备设施。所有透光部分应有遮光帘，进口处要有铁丝网。育成鸡可地面散养，天冷时地面铺垫草，天热时铺沙子；也可采用全地板网、2/3 地板网或 1/2 地板网平养，其余部分地面铺垫草。地面散养时，鸡舍内要有栖架，供鸡栖息。栖架可按每 15 只 1 米计算。栖架可以用木条、竹竿自制，钉成梯状水平安置，两根栖木间距离 30～35 厘米，栖架最高离地面 100 厘米。抓鸡时（如称重、防疫、转群）应准备捕鸡用具，可用一根 2～3 米的竹竿，前端系一个用细绳编织的网口直径为 40 厘米的网兜。采用地板网平养，则不必再设栖架。在比较冷的地方，育成前期，特别是从育雏舍转来时仍需有一定设备供暖，可以将这些鸡集中在一个比较小的饲养面积上集中供暖，以防雏鸡进育成舍初期因受凉而得病。供暖设备可以是保温伞、火炉、火墙等。育成鸡可按每只鸡 7 厘米的长形料槽和 1 厘米的长形水槽标准分别设置采食、饮水设备。

2. 保持合适的饲养密度 育成前期为 15～20 只/米^2，育成后期为 6～15 只/米^2。饲养前期育成鸡可占用鸡舍 1/3 地面，以后随着鸡的长大，再逐渐增加占地面积，直到占据整幢鸡舍。上述饲养密度是指舍温 20～25℃、相对湿度 65%～70%时的标准。平时可根据舍内温湿度高低，适当减、增饲养密度。

3. 注意育成鸡舍的通风与光照 育成公、母鸡应分开饲养，给予不同的光照。育成前期保持光照 8～9 小时，育成后期逐渐增加光照至 14 小时。光照度为 2.5～5 勒克斯/米^2，育成后期公鸡要比母鸡提前增加光照时间，因为珍珠鸡的公鸡要比母鸡晚熟 1 个多月，提前增加光照可以加速公鸡的性成熟。

4. 注意育成期珍珠鸡的饲喂 根据鸡的不同周龄定量饲喂，使鸡的体重符合标准，既不能喂得过多，以致过肥、早熟、早产、早衰；也不能喂得太少，以致达不到标准体重、成熟晚、开产迟，影响产蛋。所以此期要对珍珠鸡进行限制饲喂。即珍珠鸡体重超过标准时，适当减少饲料量，超重较多时隔日饲喂。

珍珠鸡育成期可参考的饲料配方为：玉米 55%，麦粉 6%，麸皮 4%，草粉 2%，豆饼 22%，鱼粉 8%，骨粉 1.6%，贝壳粉 0.5%，食盐 0.4%，添加剂 0.5%（包括微量元素、多种维生素、氨基酸、促生长素等）。每天可给料 2～4 次，充足饮水。另可加喂适量青绿饲料。

5. 做好育成期珍珠鸡的观察和预防免疫 每天饲养人员进入鸡舍时尽可能保持安静，避免惊扰珍珠鸡。仔细观察珠鸡的精神状态、饮食、粪便等有无异常。每日定时清洗饮水设备、料槽，及时清理舍内粪便并更换垫料。定期对鸡舍内的鸡笼、栖息架、地面进行消毒，消毒时带鸡消毒。育成期的珍珠鸡易患肠道疾病，应定期针对球虫病、念珠菌病、滴虫病进行预防性用药。

（三）产蛋期珍珠鸡的饲养管理

1. 做好产蛋鸡舍的准备 母鸡在 30～66 周龄时为产蛋期，31～32 周龄产蛋率可达 50%，35 周龄达到产蛋高峰，种公鸡在 32 周龄才能产生合格的精液。种鸡应公、母鸡分开饲养。种母鸡在 25 周龄开始转入产蛋舍饲养。采取笼养和人工授精技术对于提高珍珠鸡种蛋的受精率和孵化率、降低饲养成本、减少抓鸡应激及其对产蛋量的影响起着重要作用。

2. 保持合适的饲养密度 一般笼养可按 8～10 只/米^2，种鸡笼尺寸应比普通鸡的鸡笼大些，每笼 2 只鸡，常采用 2 层或 3 层全阶梯笼养。

3. 保持合适的温湿度和光照度 温度变化对种母鸡的产蛋率和种公鸡的精液品质影响较大，最适合种鸡发挥繁殖性能的珍珠鸡舍温度为 20℃，一般产蛋期珍珠鸡舍的温度控制在 15～28℃，相对湿度为 50%～60%。鸡舍采取自然通风和机械通风。应保证产蛋期鸡舍每天 14～16 小时的光照，光照度应保持 10～15 勒克斯/米^2。

4. 注意产蛋期珍珠鸡的饲喂 产蛋期的种鸡应改喂产蛋饲料，参考配方为：玉米 52%，麦粉 8%，麸皮 10%，草粉 6%，豆饼类 14%，鱼粉 5%，骨粉 2.5%，贝壳粉 1.5%，食盐 0.5%，添加剂 0.5%（包括微量元素、多种维生素、氨基酸、促生长素等）。注意添加锰、烟酸、维生素 E，适当补饲钙质饲料和增加青绿饲料。保证每只鸡占有 10 厘米的长形食槽和自由饮水。产蛋期注意饲料的限制饲喂，防止种鸡体况过肥，以免影响产蛋率和受精率。产蛋率达 10%时适当增加饲料量，产蛋高峰期过后开始限饲。珍珠鸡在产蛋期的平均日耗料约为 115 克（105～120 克）。

5. 做好种鸡的观察和预防免疫 观察产蛋期珠鸡的精神状态、饮食、粪便等有无异常。每日定时清洗饮水设备、料槽，及时清理舍内粪便并更换垫料。定期对鸡舍内的鸡笼、栖息架、地面进行消毒，消毒时带鸡消毒。进行预防性用药要慎重。努力创造良好的环境条件，以利于珠鸡产蛋性能的发挥，从而提高经济效益。

(四) 肉用珍珠鸡的饲养管理

肉用珍珠鸡的育雏期饲养与种鸡相同，采用高温育雏，自由采食和饮水。

1. 做好肉用珍珠鸡的饲喂与催肥 肉用珍珠鸡的饲养比饲养普通肉仔鸡容易，投资回报率也高。肉用珍珠鸡常采取散养，散养时网面上、地面上要铺有垫料并设栖架。每天早上可喂食五六成饱后将珍珠鸡放到野外进行活动和觅食，白天提供饮水，傍晚太阳下山前再让其回舍补料。育肥阶段要喂给全价饲料，粗蛋白比例应提高到 20%，其中动物性蛋白质饲料应占日粮的 7%以上。参考配方为：玉米 52%，麸皮 14%，小麦 8%，豆饼 12%，鱼粉 4%，草粉 5%，贝壳粉 1.5%，骨粉 1.5%，食盐 0.5%，蛋氨酸和赖氨酸各占 0.25%，微量元素及多种维生素占 0.5%。每晚要增喂一次，补喂一些精饲料和青饲料。肉用珍珠鸡上市前 1 个月起，可在饲料中添加适量动物性脂肪和蛋白质，能增加羽毛的光泽度、促进增重、提高珍珠鸡的抗寒能力。珍珠鸡饲料中加入适量的天然色素（黄玉米、苜蓿粉、红辣椒等）或β-胡萝卜素、斑蝥黄等人工色素，可使皮肤的色彩鲜艳。在正常饲养情况下，可将珍珠鸡肉用雏鸡养至 12～13 周龄、平均体重达 1.5～2 千克时即可上市销售。

2. 保持适宜的相对温湿度和光照 散养珍珠鸡的温湿度可不做考虑，夏季注意遮阳通风、北方冬季做好防寒保暖即可。鸡舍光照度：0～3 周龄为 15 勒克斯/米^2，4～12 周龄为 2.5 勒克斯/米^2。

3. 注意鸡舍的饲养密度和通风 0～3 周龄为 40 只/米^2，4～12 周龄为 10～6 只/米^2，可适当加大饲养密度，限制活动，有利于增重。舍内要注意适当通风，防止空气污染；要经常清扫鸡舍，保持舍内卫生。

4. 放牧饲养的调教 条件允许可采用放牧饲养，能够改善肉质和节约成本。珍珠鸡到了生长期（7 周龄至出售）应开始野外放牧散养。放牧前训练珍珠鸡群听懂放牧信号，建立条件反射。在第 1 次放牧出舍时，可采用“前诱后驱加信号”的出牧方式。前面一人手提有色育雏料桶做喂料状引诱鸡群前行，并配合使用原先固定的开食信号引诱珍珠鸡群前来吃食，另一人在后面手执前端缚有红色布条的长竹鞭缓慢驱赶，耐心指挥珍珠鸡到达放牧散养地点。傍晚收牧归舍时，可采取在归途中撒少许配合饲料的方法诱引并结合适当驱赶回舍。只要坚持，时间一长则珍珠鸡会形成条件反射，日后就可以用固定的信号，定时放牧和收牧。刚开始放牧时应“先近后远、先短后长”。每天就近放牧 2 次，每次 1～2 小时。随着日龄的增加，放牧次数和放牧时间依次增加，放牧场地也由近到远。放牧时间根据天气好坏决定，原则上每天放牧 8～10 小时（8—12 时，14—18 时）或采用全天候放牧散养，早出晚归。放牧时应有专人看管，以防止珍珠鸡走远丢失和偷吃庄稼、果实等。

第三节 繁殖育种

一、产蛋

珍珠鸡的性成熟期一般在 28～30 周龄，珍珠鸡产蛋呈季节性变化，春季开始产蛋而秋冬季停产，产蛋多集中在 4—9 月，年产蛋数 120～150 枚，平均蛋重 42～50 克，蛋壳褐色、上有少量的斑点。舍饲尤其是在有供暖的鸡舍饲养可增加产蛋量和延长产蛋时间。

由于种公鸡在32周龄才能产生合格的精液，所以珍珠鸡在31～32周龄可以开始产蛋。母鸡第1年产蛋量最高，产蛋率可达50%，其中35周龄达到产蛋高峰；第2年则是第1年产蛋量的70%～80%。因此，鸡群要不断更新，一般利用2～3年即开始淘汰。

二、种鸡的选择

种鸡应身体健壮、骨骼结实、肌肉发达、性情活跃、双目有神、羽毛丰满而富有光泽、性器官发育良好无隐疾、性欲旺盛、体重在1.75千克以上。考虑到公鸡配种1年后精力就有所下降，母鸡也有类似情况，所以鸡的世代间隔为1年。

三、繁殖技术

1. 配种方法 一般珍珠鸡种鸡的公、母鸡配比为1∶4，笼养的种鸡由于可以选择健康、结实、无伤残的鸡作种用，所以公、母鸡比例可比自然交配时略大，为1∶6。常采用新公鸡配新母鸡、新公鸡配老母鸡或老公鸡配新母鸡，以提高种蛋的受精率。

2. 人工授精

（1）准备工作　为更好地进行人工授精操作，种鸡饲养到25周龄时要转入产蛋舍的种鸡笼中饲养，转群要在夜间弱光下进行。种鸡已习惯育成期的地面散养，开始几天刚转至鸡笼中会很不适应，躁动并不断撞笼，为缓解应激反应，最好马上让其自由采食，饮水中加入一定量的电解质和多种维生素，加喂珍珠鸡喜食的青绿多汁饲料。待种鸡基本适应笼养生活环境时，开始公、母鸡的人工授精调教工作，定期进行种公鸡的采精训练和种母鸡的翻肛训练。采精、输精人员每天应多进出鸡舍，进出鸡舍时着装要固定，不能穿着颜色过于艳丽的衣服，最好穿着和饲养员的服装相同。与种鸡接触从上料、匀料开始，尽可能多地接触、抚摸鸡，让鸡习惯人的接近后才可以进行抓鸡训练，等到种鸡熟悉这些动作并不会害怕人后，就可以正式开始采精和翻肛训练。训练过程中要专人负责，动作轻稳、迅速准确、避免急躁，以免惊扰、伤害种鸡，训练过程最好避开上午产蛋时间。

（2）人工授精的方法

①主要器械、设备和试剂　包括集精杯、试管、生物显微镜、载玻片、盖玻片、输精枪或输精滴管、超声水浴锅、烘箱或微波炉、0.9%的生理盐水。

②采精　常采用按摩法，此法需2～3人配合完成，一人可坐在长凳上，将公鸡头朝后、胸部压在腿上固定，腹部和泄殖腔虚悬于腿外；另一人用右手沿公鸡后背部向尾方向有节奏地按摩数次，然后左手拇指与其余四指分张开，轻捏住泄殖腔（肛门周围）两侧并迅速按摩抖动，待其交尾器勃起、翻出排精时，右手迅速用集精器收集精液，同时用左手在泄殖腔两侧挤压、促进排精。公鸡采精的频率一般为每周2次或5天采精1次。

③输精　为确保精液的质量要求，要进行精液品质鉴定。用吸管吸取1滴精液滴在载玻片上，再滴加1滴生理盐水，盖上盖玻片，在生物显微镜下以低倍镜观察，鉴定精子的活力、密度和质量。将符合要求的精液用0.9%的生理盐水按1∶1稀释到洁净的试管中，稀释后的精液要及时给母鸡输精。输精时需两人配合完成，一人左手抓住母鸡的双腿倒提使鸡的腹部朝里，右手手掌压住母鸡的尾部，拇指和食指把肛门翻开，露出泄殖腔左侧上方的输卵管口后拇指和食指继续翻动至输卵管口完全翻开；另一人将输精枪或输精滴管斜向插入输卵管内2～3厘米，缓慢输入精液。母鸡应在产蛋后数小时输精或翌日产蛋前数

小时输精，每 5 天输精 1 次，每只母鸡的输精量为 0.013～0.015 毫升纯精液。

3. 孵化 自然环境下珍珠鸡孵化时间为 30 天左右，在人工孵化的环境下，一般只要 26～28 天雏鸡即可出壳。考虑到饲养管理、免疫、孵化率等多种因素的影响，现在生产中珍珠鸡孵化多采取人工孵化技术。

（1）种蛋的选择 种蛋要求新鲜，一般选择保存 5～7 天的种蛋，最多不可以超过 10 天，蛋形标准，大小适中，蛋壳颜色正常且有光泽。种蛋蛋重在 40～50 克、蛋形指数在 1.21～1.38 可获得最佳的孵化效果。

（2）温度和湿度的控制 种蛋孵化时可采取恒温或变温两种方式。恒温孵化时，1～23 天的孵化温度为 38℃、相对湿度为 60%；24 天后孵化温度降为 37.6℃、相对湿度为 68%。变温孵化时，1～3 天的孵化温度为 38.5℃，第 4 天开始每隔几天降一次温度，24～28 天时孵化温度为 37.5℃，相对湿度调整到 60%～68%。

（3）照蛋 整个孵化期的第 6～7 天、第 13～14 天、第 23～24 天共要进行 3 次照蛋。每次照蛋都要剔除无精蛋、死胎蛋、发育异常蛋。

（4）翻蛋和晾蛋 自种蛋入孵化机第 1 天起，每隔 2 小时翻蛋 1 次，防止胚胎与壳膜粘连，以提高孵化率。翻蛋时保持种蛋大头朝上，小头朝下，翻蛋角度不应低于 90°，一般是在±45°的范围内翻蛋。在用摊床孵化时，可人工翻蛋，每 4～6 小时翻蛋 1 次，翻蛋角度为 180°，原着床面经翻转后变为向上面。孵化到第 23 天时就停止翻蛋，根据室温及种蛋温度的高低确定是否晾蛋。

（5）落盘 孵化 24 天时，把种蛋转移到出雏盘上，此时不要翻蛋，等待出雏。若使用出雏机，出雏机中的温度应保持在 37.6℃，湿度在 70%～80%。

（6）出雏 从孵化的第 25 天起，陆续有雏鸡破壳而出，要及时将出壳的雏鸡从出雏盘里转移到雏鸡盘中；初生珍珠雏鸡体重约 30 克，应将同一日龄的雏鸡放在育雏室里一起饲养，育雏室湿度最好保持在 60%～65%；同时做好通风工作，确保室内无异味，空气中不能有大量粉尘，以免雏鸡患上呼吸道疾病；保持充足的光照能够增加鸡群的食欲和摄食量，促进雏鸡生长发育，但是光照过强会影响鸡群的正常采食和饮水。

第四节 疾病防治

一、消毒与防疫

为保证珍珠鸡群的健康、生长、产蛋、繁殖，必须采取综合的消毒与防疫措施，以减少疾病的发生。

（一）加强饲养管理，保持环境卫生

珍珠鸡鸡舍要保持合理的饲养密度、适宜的温度和相对湿度，避免不良的应激刺激，保证充足且优质的饲料和饮水。各种养鸡用具应保持卫生，每天清洗水槽、饲槽，每天打扫地面，定期清除粪便，及时更换脏湿垫草。最好实行自繁自养，工作人员进鸡舍时要换衣、换鞋及洗手，各鸡舍的用具应分别固定使用。定期杀灭鼠类及蚊蝇。饲养过程中，保持鸡舍干爽。

（二）定期消毒

在鸡场、鸡舍门口应设消毒池，进出车辆、人员须在此进行消毒，消毒池里的消毒药

剂定期更换；在门口设更衣室、紫外线消毒室，便于人员的消毒。定期对鸡舍、笼具及环境进行预防性带鸡消毒。若从外场引进雏鸡或种蛋，应了解产地疫情，做好隔离和消毒工作。引种前的空鸡舍用清水冲洗干净后再用20%的生石灰溶液喷洒地面，条件允许可用火焰喷灯对鸡笼、地面进行烧灼处理，可有效杀灭舍内球虫卵囊。

（三）定期驱杀寄生虫和疫苗接种

珍珠鸡容易感染球虫、鸡虱病等体内外寄生虫，要做到定期投药驱杀。根据本地区疾病流行情况及本场具体情况制定免疫程序，按时进行疫苗接种。在制定免疫程序时，要结合实际情况，制定适合本场、本地区的免疫程序，切忌生搬硬套。

（四）发现疫病，及时采取措施

每天要做好鸡群的观察工作，观察珍珠鸡的采食和饮水、精神状态、体温、粪便是否正常。健康状况异常的鸡只要及时进行隔离、观察和治疗，死鸡及时捡出并剖检。若出现传染病疫情，应立即进行严格封锁、隔离和紧急消毒，禁止外来人员进出鸡舍，鸡舍、用具可用0.2%～0.4%新洁尔灭溶液喷雾消毒，运输工具可用1%～2%氢氧化钠（烧碱）溶液消毒，病死鸡及其产品进行焚烧、深埋等无害化处理。

二、常见疾病的防治

与其他家禽相比，珍珠鸡的抗病力较强而发病率和死亡率相对较低。但随着养禽业的迅速发展，饲养规模和数量不断扩大，许多疾病也随之而来，并趋于多样化。防治珍珠鸡疾病应坚持“预防为主、养防并重”，定期接种疫苗。新引进的珍珠鸡必须单独饲养2周以上，并按时接种疫苗。

1. 新城疫

【病原】新城疫是一种由病毒引起的急性败血性传染病，该病在各个年龄段、各个季节均有发生。强毒型发病急、死亡率高，中毒型主要侵害幼鸡，感染弱毒型鸡只死亡率低。

【症状】鸡群常表现突然发病，羽毛松乱，头颈缩起，翅尾下垂，肉垂和肉锥呈青紫色或紫黑色，张口呼吸或呼吸困难，伴有“咕噜”声。下痢，排黄绿色或灰白色恶臭稀粪。共济失调，严重者会死亡。剖检可见嗉囊内充满恶臭液状物，腺胃、小肠等黏膜及浆膜出血。

【诊断】目前临床上最常见的为非典型性新城疫病例，可根据病史、症状和病理变化进行临床诊断，同时需要进行实验室诊断以确定病毒的毒株。常规的实验室诊断包括：①病毒分离及病源性检测；②逆转录-聚合酶链反应（RT-PCR），可确定RNA病毒及其分型；③血清学试验，即通过酶联免疫吸附剂测定（ELISA）或者血凝抑制试验验证鸡群发病前后新城疫病毒抗体效价的变化。

【防治】本病目前尚无特效药物治疗，平时采取综合性防治措施是预防本病的关键，发病前3天可试用抗鸡新城疫血清，有一定疗效。中后期病鸡应全部杀灭，深埋或高温处理。仅少数发病的鸡群或其他尚未发病的鸡群可用新城疫Ⅰ系或Ⅱ系弱毒疫苗进行紧急接种。

2. 传染性法氏囊病

【病原】传染性法氏囊病是由病毒引起的一种损害鸡的法氏囊的特殊疾病。发病直接致死率不高，但法氏囊受损严重导致免疫功能降低，继发其他疾病，3～5 周龄的雏鸡易感。

【症状】该病的发生无明显季节性，病鸡精神沉郁、饮水增多、食欲减退、羽毛蓬乱、闭眼昏睡、排白色水样稀粪，肛门周围羽毛沾有粪便，步态摇晃，虚弱而死亡。剖检可见发病初期法氏囊高度肿胀、后期萎缩，囊内黏膜水肿、出血，有奶油样黏性分泌物；腺胃与肌胃交界处黏膜有出血点。

【诊断】结合临床症状和病理剖检可做出初步诊断，需结合实验室方法确诊。传染性法氏囊病在感染急性期 3 天内可在法氏囊内检测到病毒。主要检测方法包括病毒分离鉴定、琼脂扩散试验、RT-PCR 和环介导等温扩增等，其中 RT-PCR 是实验室常用手段。

【防治】因传染性法氏囊病病毒对一般消毒药和外界环境抵抗力强大，污染鸡场难以净化，有时同一鸡群可反复多次感染，预防本病的有效措施是按免疫程序及时进行免疫接种。在 18 日龄、28 日龄各接种 1 次传染性法氏囊病弱毒疫苗，种鸡可在 18～20 周龄注射传染性法氏囊病油苗 1 次。发病时可试用传染性法氏囊病高免血清或高免卵黄抗体注射，也可应用"管囊散"等中药制剂。

3. 鸡伤寒

【病原】鸡伤寒是由禽伤寒沙门氏菌引起的一种急性败血性传染病。12 周龄以上的青年珍珠鸡发病率高，死亡率为 5%～50%，带菌的种母鸡是主要的传染源，可通过种蛋垂直传播病菌。

【症状】病鸡表现精神萎靡、离群独处、废食、体温升高、肉垂呈暗紫或苍白色、呼吸短急、排黄绿色稀粪。急性感染的死亡率高，慢性感染虽然死亡低但康复后成为带菌者。病程稍长或慢性时剖检可见肝、脾、肾充血、肿大，肝脏呈棕绿色或古铜色、有白色病灶，胆囊、心包及小肠有炎症。

【诊断】根据流行病学调查、临床症状和病理变化做出初步诊断后，结合血清学检查进行辅助诊断。对于急性死亡病例可从肝脏和脾脏等器官中分离病原菌。培养鸡伤寒沙门氏菌时可用普通肉汤或胰蛋白胨琼脂，对不新鲜的病料可用增菌肉汤或选择性培养基。因雏鸡伤寒与雏鸡白痢在临床症状、病理变化和病原的特点上很相似，对菌落进行生化特性检查鉴定后，还需要经凝集试验来鉴定菌株的血清型。

【防治】治疗可用青霉素或链霉素 0.1%～0.2%饮水，连用 3～5 天；给鸡用庆大霉素需要按每千克体重肌内注射 0.5 万～1 万单位，或每升饮水中添加 2 万～4 万单位，连饮 3 天。预防本病最有效的方法是剔除带菌珍珠鸡，净化种鸡群，平时要加强各饲养环节的卫生消毒工作，加强饮水、饲料的卫生管理，以防污染。

4. 鸡白痢

【病原】鸡白痢是一种由沙门氏菌引起的急性或慢性传染病，多发于 3 周龄以内的雏鸡，且发病率和死亡率很高，成年鸡也可感染，但多为慢性或隐性，虽无症状但影响产蛋。

【症状】病鸡表现缩头闭眼、呼吸急促，排白色糊状稀粪并发出痛苦的叫声，肛周羽毛被稀粪黏结。剖检可见心、肝、肺、肌胃或大肠有灰白色结节坏死，肝脏呈土黄色。

【诊断】在鸡白痢的诊断中先根据其流行病学以及临床症状进行初步诊断，之后需要实验室方法确诊，包括：①血清学检测；②细菌分离培养；③革兰氏染色后镜检。

【防治】 治疗鸡白痢的药物较多，选用时应注意细菌的耐药性问题，最好先做药敏试验，常用的药物有：土霉素、金霉素或四环素按0.2%拌料；庆大霉素按0.1%～0.2%饮水，连用3～5天；也可使用链霉素、卡那霉素、敌菌净等。定期进行鸡白痢的检疫工作，检出阳性病鸡隔离治疗，但种鸡必须淘汰。

5. 马立克氏病

【病原】 马立克氏病是由病毒引起的一种具有高度传染性的疾病，主要通过病鸡的分泌物、排泄物、羽毛、皮屑等传播。该病发生无明显季节性，珍珠鸡日龄越小越易感，病鸡多以死亡告终，珍珠鸡易感性低于家鸡。

【症状】 病毒常侵害周围神经，其中以坐骨神经和臂神经最易受侵害，病鸡表现一侧腿发生不全或完全麻痹，站立不稳，两腿前后伸展，呈"劈叉"姿势的典型症状；瘫痪卧地，有时翅膀下垂，失明，病鸡表现消瘦、贫血或下痢。剖检可见以淋巴组织增生性的肿瘤病，常侵害多个内脏器官，肿瘤多呈结节性，为圆形或近似圆形，呈花菜样肿大，略突出于脏器表面，灰白色，切面呈脂肪样。

【诊断】 在无菌条件下采集病鸡羽毛数根（含羽髓），将羽髓部位剪下置于无菌烧杯内，加入5倍体积生理盐水，挤压羽髓至出液，吸取全部液体至无菌离心管内。放入固体琼脂平板内，37℃恒温培养箱培养18～24小时后观察，若中间孔和周边孔有一条白色沉淀线，说明采集的羽髓液为阳性样本，即感染鸡马立克氏病毒。

【防治】 该病无有效治疗方法，主要是认真做好鸡场综合性防疫、检疫及消毒工作，一旦发病，感染场地的所有珍珠鸡全部清除，将鸡舍清洁消毒后，空置数周再引进新雏鸡。从健康鸡场引种，雏鸡要在1日龄接种马立克氏病疫苗。

6. 禽流感

【病原】 禽流感是由甲型（A型）禽流感病毒所引起的禽类的一种急性高度致死性传染病，死亡率为0～100%。

【症状】 表现不一，症状常表现在呼吸道、消化道、生殖道及神经系统，如体温升高、沉郁、食少、消瘦、产蛋量下降，以及咳嗽等慢性呼吸道症状；还可见流泪、头面部水肿、肉垂呈蓝紫色、下痢及神经症状等；急性暴发时，病鸡常无明显症状即死亡。

【诊断】 依据流行特点、症状和病变特征做出初步诊断后，进行病毒分离和鉴定，用禽流感病毒分型血清做血凝抑制试验和神经氨酸酶抑制试验，以确定禽流感病毒的亚型。血清学诊断技术主要包括：血凝抑制试验、血凝试验、琼脂扩散试验、病毒中和试验、免疫荧光试验、酶联免疫吸附试验和神经氨酸酶抑制试验等。

禽流感的诊断采用PCR单链构象多态性、分析变性梯度凝胶电泳、双链构象多态分析法等分子生物学诊断技术，可进行早期快速诊断和疫情监测，为及时发现并扑灭该病争取宝贵的时间。

【防治】 无特异治疗方法。应严格疫情控制，购鸡时要严格检疫，防止带毒动物进入；加强饲养管理，提高机体抵抗力，定期预防注射三禽康肽；发现疫情，及时向动物防疫部门报告及采取相应措施，封锁疫区、捕杀病鸡、彻底消毒。

7. 组织滴虫病

【病原】 组织滴虫病又称传染性盲肠肝炎或黑头病，是由组织滴虫寄生于鸡的盲肠和肝脏引起的一种原虫病。主要发生于雏鸡和青年鸡，成年鸡也能感染，但病情较轻。

【症状】该病以肝脏坏死和盲肠溃疡为特征。病鸡表现精神倦怠、食欲减少以致废绝、羽毛蓬松、翅膀下垂、闭眼、畏寒、下痢、消瘦、贫血。剖检可见盲肠壁肿胀、内有灰黄色干酪样肠芯，盲肠壁溃疡甚至穿孔，从而引起全身的腹膜炎；肝脏肿大，呈紫褐色，表面出现黄色或黄绿色的局限性圆形、下陷的病灶。

【诊断】应根据流行病学、症状及病理变化进行综合诊断，尤其是肝脏的溃疡病灶具有特征性，可作为诊断的依据。首先要检查病原：取病死鸡盲肠内容物及其内侧病灶刮取物混合，加生理盐水稀释成水样粪泥，40℃水浴0.5小时；吸粪液滴载玻片上加盖镜检。如发现活动虫体，可见有钟摆状地来回运动。也可以采取治疗性诊断：将典型病例隔离，用抗组织滴虫药物治疗，如见效即可确诊该病。

【防治】组织滴虫是通过异刺线虫卵传播的，利用阳光照射和保持饲养环境干燥可最大限度地杀灭虫卵。雏鸡应与成年鸡分开饲养，以避免感染该病。成年鸡定期用甲硝唑、二甲基咪唑、卡巴胂、异丙硝咪唑等药物驱虫，治疗时可用二甲硝咪唑以0.06%～0.08%拌料或以0.05%饮水，连用6～7天；流行地区可用0.015%～0.02%二甲硝咪唑拌料预防。

8. 鸡球虫病

【病原】鸡球虫病是由一种或多种球虫引起的急性流行性寄生虫病。世界各国已经记载的鸡球虫种类共有13种，我国已发现9种，不同种的球虫，在鸡肠道内寄生部位不一样，其致病力也不相同，主要寄生于盲肠和小肠内。各个品种的鸡均有易感性，15～50日龄的鸡发病率和致死率都较高，成年鸡对球虫有一定的抵抗力。病鸡是主要传染源，鸡感染球虫的途径主要是吃了感染性卵囊，凡被感染性卵囊污染过的饲料、饮水、土壤、用具、衣物、昆虫都可能成为机械传播者。珍珠鸡舍潮湿、过于拥挤、饲养管理条件差，以及缺乏维生素A和维生素K，都易发生此病。在潮湿多雨、气温较高的梅雨季节，球虫病易暴发。

【症状】病鸡主要表现精神萎靡、羽毛蓬松、头蜷缩、食欲减退、消瘦、闭目、翅下垂，鸡冠和可视黏膜贫血、苍白，下痢、排带血稀粪并含有大量脱落的肠黏膜，后期常卧地不起，死亡率可高达50%以上。

剖检可见嗉囊内充满液体，小肠浆膜、黏膜可见白斑和出血点，小肠内容物中常有黏液和血凝块，盲肠黏膜肿胀、充血、出血、呈暗红色，肠道内容物充盈、烂稀、呈黄绿或红褐色。

【诊断】结合流行病学、症状及病理变化，进行实验室检查。珍珠鸡球虫病的实验室检查具体包括：病原检查、病理检查、裂殖子/裂殖体检查、卵囊检查等，根据检查结果，判定是否为阳性，即珍珠鸡是否已感染球虫。

【防治】加强饲养管理，雏鸡与成鸡严格隔离，及时清除鸡粪，以减少感染机会。生产中常选用球痢灵、克球粉等药物进行抗球虫治疗。可在饲料中加入0.003%～0.004%氯苯胍；1克磺胺氯吡嗪钠原粉兑10千克水集中饮用，添加适量的维生素A、维生素K及维生素B族，连用5～7天，效果显著。目前临床上选择中药制剂预防球虫病，如把常山、柴胡、苦参、清篙、地榆炭、白茅根等拌入饲料中，7天为一个疗程，效果很好。

9. 卡氏白细胞原虫病

【病原】卡氏白细胞原虫病是由住白细胞原虫引起的急性或慢性血孢子虫病。该病在我国许多地方都有发生，且有明显的季节性，常呈地方性流行，1 月龄左右的雏鸡发病严重，死亡率高；感染母鸡死亡率低，但耐过后鸡只消瘦、产蛋率下降、甚至停产。卡氏白细胞原虫是毒力最强、危害最严重的一种原虫，它的发育需要库蠓参加。卡氏白细胞原虫发育可分为裂殖发育、配子发育和孢子发育三个阶段，前两个阶段的大部分是在鸡体内完成的，配子发育的一部分及孢子发育是在库蠓体内进行的，成熟的卵囊内含有许多孢子，聚集在库蠓的唾液腺内，当库蠓叮咬鸡时，便可传染给鸡。

【症状】以白冠病为典型特征，鸡冠和肉髯苍白，羽毛松乱，贫血、咳血，排黄绿色的粪便或血便，脚软或轻瘫，呼吸困难而死亡，雏鸡 3～6 周龄发病严重，死亡率可达 20%～80%，成年鸡死亡率低、产蛋率下降。

剖检可见肌肉苍白，部分内脏器官有针尖大或粟粒大小的白色结节并突出表面，严重时可见腹腔内有血凝块，全身性出血、血液稀薄、色淡，骨髓变黄，肝脾明显肿大、质脆易碎，在胸肌、腿肌、心肌、肝脏等器官上有针尖大小的白色小结节。产蛋鸡的卵巢变形，卵泡破裂，有卵黄性腹膜炎病变。

【诊断】根据该病发生的季节、症状和病理变化做出初步诊断，再进行实验室检查最终确诊。实验室检查包括：①用病鸡的血液和脏器（如肝脏）制成涂片，经瑞氏染色或吉姆萨染色后进行显微镜检查，镜检可见到部分血细胞内含有住白细胞原虫的配子体，感染配子体的细胞会显著增大，形状也会发生改变；②肝、脑组织的病理切片常出现巨型裂殖体或小的裂殖体。

【防治】定期消毒和喷洒杀灭昆虫的药物，如用 0.01%的敌百虫或溴氰菊酯等消灭库蠓；鸡舍安装细网眼纱门窗，以防库蠓飞入鸡舍。治疗用磺胺间甲氧嘧啶钠按每千克饲料 50～100 毫克拌料，或添加适量维生素 K_3 混合饮水，连用 3～5 天，间隔 3 天，药量减半后再连用 5～10 天即可。

10. 鸡虱病

【病原】鸡虱病是一种由寄生在鸡体表的鸟虱科的寄生虫引起的疾病。鸡虱属于一种永久性寄生虫，全部生活史都在鸡体上完成，寿命可达数月，但离开鸡体后只能生存 5 天。鸡虱个体为芝麻粒大小，有 6 条腿，种类较多，一年四季均可发生，秋季是鸡虱高发时期。当气温达到 25℃时，每隔 6 天即可繁殖一代。寄生在鸡身上的主要有鸡体虱、头虱、羽虱等，每种虱在鸡体上都有一定的寄生部位。虱取食鸡的羽毛、皮屑，还会刺咬皮肤并吸取血液，影响鸡的生长发育和生产性能，导致珍珠鸡羽毛脱落、皮肤损伤、生长受阻，产蛋鸡产蛋减少或完全停产，贫血甚至死亡。

【症状】病鸡羽毛受损、脱落，瘙痒，不安，皮肤出血、形成痂皮，贫血，消瘦，生长发育停止，产蛋率下降，啄羽、啄肛等。

【诊断】结合病鸡的临床症状进行诊断，病鸡发病时会因瘙痒而使用喙啄羽毛和皮肤，从而导致羽毛脱落、皮肤损伤，严重时会出现皮肤发炎、出血。用手拨开病鸡的羽毛可见大量的鸡虱在羽毛与皮肤间活动。

【防治】经常清扫洗刷地面和用具，定时清除粪便，不用的杂物及时清除，不留卫生死角，加强饲养管理，保持鸡舍内干燥和通风。用杀虫药如氯氰菊酯、氯氟氰菊酯、溴氰菊酯（敌杀死）、敌百虫等水溶液对鸡舍的墙面、墙缝、栖息架、鸡笼、产蛋箱、地面、用具等彻底喷至湿透，间隔 1 周再喷一次，注意不要喷进料槽与水槽以防珍珠鸡中毒；饲养人员的衣帽也要定期用高温或杀虫药处理。病鸡用0.5%的敌百虫、2%～3%的杀虫菊酯或5%的硫黄粉等装入纱布袋中均匀撒在全身羽毛上，隔10天左右重复一次。散养珍珠鸡可以设置沙浴池，在细沙内拌入5%的硫黄粉，或3%的杀虫菊酯，供鸡自由沙浴。

11. 鸡螨病

【病原】鸡螨病是由蛛形纲、蜱螨目、皮刺螨属的螨虫感染的一种寄生虫性疾病。鸡螨虫体型微小，主要靠吸食鸡血为生，通过叮咬鸡体可传播新城疫等多种疾病。鸡螨寄生在鸡的皮肤、羽毛根部或腿脚无毛的鳞片内层，当鸡螨大量繁衍滋生时，可引起鸡贫血甚至死亡。鸡螨一般白天寄居于珍珠鸡舍的墙缝、鸡笼及笼架的缝隙以及食槽、水管的夹缝处，夜间侵扰、吸取鸡只血液。笼养珍珠鸡发病严重。

【症状】螨虫吸食鸡体血液和组织液并分泌毒素引发鸡皮肤红肿、损伤，继发炎症，引起珍珠鸡躁动不安，影响其采食和休息，导致鸡体消瘦、贫血、生长缓慢，生产性能下降，蛋壳颜色变淡。

【诊断】刮取病变处的组织碎片、羽毛、羽管等，收集食槽附近的饲料残渣、羽毛等，加少许甘油或生理盐水于载玻片上，10×10倍显微镜下观察，发现螨虫即可确诊。

【防治】加强珍珠鸡舍内外环境的卫生消毒，随时观察笼舍、鸡群的情况，经常检查鸡只体表，做到早发现、早治疗，减少螨病的发生。发现鸡只感染螨虫用氯氰菊酯、敌百虫、敌杀死等水溶液涂刷或喷洒于鸡体，并对珍珠鸡群的栖息处、笼舍、用具等进行彻底喷洒，间隔1周再喷洒1次，连续喷洒3次。

第五节　产品及其加工

珍珠鸡集肉用、毛用、药用、观赏价值于一身，畅销国内外市场。在国内，雏鸡市场售价为2～5元/只，市售肉用珍珠鸡价格可达40元/只，种鸡售价更高。珍珠鸡在香港十分畅销，每只售价达100港元，为普通肉鸡的5～6倍，养殖利润较好。在国际市场，珍珠鸡及其产品也是出口创汇的高档商品。

一、主要产品

（一）肉用

珍珠鸡肉质细嫩，味道鲜美，是一种具有野味的优质肉禽。珍珠鸡瘦肉多、脂肪少，肌肉纤维较细，均匀分布少量脂肪，吃起来明显感到细嫩可口。珍珠鸡骨骼纤细，头颈细小，胸腿肌发达，屠宰率和出肉率均较高。据测定，一只活重1.7千克的珍珠鸡，屠体重达1 544克，占活重的91%；半净膛重1 415克，占活重的83%，属高档肉禽。

珍珠鸡肉的蛋白质含量为23.3%，略高于鸡、鸭、鹅及火鸡。脂肪含量仅为7.5%，胆固醇和脂肪的含量只有普通鸡肉的十分之一左右。其他成分含量为：灰分1.2%，总糖0.1%，水分67%，钙0.27克/千克，磷2.24克/千克，维生素C 19毫克/千克，烟酸120毫克/千克，并含有人体所必需的多种氨基酸。

（二）蛋用

珍珠鸡蛋虽然和普通鸡蛋大小差不多，但是珍珠鸡蛋的营养价值却是非常高的。其含有丰富的蛋白质、碳水化合物、大豆卵磷脂、铁、钙、锌、碘和维生素D、维生素B_1、

维生素 B_2、维生素 B_{12}、维生素 D、维生素 E、维生素 K 等。珍珠鸡蛋含钙为 752 毫克/千克，是一般鸡蛋的 7 倍；含锌 15.16 毫克/千克，是鸡蛋的 15 倍；含铜 23 毫克/千克，是鸡蛋的 3 倍。

珍珠鸡蛋呈清纯白色，蛋黄多是艳丽的橘红色。珍珠鸡蛋不仅设有普通鸡蛋的腥味，而且煮熟的珍珠鸡蛋比一般鸡蛋口感细腻，有淡淡的咸味和特殊的香气。其蛋清有丰富的胶原蛋白，蛋壳较厚，一般为 0.404～0.540 毫米，平均为 0.472 毫米，而普通鸡蛋的蛋壳厚度是 0.3～0.35 毫米，珠鸡蛋蛋壳的厚度大大高于普通鸡蛋蛋壳的厚度，所以在日常生活中珍珠鸡蛋不易破损，且常温状态下保存期达到 5 个月。

（三）药用

珍珠鸡肉的钙、磷、铁含量较普通鸡肉高很多，并且富含蛋白质、氨基酸，对贫血患者、体质虚弱的人来说是很好的食疗补品。中医界认为，珍珠鸡肉性温、味甘，有健脾、增进食欲、止泻、祛痰补脑、明目、益气养生、滋补肝肾、治咳痰、预防老年痴呆症等功效，对神经衰弱、心脏病、冠心病、高血压、妇科病等均有显著疗效。

珍珠鸡蛋口味美味、营养成分高，具有“动物山参”的美名，有补脑、补钙、提高记忆力、壮阳补肾的功效，长期食用对肺结核、咽喉炎、哮喘、白细胞减少症、神经衰弱、肾炎、神经官能症有明显食疗效果，特别适合老人、儿童、孕妇及体弱多病者食用。

（四）毛用

珍珠鸡的羽毛利用价值很高，可制作高级工艺品、饰品，极其名贵，并可出口到欧美市场。其羽毛的市场价格一般不低于 100 元/千克，超过鹅毛价格 8～20 倍。

二、产品加工

珍珠鸡鸡皮口感差，食用有难以下咽的感觉。因此，在烹饪珍珠鸡肉时，都是需要剥皮的，剥皮后即可用传统的烹饪方法，制作美味的珍珠鸡佳肴。

珍珠鸡除了家庭常规的炖、炒、红烧等加工方法外，还可以制作烤整鸡、毛凤鸡、珠鸡龙凤汤、香酥珍珠鸡软罐头等，既有利于消费者的口味选择，又提高了其经济价值。

珍珠鸡蛋除可以进行常规的烹饪外，也可以制作茶叶蛋、皮蛋、毛蛋等。

主要参考文献

黄庆大，2014. 商品肉用珍珠鸡的放养技术［J］. 特种经济动植物，17（11）：13-16.

江门市畜牧兽医科学研究所，鹤山市金科生态农牧有限公司，2006. 珍珠鸡养殖技术规程：DNB440700/T 25—2007［S］. 江门：广东省江门市质量技术监督局.

马惠钦，裴素俭，2005. 肉用珍珠鸡的高效饲养技术［J］. 养禽与禽病防治（8）：41-42.

南京市畜牧家禽科学研究所，2007. 商品珍珠鸡饲养管理规范：DB3201/T 100—2007［S］. 南京：南京市质量技术监督局.

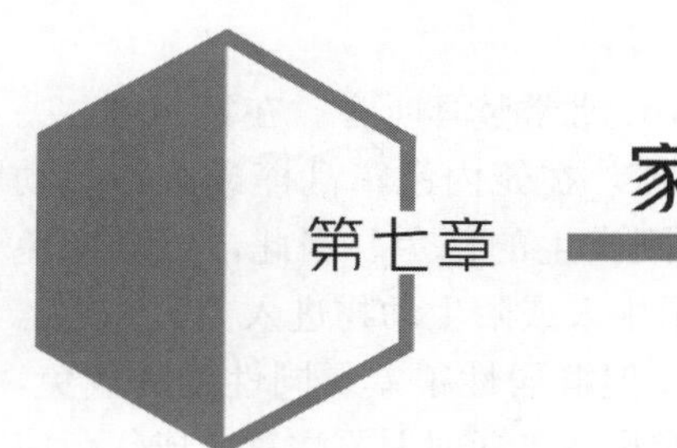

第七章 家 兔

第七章彩图

第一节 品种概述

我国饲养家兔历史悠久。1954 年首次出口兔毛 400 千克，1957 年首次出口冻兔肉 221 吨。1991 年以前，由于兔毛、兔肉产品主要依赖于出口，严重受制于国际市场，故养兔业常出现大起大落。进入 20 世纪 90 年代后，国内兔肉消费市场不断扩大，我国家兔生产同时依赖国内外市场发展迅速。从养兔区域上看，养兔业已遍布我国 20 多个省、自治区、直辖市。从生产技术上看，家兔生产的科技含量得到很大提高，如兔全价颗粒饲料的广泛应用，改变了单一的使用青草、干草喂兔的传统习惯，改传统窝养或窖养为地上多层笼养，改疾病以治疗为主为综合防治为主等。家兔生产水平也有大幅度的提高，长毛兔年产毛量已由 20 世纪 70 年代的每只平均 200 克提高到现在的 900 克，肉兔育肥上市由过去的 120 日龄缩短到现在的 90 日龄。

2018 年以后我国兔养殖行业进入深度调整期，养殖的设备更新加快。2019 年与 2018 年相比，家兔出栏和存栏增速分别为 9.77%和 29.34%，兔肉量增速达到 13.63%。2020 年受疫情影响，养殖户面临运输困难、饲料短缺和商品兔无法销售等难题，导致我国兔业发展趋缓。2021 年我国兔业产值约为 247.97 亿元，同比下降 0.1%。

目前，我国兔业发展趋于稳定。主要表现为：生产区域优势明显，呈现大集中、小分散的特点。肉兔生产主要地区为四川、重庆、山东、河北、河南、山西和江苏等，生产量约占全国总量的 80%；长毛兔生产主要在浙江的新昌、嵊州，山东的临沂、蒙阴，安徽的阜阳、合肥，河南的舞阳、安阳，江苏的东台、大丰，上海的南汇等地，饲养的长毛兔生产水平都较高；皮兔生产主要分布于华北、华东、东北等地，大多是公司加农户的饲养形式，养殖理念已进入由数量增加向质量提高的理性发展阶段。

一、生物学特征

(一) 生活习性

1. 成年兔生活习性

(1) 昼伏夜行性　家兔白天表现十分安静，夜间则采食、饮水、交配活动频繁。据测算，在自由采食情况下，家兔夜间采食量占日采食量的 70%左右，饮水量占 60%左右，在夜间分娩的占 67%，若让家兔自由交配，夜间配种受胎率为 84%。因此，应合理安排给食、配种及接产的时间，加强夜间饲喂、给水，白天给兔提供安静的睡眠环境。

（2）厌湿、喜干、爱清洁　兔喜欢干燥、清洁的环境，这对预防疾病有利。兔的抗病力差，而阴暗、污浊、潮湿的环境容易造成家兔患病。因此，在兔场设计和饲养管理时，应给兔创造一个干燥、通风、干净的环境。

（3）胆小、怕惊扰、怕侵袭　兔听觉灵敏，非常胆小，常常竖耳听音。在家养时，突然的喧闹声或陌生人和陌生动物的走动，都会使家兔惊慌，在笼内乱窜乱撞或有踏足动作。正在分娩的母兔，一旦遇惊会造成难产，有时会咬刚出生的仔兔。因此，饲养家兔时，管理、操作要稳、要轻，避免发出响声，也要避免陌生人或陌生动物进入兔舍。

（4）群居性差、好咬斗　兔虽属于比较温顺的动物，但群居性很差。同性别的成兔，尤其是成年公兔或新组成的兔群，斗殴现象更为严重。因此，在管理上要注意，成年兔应单笼饲养。

（5）穴居性　是指兔具有打洞穴居，并在洞内产仔的本能行为，这是长期自然选择的结果。家兔的这一习性对于现代化养兔生产来说是无法利用的，应该加以限制。在笼养的条件下，需要给繁殖母兔准备一个产仔箱，令其在箱内产仔。

（6）如鼠类的啮齿行为　家兔的第一对门齿是恒齿，出生时就有，永不脱换而且不断生长。如果处于完全生长状态，上颌门齿每年生长 10 厘米，下颌门齿每年生长 12.5 厘米。由于其不断生长，兔必须借助采食和啃咬硬物来磨损牙齿，才能保持其上下门齿的正常咬合。这种借助啃咬硬物磨牙的习性，称为啮齿行为，与鼠类相似。因此，在养兔生产中应给兔提供磨牙的条件，如把配合饲料压制成具有一定硬度的颗粒饲料，或在笼内投放些树枝等。如生产中发现兔的牙齿异常（长或弯曲），应及时修剪，并查找原因，以采取相应措施。

2. 仔、幼兔生活习性　家兔除了以上各种习性外，仔、幼兔还有一些独特习性。

（1）集群性　仔、幼兔，尤其是开眼前的仔兔，总喜欢拥挤在一起，这是保存能量的一种方式。开眼后的仔、幼兔集群性也很强，这样既可相互取暖，又可彼此壮胆。因此，在生产中应给予重视。例如，仔兔箱内铺上柔软、干燥和吸湿性强的垫草，并整理成中间低、四周高的浅凹状。但在高温、高湿季节，为防止仔兔挤压、通风换气不良造成的“蒸窝”，应每天拨弄仔、幼兔 1～2 次。

（2）栖高性　开食后的仔兔和幼兔，喜欢卧在笼舍最高处，甚至爬上饲料槽。有的还会误入水槽。为防止这种现象，应精心设计食槽、水槽，既便于它们采食、饮水，又可防止其攀卧。也可采取定时喂食、饮水的方法，喂食后，及时取走食槽、水槽。

（3）模仿性　仔兔善于模仿其他兔子的举动，如开食、饮水、爬跨、交配等。这种模仿性对于饲养管理有益，但有时也会带来麻烦。例如，大群中有一只兔有吃毛行为，同笼其他家兔就会仿效，使这种病态行为蔓延。

（二）家兔的食性和消化生理特点

1. 家兔的食性

（1）草食性　家兔是单胃草食性动物，以采食植物为主。与兔的此种草食性相适应，其口腔、牙齿和盲肠均有特殊的结构。兔有 6 枚门齿，上颌 2 对，下颌 1 对，且上下门齿能吻合，以便磨碎食物；兔的上唇纵向裂开，使牙齿露出唇外，便于啃食地上矮草、树枝、树皮和树叶；兔的盲肠极为发达，其中含有大量的细菌和原虫，可以消化草料；兔的回肠与盲肠交界处，有一个淋巴球囊，具有研磨、吸收和分泌三大功能，可辅助家兔对草料的消化。

（2）择食性　家兔对所采食的饲料是比较挑剔的。在饲草中，兔喜欢吃多叶嫩草，如苜蓿、三叶草、黑麦草、麦苗等；精饲料中，兔喜欢吃颗粒饲料，不喜欢吃粉料。兔不喜欢吃鱼粉等动物性饲料，如果日粮中动物性饲料非加不可，用量不宜超过5%，高过此比例将会影响兔的食欲。另外，兔日粮中脂肪含量不能超过10%，否则采食量会下降。

2. 家兔的消化特点

（1）对粗纤维的消化率低　家兔对粗纤维的消化率明显低于马、猪和反刍动物。美国NRC（1977）公布家兔、牛、马、猪对粗纤维的消化率分别为14%、44%、41%和22%。为探讨家兔对饲料中粗纤维的利用效果，Makkar（1987）对兔盲肠与牛瘤胃内容物酶活性进行了研究，发现兔盲肠纤维分解酶活性比牛瘤胃纤维分解酶的活性低得多。这是兔对粗纤维的消化率比其他草食家畜低的主要原因。

（2）对粗饲料中蛋白质的消化率高　兔对蛋白质的消化率高，为75%，这是因为兔盲肠较发达的原因。兔盲肠中蛋白酶的活性很高，远远高于牛、羊瘤胃中的蛋白酶。因为兔的盲肠和其中的微生物都产生蛋白酶，而牛、羊瘤胃中的蛋白酶仅来自微生物。因此，家兔对粗蛋白的消化率高于反刍动物牛、羊。

（3）食粪的特性　吞食自己的粪便是家兔消化的主要特点，称为食粪癖。家兔可排出两种粪便：硬粪及软粪。硬粪呈颗粒状，在白天排出，软粪是团状的，在夜间排出。在兔笼中很少能发现软粪，因为软粪排出后，就被家兔直接从肛门处吃掉。软粪、硬粪的主要区别在于含水量和一些营养成分的差异。软粪含水量达75%，而硬粪仅为50%。此外，软粪的营养成分不同于硬粪，主要体现在蛋白质、氨基酸和水溶性维生素的差异（表7-1）。

表7-1　家兔的两种粪便中主要成分含量

成分	软粪	硬粪	成分	软粪	硬粪
干物质（%）	6.9	9.8	烟酸（微克/克）	139.1	39.7
粗蛋白（%）	37.4	18.7	核黄素（微克/克）	30.2	9.4
脂肪（%）	3.5	4.3	泛酸（微克/克）	51.6	8.4
维生素（%）	27.2	46.4	维生素 B_{12}（微克/克）	2.9	0.9
其他碳水化合物（%）	11.3	4.9			

家兔通过吞食软粪，可获得大量维生素B族、蛋白质和具有生理活性的矿物质，使营养物质得到多次循环利用，提高了营养物质的消化率和利用率。

幼兔的消化特点：兔胃腺分泌胃蛋白酶原，在胃内盐酸（pH1.5）作用下才具有活性，而15日龄以前的幼兔，胃液中缺乏游离盐酸，对蛋白质不能进行消化；与成年兔不同，幼兔消化道发生炎症时，消化道壁的通透性增强，肠内容物中的有毒物质就会透过肠壁进入血液循环，导致幼兔发生败血症而死亡。因此，幼兔患消化道疾病时，症状较为严重，常常有中毒现象。

（三）繁殖特性

1. 繁殖力强　家兔性成熟早，妊娠期短，世代间隔短，一年四季均能繁殖，窝产仔数多。仔兔5～6个月即可以配种，妊娠期30～31天，一年可繁殖两代。在集约化生产条件下，每只繁殖母兔一年可产 7～8 窝，每窝可以成活 6～7 只幼兔，一年即可育成 40～60 只仔兔。

2. 刺激性排卵 家兔在性成熟后至性机能衰退之前，其卵巢上经常有发育成熟的卵泡，这些卵泡经过交配刺激或药物诱导就会排出。一般排卵是在交配后 10～12 小时内进行。给母兔注射绒毛膜促性腺激素（HCG）也可引起排卵。

兔不经交配或不经药物诱导，卵巢中成熟的卵子就不能排出，而是经过 10～16 天，被卵巢组织吸收，而新的卵子又开始形成。家兔卵子的这种成熟—吸收—衰亡的过程，相当于一个性周期。

3. 早、晚性活动旺盛 家兔的性活动有一定的规律。在一天内，日出前后 1 小时、日落前 2 小时和日落后 1 小时，性活动最旺盛，此时进行自然配种最易成功，受孕率最高。

4. 夏季难孕 在炎热的夏季，公兔食欲减退，精液品质下降，表现为精液量减少，精子浓度降低，精子活力下降等，因此会影响母兔的受胎率。炎热夏季对母兔也有影响。母兔表现为发情不正常，发情征兆不明显，因天热减食导致体质下降等，配种后也会出现受胎率低的现象。为提高家兔繁殖率，夏季应降低日粮能量浓度，提高蛋白质水平，多喂青绿饲料。管理上，注意通风和降温，减少饲养密度。

5. 双子宫类型 母兔有一对卵巢，位于肾的后方；有两个完全分离的子宫，且两个子宫有各自的子宫颈，共同开口于一个阴道，为双子宫类型（图 7－1）。两个子宫都没有子宫体和子宫角的区分。当卵子受精后，结合子不能发生子宫角之间的互移。

6. 卵子大 家兔的卵子是目前已知哺乳动物中最大的，直径达 160 微米，同时发育也最快，在卵裂阶段，最容易在体外培养。因此，家兔是很好的实验材料，广泛用于生物学、遗传学、家畜繁殖学等学科的研究。

（四）呼吸和体温调节

适合家兔生长、繁殖的环境温度为 15～25℃。家兔的体温在 38.5～39.5℃。当外界温度过高，家兔就会改变其新陈代谢，出现热应激状态。当外界温度由 20℃上升到 35℃时，其呼吸次数会增加 5.7 倍；外界温度达 35℃时，家兔就可能中暑死亡。因此，夏季炎热时节，要注意防暑降温。若温度过低（低于 5℃），也会影响家兔的繁殖。

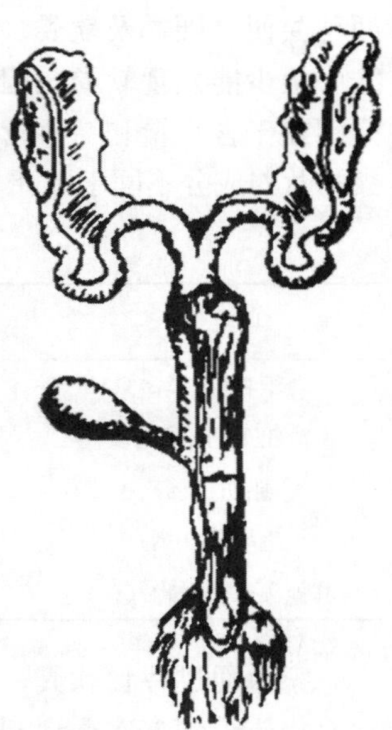

图 7－1 母兔的生殖器官

二、常见品种

（一）肉用品种

1. 新西兰兔 产于美国，于 20 世纪初育成，有白色、红色和黑色 3 个品系，其中以白色兔最佳，它是用比利时兔、美国白兔、弗朗德兔和安哥拉兔等品种杂交培育而成。新西兰兔被毛纯白，眼粉红色，耳宽厚直立，臀部圆，腰和肋部丰满，后腿和背部肌肉发达（图 7－2）。成兔体重 4～5 千克；繁殖力强，平均产仔 7～8 只/胎；产肉力高，屠宰率为

50%～55%。主要优点是早期生长快，抗病力强，适应性强；缺点是毛皮品质较差，利用价值低。

2. 加利福尼亚兔 产于美国的加利福尼亚州，是由喜马拉雅兔、青紫蓝兔和新西兰兔杂交育成，也是世界上著名的肉兔品种。该兔被毛白色，眼红色，两耳、鼻端、四肢下部及尾部为黑色，俗称“八点黑”（图 7-3）。八黑颜色幼兔色浅，随年龄增长而加深；冬季色深，夏季色淡。该兔体型中等，耳小直立，肌肉丰满。成年体重母兔 3.9～4.8 千克，公兔 3.6～4.5 千克。母兔繁殖力强，平均产仔 6～8 只/胎。主要特点是产肉性能好，屠宰率达 52%～54%，肉质肥嫩；母兔泌乳力高，护仔性强，是有名的“保姆兔”；适应性、抗病力强。

图 7-2 新西兰兔

图 7-3 加利福尼亚兔

3. 比利时兔 该兔在英国育成，用贝韦伦一代野生穴兔杂交育成。比利时兔体长而清秀，腿长，被毛野兔色，毛尖黑色，腹部灰白，两眼周围有白圈，耳尖黑色。眼睛黑色，耳大而直立，体躯结构匀称，头形似马头（图 7-4）。该兔体型较大，成兔体重 5.5～6.0 千克，最高可超过 9 千克。繁殖力强，平均产仔 7～8 只/胎；屠宰率 52%～55%。主要缺点是不适宜笼养，耗精饲料多，易患脚癣和脚皮炎。

4. 法国公羊兔 法国公羊兔原产于北非，以后分布到法国、德国、英国、美国、比利时和荷兰等国家。由于引入国的选育方式不同，目前主要有法系、英系和德系 3 个品系。毛色有白色、黑色、灰色和野兔色。法国公羊兔主要特点是耳大下垂，又称垂耳兔，头似公羊；两耳尖距离大，可达 60 厘米，耳长最大可达 70 厘米，耳宽 20 厘米（图 7-5）。成年体重 6～8 千克，最高可达 9～10 千克。公羊兔产肉性能较好，但繁殖性能差，母兔受胎率低。

图 7-4 比利时兔

图 7-5 法国公羊兔

5. 花巨兔 花巨兔又称德国花巨兔，原产于德国，由弗朗德巨兔和不知名的白色兔与花斑兔杂交育成。该兔毛色白底黑花，有“熊猫兔”之称。主要特征为：嘴、鼻、眼睛周围及整个耳朵为黑色；从颈部至尾根的背线上有一条锯齿状黑带；身体两侧有若干大小不等、对称的蝶状黑斑（图7-6）。体型高大，成兔体重5～6千克；体躯长，体质健壮；繁殖力强，平均产仔11～12只/胎。缺点为母兔母性不强，泌乳力不好。

6. 齐卡肉兔配套系 由德国ZIKA家兔育种中心和慕尼黑大学联合育成，是世界上著名的肉兔配套品系。该配套系由大、中、小3个白色品系构成（图7-7）。G系称为德国巨型白兔，N系为齐卡新西兰白兔，Z系为专门化品系。生产商品肉兔是用G系公兔与N系母兔交配生产的GN公兔为父本，以Z系公兔与N系母兔交配得到的ZN母兔为母本。齐卡肉兔在我国开放式饲养条件下，其生产性能表现良好。商品肉兔3月龄体重为2.53千克，育肥成活率为96%，屠宰率为52.9%。

图7-6 花巨兔

图7-7 齐卡肉兔

7. 伊拉肉兔配套系 是法国欧洲兔业公司用9个原始品种经多次杂交和选育，于20世纪70年代选育而成。该配套系由A、B、C、D 4个品系组成（图7-8）。A系被毛白色，耳、鼻、四肢下部及尾部为黑色。A系公兔平均体重为5.0千克，母兔为4.7千克，母兔配种受胎率为76%，平均窝产仔8.35只，断奶仔兔成活率为89.69%，饲料转化率为3∶1。B系被毛特点同A系。B系公兔平均体重为5.9千克，母兔为4.3千克，母兔配种受胎率为80%，平均窝产仔9.05只，断奶仔兔成活率为89.04%，饲料转化率为2.8∶1。C系被毛白色。C系公兔平均体重为4.5千克，母兔为4.3千克，母兔配种受胎率为87%，平均窝产仔8.99只，断奶成活率为88.07%。D系被毛白色。D系公兔平均体重为4.6千克，母兔为4.5千克，母兔配种受胎率为81%，平均窝产仔9.33只，断奶成活率为91.92%。

图7-8 伊拉肉兔

配套模式：A系公兔与B系母兔杂交产生父母代公兔，C系公兔与D系母兔杂交产生父母代母兔，父母代公母兔杂交产生商品代兔。商品代兔被毛白色，耳、鼻、四肢下部及尾部呈浅黑色。28 日龄断奶重 680 克，70 日龄体重达 2.52 千克，日增重 43 克，饲料转化率为（2.7～2.9）∶1。

（二）皮肉兼用品种

1. 日本大耳兔　该兔原产日本，是由中国白兔与日本兔杂交育成。该兔被毛白色，眼睛红色，耳大直立，耳根、耳尖较细，形似柳叶，母兔有肉髯（图 7－9）。体型大，成兔体重 5～6 千克，生长快，繁殖力强，母性好，泌乳力高，常用作“保姆兔”，毛皮品质好。

2. 青紫蓝兔　该兔产于法国，因毛色类似珍贵毛皮兽“青紫蓝绒鼠”而得名，是世界著名的皮肉兼用兔种。这种品种有三个类型：标准型、美国型和巨型。青紫蓝兔被毛为蓝灰色，耳尖、尾部上侧为黑色，眼圈、尾底及腹下为灰白色（图 7－10）。毛干灰白色，毛尖黑色，呈内白外黑，风吹毛被时呈彩色轮状旋涡，十分美观。标准型青紫蓝兔成兔体重 2.5～3.6 千克，体型较小，耳短竖立，色泽美观；美国型青紫蓝兔体长中等，成兔体重 4～5 千克，一耳直立，一耳下垂，母兔有肉髯；巨型青紫蓝兔体型大，成兔体重 6～8 千克，耳大直立，肉髯较大。

该兔优点是毛皮品质较好，适应性较强，繁殖力较高，在我国分布很广；缺点是生长速度慢。

图 7－9　日本大耳兔

图 7－10　青紫蓝兔

3. 中国白兔　又称菜兔，是我国培育的一个古老品种。分布全国各地，以四川成都平原饲养最多。该兔体型小，成兔体重 1.8～2.3 千克。被毛洁白，眼红色，头清秀，耳小直立，嘴较尖，体躯结构紧凑（图 7－11）。该兔优点是早熟，繁殖力强，一般 3～4 月龄就能用于繁殖，年产 4～6 胎，平均产仔 6～8 只/胎；适应性好，抗病力强，耐粗饲，是优良的育种材料。缺点是体型小，生长慢，产肉力低，皮张面积小。

4. 哈白兔　是由中国农业科学院哈尔滨兽医研究所培育。是由比利时兔、中国白兔和日本大耳兔杂交，经 10 年选育成的大型品种。该兔体型大，耳大直立，眼呈红色，被毛纯白，肌肉丰满，四肢健壮，适应性强（图 7－12）。成兔体重 6.3～6.6 千克；胎均产仔 10.5 只，平均初生个体重 55.2 克，断奶个体重 1 082 克；早期生长发育高峰在 70 日龄，平均日增重 35.61 克；10 月龄后停止生长；哈白兔饲料转化率为 1∶3.11，产肉性能强，全净膛屠宰率为 53.5%。

图7-11 中国白兔

图7-12 哈白兔

5. 塞北兔 该品种是由原张家口农业高等专科学校杨正教授等培育而成的大型肉皮兼用品种。是1978—1988年历经10年时间严格选育而成，定名为“塞北兔”。主要分布于河北、内蒙古、东北及西北等地。外貌特征为体型大，呈长方形，被毛有黄褐、白色和橘黄色三种（图7-13）。耳大，一耳直立，一耳下垂，又称斜耳兔。体质健壮，背腰平直，后躯肌肉丰满。成兔体重5.0～6.5千克，体重大的达7.5～8.0千克；繁殖力强，平均产仔7～8只/胎。主要缺点是毛色、体形尚欠一致。

图7-13 塞北兔

（三）皮用品种

力克斯兔是珍贵的裘皮用兔，其毛皮可用于制作名贵、华丽的外衣，在国际市场上深受欢迎。力克斯兔是由法国普通兔中出现的突变种培育而成，毛呈海狸色，又称海狸力克斯。该兔毛皮可与珍贵的毛皮兽——水獭相媲美，我国又称为“獭兔”；又因该兔绒毛平整直立，具有丝绸光泽，见日光永不褪色，手感柔软，故又称为“天鹅绒兔”；獭兔色彩繁多，据报道，已达20余种，因此又称为“彩兔”。该兔的色型以白色、黑色、红色、青紫蓝色和加利福尼亚色较为流行（图7-14）。力克斯兔体型中等，成年兔体重3.5～4.0千克，被毛长1.3～2.2厘米，以1.6厘米为最佳，体躯结构匀称，后躯丰满，腹部紧凑。

（四）毛用兔品种

安哥拉兔是迄今世界上仅有的毛用兔品种。原产于土耳其的安哥拉城，最初作为观赏动物。该品种输入各国后，经长期选育形成不同的品系。

1. 德系安哥拉兔 是目前世界上饲养最普遍、产毛量最高的一个品系。该品系全身披厚密绒毛。被毛有毛丛结构，耳背无长毛，仅耳尖有一撮长毛，俗称“一撮毛”

白色獭兔　宝石花獭兔　蛋白石獭兔

海狸色獭兔　黑色獭兔　加利福尼亚獭兔

图 7-14　各种颜色的獭兔

（图 7-15）。体型大，成年兔体重 3.5～5.2 千克。年产毛 1 千克左右，最高达 1.6 千克，被毛密度 16 000～18 000 根/厘米^2，粗毛含量 5.4%～6.1%，毛长 5.5～5.9 厘米。年繁殖 3～4 胎，平均产仔 6～7 只/胎；配种受胎率为 53.6%。

2. 法系安哥拉兔　该兔产于法国，是世界上著名的粗毛型长毛兔。法系兔面部稍长，耳大而薄。耳、额、颊、脚毛少，只在耳尖有一小撮或很少的长毛（图 7-16）。该兔被毛密度较德系小，但较中系、日系大，粗毛含量高，被毛很少结毡。产毛量仅次于德系兔，年产毛量 0.5～1 千克。成年兔体重 3～4 千克。体质健壮，对我国气候和饲养条件适应性强。

图 7-15　德系安哥拉兔

图 7-16　法系安哥拉兔

3. 日系安哥拉兔　该兔由日本选育而成，其体型与德系安哥拉兔相近。头呈方形，额、颊、耳外侧及耳尖的毛较长，额毛有分界线，呈“刘海状”（图 7-17）。体型小，成兔体重 3.0～4.0 千克。被毛密度较稀，产毛量较低，优秀个体年产毛量在 0.5 千克以上，粗毛含量 5%以上，生产性能不及德、法系兔。适应性、抗病力、繁殖性能一般。

4. 英系安哥拉兔 该兔产于英国，偏向于观赏型和细毛型。曾对我国长毛兔的选育工作起过积极作用。全身被毛白色、蓬松，形似雪球，毛质细软。额毛、颊毛丰满，耳短厚，耳尖密生绒毛，形似缨穗。四肢及趾间脚毛丰盛（图 7－18）。成年兔体重 2.5～3.0 千克。年产毛量 350 克，被毛密度差，粗毛含量为 1%～3%，毛长 9～10 厘米。繁殖力强，年繁殖 4～5 胎，平均产仔 5～6 只/胎。

图 7－17 日系安哥拉兔

图 7－18 英系安哥拉兔

5. 浙系长毛兔 该兔属大型毛用兔品种，是由浙江省嵊州市畜产品有限公司、宁波市巨高兔业发展有限公司、平阳县全盛兔业有限公司以本地长毛兔和德系安哥拉兔杂交选育而成，2010 年 3 月通过国家审定，定名为浙系长毛兔。该兔体躯长大，头大小适中，呈鼠头或狮子头，眼红色，双耳直立，耳毛呈一撮毛、全耳毛和半耳毛状；颌下肉髯明显，肩宽、背长、胸深，四肢强健；被毛白色、有光泽，绒毛厚、密，有明显毛丛结构（图 7－19）。成年公兔平均体重为 5.28 千克，体长 54.2 厘米，胸围 36.5 厘米；母兔平均体重为 5.46 千克，体长 55.5 厘米，胸围 37.2 厘米。11 月龄公、母兔年产毛量分别为 1 957 克和 2 178 克。粗毛率为 4.3%～5.0%。年产 3～4 胎，平均产仔数为 6.8 只/胎。

图 7－19 浙系长毛兔

6. 皖系长毛兔 该兔属中型粗毛型毛用兔品种，是由安徽省农业科学院畜牧兽医研究所与固镇县种兔场、安徽颍上县庆宝良种兔场以德系安哥拉兔和新西兰白兔杂交选育而成，2010 年 8 月通过国家审定，定名为皖系长毛兔。该兔体型中等，头圆，双耳直立，耳尖少毛或为一撮毛，眼大、红色；胸宽深，背腰宽平，臀部钝圆，腹部紧凑，四肢强健，脚底毛丰厚；被毛白色、浓密、柔软而不缠结，富有弹性和光泽，毛长 7～12 厘米（图 7－20）。11 月龄成年兔平均体重为 4 258.2 克，体长 51.8 厘米，胸围 33.5 厘米。公、母兔年产毛量分别为 1 225.4 克和 1 258.2 克，粗毛率分别为 16.2%和 17.8%。年产 3～4 胎，平均产仔数为 7.2 只/胎。

7. 苏系长毛兔 该兔属粗毛型毛用兔品种，是由江苏省农业科学院畜牧兽医研究所和江苏省畜牧兽医总站以德系安哥拉兔、法系安哥拉兔、新西兰兔和德国大白兔杂交选育而成，2010年5月通过国家认定。该兔体躯中等偏大，头部椭圆，双耳直立、中等大，耳尖多有一撮毛（图7-21）；眼红色，面、额、颊部被毛短，背腰宽厚，腹部紧凑，臀部宽圆，四肢强健；被毛洁白、浓密。成年兔平均体重为4 505克，体长42～44厘米，胸围33～35厘米。11月龄估测年产毛量为898克，粗毛率为15.7%，毛长8.25厘米。年产4～5胎，平均产仔数为7.1只/胎。

图7-20　皖系长毛兔

图7-21　苏系长毛兔

第二节　饲养管理

一、场址选择

（一）场址选择要求

1. 地势、地形及面积　兔场选址要求地势高燥，通风良好；背风向阳，平坦而有适当的坡度（1%～3%），以便排水；地下水位低，在2米以下，符合家兔的生活习性。不要在地势低洼的地方选址，否则对家兔的健康不利；地形要开阔、平整和紧凑；兔场占地面积要根据家兔生产方向、饲养规模、管理方式和集约化程度等确定。在考虑满足生产、节约用地前提下，还要为今后发展留有余地。按1只母兔及其仔兔占地0.8米^{2}建筑面积计算，兔场的建筑系数约为15%。

2. 水源　兔场的需水量很大，如家兔饮水、粪尿冲刷、笼舍用具洗刷、种植饲料以及生活用水等，因此，水源水量要充足，且水质良好，不被细菌、寄生虫和有毒物质污染。最好的水源是泉水、溪涧水、井水或城市中的自来水，不能用死水，否则会使家兔致病。

3. 土质　兔场场址要求土质良好，透水、透气性强，不能被有机物或有毒物质污染。土质最好是砂质壤土，土粒大，透水、透气性好，能保持干燥，有良好的保温性能。有利于家兔的身体健康和正常生活；再者，砂质壤土中，空气、水分较适宜，是植物生长的良好土壤。

4. 位置　兔舍位置要远离交通要道和繁华居民区，且交通方便，便于运输，但距离水源要近。兔场要在居民区的下风向，距居民区200米以外，距离交通主干线不少于200米，距离一般道路不少于100米。两列兔舍要有50米相隔，舍外设有消毒设备；另外，有些疾病如巴氏杆菌病和球虫病等是鸡、兔共患的，因此兔舍和鸡舍要有100米间隔，以防增加相互感染的机会。

（二）兔舍的环境控制

舍内环境直接影响家兔生活、生产，诸如温度、湿度、空气卫生、光照及噪声等。

1. 温度 家兔因汗腺极不发达，对环境温度非常敏感。家兔的临界温度为5～30℃，超过此范围，家兔的生理机能就会受到影响。一般要求舍内笼温初生仔兔为30～32℃，成兔为15～20℃，不低于10℃，不高于25℃；若舍内温度超过32℃，就要泼洒凉水降温，同时要加大通风量。

2. 湿度 兔舍最适宜的相对湿度为60%～65%，一般不低于55%或不高于70%。高湿和低湿条件对兔的健康都很不利。若湿度高于70%，可在兔舍地面撒草木灰或石灰吸湿吸潮；如湿度低于50%，会引起家兔鼻腔干燥，可在兔舍地面喷洒凉水，以提高湿度。

3. 空气卫生 兔是敏感性很强的动物，对有害气体耐受量低，因此要求舍内空气清洁、新鲜、卫生。兔舍内的兔粪尿和被污染的垫草等如未及时清理，通过发酵可产生大量氨气、硫化氢、二氧化碳等有害气体，可引起呼吸道和眼睛等不适。每立方米空气中氨的含量达50毫克时，可使兔呼吸频率减慢，流泪、鼻塞，达100毫克时，可使眼泪、鼻涕和流涎显著增多。兔舍内有害气体允许浓度为：氨气小于30毫克/米^3，硫化氢小于10毫克/米^3，二氧化碳小于500毫克/米^3。调节和控制舍内有害气体的关键措施可采取降低舍内饲养密度，增加清粪次数，减少饮水器泄漏，加强自然通风等。

4. 光照 光照对家兔的生理机能有重要调节作用，光照度和时间长短可影响繁殖兔性欲和受胎率。生产实践表明，公、母兔对光照时间长度要求不同。繁殖母兔以每天光照14～16小时为好，表现为受胎率高，产仔数多，可获得最佳的繁殖效果；种公兔适宜光照时间为每天10～12小时，效果最好。

5. 噪声 噪声是重要的环境因素。有研究报道，突然的噪声会导致孕兔流产、哺乳母兔拒绝哺乳、甚至残食仔兔等严重后果。为减少噪声危害，建兔舍选址要远离高噪声区，如公路、铁路、工矿企业、飞机场等；饲养管理操作要轻、稳，尽量保持兔舍内环境安静。

（三）兔舍建筑形式

兔舍建筑形式各不相同。采用何种建筑形式和结构，主要取决于饲养目的、饲养方式、饲养规模及经济承受能力等。

按墙的结构和窗的有无：兔舍分为棚式、开放式、半开放式、封闭式；

按舍顶形式：兔舍分为平顶式、单坡式、双坡式、钟楼式和半钟楼式、拱式和平拱式；

按兔笼排列方式：兔舍分为单列式、双列式和多列式。

根据兔笼排列方式，现代养兔场使用最多的两类兔舍形式如下。

1. 双向面对面兔舍 两列兔笼在舍内面对面排列，兔笼后壁即为兔舍的墙壁，承粪板透过墙壁外10～15厘米，兔粪尿直接落到舍外的粪尿沟。两列兔笼之间为喂饲道，宽1～1.5米，以方便人员日常操作和饲料车往来为宜（图7-22）。

优点：舍内有害气体浓度低，对人和家兔健康有利。

缺点：易遭敌害侵袭。

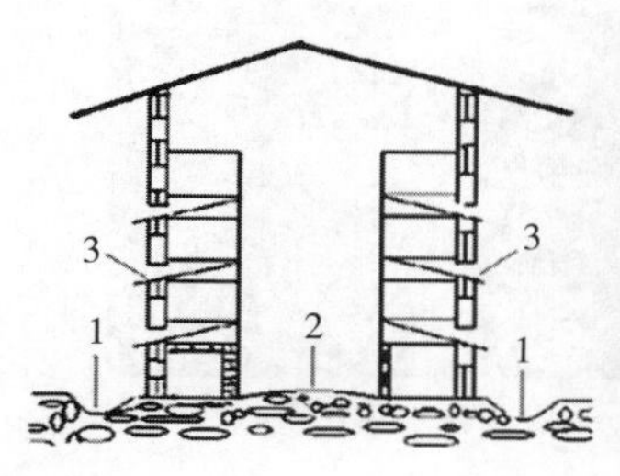

图 7-22 双向面对面兔舍
1. 粪尿沟 2. 喂饲道 3. 承粪板

2. 双向背靠背兔舍 两列兔笼在舍内背靠背排列，两列兔笼之间为粪尿沟，兔的粪尿通过承粪板落到中间的粪尿沟中；兔笼的前壁与兔舍墙壁之间为喂饲道，宽 1～1.50 米（图 7-23）。

优点：利于防寒保暖。

缺点：舍内有害气体浓度大。

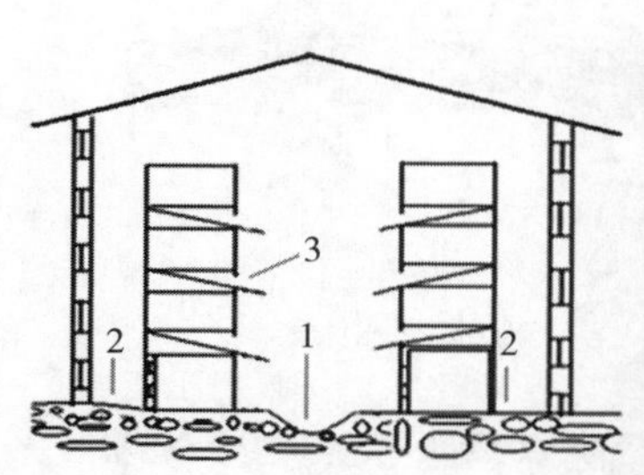

图 7-23 双向背靠背兔舍
1. 粪尿沟 2. 喂饲道 3. 承粪板

（四）兔笼及其附属设备

1. 兔笼的类型 因制作材料不同，形式也多种多样。

（1）按制作材料划分，可分为水泥预制件兔笼、瓷砖制兔笼、砖石制兔笼、竹（木）制兔笼、金属网兔笼和全塑型兔笼（图 7-24）。

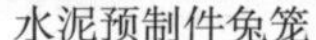

水泥预制件兔笼

瓷砖制兔笼

砖石制兔笼

金属网兔笼

图 7-24 按制作材料划分的兔笼样式

(2) 按兔笼固定方式划分，分为固定式兔笼、活动式兔笼。

(3) 按兔笼放置环境划分，分为室内兔笼和室外兔笼。

(4) 按兔笼层数划分，分为单层兔笼、双层兔笼和多层兔笼。

(5) 按兔笼形态、层数及排列方式等，分为平列式、重叠式、阶梯式、立柱式和活动式 5 种（图 7-25）。

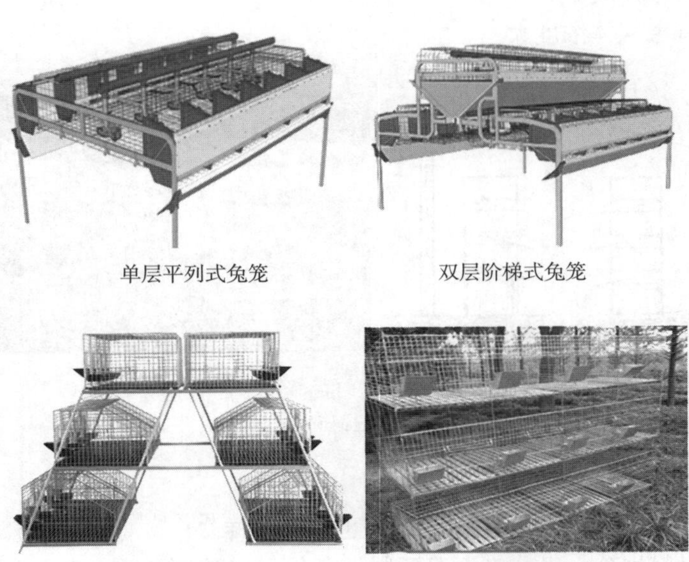
单层平列式兔笼　双层阶梯式兔笼

三层阶梯式兔笼　三层重叠式兔笼

图 7-25 按形态、层数及排列方式划分的兔笼样式

2. 兔笼的附属设备

(1) 食槽　兔用食槽类型很多，因制作材料不同，有水泥食槽、铁皮食槽、塑料食槽等。配置何种食槽，主要根据兔笼形式而定（图 7-26）。

(2) 草架　草架是投喂粗饲料、青草或多汁料的饲具。使用草架可保持饲草新鲜、清洁，减少脚踏和粪尿污染，预防疾病。草架多设在笼门上，呈 V 形，兔通过草架间隙采食（图 7-27）。

(3) 饮水设备　家庭养兔可就地取材，用陶制或水泥食槽作盛水器。规模化养兔场采用专用饮水器，由工厂批量生产，从市场购买（图 7-28）。

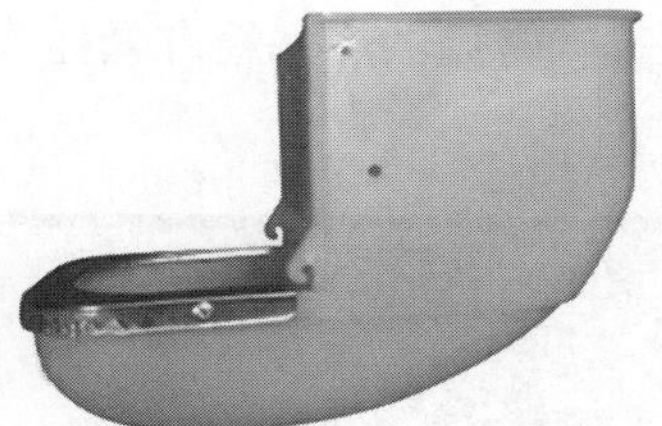
防扒料兔用塑料食槽

加厚自动下料兔用食槽

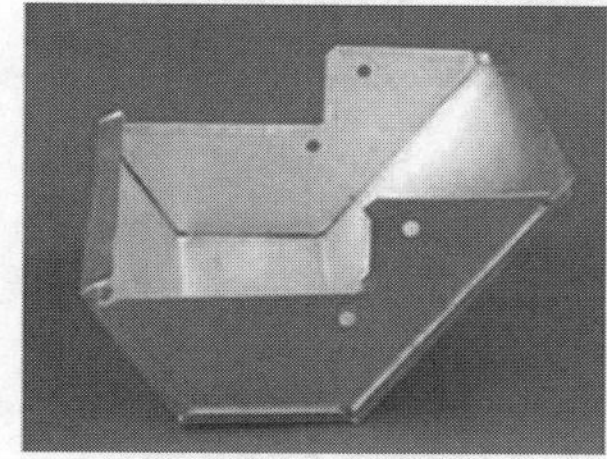
兔用铁皮食槽

仔兔用长形铁皮食槽

图 7-26　常见的兔用食槽类型

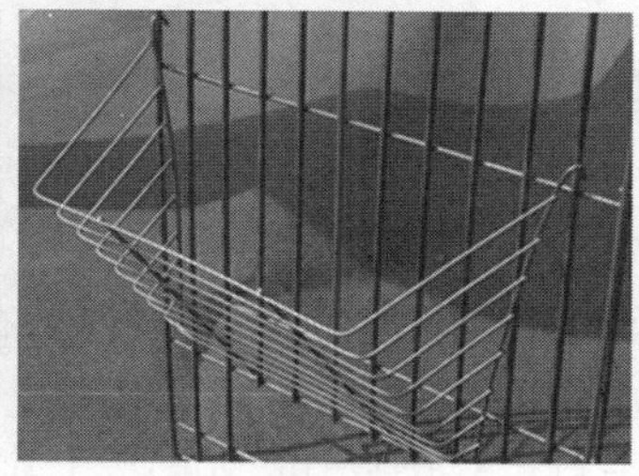

图 7-27　常见草架类型

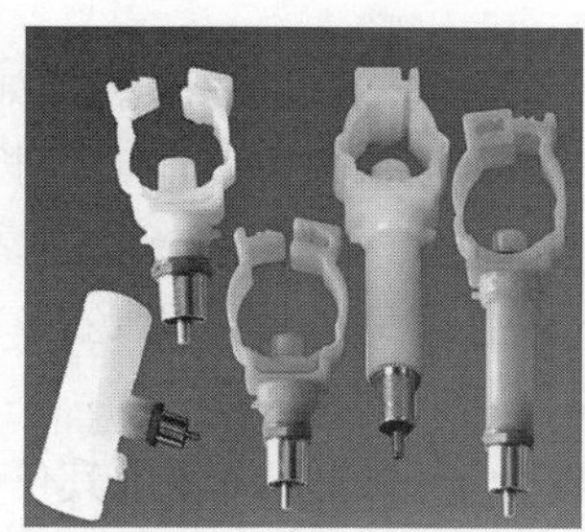
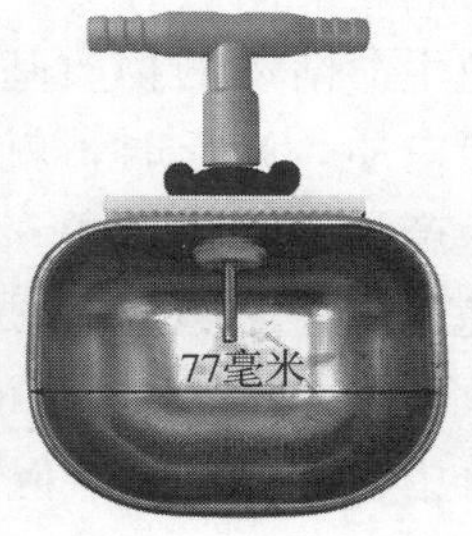

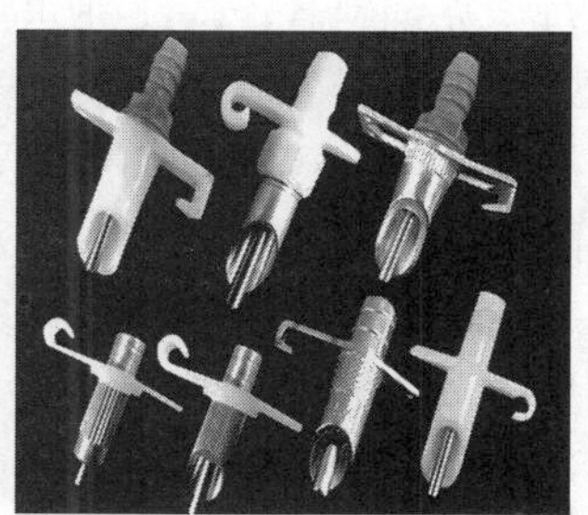

图 7-28　兔用饮水器

（4）产仔箱　又称巢箱，供母兔筑巢产仔，也是仔兔出生后3周龄前的主要生活场所。产仔箱的制作材料有木板、纤维板、塑料等。常用的产仔箱有悬挂式产仔箱、平置平口产仔箱和内置暗箱式产仔箱等（图7-29）。

悬挂式产仔箱　悬挂式产仔箱

平置平口产仔箱　内置暗箱式产仔箱

图7-29　常见兔用产仔箱类型

二、营养与饲料

（一）营养需要与饲养标准

1. 营养需要

（1）能量需要　家兔的多种生理机能都需要能量。缺乏能量，家兔将生长缓慢，体组织受损。日粮中碳水化合物、脂肪和蛋白质在体内都可以通过代谢过程产生能量，其中碳水化合物饲料是能量的重要来源。家兔的生理状况不同，所需的能量不同。生长兔（幼兔、青年兔）每千克饲料中含11.3～12.1兆焦消化能，可满足其生长需要；妊娠母兔要求每千克饲料含10.5兆焦消化能；哺乳母兔要求每千克饲料含11.3兆焦消化能；而商品兔要求每千克饲料含12.41兆焦消化能才能满足需要。

（2）蛋白质需要　蛋白质是家兔生命活动的物质基础，兔体内一切生命活动如消化、代谢、泌乳、产毛等过程都离不开蛋白质，缺乏时，就会导致兔体抗病力差、生长停滞、受胎率降低、产弱胎和死胎，以及兔产品下降等现象；蛋白质过多，不仅造成浪费饲料，还会引起代谢紊乱，甚至中毒。家兔日粮中适宜蛋白质需要生长兔、哺乳母兔为16%～18%；生产、妊娠母兔为15%～16%；仔兔为18%～20%。

（3）脂肪需要　脂肪在饲料成分中含能量最高，但不作为能量的来源评价其价值，而是作为高分子不饱和脂肪酸、磷脂和脂溶性维生素的来源评价其价值。日粮中缺乏脂肪时，家兔表现生长受阻，性成熟晚，公兔睾丸发育不良；母兔出现受胎率低，产畸形胎等症状。但脂肪过多，也会造成兔食欲减退、消化不良、过肥和不孕等。家兔日粮中脂肪含量达2%～3%即可满足需要，超过5%则产生不良后果。现代养兔生产规定，兔颗粒饲料中脂肪含量应在2%～4%。

（4）矿物质需要

①钙和磷　这两种元素都参与骨组织形成。此外，钙还参与消化、血液凝固；磷可调节蛋白质、碳水化合物和脂肪代谢。钙、磷缺乏时，幼兔会出现生长迟缓和佝偻病、软骨病等症状。家兔能忍受高钙水平日粮，当钙磷比提高至12∶1时，并未出现家兔生长停滞和骨骼异常现象，也未降低母兔繁殖性能。现代养兔生产中，配合饲料推荐的钙磷比为2∶1。

②氯和钠　是食盐的主要成分，也是维持机体渗透压所必需的元素。钠对水、脂肪、氮和矿物质代谢有影响；氯能影响胃液的盐酸分泌。日粮中钠、氯缺乏时，幼兔生长受阻，食欲减退，出现异食癖等症状。氯、钠在植物性饲料中含量少，需在日粮中补充。家兔配合日粮中食盐含量为0.5%较合适，超过1%时，就会引起食盐中毒。

③钾　钾在维持神经肌肉组织的兴奋传递中有重要作用。钾的代谢与钠的代谢密切相关。植物饲料中含钾多，家兔很少发生缺钾现象。但喂钾过多会发生缺钠症。日粮中适宜的钾钠比为（2～3）∶1，偏离这个比例，就会导致肠、心脏、肌肉组织和神经组织活动失调。

④铁、铜、锰、钴　这四种元素的共同功能就是参与机体的造血作用。此外，它们还有各自独特的功能：铁能影响对代谢具有重要作用的氧化-还原反应的过程；铜参与组织呼吸和血液循环过程，家兔日粮中铜不足，会导致其生长迟缓、贫血和各种皮肤病；锰可影响兔的生长、繁殖，锰缺乏时，繁殖率、受胎率下降；钴可参与维生素B_{12}的合成，钴在兔体内不易缺乏，因青饲料中含钴多，但在冬季枯草季节容易缺钴。

（5）维生素需要　维生素是维持生命的要素，共有20多种。根据其溶解性，可将维生素分为脂溶性（维生素A、维生素D、维生素E、维生素K）和水溶性维生素（维生素B族和维生素C）。维生素对家兔虽很重要，但家兔自身有合成维生素的能力，不用每种维生素都补充。家兔自身合成维生素的途径有三种。

①肠内合成　是机体合成维生素的主要途径。家兔有发达的盲肠和结肠，其中有益的微生物是合成维生素的主力军，可合成维生素B_1、维生素B_2、泛酸、烟酸、维生素B_6、叶酸、维生素B_7、胆碱、维生素B_{12}、维生素C和维生素K。

②食粪补充　家兔自食软粪的习性，可将软粪中的维生素充分利用。

③皮肤合成　家兔皮肤中含有7-脱氢胆固醇，它经太阳光中紫外线或人工紫外线的照射，可转化为维生素D_3，能促进钙、磷吸收，有预防佝偻病、软骨病的作用。

家兔需要的绝大部分维生素都通过这三种途径得到补充。而需要额外补充的维生素主要有四种：①维生素A，可给家兔喂胡萝卜、南瓜、黄玉米等予以补充；②维生素E，可给兔喂含α-生育酚的青绿饲料、小麦籽实和含γ-生育酚的玉米籽实予以补充；③维生素K，繁殖期的母兔对维生素K需求多，可通过饲喂含维生素K较多的甘蓝、苜蓿等予以补充；④维生素B_{12}，只有在饲料中含充足的钴时才能合成维生素B_{12}，所以应给家兔喂含钴丰富的杨叶、柳叶、三叶草、苜蓿等予以补充。

（6）粗纤维需要　粗纤维对家兔消化过程具有重要意义，可保持消化物稠度，形成硬粪以及在消化过程中起物理调节作用。低纤维日粮可引起消化紊乱，采食量下降，产生消化道疾病；高纤维日粮使肠蠕动加快，饲料通过消化道速度加快，造成家兔营养不良，生产性能也降低。日粮中适宜粗纤维水平为12%～14%，仔幼兔不低于8%，成兔不得高于20%。

2. 推荐饲养标准 目前，我国在家兔生产中尚无统一的饲养标准，国内部分科研单位及国外的一些家兔饲养标准如下：

（1）中国农业科学院兰州畜牧与兽药研究所与江苏省农业科学院饲料食品研究所共同制定的安哥拉兔饲养标准（1991）（表7-2）。

表7-2 安哥拉兔饲养标准

项目	生长兔		妊娠母兔	哺乳母兔	产毛兔	种公兔
	断奶至3月龄	4～6月龄				
消化能（兆焦/千克）	10.46	10.04	10.04～10.46	10.88	9.83～10.04	10.04
粗蛋白（%）	16～17	15～16	16	18	15～16	17
可消化蛋白（%）	12～13	10～11	11.5	13.5	11	13
粗纤维（%）	14	16	14～15	12～13	17	16～17
粗脂肪（%）	3	3	3	3	3	3
蛋氨酸+胱氨酸（%）	0.7	0.7	0.8	0.8	0.7	0.7
赖氨酸（%）	0.8	0.8	0.8	0.9	0.7	0.8
精氨酸（%）	0.8	0.8	0.8	0.9	0.7	0.9
钙（%）	1.0	1.0	1.0	1.2	1.0	1.0
磷（%）	0.5	0.5	0.5	0.8	0.5	0.5
食盐（%）	0.3	0.3	0.3	0.3	0.3	0.3
铜（毫克/千克）	2～200	10	10	10	20	10
锌（毫克/千克）	50	50	70	70	70	70
锰（毫克/千克）	30	30	50	50	30	50
钴（毫克/千克）	0.1	0.1	0.1	0.1	0.1	0.1
维生素A（国际单位）	8 000	8 000	8 000	10 000	6 000	12 000
胡萝卜素（毫克/千克）	0.83	0.83	0.83	1.0	0.62	1.2
维生素D（国际单位）	900	900	900	1 000	900	1 000
维生素E（毫克/千克）	50	50	60	60	50	60

（2）中国农业科学院兰州畜牧与兽药研究所制定的肉兔饲养标准（1989）（表7-3）。

表7-3 肉兔饲养标准

项目	生长兔	妊娠母兔	哺乳母兔及仔兔	种公兔
粗蛋白（%）	15～16	15	18	18
消化能（兆焦/千克）	10.45	10.45	11.28	10.03
含硫氨基酸（%）	0.50	—	0.60	—
赖氨酸（%）	0.66	—	0.75	—

（续）

项目	生长兔	妊娠母兔	哺乳母兔及仔兔	种公兔
精氨酸（%）	0.90	—	0.80	—
苏氨酸（%）	0.55	—	0.70	—
色氨酸（%）	0.18	—	0.22	—
组氨酸（%）	0.35	—	0.43	—
苯丙氨酸+酪氨酸（%）	1.20	—	1.40	—
缬氨酸（%）	0.70	—	0.85	—
亮氨酸（%）	1.05	—	1.25	—
钙（%）	5	0.8	1.10	—
磷（%）	0.30	0.5	0.80	—
钾（%）	0.30	0.90	0.90	—
钠（%）	0.40	0.4	0.4	—
氯（%）	0.40	0.4	0.4	—

注："—"为无数据。

（3）德国家兔颗粒饲料养分含量（表7-4）。

表7-4　德国家兔颗粒饲料养分含量

项目	育肥兔	种兔	产毛兔
可消化蛋白（兆焦/千克）	12.0	11.0	9.6～11.0
粗蛋白（%）	16～18	15～17	15～17
粗脂肪（%）	3～5	2～4	2
粗纤维（%）	9～12	10～14	14～16
赖氨酸（%）	1.0	1.0	0.5
蛋氨酸+胱氨酸（%）	0.4～0.6	0.7	0.6～0.7
精氨酸（%）	0.6	0.6	0.6
钙（%）	1.0	1.0	1.0
磷（%）	0.5	0.5	0.3～0.5
镁（毫克/千克）	300	300	300
钠（%）	0.5～0.7	0.5～0.7	0.5
钾（%）	1.0	1.0	0.7
铜（毫克/千克）	20～200	10	10
铁（毫克/千克）	100	50	50
锰（毫克/千克）	30	30	10
锌（毫克/千克）	50	50	50
维生素A（国际单位）	8 000	8 000	6 000
维生素D（国际单位）	1 000	800	500
维生素E（国际单位）	40	40	20

（续）

项目	育肥兔	种兔	产毛兔
维生素 K（国际单位）	1	2	1
胆碱（毫克/千克）	1 500	1 500	1 000
烟酸（毫克/千克）	50	50	50
生物素（毫克/千克）	—	—	25

（4）河北农业大学山区研究所制定的獭兔全价饲料营养含量（表 7－5）。

表 7－5 獭兔全价饲料营养含量

项目	1～3 月龄生长獭兔	4 月龄至出栏商品兔	哺乳兔	妊娠兔	维持兔
消化能（兆焦/千克）	10.46	9～10.46	10.46	9～10.46	9.0
粗脂肪（%）	3	3	3	3	3
粗纤维（%）	12～14	13～15	12～14	14～16	15～18
粗蛋白（%）	16～17	15～16	17～18	15～16	13
赖氨酸（%）	0.80	0.65	0.90	0.60	0.40
含硫氨基酸（%）	0.60	0.60	0.60	0.50	0.40
钙（%）	0.85	0.65	1.10	0.80	0.40
磷（%）	0.40	0.35	0.70	0.45	0.30
食盐（%）	0.3～0.5	0.3～0.5	0.3～0.5	0.3～0.5	0.3～0.5
铁（毫克/千克）	70	50	100	50	50
铜（毫克/千克）	20	10	20	10	2
锌（毫克/千克）	70	70	70	70	25
锰（毫克/千克）	10	4	10	4	2.5
钴（毫克/千克）	0.15	0.10	0.15	0.10	0.10
碘（毫克/千克）	0.20	0.20	0.20	0.20	0.10
硒（毫克/千克）	0.25	0.20	0.20	0.20	0.10
维生素 A（国际单位）	10 000	8 000	12 000	12 000	5 000
维生素 D（国际单位）	900	900	900	900	900
维生素 E（毫克/千克）	50	50	50	50	25
维生素 K（毫克/千克）	2	2	2	2	0
硫胺素（毫克/千克）	2	0	2	0	0
核黄素（毫克/千克）	6	0	6	0	0
泛酸（毫克/千克）	50	20	50	20	0
吡哆醇（毫克/千克）	2	2	2	0	0
维生素 B_{12}（毫克/千克）	0.02	0.01	0.02	0.01	0
烟酸（毫克/千克）	50	50	50	50	0
胆碱（毫克/千克）	1 000	1 000	1 000	1 000	0
生物素（毫克/千克）	0.2	0.2	0.2	0.2	0

(二) 家兔的饲料种类与饲料利用

家兔是单胃草食性动物，食性广泛，可食饲料种类繁多。其常用饲料主要包括：蛋白质饲料、能量饲料、青饲料、粗饲料、矿物质饲料、添加剂饲料六大类。其中常用饲料种类和使用方法与草食家畜相同。

三、饲养管理要点

(一) 饲养管理的一般原则

1. 以青饲料为主、精饲料为辅 家兔是草食动物，具有将草料转化成自身营养成分的能力。平时饲喂应以青饲料为主，营养不足的部分再用精饲料补充。一年四季均应储备青饲料，切实做好青饲料的供给。

2. 合理搭配饲料 家兔的日粮应由多种饲料组成，并根据饲料所含的养分，取长补短，合理搭配，既有利于兔生长发育，也有利于蛋白质的互补。

3. 定时定量饲喂 即喂兔要有一定的次数、分量和时间，使兔养成良好的进食习惯，有规律地分泌消化液，促进对饲料的消化吸收。饲养管理要根据兔的品种、体型大小、采食情况和季节等情况来定时、定量地给料。

4. 调换饲料，逐渐增减 夏、秋季以青绿饲料为主，冬、春季以干草和多汁饲料为主。饲料改变时，新换的饲料量要逐渐增加，使兔的消化机能与新的饲料逐渐适应。饲料的突然改变容易降低兔的采食量，引起消化道疾病。

5. 注意饲料品质，精心调制饲料 饲喂家兔的饲料要求新鲜、优质，饮水应清洁。切忌饲喂腐烂、霉臭、有毒的饲料。饲养管理中要根据饲料特点精心调制饲料，做到洗净、切细、调匀、晾干，以提高兔的食欲，促进消化，达到防病的目的。

6. 注意饮水 水为家兔生命所需，必须保证水分充足供应，应将家兔的喂水列入日常的饲养管理规程。供水量根据家兔的年龄、生理状态、季节和饲料特点而定。

7. 注意卫生、保持干燥 家兔抗病力差且爱干燥，每天必须打扫兔笼，清除粪便，洗刷饲具，勤换垫草，定期消毒，保持兔舍清洁、干燥，使病原微生物无法滋生繁殖，这是增强兔的体质、预防疾病的重要措施，也是常态化的饲养管理程序。

8. 保持环境安静，防止骚扰 兔是胆小易惊、听觉灵敏的动物。经常竖耳听声，稍有骚动，则惊慌失措、乱窜不安，尤其在分娩、哺乳和配种时影响更大，所以在管理上应轻巧、细致，保持环境安静。同时，要注意防御敌害，如防止犬、猫、鼬、鼠、蛇的侵袭。

9. 夏季防暑、冬季防寒及雨季防潮 家兔正常生长繁殖的温度为15～25℃，环境温度低于15℃或高于25℃都会影响家兔的生长和繁殖效果，因此应做到夏季防暑、冬季防寒保温。家兔喜干厌湿，应注意保持舍内干燥，垫草勤换，地面勤扫，或在地面撒石灰、草木灰等吸湿吸潮。

10. 分群分笼管理 为便于管理，保证家兔健康，兔养殖场所有兔群应按品种、生产方向、年龄、性别等进行分群、分笼管理。

(二) 不同生理状态兔的饲养管理

1. 种公兔的饲养管理 种公兔的好坏不仅与配种能力和精液品质密切相关，而且直接影响母兔受胎、产仔及仔兔的生活力。公兔对后代的影响远远大于母兔，因此，种公兔的饲养管理尤为重要。

（1）种公兔的饲养要点

①非配种期的饲养　非配种季节，公兔不承担配种任务，负担较轻，但为了保证种公兔体质健壮、睾丸发育良好，日粮营养应保持中等水平，防止公兔过肥或过瘦。种公兔过肥或过瘦，都会削弱其配种能力，甚至难以配种。

实践证明，非配种期种公兔日粮应以青绿饲料为主，精饲料为辅。青绿饲料日喂量为800～1 000克，冬季可喂粗饲料200～500克、胡萝卜300～500克、精饲料30～50克。

②配种期的饲养　种公兔精液的品质，取决于饲料的营养价值，如日粮中蛋白质的数量和质量及矿物质、维生素的含量等。且精子形成需要有一个过程，因此，在配种前20天左右，就应提高饲粮营养水平，保证饲料多价、全价和钙磷平衡。粗饲料要体积小、适口性强、易消化，并多喂豆科牧草、优质菜叶、胡萝卜、大麦芽等饲料，保证饲料的适口性。日粮供给量应比非配种期增加25%左右，即精饲料50～100克，青饲料500～600克。

（2）种公兔的管理要点　种公兔应单笼饲养，适当增加运动量和光照时间与光照度。配种期要合理安排配种时间和配种次数，未到配种年龄的种公兔不能参加配种。公兔与母兔笼舍要保持适当的距离，防止因异性刺激而影响公兔的性欲。春、秋季是家兔换毛的季节，应适当减少配种次数，注意增加矿物质和动物性饲料。夏季炎热，应停止配种。

2. 母兔的饲养管理　种母兔的饲养管理是整个养兔工作的基础，涉及空怀期、妊娠期和哺乳期三个阶段。

（1）空怀期的饲养管理　母兔由于在哺乳期体质消耗严重，为了尽快恢复体质，保证正常发情、配种和妊娠，空怀期日粮应保持中等以上营养水平，并适当喂一些青绿饲料和少量精饲料；冬季和早春，可喂些胡萝卜和发芽饲料，以促进母兔发情。此期应适当延长母兔的休息时间，保持体况中等，防止过肥或过瘦。在青草丰盛季节，每日喂青绿饲料600～800克，混合精饲料20～30克；在青草淡季，喂优质干草125～175克，多汁饲料100～200克，混合精饲料35～45克。

在管理上，应做到舍内通风良好，光照充足，卫生清洁，保持安静，避免人畜干扰，以保证空怀母兔有充足的休息时间。

（2）妊娠期的饲养管理　妊娠期母兔对营养物质需求较大。特别是在妊娠后期，胎儿生长强度最大，增重最多，约占整个胚胎期的90%。因此，要供给母兔全价营养物质，保证胎儿正常发育。母兔在交配7天后要进行妊娠检查，若确实受胎应要做好以下工作：

①加强营养　根据胚胎发育的不同阶段给予相应的营养补充。妊娠前期每日每只母兔喂青绿饲料800～1 000克，混合精饲料35～40克，骨粉1.5～2克，食盐1克。妊娠后期精饲料增加到50～60克/(天·只)。临产前3天，应适当减少精饲料量，增加青绿饲料和饮水，以防母兔发生便秘和乳腺炎。

②做好护理，防止流产　母兔流产多在妊娠后15～20天发生。为防止流产，不能无故捕捉母兔，特别在妊娠后期要加倍小心。兔笼附近不可大声喧哗，兔笼应干燥，冬季喂饮温水，饲料质量要好，忌喂霉烂饲料，要禁止触顶母兔腹部，以免影响胎儿正常发育。

③做好产前准备工作　对妊娠达25天的母兔要调整到同一兔舍内，以便于管理。对兔笼、产箱进行火焰消毒，然后将产箱放入笼内，让母兔熟悉环境，便于衔草、拉毛做

窝。产房要有专人负责，冬季要保持舍温在10℃以上，夏季做好防暑、防蚊。

（3）哺乳期的饲养管理　母兔在哺乳期每天要分泌乳汁60～150毫升，并且乳汁中养分浓度很高，其中含蛋白质10.4%，脂肪12.2%，乳糖1.8%，灰分2.0%。因此，母兔此期生理负担较重，如果营养不足，就会导致泌乳量下降、仔兔发育不良、死亡率增高等不良后果。为保证母兔在泌乳期身体健康，满足泌乳需要，饲料中要有足够的蛋白质、无机盐和维生素。夏秋季节，以青绿饲料为主，饲喂青绿饲料1 000～1 500克/(天·只)，饲喂混合精饲料50～100克/(天·只)；冬春季节，饲喂优质干草150～300克/(天·只)，饲喂青绿多汁饲料200～300克/(天·只)，饲喂混合精饲料50～100克/(天·只)。

在管理上，每天要清理母兔笼舍，每周定期消毒兔笼和更换垫草，保持食具清洁卫生；另外要注意检查母兔的泌乳情况，发现母兔乳房出现硬块、红肿，要及时治疗。

3. 仔兔的饲养管理　从出生至断奶阶段的小兔，称为仔兔。根据生长发育特点，仔兔分睡眠期和开眼期两个阶段。

（1）睡眠期的饲养管理　即仔兔从出生至开眼的时间（0～12日龄），称为睡眠期。此期仔兔眼睛紧闭，生长发育快，若仔兔初生重为55～75克，7日龄体重会增加1倍，10日龄增加2倍。仔兔刚出生时全身无毛，眼睛紧闭，体温调节机能差，4日龄开始长胎毛，10日龄体温逐渐恒定，若不采取保温措施，仔兔体温会迅速由38℃降至18℃。因此，初生仔兔舍温应控制在30～32℃。仔兔出生后要早吃奶，吃足奶，产仔后1～2小时，母兔开始哺喂仔兔初乳。因此，在母兔产仔5～6小时内，管理人员应检查母兔哺乳情况，对没吃到奶的仔兔，要及时让母兔喂奶。

一般每只母兔可以哺乳6只或7只仔兔。对产仔多、母乳不足、不哺乳的个体，其仔兔需要代养或人工哺乳。

①代养　选择健康、母性强、乳汁丰富、产仔数少、产仔日龄相近（2～3天）的母兔为养母，将需要代养的仔兔身上涂抹养母乳汁或尿液，混到其仔兔之中即可。

有些初产母兔不给仔兔喂奶，为防止仔兔饿死，管理人员将母兔固定在巢箱内，强制母兔给仔兔喂奶，每天1～2次，连续3～5天，大多数母兔会自动哺乳。

②人工哺乳　若仔兔出生后母兔死亡，无奶或患有乳房疾病而不能喂奶，又不能及时找到寄养母兔时，可采用人工哺乳。人工哺乳的工具用注射器即可。5日龄以前可用鲜牛奶或羊奶稀释1～1.5倍，巴氏消毒后冷却到37～38℃喂给，每天1～2次；5日龄后的仔兔可用炼乳、奶粉、豆浆加蛋黄等喂饲。

仔兔在睡眠期还可能发生"吊乳"现象。若母兔乳汁少，仔兔吃不饱、较长时间吸住乳头，母兔离巢时会将仔兔带出；或者母兔哺乳时受到惊吓，突然离巢将仔兔带出。若在冬季，带出的仔兔易被冻死、冻僵或被踏死。遇到这种现象，可针对情况采取措施。

睡眠期管理要点：做好清洁卫生，保持箱内褥草干燥、清洁，4～5天更换一次；巢箱内的垫毛量视气温高低加以调节，天冷时厚些，天热时薄些；为防止夏季发生"蒸窝"现象，应每天拨弄仔兔1～2次。

（2）开眼期的饲养管理　仔兔从开眼至断奶这段时间，称为开眼期。仔兔11～12日龄开眼后，精神振奋，在巢箱内往返蹦跳；数日后跳出巢箱，叫做出巢。此期饲养管理的重点是补料、断奶。

①仔兔的补料　补料时间：母兔产仔后，其泌乳量逐渐上升，18～21天达泌乳高峰，

此后渐减。但仔兔对营养的需求却与日俱增（图 7-30）。如仅靠吃母乳，3 周龄后母乳的营养就不能满足仔兔的生长需要，缺失的营养主要取决于补料。由此可知，仔兔补料宜在 18 日龄左右。

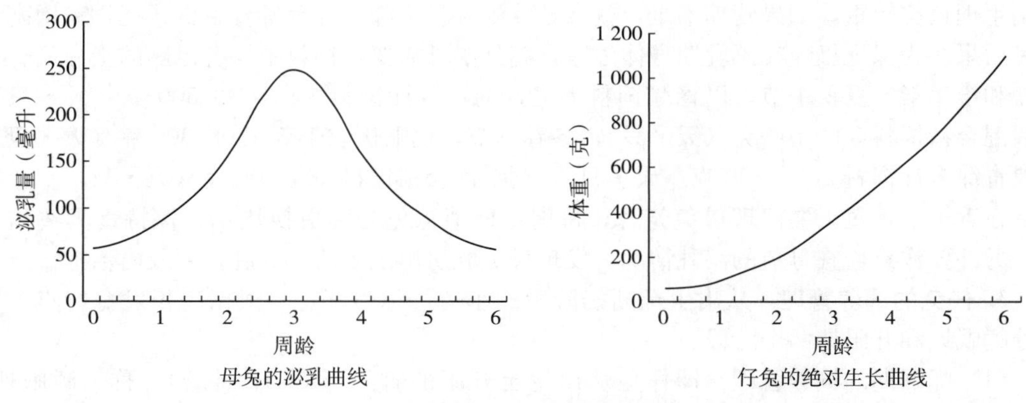

图 7-30　母兔泌乳及仔兔绝对生长曲线

补料方法：大规模养兔，仔兔补料的方法可分为两种，一种是配制母仔料，提高饲料质量，母仔兔同槽采食，使用长形饲槽或增加料槽，以免仔兔采食时拥挤；另一种是只给仔兔补喂优质饲料，定时、定量，补饲后取走饲槽，补料次数最初 6 次/天，逐渐下降至 4 次/天。

家庭小规模养兔，仔兔补饲应与母兔分开，即母吃母料，仔吃仔料。否则，大兔会抢吃仔兔料，仔兔吃大兔料时还会误食大兔的粪便，此时如果母兔有寄生虫病，则很容易传给仔兔。

刚开始补料时，为防仔兔出现消化不良和胃肠炎等疾病，可在料中加喂乳酶生、酵母粉等助消化药和敌菌净、痢特灵、土霉素等抗菌药物。25 天后可固定饲料配方：玉米 30%，麸皮 20%，炒黄豆（粉）22%，花生饼 13%，草粉 5%，食盐 0.5%，生长素 1%，骨粉 2.5%，酵母粉 4%，奶粉 1%，土霉素碱 1%。

②仔兔的断奶　仔兔 28～45 日龄断奶为宜。断奶过早，仔兔消化道尚未发育成熟，对饲料消化能力差，生长发育会受到影响，死亡率也高；断奶过迟，仔兔长期依赖母乳，消化道中的消化酶形成缓慢，会影响仔兔发育，对母兔健康和繁殖胎次都有影响。仔兔断奶后，母兔在 2～3 天内，只喂青饲料，停喂精饲料，使其停奶。

4. 幼兔的饲养管理　幼兔是指从断奶到 3 月龄的小兔。断奶后的幼兔应根据体重大小、体质强弱、出生时间等进行分群或分笼饲养，以小群笼养为好；笼养时每笼饲养 3～4 只，群养则 8～10 只组成一小群。对断奶 1 周后的幼兔，日粮中精饲料占 80%，做到少喂勤添，每天喂 4～5 次为宜；每天饲喂配合精饲料 2 次，青绿饲料 2～3 次；在配合饲料中可加入酵母粉、维生素、土霉素、骨粉、贝壳粉等矿物质饲料；幼兔配合日粮中粗纤维占 12%左右。幼兔对外界环境抵抗力差，怕冷、怕潮湿，因此，幼兔舍应保持温暖、干燥和清洁卫生。若为小群饲养，冬季每天饮水 1 次，其他季节每天饮水 2 次；气温高时应做到清水不断，饮水常换。

注射兔瘟、巴氏杆菌和产气荚膜梭菌等的疫苗，2 毫升/只，前后疫苗免疫间隔 7 天，防止疫病发生；春秋季预防感冒、大肠杆菌病，夏季预防球虫病的暴发。

5. 青年兔的饲养管理　青年兔是指3～6月龄的兔，又称中兔、育成兔。青年兔对粗饲料的消化能力和抗病力增强，饲养上以青、粗饲料为主，适当补给精饲料即可。在4月龄内喂料不限量，使之吃饱吃好；5月龄后，适当控制精饲料，防止过肥。在管理上把公、母兔分开饲养，以防止早配、乱配；4月龄后进行选种，把生长好、体质壮、符合品种要求的兔单笼饲养，加强培育，其余的肉皮公兔去势后群饲育肥，达上市标准即可出售。另需注意，喂给青年兔的青粗饲料体积不宜过大，以免形成草腹，丧失种用价值。

第三节　繁殖育种

一、繁殖

（一）繁殖生理

1. 性成熟与初配年龄　家兔性成熟时间因品种、性别、个体、营养水平等不同而有差异。引入品种比本地品种性成熟迟，大型兔比小型兔性成熟迟，公兔比母兔迟。在正常饲养管理条件下，小型兔3～4月龄，中型兔4～5月龄，大型兔5～6月龄达到性成熟。

家兔的初配年龄应晚于性成熟。在较好的饲养管理条件下，适宜的初配月龄为：小型品种4～5月龄，中型品种5～6月龄，大型品种7～8月龄。在生产中也可根据体重来确定初配时间，即达到该品种成年体重的70%左右时初配。

2. 发情和发情周期　母兔性成熟后，其卵巢内成熟的卵泡产生雌激素，雌激素作用于大脑的性活动中枢，引起母兔生殖道一系列生理变化，出现周期性的性活动（兴奋），称为发情。母兔发情表现为：兴奋不安，在笼内来回跑动，用后脚拍打笼底板，发出声响，俗称“闹圈”。家兔的繁殖没有明显的季节性，但季节对其发情配种有影响，气温超过30℃或低于10℃都会影响家兔的繁殖。

家兔的发情周期很不规律，有4～6天、15天或6～29天的。然而，母兔的发情周期多集中于8～15天。

3. 配种　家兔配种根据发情程度来掌握，而发情程度通过观察外阴部的颜色来判定。母兔发情时，外阴部红润且有黏液，由粉红带有血丝逐渐变成大红色，3天后变成紫红色，母兔外阴部颜色在大红时其性欲最高，正如谚语所说：“粉红早、紫红迟、大红正当时。”如果母兔外阴没有明显的红肿现象，则在阴部含水量多，特别湿润时较适宜配种。

4. 妊娠　家兔的妊娠期一般为30～31天。妊娠期的长短因品种、年龄、胎儿数量、营养水平和环境等不同而有所差异。大型品种比小型品种妊娠期长，老龄兔比青年兔妊娠期长，胎儿数量少的比数量多的妊娠期长，营养状况好的母兔比差的妊娠期长。

5. 分娩　母兔正常分娩只需20～30分钟，少数需1小时以上。母兔分娩，一般不需人工照料，当胎儿产出后，母兔会吃掉胎衣，拉断脐带，舔干仔兔身上的血污和黏液。分娩完成后，因母兔体力消耗较大，容易感到口渴，应及时供给清洁饮水，以防母兔食仔。

（二）繁殖技术

1. 种公兔的利用　种公兔比较难饲养，其饲养数量应以完成配种任务为准。生产实践中，1 只健壮的种公兔可与 8～10 只母兔配种。成年公兔每天配种 2 次，青年种公兔每天配种 1 次，配种 2 天休息 1 天。

2. 配种方法 现代养兔生产中，家兔配种使用人工授精的较多，但因家兔养殖方式、养殖数量和技术水平不一，也有采用自然交配和人工辅助交配。

（1）自然交配 即公、母兔混合饲养，在母兔发情时，任公、母兔自由交配。这是一种比较原始的配种方法。此法配种及时、方法简单、节省人力和物力。但缺点多，如易造成近亲交配；公兔配种次数过多；易出现公兔打架致伤现象；易出现早配、早产，影响公、母兔的健康；易造成疾病传播等。总之，此法弊多利少，应尽量避免使用。

（2）人工辅助交配 即公、母兔分开饲养，母兔发情时，把母兔放入公兔笼内进行配种，交配后及时将母兔放回原处。此法可有计划地选种选配，避免乱配，防止早配；可人为控制配种次数，减少种兔体力消耗，有利于公兔的健康；可减少或避免疾病的传播等。

（3）人工授精 是指用器械采集公兔的精液（图 7－31），经检查、稀释处理，再用器械将精液输入发情母兔阴道内的一种配种方法。此法可充分利用优良种公兔的精液，每采 1 次精液，稀释后可为 8～10 只母兔输精，提高种公兔的配种效率；可避免或减少疾病的传播，尤其是疥癣病和生殖器官疾病；有利于良种推广，可得到较多的优良后代。

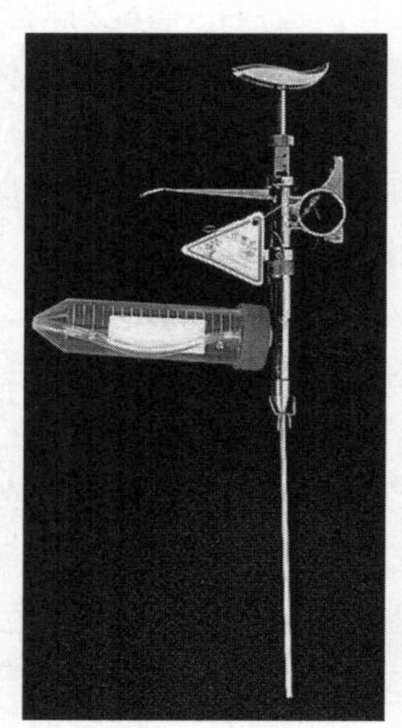

图 7－31 人工授精常用器械

3. 妊娠诊断 母兔妊娠诊断的方法主要有复配法和摸胎法两种。

（1）复配法 又称试情法，在配种后 7 天左右将母兔送入公兔笼中，如母兔拒绝交配，便认为妊娠，若接受交配，则认为空怀。此法准确性不高，因未孕母兔 7～8 天未必发情但会接受交配，受孕的母兔也可能因公兔强行交配而造成复孕，因此生产中一般少用此法。

（2）摸胎法 在母兔配种 8～10 天，用手触摸母兔腹部，判断是否受孕。具体做法为：将母兔放于桌面或平地，左手抓住母兔兔耳和颈皮，使兔头朝向摸胎人员，右手拇指与其余四指呈“八”字形分开，掌心向上伸到母兔后腹部触摸（图 7－32），若腹部松软则未受孕，若摸到花生米样的球形物，滑来滑去，并有弹性，则是胎儿。此法在养兔生产中常用。

图 7-32 摸胎方法

摸胎宜在早晨给母兔喂食前空腹进行，下手要轻，以免将胚胎捏坏，造成流产。

4. 催产技术 如母兔妊娠期超过 31 天而不产仔，或因各种原因造成产力不足，迟迟不能产完仔兔，可采用激素催产。可用人用催产素注射液，每只母兔肌内注射 3～4 国际单位，10 分钟左右便可分娩。激素催产见效快，母兔的产程短，但要注意人工护理。

5. 催情技术 有些母兔，长期不发情或发情不明显而拒绝交配，影响了繁殖计划的顺利进行。为提高家兔配种受胎率，对长期不发情母兔要进行催情处理。

(1) 激素催情 使用孕马血清促性腺激素，大型兔用量为 80～100 国际单位，中小型兔为 50～80 国际单位，一次肌内注射；卵泡刺激素用量为 50 国际单位，一次肌内注射；促排卵激素用量为 5 微克，一次肌内注射，立刻配种或 4 小时内配种均可成功。

(2) 药物催情 用维生素 E 丸喂兔，1～2 丸/(天・只)，连喂 3～5 天；喂中药催情散，3～5 克/(天・只)，连喂 2～3 天；喂中药淫羊藿，5～10 克/(天・只)，连喂 3～5 天；母兔外阴部涂 2%医用碘酊或清凉油，可刺激母兔发情。

(3) 机械催情 用手指按摩母兔外阴，或用手掌快节律轻拍外阴，同时抚摸腰荐部，每次 5～10 分钟，4～6 小时检查，多数发情。

(4) 剪毛催情 长毛兔配种前 1～2 天对母兔剪毛，70%以上的母兔可发情。

(5) 断乳催情 泌乳抑制发情，断乳促进发情。为提高母兔繁殖力，对产仔少的母兔可合并其仔兔，由一只母兔哺喂仔兔，另一只母兔在停止哺乳后 3～5 天便可发情。

二、育种

(一) 家兔的选种

1. 选种依据

(1) 体重标准 不同的品种、类型有不同的体重要求。大型品种要求成兔体重 6 千克以上；中型品种要求成兔体重在 4～5 千克；小型品种要求成兔体重在 2～3 千克；微型兔要求成兔体重在 2 千克以下。

(2) 头型标准 种兔要求头型宽大，与体躯各部位比例相称。两耳厚薄适中，直立挺拔不下垂。眼睛明亮有神，无眼垢和泪痕，眼球颜色符合品种特征。

(3) 体质标准 要求体质健壮，各部位发育匀称，肌肉丰满，臀、腰部发达，与体躯结合良好。用手触摸脊椎，无算盘珠凸起感。腹部不过大或下垂。另外，公兔要求两个睾丸要大小一致、发育良好，性欲强；母兔要求奶头数在 8 个以上，发育匀称、饱满。

(4) 四肢 要求四肢强壮有力，肌肉发达，粗细与体躯协调，肢势端正，行走自如，伸展灵活；趾爪短小平直，至少一半隐在脚毛中。

(5) 被毛 要求被毛浓密、富有光泽和弹性，色泽符合品种特征。毛兔的被毛应洁白、浓密、松软无结块。獭兔被毛应“短、密、细、平、牢”，即绒毛丰富平整，毛纤维直立有弹性，枪毛含量少。

2. 选种方法 家兔选种方法很多，生产中较常用的有个体选择和家系选择两种。

种母兔要求繁殖率高，要从窝产仔数多的个体中选留母兔。如果连续 7 次拒绝配种或连续空怀 2～3 次，以及连续 4 胎产活仔数少于 4 只，这样的母兔应淘汰；选择泌乳力高（21 天窝重大）、仔兔成活率高、母性好的母兔作种用。不从第一胎里选留种兔，从第二胎以后所产仔兔中选留种兔，且有效乳头必须在 4 对以上。

种公兔要求种性纯，健康无病，生长发育良好，体质健壮，性情活泼，睾丸发育良好，性欲强。生长受阻、单睾、隐睾或行动迟钝、性欲不强者不能留作种用。

3. 选种阶段

（1）第一次选择　在断奶时进行，以系谱和断奶体重作为选择依据。系谱选择的重点是注意系谱中优良祖先的数量。优良祖先数量越大，则后代获得优良基因的机会就越大；断奶体重则对以后的生长发育有很大影响（$R^2=0.56$）。将符合育种要求的个体列入育种群，不符合育种要求的个体列入生产群。

（2）第二次选择　在 3 月龄时进行，从断奶至 3 月龄，兔的绝对生长和相对生长速度都很高。鉴定的重点是 3 月龄体重、断奶至 3 月龄日增重和被毛品质等，应选留个体大、日增重快、毛皮品质好、抗病力强、生殖系统无异常的个体留种。

（3）第三次选择　在 5～6 月龄时进行，这是兔一生中生长发育、毛质毛色表现最标准的时期，又正值种兔配种和屠宰时期。所以，以生产性能和外形鉴定为主，根据生产指标、商品指标和体质外貌逐一筛选，合格者进入后备种兔群，不合格者淘汰。

（4）第四次选择　在 1 周岁左右进行，主要鉴定母兔的繁殖性能，对多次配种不孕的母兔应淘汰。母兔初产情况不能作为选种依据。母兔第二胎仔兔断奶后，根据产仔数、泌乳力等进行综合评定，淘汰母性差、泌乳性能不理想、产仔数少的母兔和有恶癖、性欲差、精液品质不理想的公兔。

（5）第五次选择　当种兔的后代已有生产记录时，可根据后代品质对种兔再做一次遗传性能鉴定，以便进一步调整兔群，把真正优秀者转入核心群，优良者转入育种群，较差者转入生产群。

（二）家兔的选配

家兔选配应根据制定的目标，综合考虑种兔的品质、血缘和年龄。在生产中尽量避免近交，选择亲和力好的公、母兔配种。

1. 同质选配　同质选配就是将性状相同或性能表现一致的优秀公、母兔进行交配，以期把这些性状在后代中得以保持和巩固，使优秀个体数量不断增加，群体品质得到进一步提高。例如，选择生长速度快、体重大的公、母兔进行配种，使所选性状的遗传性能进一步稳定下来。但需注意，在进行同质选配时，不能选择具有同样缺点的公、母兔进行配种，否则会带来不良后果。

2. 异质选配　异质选配就是具有不同优良性状或同一性状但优劣程度不一致的公、母兔交配，以期获得兼备双亲不同优点的后代或以优改劣，提高后代的生产性能。例如，用生长发育快的公兔配产仔数高的母兔，或用体型大的公兔配体型中等的母兔，以期获得长势快、产仔数高的后代或体型较大的后代。

3. 年龄选配　种兔随着年龄的变化，其生活力和生产性能都不一样。壮年公、母兔交配所生的后代，生活力和生产性能表现最好。在生产实践中，应尽量避免老年兔配老年兔，青年兔配青年兔和老年兔与青年兔间相互交配。应该壮年兔间相互交配，或用壮年公兔配老年母兔和青年母兔，青、老年公兔与壮年母兔相配。

4. 亲缘选配　相互有亲缘关系的种兔之间的选配称为亲缘选配，如交配双方无亲缘关系，则称非亲缘选配。一般把交配双方到共同祖先的世代数在6代以内的种兔交配，称为近亲交配。近交只限于品种或品系培育时使用，一般养殖场（户）应尽可能避免近交，防止近交衰退。

第四节　疾病防治

一、消毒与防疫

（一）坚持消毒制度

1. 预防性消毒　即未发生疫情时进行的定期消毒，以达到预防传染病的目的。

2. 紧急消毒　即发生疫情时进行的消毒，为及时消灭病原微生物而采取的消毒措施。

3. 终末消毒　即疫情控制之后的消毒，目的是为消灭疫群内残留的病原微生物。

此外，在无疫情时，兔场、兔舍的进口处放有消毒液，以便人员、车辆出入消毒。

（二）免疫接种和药物预防

1. 免疫接种　免疫接种分为两类：预防接种和紧急接种。

（1）预防接种　在经常发生传染病的兔场或地方，或有传染病潜在的兔场和地方，平时有计划地给健康家兔进行接种。常使用病毒疫苗、细菌疫苗、类毒素疫苗等生物制剂。

（2）紧急接种　是指在发生传染病时，为迅速扑灭和控制疫病的流行，而对尚未发病兔群进行的接种。采用此方式，接种后3天内兔群中的发病数有增加的可能，但在3～5天后可使疫病得到控制和扑灭。

2. 药物预防　在某些疾病流行之前或流行初期，应用化学药物加入饲料或饮水进行集体预防和治疗，这是防疫疾病的措施之一，可收到显著的防治效果。

二、常见疾病的防治

兔瘟、球虫病、巴氏杆菌病和疥癣病四大疾病，是对养兔业影响最广泛，危害最严重的疾病。这四种疾病发病快，死亡率高，而且难以控制。因此，应根据感染发病季节、球虫发育史、疥螨病发育条件，制定相应的防治措施。

1. 兔瘟病　该病是家兔的一种急性、烈性、病毒性传染病。3月龄以上家兔发病率和死亡率高达95%以上，兔群一旦传入本病，常遭全群覆灭。

【病原】本病多为春、秋两季流行。病原为兔瘟病毒，该病毒颗粒有两种形态，一种为完整真病毒颗粒，约占65%；另一种为无核酸的假病毒颗粒，约占35%。这种病毒耐受力很强，还能凝集人的4种血型红细胞，可用红细胞凝集试验、红细胞凝集抑制试验以及免疫保护试验作为判断本病的依据。本病主要通过消化道、呼吸道、伤口和黏膜传染。

【症状】分为急性型、亚急性型和慢性型三种类型。

（1）急性型　病兔1～2天内体温升高至41℃以上，然后6～8小时突然死亡。这种类型多见于肥壮的成年兔，病情来势猛，死亡率高。

（2）亚急性型　病兔食欲减退，精神不振，被毛粗乱，体温升高至41℃以上，病程

1～2 天。病兔死前兴奋、挣扎，全身颤抖，头向后扬。有 5%～10%的病兔死后从鼻孔流出泡沫样血液。

(3) 慢性型　由急性型转化而来，一般发生于 3 月龄以内的幼兔。

【诊断】肝脏淤血肿大，心外膜出血，血管充血、怒张，胃底部有出血斑，肾脏皮质有出血斑点，使肾脏呈花斑肾。肺淤血、水肿、出血，气管黏膜严重出血。

【防治】严禁在疫区引进种兔，对兔舍定期消毒，病死兔的死尸要深埋或烧毁。最重要的是要定期注射兔瘟灭活疫苗，每只兔颈部皮下注射 2 毫升，免疫期 6 个月，每年注射 2 次。对环境和用具选用 2%烧碱或 30%草木灰溶液喷洒消毒，或使用火焰消毒。

2. 巴氏杆菌病（出血性败血症）　该病是由多杀性巴氏杆菌引起的一种传染病，常呈散发性或地方性流行。主要诱因为饲管条件差或长途运输，兔体质下降，抗病能力减弱，导致巴氏杆菌毒力增强而使兔发病。

【症状】根据病程的长短分为急性型和亚急性型两种。

(1) 急性型　病兔精神委顿，停食，呼吸急促，体温升高到 40℃以上，鼻腔有浆液、脓性分泌物。病程短者 24 小时内死亡，较长者 1～3 天死亡。

(2) 亚急性型　表现为肺炎和胸膜炎。病兔呼吸困难、急促，鼻腔中有黏性或脓性分泌物，常打喷嚏。体温稍升高，食欲减退，眼结膜发炎。病程 1～2 周或更长，最后因消瘦和衰竭而死。

【诊断】鼻黏膜充血，鼻腔有黏性、脓性分泌物；喉黏膜、气管黏膜充血、出血；肺严重充血、出血、水肿；肝脏变性，有许多坏死小点；脾脏肿大、出血；肾脏充血；肠道黏膜充血、出血。

【防治】采取接种巴氏杆菌病疫苗（或兔瘟、巴氏杆菌二联苗）和药物预防相结合的预防措施。每年春、秋两季接种疫苗，2 毫升/只；药物预防在 2 月中下旬和 9 月中旬进行，可用磺胺嘧啶按每千克体重 0.1～0.2 克，2 次/(天・只)，连用 5 天。也可用庆大霉素、卡那霉素和磺胺二甲基嘧啶等。

3. 球虫病　该病是对断奶至 3 月龄的幼兔危害较大的一种疾病，一旦暴发，死亡率可达 80%～100%。该病多发于温暖潮湿季节，呈地方性流行，不同品种、年龄的兔都易感染，但尤以断奶至 3 月龄幼兔最易感染。

【症状】根据临床特点和寄生部位不同，可分为肠型、肝型和混合型三种。

(1) 肠型　多为急性，死亡快。多侵害 20～60 日龄的仔兔，发病时食欲不振，突然倒下，发出尖叫，头向后扬。腹部饱胀、膨气，下痢，粪便污染肛门，恶臭。

(2) 肝型　多发于 30～90 日龄的幼兔，病兔肝脏肿大，肝脏有灰白色球虫结节突出于表面；被毛光泽大减；眼球发紫，眼结膜苍白。病兔一旦出现下痢后很快死亡。

(3) 混合型　具有以上两型症状，病兔消瘦，下痢或便秘交替发生，多数预后不良。

【诊断】肝表面或肠黏膜有浅黄色或灰白色球虫结节，剪取结节压片镜检，可发现卵囊。

【防治】本病"防重于治"。若长期防治，可选用氯苯胍药物。未满月的兔在诱饲时投药，1 片/(天・只)（15 毫克/片），连用 5 天；45 天投药，2 片/(天・只)，连用 7 天；65 天投药，3 片/(天・只)，连用 7～10 天。敌菌净，每千克体重 30 毫克，连用 5～7 天；球虫灵，按 0.003 6%比例拌料，连用 2～4 周。还可用克球粉和抗球王等治疗。

4. 疥癣病

【病原】本病是由疥螨和痒螨寄生于皮肤而引起的一种皮肤病。该病传染性强，对毛皮质量影响很大。根据发病部位，分为身癣和耳癣两种。

【症状】

（1）身癣　又称疥螨病。多发于头部，从后颈或鼻端开始，渐渐蔓延至全身。患部皮肤充血、变肥厚、脱毛，逐渐形成麸皮样痂皮；病兔常以脚爪或嘴巴搔咬患部；病兔消瘦，虚弱，严重时会引起死亡。

（2）耳癣　又称痒螨病。从耳根部开始发病，逐渐蔓延至整个耳朵，在耳朵上形成厚而硬的痂皮，严重时整个耳孔被痂皮塞满；病兔烦躁不安，搔抓耳部，影响采食，逐渐消瘦，还可能引起死亡。

【诊断】根据临床症状即可确诊。

【防治】本病较难根除。发现病兔，立即隔离；兔笼用2%敌百虫洗刷，并用火焰焚烧消毒。治疗用1%～2%敌百虫涂擦患部，1次/天，连用2天，隔7～10天再用1次；将病兔患部的痂皮除去，再将灭虫丁软膏涂于患部，1次/天，连用2～3天，治愈率100%；将患部痂皮除去，再将癣净涂擦患部，3～4次/天，2～3天会有明显好转。

第五节　产品及其加工

一、产品

（一）兔皮

兔皮分为毛皮和革皮两大部分。

1. 毛皮　是保存毛被加工鞣制成的产品，主要用于御寒。家兔毛皮要求被毛丰盛，皮质良好。要达到此标准，就要掌握家兔宰杀取皮的季节和年龄。按季节，冬季寒冷，兔体被毛浓密、丰盛，颜色、光泽也最好，所以在11月至冬至前宰杀取皮最好；按年龄，年龄过小则被毛稀疏，过老则皮品质粗糙，因此合适的宰杀年龄以1岁左右为宜。1岁左右家兔机体刚发育成熟，被毛色泽较美观，兔皮中角蛋白含量最低，品质最好。

2. 革皮　除去毛被后加工鞣制成的产品。家兔的皮板柔韧，鞣制后，可制作许多衣着物品、手风琴革和书面皮等。对家兔革皮质量的要求不像毛皮严格，不用考虑被毛丰盛与否和光泽。

（二）兔肉

兔肉具有特殊的食用价值，是理想的保健、美容、滋补食品，堪称肉中之王。我国四川、福建、江西等省和日本、欧洲各国素有食兔肉的传统习惯。在我国民间，历来将兔肉作为病人康复及产妇的滋补佳品。《本草纲目》中记载："兔肉性寒味甘，具有补中益气，止渴健脾，凉血解热毒，利大肠之功效。"宋朝苏东坡称兔肉为"食品之上味"。俗话说："飞禽莫如鸪，走兽莫如兔"和"要吃两条腿的鸪，四条腿的兔"。自古以来，对兔肉就给予很高的评价。

兔肉与其他肉类相比，具有"三高""三低"的营养特点："三高"即兔肉中蛋白质含量高、氨基酸含量高、人对兔肉的消化率高；"三低"即脂肪含量低、胆固醇含量低、能量低（表7-6、表7-7）。

表 7-6 兔肉与其他肉类中蛋白质、氨基酸和消化率的比较（%）

项目	兔肉	鸡肉	牛肉	羊肉	猪肉
蛋白质	21	18.6	17.4	16.5	15.7
赖氨酸	9.6	8.4	8.0	8.7	3.7
消化率	85	50	55	68	75

表 7-7 兔肉与其他肉类中脂肪、胆固醇和能量含量的比较

项目	兔肉	鸡肉	牛肉	羊肉	猪肉
脂肪（%）	8	4.9	25	21.3	26.7
胆固醇（毫克/克）	0.65	0.60～0.90	1.06	0.60～0.70	1.26
能量（千焦/克）	6.78	5.19	12.59	11.00	12.88

二、兔产品加工

（一）兔皮加工

1. 宰杀取皮方法 兔皮通常以毛皮品质来衡量其产品的商品价值，宰杀取皮技术的好坏往往会影响毛皮的质量和收购等级，必须引起足够重视。

（1）宰前准备 为保证兔皮和兔肉的品质，对临宰兔必须做好宰前检查和宰前断食等工作。

①宰前检查 临宰兔必须具有良好的健康体况，确属健康的，方可转入饲养场进行宰前饲养，病兔或疑似病兔应转入隔离舍饲养。

②宰前断食 临宰兔宰前断食12～24小时，只供给充足饮水，保证家兔正常的生理机能。

（2）处死方法 常用的家兔处死方法有颈部移位法、棒击法和电麻法。

①颈部移位法 左手抓住兔后肢，右手捏住头部，使头部向后扭转，将兔身拉直，突然用力一拉，兔子因颈椎脱位致死。

②棒击法 左手捉住临宰兔两后肢，使头部下垂，右手持木棒猛击其头部，使其昏厥后屠宰剥皮。

③电麻法 用电压为40～70伏、电流为0.75安的电麻器轻压临宰兔耳根部，使其触电致死。

（3）剥皮技术 家兔处死后，用绳索将左后肢拴起并挂在柱子上，右手持刀切开跗关节周围皮肤，沿大腿内侧通过肛门平行挑开，将四周毛皮向外剥开翻转，用退套法剥下毛皮，最后抽出前肢，剪除眼睛和嘴唇周围的结缔组织和软骨。注意不要损伤毛皮，不要挑破腿肌或撕裂胸腹肌。

2. 兔皮初处理与食盐防腐 将兔皮上残留的脂肪和残肉刮净，用剪刀沿腹中线处将筒皮挑开，使皮板呈现开片状。将食盐均匀洒落在兔皮上，反复揉搓，使兔皮变得柔软适度即可。把毛皮展开，用图钉固定在木板上，毛面向板，内面向外。固定时要注意整形，最好呈长方形。

3. 兔皮的质量分级

（1）特等皮 具有一等皮毛质，面积在1 110厘米^{2}以上。

（2）一等皮 毛绒丰厚、平顺，面积在 800 厘米^2 以上。

（3）二等皮 毛绒略空疏、平顺，面积在 700 厘米^2 以上。

（4）三等皮 毛绒空疏或欠平顺，面积在 500 厘米^2 以上。

（5）等外一 具有一、二等皮毛绒、面积，带有伤残缺点，但不超过全面积的 30%；或具有一、二等皮毛绒，面积在 444 厘米^2 以上；或毛绒略差于三等皮而无伤残。

（6）等外二 不符合等外一要求，但有一定制裘价值。

（二）冻兔肉加工

1. 分级标准 我国出口的冻兔肉，有带骨兔肉和分割兔肉两种。

2. 冻兔肉加工工艺 工艺流程如下：

原料→修整→复检→分级→预冷→过磅→包装→速冻→成品。

3. 原料处理 加工冻兔肉的原料肉必须新鲜，放血干净，经剥皮、截肢、割头、取内脏和必要的修整之后，经兽医卫生检验未发现任何危及人体健康的病症，方可进行冷冻加工。

4. 散热冷却 又称预冷。目的是为了迅速排除胴体内部的热量，降低胴体深层的温度并在胴体表面形成一层干燥膜，阻止微生物的生长和繁殖，延长兔肉保存时间，减缓胴体内部的水分蒸发。冷却间的适宜温度为－1～0℃，不超过 2℃，不低于－2℃，相对湿度控制在 85%～90%，经 2～4 小时即可进行包装入箱。

5. 冷冻技术

（1）冷冻设施 冷冻加工间包括冷却室、冷藏室和冻结室等。冷却室、冷藏室及冻结室内应装有吊车单轨，轨道之间的距离一般为 600～800 毫米，冷冻室的高度为 3～4 米。为减轻胴体上微生物的污染，要求冷冻室中的空气、设施、地面、墙壁等乃至工作人员均应保持卫生。在冷冻过程中，与胴体直接接触的挂钩、铁盘、布套等只能使用一次，在重复使用前，须经清洗、消毒，干燥。

（2）冷却条件 兔肉冷冻最先是肌肉纤维中水分与肉汁的冻结。在不同的低温条件下，兔肉的冻结程度是不同的，新鲜兔肉中的水分在－1～－0.5℃开始冻结，－15～－10℃时完全冻结。按照冻结过程，空气的相对湿度分为 3 个阶段，冷却初期 1/4 时间，相对湿度维持在 95%以上；冷却后期 3/4 时间，相对湿度维持在 90%～95%；冷却临近结束时，相对湿度应控制在 90%左右。空气流速以 2 米/秒为宜。

主要参考文献

谷子林，2014. 肉兔健康养殖 400 问［M］. 2 版 . 北京：中国农业出版社 .

谷子林，秦应和，任克良，2013. 中国养兔学［M］. 北京：中国农业出版社 .

李福昌，2016. 兔生产学［M］. 2 版 . 北京：中国农业出版社 .

武拉平，秦应和，2020. 2019 年我国兔业发展概况及 2020 年发展形势展望［J］. 中国畜牧杂志（3）：156 - 160.

熊家军，2018. 特种经济动物生产学［M］. 北京：科学出版社 .

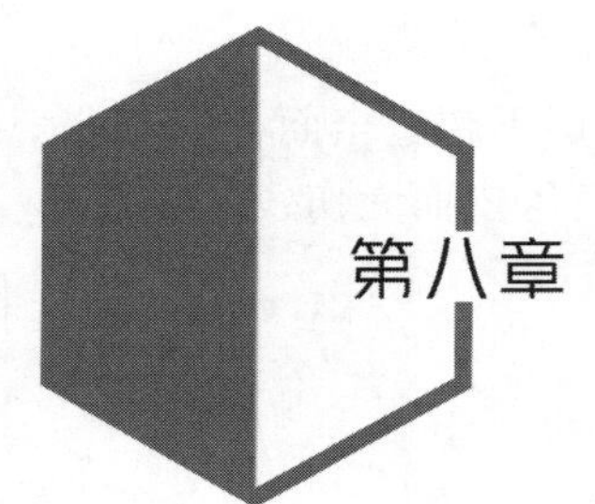

第八章 鹿

第八章彩图

第一节 品种概述

我国养鹿业以生产鹿茸为主要目的，现饲养的茸鹿品种主要有梅花鹿、马鹿、坡鹿、水鹿、麋鹿、驯鹿（图8-1）等，其中以梅花鹿和马鹿为主要茸鹿饲养品种，约占80%。人工培育出了具有国际水平的8个梅花鹿和马鹿品种及品系。从饲养区域上看，梅花鹿主要在吉林、辽宁和黑龙江，占80%；马鹿主要在新疆，占30%。吉林省长春市双阳区是全国养鹿数量最多的县（区）；辽宁省西丰县建有东北地区最大的鹿产品集散市场。目前，养鹿在较发达的华北、华东和华南等地区也迅速发展。我国茸鹿的生产力很高，尤其梅花鹿和马鹿在世界上名列前茅。

图8-1 驯鹿

一、生物学特征

1. 生活习性 鹿科动物具有爱清洁、喜安静、感觉敏锐、善于奔跑、晨昏活动、白昼休息期间反刍等特性，种类不同，其生活习性也不尽一致，但它们都喜欢生活在疏林地带、林缘或林缘草地、高山草地、林草衔接地带。梅花鹿、麋鹿、驼鹿及水鹿喜水，水鹿雨天特别活跃，常在水洼里打滚，马鹿、梅花鹿喜泥浴，尤其在配种季节，常在泥里打滚，这有助于降温和避免烦躁。

2. 草食性和反刍行为 鹿是草食性和反刍性的野生动物，食物随季节和生境等条件逐渐变化，能比较广泛地利用各种植物，尤其喜食各种树的嫩枝、嫩叶、嫩芽、果实、种子，还吃草类、地衣、苔藓以及各种植物的花、果以及菜蔬类。放牧的鹿能采食400多种植物，甚至能采食一些有毒植物。

鹿喜盐，采食后1.5～2小时开始反刍。鹿反刍频率和反刍时间受鹿种、年龄、饲料质量、健康状况和环境条件等的影响。与反刍相伴的还有嗳气，反刍和嗳气是健康的标志。

3. 集群性 鹿科动物的重要生活习性之一是群居性和集群活动。这是在自然界生存竞争中形成的，有利于防御敌害，寻找食物和隐蔽。

鹿的群体大小，既取决于鹿的种类，也取决于环境条件。食物丰富、环境安静时，群体相对大些；反之则小。家养鹿和放牧鹿仍然保留着集群活动的特点。一旦单独饲养和离群时则表现胆怯和不安。因此，放牧时如有鹿离群，不要穷追猛撵，可稍微等待，便会自动回群。

4. 可塑性 动物的可塑性是指动物在外界条件影响下改变原来的特性而形成新的特性。人们正是利用这种可塑性来改变动物某些不适应人类要求的特性，以便更好地为人类的生产和生活服务。

鹿的可塑性很大，利用可塑性可改造其野性。鹿的驯化放牧就是利用这一特性，通过食物引诱、各种音响异物反复刺激和呼唤等，建立鹿良性的条件反射，使见人惊恐的鹿达到任人驱赶、听人呼唤的目的。在养鹿生产实践中，应当充分利用这一特性，加强对鹿的驯化调教，给生产带来更多的方便与安全。

5. 防卫性 鹿在自然界的生存竞争中是弱者，是肉食动物的捕食对象，也是人类猎取的重要目标。其本身缺乏御敌的武器，逃避敌害的唯一办法是逃跑。所以鹿奔跑速度快、跳跃能力强，而且听觉、视觉、嗅觉器官发达，反应灵敏，警觉性高，行动小心谨慎，一遇敌害纷纷逃遁。这是一种保护性反应，是自身防卫的表现，也就是人们常说的“野性”。

6. 适应性 鹿科动物的适应性很强，它们分布在世界各地，但特化程度高的鹿对环境条件敏感，适应范围很窄，难以适应人为造成的环境条件。例如，我国的白唇鹿，仅适应北纬 29.5°—35°、东经 97.5°—105°的青海、甘肃、四川、云南、西藏的 57 个县、海拔 3 000 米以上的高原山地。而非特化种，适应性广泛，地理分布也广，能采食多种植物和利用各种隐蔽处所，对环境变化不敏感。例如，东北梅花鹿原产于长白山区，现已引种到全国各地，能适应各地的环境条件并能生存繁殖。

7. 繁殖的季节性 鹿类的繁殖具有一定的季节性。除了在四季变化不明显地区活动的水鹿是在 5—6 月发情交配、12 月至翌年 1 月产仔外，多数鹿的繁殖都有较明显的季节性，即在秋季 9—10 月或推迟到 11 月发情交配，第二年 5—6 月产仔或推迟到 7 月产仔。观察研究发现，公鹿的繁殖不仅有明显的季节性，而且年龄不同其发情时间亦有早晚。

8. 社会行为 主要包括群体行为、优势序列和嬉戏行为。优势序列是社会行为中的等级制，它使某些个体通过争斗在群体中获得高位，在采食、休息、蔽阳、交配等方面优先。“王子鹿”就是优势序列中的胜利者。

二、常见品种

近十几年来，中国茸鹿育种取得了较大成绩，对改良低产茸鹿、促进我国养鹿业发展起到了重大作用。目前已选育出具有高产优质等特点的梅花鹿和马鹿，其中梅花鹿以吉林双阳梅花鹿和辽宁西丰梅花鹿最闻名；马鹿以新疆的天山马鹿和塔里木马鹿著称于海内外。

（一）梅花鹿

在我国，梅花鹿主要分布于东北、华北、华南、华东及西南、四川等地，以东北地区分布最多。目前驯养的梅花鹿多为东北梅花鹿亚种的后裔。

1. 双阳梅花鹿 是以双阳型梅花鹿（由于地域的隔离、生态条件的差异，在生理解剖、生产性能方面各有不同的特点，据此又将吉林省梅花鹿分为5个类型群，它们是双阳型梅花鹿、东丰型梅花鹿、伊通型梅花鹿、龙潭山型梅花鹿和抚松型梅花鹿）为基础，采用大群闭锁繁育方法，历经23年（1963—1986年）培育出的世界上第一个茸用梅花鹿品种。

2. 长白山梅花鹿品系 是由中国农业科学院特产研究所和通化县第一鹿场等单位的王恩凯和胡永昌等人在抚松型梅花鹿基础上采用个体表型选择，以及单公群母配种和闭锁育种等方法，历经18年（1974—1992年）培育而成的茸用梅花鹿品系，俗称“繁荣梅花鹿”。

3. 西丰梅花鹿 其培育始于1974年，历经21年，于1995年通过品种鉴定。成品茸平均单产达1.25千克/只。现主要分布于辽宁省西丰县境内，部分鹿已被引种到全国各地。

西丰县很早就以饲养梅花鹿闻名中外，故有“鹿城”的美誉。东北是中国梅花鹿的主要产地，而西丰梅花鹿又是经过20多年培育出的优良品种，其相关品种培养改良技术独步全球。

4. 敖东梅花鹿 其培育始于1970年，历经30年，于2001年通过品种鉴定。

5. 兴凯湖梅花鹿 源于20世纪50年代苏联赠送给我国的乌苏里梅花鹿，其品种选育始于1976年，经28年4个世代的连续系统选育，于2003年12月通过品种鉴定，成为我国人工育成的又一优质梅花鹿品种（图8-2）。

图8-2 兴凯湖梅花鹿

（二）马鹿

马鹿（*Cervus elaphus*）是仅次于驼鹿的大型鹿类（图8-3），全球范围内有22个亚种，我国有8个亚种。因为体形似骏马而得名，身体呈深褐色，背部及两侧有一些白色斑点。公鹿有角，一般分为4～6杈，最多8个杈，茸角的第二杈紧靠于眉杈。夏毛较短，没有绒毛，一般为赤褐色，背面较深，腹面较浅。现主要对存量较多的几个马鹿品种进行介绍。

图8-3 马鹿

1. 东北马鹿 俗称“黄臀赤鹿”。是主要的茸肉兼用型鹿品种之一。东北马鹿体大，但产茸量低，目前饲养的大部分已与天山马鹿杂交改良。主要分布于东北三省和内蒙古自治区。

2. 天山马鹿 该品种主要产于我国新疆的昭苏、特克斯和察布查尔等地，当地称为“青皮马鹿”。也产于哈密市的伊吾、巴里坤草原和木垒等地，俗称“黄眼鹿”。主要分布在西北地区和东北地区，以新疆的北疆地区最多，东北三省以辽宁最多。

3. 塔里木马鹿 是在新疆巴音郭楞蒙古自治州境内的新疆生产建设兵团从1959年捕捉野生塔里木马鹿仔鹿驯养开始，采用本品种选育方式，在保持塔里木马鹿的基本特性和优良性状的前提下，以提高产茸量为主攻方向，实行个体表型选择、等级选配、小群单公群母一配到底、闭锁繁育的方法而培育出的高产马鹿新品种。到1996年达1万只，并于1996年10月通过品种鉴定。是在我国选育成功的第一个马鹿品种。

该品种马鹿俗称“草湖鹿”，又称为“塔河马鹿”或“白臀灰鹿”，东北地区称之为“南疆马鹿”或“南疆小白鹿”。以往曾定名为“叶尔羌马鹿”。染色体数为68条。主要分布在新疆库尔勒地区。在品种选育期间，引种到东北三省和湖北、上海、陕西等地。

4. 阿勒泰马鹿 主要分布在新疆阿勒泰地区的哈巴河、布尔津、阿勒泰等地。20世纪90年代初，引种到东北等地区。

第二节 饲养管理

一、场址选择

鹿场是鹿最重要的生活环境，如果场址选择不合理，将直接导致鹿场未来发展受到限制和鹿场管理不协调，也可能造成鹿的疾病多发和生长发育受阻等。因此，在建设鹿场之前，选择合适的场址对养鹿的发展有着极其重要的意义。

首先地形应开阔整齐，比较平坦，最好是沙壤土，向阳避风，利于排水。其次，饲料和水资源也是选择场址的主要条件之一。在选址时必须对周边的饲料资源情况进行调查，要同时考虑不同季节和长期的饲料供应能力。对于水资源，在建场前，必须进行勘测和调查，包括水源种类、水量和质量等。水源的水量必须能满足需要，水质要洁净良好，不曾被污染，一般情况下，鹿场采用的多为地下水，江河等地表水使用时必须消毒净化。另外，选址要考虑当地的交通条件，应以距公路1～1.5千米、距铁路5～10千米为宜，以便于设备、饲料的供应及产品的发送，并便利职工生活。同时，因为鹿场的饲料和产品等加工耗电较多，因此，必须有充足的电源。最后，鹿场的场址应避开工厂、矿区、闹市区以及牛羊传染病污染过的地方，并应建在居民区的下风向和下水向超过1.5千米处。

二、鹿舍建设

鹿舍主要由棚舍与运动场组成，棚舍内设有寝床，运动场内设有饲槽和水槽等设施（图8-4）。鹿舍是鹿采食、饮水、运动、产仔哺乳和休息的场所，具有防止逃跑、冬避风雪严寒、夏遮风雨烈日的作用。因此，设计鹿舍时应在充分考虑鹿的生物学特性的基础上，既能满足鹿生长发育的需要，又要经济耐用。

图8-4 鹿舍

鹿舍依据其用途可分为公鹿舍、母鹿舍、育成鹿舍、仔母鹿舍和病鹿舍。

鹿舍建筑一般为无前壁的三壁式敞圈，前高

后低。棚舍为“人”字形房盖，一般房前檐距地面2.1～2.2米，后檐距地面1.5～1.8米。优点是采光充分，通风良好，气流量大，容易排除污浊空气，便于起垫和清扫圈舍，能有效保持鹿舍的干燥卫生。棚舍内地面铺设的寝床，从后墙到前檐要有缓坡，并且最低处要比运动场高3～5厘米，以利于排出粪尿污水，防止污水积存、逆流或淌入相邻的圈舍。

在生产实践中，一般是建造相同规格的鹿舍，以容纳不同数量的鹿来满足其对建筑面积的需要。标准鹿舍的棚舍长16米，宽5米；运动场长25米，宽16米。整个鹿舍的长×宽为30米×16米，可养成年马鹿15～20头（公）或10～15头（母）、育成鹿25～30头；成年梅花鹿20～30头（公）或15～20头（母）、育成鹿35～40头。鹿舍的墙高一般2.0～2.2米，育成鹿舍和配种圈的前壁墙应高些，不低于2.2米，但不应过高，以避免浪费建材和遮光。鹿棚舍前檐举架高为2.2米。对于壮龄鹿，特别是长茸较大的马鹿，其棚舍前檐举架可高达2.4米。

三、饲养管理要点

（一）茸鹿的饲养方式及其特点

选择养鹿的饲养方式，应充分根据当地的自然条件、生产目的和性质、鹿群的驯化程度等情况来考虑。在不同的驯养时期和不同的自然条件下，可以采用不同的饲养方式。

1. 圈养 鹿全部饲养于人工建造的圈舍内，投喂人工采集的饲料，鹿的一切活动受人直接监督和限制，在人的干预下进行生长和繁殖。这种方式利于饲养管理、产品收获和疾病防治，适于集约化生产，但成本较高（图8-5）。目前，我国养鹿的主要形式根据圈舍面积大小和圈养数目分为3种：单圈饲养、小圈饲养和大圈饲养。

2. 放牧饲养 放牧是在圈养调教的基础上发展起来的，是圈养与放牧相结合的养鹿方式，可降低饲养成本、节约人工饲料、提高鹿生产力，但需要鹿群有良好的驯化基础和一定的放牧场地（图8-6）。适用于牧草比较丰盛的草原地区或山区、半山区、丘陵地区，一般在牧草繁茂的夏秋季节放牧，而在冬春季枯草期将鹿赶回舍内进行饲养，也可常年放牧。

图8-5 圈养

图8-6 放牧饲养

3. 围栏散放饲养 这种方式主要是利用天然障碍或人工修建的围栏或电牧栏把鹿放在有丰富饲料来源的大面积场地内饲养，配有简易鹿舍和一定的饲养管理设备。散放鹿可分成公鹿群、母鹿群或幼鹿群，进行分区轮牧等。这种方式管理简单，消耗的人力较少，饲养成本较低。鹿群可在大面积场地内自由活动，自由采食，充分利用天然饲粮。由于围栏散放鹿群多半是自由交配，自然繁殖，缺乏人工控制，在选种选育上存在难度，鹿群容易出现退化现象。因为这种管理方式过于粗放，仔鹿成活率比较低，成年公鹿的伤亡较大，所以国内较少采用。而国外有些草地资源丰富的国家，主要采用这种方式。

（二）茸鹿饲养管理的一般原则

在养鹿生产中，根据鹿的生物学习性和营养生理特点，在饲养管理上应遵循以下原则。

1. 饲养原则

（1）青粗饲料为主，精饲料为辅　鹿属于反刍动物，其瘤胃有很强的消化降解粗纤维的能力。因此，鹿的饲料应以青粗饲料为主，然后根据不同的生理时期或生产需要，适当补充一定数量的精饲料。

（2）科学合理地调配饲料　在饲养实践过程中，为了提高鹿的生产能力、降低饲料成本，应在了解所用饲料营养价值和消化特性的基础上，根据鹿不同的生理时期和生产季节，利用本地丰富的饲料资源科学合理地调配鹿的饲料。

（3）按照合理的程序饲喂　在生产实践中应遵循鹿的采食、饮水、休息及反刍等方面的生活规律，尽量做到定人、定时、定量、定次、定温、定序的饲喂程序，使鹿建立固定的饲喂条件反射。这样不仅利于鹿有规律地分泌消化液，促进饲料的消化吸收，同时还有利于鹿群稳定，利于仔鹿生长及公鹿生茸等。在饲喂顺序上，一般遵循先精后粗的原则，饲喂次数以每日 2～3 次为宜，冬季夜间长，适宜补喂一次。对放牧饲养的鹿群，应在归牧后补饲精饲料。

（4）合理增减饲料和变更饲料　养鹿生产季节性明显，不仅表现为公鹿生茸和母鹿繁殖有明显的季节性，而且表现为营养的需要和消化机能也具有明显的季节性。为适应鹿消化机能的变化，在饲料供给上就存在增料或减料的变化，而且增减饲料应遵照循序渐进的原则，尤其是精饲料的增加一定要逐渐进行，以每 4～5 天增加 50～100 克为宜。

为了使鹿形成一种新的采食习惯，在变换饲料时必须逐渐减少原有饲料的喂量，同时逐渐增加新饲料的喂量，最后逐渐过渡到全部为新饲料。

（5）供应充足洁净的饮水　在任何养殖生产实践中，水源（水量、水质）非常重要。供给鹿充足洁净的饮水，对于保证鹿健康、提高其生产力具有重要意义。夏季高温时要保证充足的饮水，冬季宜供给温水。做到经常刷洗消毒水槽，防止各类疾病的发生。

2. 管理基本原则

（1）养鹿生产区合理布局与分群　应根据鹿场规模与圈舍条件，按鹿的种类、性别、年龄和健康状况进行合理布局。一般公鹿舍在上风向，母鹿舍在下风向，幼鹿舍居中，并尽可能地加大公、母鹿圈舍间的距离，依年龄从高到低进行安排。同时，按年龄和健康状况将公、母鹿及育成鹿分别组成若干个小群，每群数量以 20～30 只为宜。根据生产性能高低还可进一步组建育种核心群、生产群、淘汰群等。

（2）保证四季粗饲料的充足供应　粗饲料是养鹿的重要饲料。有条件可人工种植苜蓿、草木樨、青贮玉米、甜高粱等高产牧草作为鹿的粗饲料来源，也可收集青干草、落黄树叶、各类藤蔓等。棉籽壳是产棉地区重要的反刍动物粗饲料资源，也可作鹿越冬的重要粗饲料之一。大型鹿场一般要在秋收季节收集农副产品制作青贮饲料。

（3）加强卫生防疫制度　卫生防疫是养鹿成功的重要保证。一般仔鹿在出生24小时内、1周岁、2周岁分别注射1次卡介苗，能够使其获得对结核病的终身免疫。公、母鹿夏季注射产气荚膜梭菌病疫苗、秋季注射坏死杆菌病疫苗。全场定期消毒。

（4）为鹿群创造适宜的生活环境　在公鹿生茸及母鹿产仔季节，为防止异常声音引起鹿群惊慌、乱窜和炸群，应保持环境安静，避免因惊吓引起难产、生茸下降的现象发生。

（5）适宜的饲养密度　饲养密度与鹿舍大小相适应，保证鹿只适当的运动，促进鹿群健康。密度过大会妨碍鹿的运动，增加角斗频率。

（6）加强鹿的驯化，利于科学饲养和管理　在鹿的饲养管理过程中要加强驯化。驯化良好的鹿易与人亲近，且胆大、好管理。驯化时饲养人员所用信号要相对固定，目的是建立一定的条件反射，对鹿群的稳定和饲养管理具有重要意义。

（7）拨鹿方法应恰当　拨鹿指将一只鹿或几只鹿从鹿群中分离出来，或者是将一只鹿或几只鹿从一个鹿舍赶到另一个鹿舍，这是鹿场日常饲养管理中经常开展的工作。拨鹿的基本要领是：一要稳，不要过于慌张，避免过分惊扰鹿群；二要胆大，敢接近鹿，尤其是配种期的公鹿、产仔母鹿常会向人进攻；三要快、准，看准后，分鹿快，关门快。

（8）细心观察，发现异常及时处理　细心观察鹿的精神状态，运动情况，采食、饮水的多少与快慢，反刍、嗳气的情况，排泄的粪尿是否正常，鼻镜是否干燥，膘情、咀嚼、呼吸及体态等是否正常。如有异常表现要查明和分析原因，并及时进行处理。

（三）成年公鹿的饲养管理

鹿场饲养公鹿的目的在于不断提高鹿群的健康水平，生产优质高产的鹿茸，培育性欲旺盛、精液品质优良、种用价值高的公鹿。因此，必须依据公鹿各时期的生物学特性、各生产期的营养需要特点及体质状况进行科学、合理的饲养管理。

1. 公鹿饲养时期的划分　公鹿的生产周期为一年，从每年的8月下旬至翌年8中旬为一个生产周期，可划分为配种期、越冬期（又可细分为恢复期和生茸前期）、生茸期。一般配种期为9月上旬至11月上旬；恢复期为11月中旬至翌年1月中旬；生茸前期为1月中旬至3月下旬；生茸期为4月上旬至8月中旬。由于我国南北方气候环境条件差异较大，且鹿品种、营养供给、性机能活动等因素不同，因此各生产时期的早晚略有差异。例如，梅花鹿在我国南方地区养殖，上述各时期普遍较北方提前，配种期相对延长；马鹿比梅花鹿的生产时期要提前10天左右。

2. 公鹿的营养需要特点　公鹿的主要产品是鹿茸，从鹿茸成分分析得知，鲜茸内干物质占30%左右，干物质尤以粗蛋白含量最高，其次是矿物质和维生素等成分。因此，公鹿生茸期的饲料必须有充足的蛋白质、矿物质和维生素。饲养公鹿另一重要的目的是配种繁殖，因此在营养供给上主要应保证配种公鹿的精液品质和旺盛的性机能。供给日粮要求营养全面。

目前，我国尚无公鹿的饲养标准，以下推荐几种公鹿不同时期的典型日粮配方（表8-1至表8-5），以供参考。

表 8-1　梅花鹿公鹿生茸期精饲料典型日粮

饲料种类	头锯	二锯	三锯	四锯以上
豆饼与豆料籽实（千克）	0.70～0.90	0.90～1.00	1.00～2.00	1.20～1.40
禾本科籽实（千克）	0.30～0.40	0.40～0.50	0.50～0.60	0.60～0.70
糠麸类（千克）	0.12～0.15	0.15～0.17	0.17～0.20	0.20～0.22
食盐（克）	20～25	25～30	30～35	35～40
磷酸氢钙（克）	15～20	20～25	25～30	30～35

表 8-2　梅花鹿公鹿配种期精饲料典型日粮

饲料种类	头锯	二锯	三锯	四锯以上
豆饼与豆料籽实（千克）	0.37～0.50	0.90～1.00	1.00～2.00	1.20～1.40
禾本科籽实（千克）	0.23～0.30	0.40～0.50	0.50～0.60	0.60～0.70
糠麸类（千克）	0.15～0.20	0.15～0.17	0.17～0.20	0.20～0.22
食盐（克）	15～20	25～30	30～35	35～40
磷酸氢钙（克）	15～20	20～25	25～30	30～35

表 8-3　梅花鹿公鹿粗饲料典型日粮（千克/头）

地区与饲料种类	1月	2月	3月	4月	5月	6月	7月	8月	9月	10月	11月	12月
农区												
发酵饲料	1.2	1.2	1.2	0.9	0.9						0.4	0.6
大豆荚皮	0.7	0.7				0.7					0.7	0.7
青贮饲料			2.0	3.0	3.0	2.0				1.5	1.5	1.5
青割饲料						2.0	6.0	6.0	4.0	8.0		
块根与瓜类	0.3	0.3							1.5	1.5	0.5	0.3
山区半山区												
干枝叶类	1.4	1.4	0.7	0.7	0.7	1.0				0.5	0.5	1.5
发酵饲料	0.6	0.6	0.6	0.6							0.4	0.5
青贮饲料			2.0	2.0	4.0					1.0	1.5	
青草、青枝叶						3.0	6.0	6.0	4.0			
块根块茎	0.3	0.3							0.5		0.5	0.3
瓜类									1.0			
草原												
青干草	2.4	1.6	1.6	1.6	0.7						1.3	2.4
青草										1.0		
青贮饲料		1.5	1.5	1.5	1.0						1.0	
块根块茎	0.2								0.5	0.5	0.5	0.2
瓜类									0.5	0.5		

表 8-4　马鹿公鹿精饲料典型日粮（千克/头）

饲料种类	生茸期	配种期	恢复期	生茸前期
豆饲料与豆科籽实	1.60～2.00	0.10～0.20	0.375～0.50	0.90～1.05
禾本科籽实	1.80～2.25	0.40～0.80	0.90～1.20	1.65～2.025
糠麸类	0.40～0.50	—	0.15～0.20	0.30～0.35
糟渣类	0.20～0.25	—	0.075～0.10	0.15～0.175
合计	4.00～5.00	0.50～1.00	1.50～2.00	3.00～3.60

注："—"为无数据，下同。

表 8-5　马鹿公鹿粗饲料典型日粮（千克/头）

地区与饲料种类	1月	2月	3月	4月	5月	6月	7月	8月	9月	10月	11月	12月
农区												
发酵饲料	3.6	3.6	3.6	2.7	2.7						1.2	1.8
大豆荚皮	2.1	2.1				2.1					2.1	2.1
青贮饲料			6.0	9.0	9.0	6.0				4.5	4.5	4.5
青饲料						6.0	18.0	18.0	12.0	9.0		
块根与瓜类	0.9	0.9							4.5	4.5	1.5	0.9
山区半山区												
干枝叶类	4.2	4.2	2.1	2.1	2.1	3.0				1.5	3.0	4.5
发酵饲料	1.8	1.8	1.8	1.8								1.5
青贮饲料			6.0	6.0	12.0					3.0	1.5	
青草、青枝叶						12.0	18.0	18.0	12.0		3.0	
块根块茎	0.9	0.9							1.5	1.5		0.9
瓜类									3.0	3.0		
草原												
青干草	7.2	4.8	4.8	4.8	2.1							7.2
青草											3.0	
青贮饲料		4.5	4.5	4.5	3.1							
块根块茎	0.6								1.5	1.5	1.5	0.6
瓜类									1.5	1.5	1.5	

注：引自赵世臻，沈广主编《中国养鹿大成》，1998；杜锐，魏吉祥主编《中国养鹿与疾病防治》，2010。

总之，鹿的食性广，可以根据各地的饲料条件充分利用当地的饲料资源，选择多种饲料，依照鹿的年龄、体重、生产性能及生理时期，合理调配鹿的日粮，在组成上以粗饲料为主、精饲料为辅。

3. 公鹿生茸期的饲养管理　由于我国南北方地理纬度和气候条件的差异，公鹿生茸期的早晚不完全一样，南方地区比北方地区略提前。这个阶段饲养管理的优劣，对鹿茸产量的高低有着重要的影响。

公鹿生茸期一般为 4—8 月，正值春、夏季节。公鹿在这一时期体内睾酮水平最低，性欲低，但食欲旺盛，消化能力极强，代谢能力强，体重增加迅速，鹿茸生长快。因此，生茸期所需要的营养物质较其他时期要高很多，采食量也大增。同时，鹿茸的生长和换毛几乎同时进行，因此在这一时期为了尽快补偿机体恢复期的消耗，为生茸积累必要的营养物质，必须增加精、粗饲料的供给量，同时还要考虑日粮营养价值的全面性，特别是饲料中蛋白质的供应量。

在茸鹿生茸期，日常管理中应按年龄、体况、脱盘早晚、生产性能高低进行合理分群。尽量谢绝外人参观，非本圈饲养人员也不要随便窜圈，饲养人员在进圈和工作时要先给予信号，尽量保持环境和鹿舍安静，防止因惊扰炸群而伤茸伤鹿。同时，应随时观察记录每只鹿的脱盘和生茸情况，做好脱盘时间的记录。遇有角盘脱盘不齐或角盘压茸迟迟不掉者，及时人工拔除。

4. 公鹿配种期的饲养管理 公鹿配种期一般是 9 月初至 11 月，这一时期公鹿的生理特点是性欲强烈，经常发生激烈的争偶角斗，日夜吼叫，食欲急剧下降，体质消耗较大。在正常的饲养管理条件下，经过配种期的成年公鹿体重一般下降 15%～20%。由于不是所有的公鹿都参加配种，因此对种用公鹿和非种用公鹿在饲养管理上应区别对待。种用公鹿的饲养管理目标是保持种用公鹿有适宜的繁殖体况、良好的精液品质和旺盛的配种能力；而非配种公鹿则是维持适宜的膘情，减少角斗伤亡，为安全越冬做准备。公鹿配种期是养鹿生产中非常重要的饲养管理时期，不合理的饲养管理会影响下年度的鹿茸产量。

配种期公鹿的日粮供给标准可参考表 8-6。

表 8-6 配种期公鹿参考日粮

鹿种类	精饲料（千克/头）	多汁饲料（千克/头）	青饲料（千克/头）	磷酸氢钙（克/头）	食盐（克/头）
种用梅花鹿	1.0～1.5	1.0～1.5	2.0～3.0	20～30	15～25
非种用梅花鹿	0.5～0.8	1.0～1.5	3.0～4.0	20～30	15～25
种用马鹿	2.0～2.5	2.0～2.5	4.0～5.0	30～40	25～35
非种用马鹿	1.0～1.6	1.5～2.0	4.0～5.0	30～40	25～35

在配种期，管理上首先要考虑合理组群问题，根据育种方案和选配原则在配种期到来之前选好种公鹿，再将公鹿分成种用公鹿和非种用公鹿，并按年龄、体况等情况分群。对于种用公鹿要加强管理，采用单圈单养，以减少伤亡，保证配种能力；对于非种用公鹿，及时拨出个别体质膘情较差的单独组群加强管理。

配种期应设专人值班，仔细观察鹿的配种情况，根据种公鹿的健康情况和配种能力及时替换种公鹿，并做好配种记录。

5. 公鹿越冬期的饲养管理 公鹿越冬期包括配种恢复期和生茸前期两个阶段。时间一般是 11 月至翌年 3 月，正值生产冬季和冬末春初时间，因此在营养需要上表现为恢复期性活动消失、食欲和消化机能相应提高、热能消耗多，日粮中应增加能量饲料比例；生茸前期鹿不仅要御寒，同时要为生茸储备营养，此时应逐渐提高蛋白质饲料比例。本时期的饲养目标为追膘复壮、确保安全越冬，并为生茸和换毛做准备。

越冬期日粮应按照粗饲料为主、精饲料为辅的原则，逐渐增加日粮容积，以锻炼鹿的消化器官，提高其采食量和胃容积。同时，必须供给一定量的蛋白质和碳水化合物，以满足瘤胃中微生物生长繁殖的营养需要。精饲料中豆类籽实及饼粕类占20%左右为宜。由于越冬期昼短夜长，在饲喂时间上应尽量做到均衡饲喂，确保鹿有较长的反刍时间，这对提高鹿的食欲和促进消化机能均有良好的作用。

公鹿越冬期要注意防风、防潮、保温，畜床要保持干燥，定期清除粪便、尿水，最好铺10～15厘米的垫草，保持畜床内干燥卫生。在北方冬季圈舍多冰雪，应及时清除运动场内的积雪，防止鹿滑倒摔伤，也可减少因舍温低对鹿机体的热消耗。同时为了防寒保暖，减少机体能量消耗，可定时驱赶鹿群运动，保持鹿健康有活力；北方冬季气温低，应供给鹿群饮用温水。

（四）成年母鹿的饲养管理

饲养母鹿的目的在于不断提高其繁殖力，巩固有益的遗传性状，繁育优良的后代，为进一步提高鹿群质量和扩大鹿群的数量打基础。

1. 母鹿饲养阶段的划分 根据母鹿在不同时期的生理变化及营养需要特点，将母鹿饲养分为配种期、妊娠期和产仔哺乳期。每年9月中旬至11月中旬为配种期；11月下旬至翌年4月下旬为妊娠期；5月上旬至8月中旬为产仔泌乳期。每个时期的开始与结束，因所处地理位置、气候条件、鹿种、鹿群质量及饲养管理水平等因素而略有差异。

2. 母鹿的营养需要特点 母鹿的不同生产时期在营养需要上存在差异。配种期日粮营养的全价性直接影响母鹿的发情和排卵是否正常，尤其是蛋白质、维生素和矿物质的供给。营养供应不足的母鹿，发情率和受胎率都明显降低。母鹿受胎后，日粮的供应以满足胚胎发育、避免胚胎早期死亡为原则。妊娠后期胎儿增重迅速，最后1～1.5个月内胎儿增重是初生重的80%～85%。因此，妊娠前期需要侧重于饲料质量，后期则侧重于饲料数量，以满足胎儿快速生长的需要为原则。

目前，我国尚无母鹿的饲养标准，可参照母鹿传统典型日粮（表8-7至表8-9），依据当地实际情况，结合生产实践中的经验来调制母鹿各个时期的日粮。

表8-7　梅花鹿母鹿精饲料典型日粮

饲料种类	配种期（9—10月）	妊娠期（11月至翌年4月）	产仔哺乳期（5—8月）
饼粕及豆类籽实（千克）	0.7	0.4～0.5	0.5～0.8
禾本科籽实（千克）	0.2	0.3	0.2～0.3
糠麸类（千克）	0.2～0.3	0.5	0.2～0.4
酒糟类（千克）	—	0.5	—
食盐（克）	18	18～20	18
磷酸氢钙（克）	15	20	15

表8-8　梅花鹿母鹿粗饲料典型日粮（千克/头）

地区与饲料种类	1月	2月	3月	4月	5月	6月	7月	8月	9月	10月	11月	12月
农区												
发酵饲料	1.0	1.0	1.0	0.7	0.7						0.5	0.5
大豆荚皮	0.8	0.8				0.7		0.4			0.8	0.8

（续）

地区与饲料种类	1月	2月	3月	4月	5月	6月	7月	8月	9月	10月	11月	12月
青贮饲料			2.0	1.8	1.8	1.5				2.0	2.0	2.0
青饲料						2.0	6.0	6.0	6.0	4.0		
块根与瓜类	0.3	0.3							1.0	1.0	0.5	0.3
山区半山区												
干枝叶类	1.6	1.6	0.8	0.7	1.4	1.4				1.4	0.8	1.6
发酵饲料	0.5	0.5	0.5	0.5							0.5	0.5
青贮饲料			2.0	1.8	1.8					2.0	2.0	
青草、青枝叶						2.0	6.0	6.0	6.0			
块根块茎	0.3	0.3							0.5	0.5	0.5	0.3
瓜类									0.5	0.5		
草原区												
青干草	2.4	1.6	1.6	1.6	0.7						1.6	2.4
青草										1.5		
青贮饲料		1.5	1.5	1.0							1.5	
块根块茎	0.2								0.5	0.5	0.5	0.2
瓜类									0.5	0.5		

表 8-9　成年母马鹿全价饲料典型日粮

饲料种类	配种期（9—11月）	妊娠期（12月至翌年4月）	产仔哺乳期（5—8月）
饼粕及豆类籽实（千克）	0.7～0.9	0.6～0.9	1.0～1.1
禾本科籽实（千克）	0.9	0.75～0.95	0.8～0.95
糠麸类（千克）	0.15	0.05	0.1～0.2
食盐（克）	40	40	40
磷酸氢钙（克）	35	35	35
多汁饲料（千克）	2.0～3.0	1.0～1.5	
青粗饲料（千克）	10.0～16.0	6.0～10.0	8.0～15.0

3. 母鹿的饲养管理技术

（1）配种期的饲养管理　在饲养技术上，配种期的母鹿日粮应以容积较大的粗饲料与多汁饲料为主，精饲料为辅，以满足母鹿性腺和卵子的生长发育，尤其应保证蛋白质、矿物质和维生素的供给。在每年8月中下旬仔鹿离乳后，就应做好配种前的体质恢复，保证母鹿能适时发情和正常排卵。初配母鹿及未参加配种的后备母鹿，正处于生长发育阶段，为了不影响初配母鹿的生长发育，在饲养中应选择多种新鲜饲料进行精心饲养。

（2）妊娠期的饲养管理　在妊娠期母体的代谢机能不断加强，最初几个月胎儿绝对生长速度慢，但母鹿食欲开始增加，体内开始积蓄营养。到妊娠中期，母鹿食欲旺盛，食量明显增多，被毛光滑润泽，体重明显增加；到了妊娠后期胎儿生长发育迅速，胎儿80%以上的重量是妊娠期最后3个月内形成的。为了使胎儿能正常发育，母鹿妊娠期应有较高的营养水平，特别保证蛋白质和矿物质的供给。到了妊娠后期，由于胎儿体积增大，母鹿腹腔的容积逐渐缩小，消化机能有所减弱，此时母鹿的日粮应选择体积小、质量好、适口性强的饲料。

（3）产仔哺乳期的饲养管理　产仔哺乳期的主要工作是对分娩母鹿和初生仔鹿的护理和饲养。这一时期的主要要求是使妊娠母鹿顺利产仔，产仔后母鹿能分泌较多的乳汁，并能正常哺育仔鹿，保证仔鹿正常发育。

仔鹿哺乳期一般从5月上旬一直延续到8月下旬，早产的仔鹿可哺乳100～110天，大多数仔鹿哺乳80天左右。1月龄内的仔鹿，很少采食其他饲料。鹿乳汁营养成分参见表8-10。

表8-10　鹿乳汁的营养成分（%）

种类	干物质	蛋白质	脂肪	乳糖	灰分	水分
鹿乳	32.3	10.9	17.1	2.8	1.5	67.7

注：引自杜锐，魏吉祥主编《中国养鹿与疾病防治》，2010。

根据产仔泌乳期母鹿的生理特点，在拟定日粮时应尽量使饲料品种多样化，做到日粮营养物质全价，比例适宜，适口性好，增进母鹿的食欲。母鹿分娩后胃肠道消化机能增强，因此泌乳期比妊娠期采食量还要高，需水量大，供给饲料的数量也相应增加。

在管理上，关键工作是保证母鹿的安全分娩、仔鹿的成活和健康发育。产仔前要做好充分准备，如圈舍要全面检修，设立仔鹿保护栏、垫好仔鹿床、铺设垫草等。注意观察母鹿分娩情况，加强对双胎鹿和难产鹿的看护，发现难产应立即组织助产。因仔鹿胆怯，易受惊而炸群，所以要保持产仔圈舍安静，创造一个良好的产仔哺乳环境。要加强对母鹿的看护，建立昼夜值班制。及时制止扒仔、咬仔、弃仔、咬尾、舐肛等恶癖母鹿，必要时将恶癖母鹿关进小圈单独管理。发现母鹿拒绝哺乳或乳汁不足时，应将仔鹿用其他母鹿代养或采取人工哺乳。

（五）幼龄鹿的饲养管理

幼龄鹿饲养管理的好坏对茸鹿的体型、生理机能和生产性能等方面均有重要的影响。幼龄鹿表现为生长速度快、生长强度大、能量代谢旺盛。在生产中应根据幼鹿的生理特点，制定科学的饲养管理制度，运用科学的饲养管理技术培育体型大、产茸量高、耐粗饲、抗病力强的优良鹿群，为优质高效的养鹿生产奠定基础。

1. 幼龄鹿饲养时期的划分　幼龄鹿出生后根据不同时期的生理变化及营养需要等特点，将幼龄鹿的饲养时期划分为三个阶段：哺乳仔鹿期、离乳仔鹿期和育成鹿期。哺乳仔鹿期通常是指从仔鹿出生到断乳前，习惯上把3月龄以前的幼鹿称为哺乳仔鹿；离乳仔鹿期是指断乳后至当年年底的一段时期，大约也是3个月；育成鹿是指从仔鹿出生后第二年开始至配种前的一段时期。

2. 哺乳仔鹿的饲养管理　哺乳仔鹿是指断奶以前的仔鹿。初生仔鹿机体各方面生理机能不健全，消化机能不完善，特别是仔鹿的瘤胃发育很不完善，微生物系统尚未建立，胃蛋白酶分泌量少，故哺乳仔鹿只能利用真胃内分泌量较多的乳糖酶、凝乳酶，消化吸收母乳中的乳糖、葡萄糖和乳蛋白来获取营养。另外，哺乳仔鹿免疫能力低，胃酸分泌量少，屏障机能弱，抗病力差，易诱发各种疾病和造成生长发育不良。因此，哺乳仔鹿的饲养管理关键是精心做好初生仔鹿的护理。

（1）初生仔鹿的护理　一般情况下，分娩雌鹿产仔后会立即舐干仔鹿身上的胎膜和黏液，以促进仔鹿的血液循环并保持仔鹿的体温。如果亲生雌鹿或其他雌鹿较长时间不去舐干仔鹿身上的黏液，应采取人工辅助措施。如仔鹿鼻孔吸入黏液造成呼吸困难，要立即捏住仔鹿的后肢，将其吊挂并轻拍其胸部使之呕吐，清除仔鹿口及鼻孔中的黏液，以避免其因窒息而死亡。

初生仔鹿的护理首先要保证仔鹿尽早吃足初乳。仔鹿越早吃到足量的初乳，其血液中免疫球蛋白就越多，仔鹿成活率就越高。健康良好的仔鹿出生后十几分钟就会自行寻找乳头，0.5～1小时即能站起来寻觅母乳并吃到初乳，当初生仔鹿喂过3～4次初乳后，检查脐带，断脐，用5%的碘酒消毒。同时做好仔鹿打耳号、注射常规疫苗和产仔登记工作。

（2）哺乳仔鹿的管理　哺乳期间，哺乳仔鹿和母鹿同处一舍，为了保证仔鹿的安全，减少疾病，提高成活率。需要做好以下几方面的管理工作。

①设置仔鹿保护栏　保护栏的宽窄要适宜，以免夹伤仔鹿和防止母鹿进入偷食。一般梅花鹿保护栏的间隙以15～16厘米为宜，马鹿可适当宽些。

②保持清洁卫生　仔鹿出生1周以内，大部分时间愿意在保护栏里固定的地方俯卧休息，因此，保护栏内要保持清洁干燥，勤换垫草，做好卫生消毒。

③注意观察仔鹿　包括仔鹿的精神状态、卧位和卧姿是否正常。鼻镜、鼻翼和眼角及食欲、排便和运动等情况是否正常，发现异常应及时采取相应措施。

④驯化与调教　初生仔鹿的可塑性很大，可对其进行驯化和调教，以便于以后的各种饲养管理。仔鹿出生后20天左右，饲养人员可利用每日定时、定量投料、添水的时机，增加人与鹿接触的时间，加强以口哨等方法对仔鹿进行调教驯化，以稳定仔鹿性情，强化人与鹿的亲和力。

3. 离乳仔鹿的饲养管理　在生产实践中，一般常在8月中下旬一次将当年产的仔鹿和母鹿全部分开进行断奶分群，但根据实际情况，对晚生、体弱的仔鹿也可推迟到9月上旬进行断奶分群，以保证其发育和成活。

断奶前10天左右应降低母鹿的饲养水平，甚至可停喂精饲料，使乳汁分泌量下降。仔鹿断奶后按仔鹿的性别、出生先后、体质强弱等分成若干个离乳仔鹿群，每群以40～50头为宜。断奶分群时最好把仔鹿留在原圈而将母鹿拨出，其好处是可以减轻仔鹿对原环境的思恋，减少拨鹿时对仔鹿的伤害。分群后离乳仔鹿应尽量远离母鹿，减轻离乳对仔鹿的不适应，缩短仔鹿的适应期。

仔鹿离乳后处于早期育成阶段，生长发育非常迅速，其饲养好坏对后期的生长发育起着关键作用。日粮应注意营养水平和全价性。由易消化且可以满足仔鹿生长发育所需要的各种营养物质组成。断奶最初几天应尽量维持哺乳期仔鹿营养水平，断奶半个月内1天可喂4～5次，夜间补饲一次青绿饲料，以后逐步过渡到1天喂3次，应尽量逐渐增加饲料的投喂量，切忌一次投喂过量（表8-11）。

表 8-11 离乳仔鹿精饲料投喂量（克）

饲料种类	梅花鹿					马鹿				
	8月	9月	10月	11月	12月	8月	9月	10月	11月	12月
豆饼与豆科籽实	150	250	350	350	400	300	400	500	500	600
禾本科籽实	100	100	100	200	200	200	200	300	300	400
糠麸类	100	100	100	100	100	100	100	100	100	100
食盐	5	8	10	10	10	10	10	10	10	10
磷酸氢钙	5	8	10	10	10	10	10	15	15	15

4. 育成鹿的饲养管理 一般将出生后第二年开始至配种前这一阶段的幼鹿称为育成鹿。此时期的鹿已经完全具备采食和适应饲养环境的能力。但鹿仍处于生长发育的旺盛阶段，其体躯、体重、消化器官等生长发育的速度仍然很快，所以育成阶段的鹿对营养水平要求也高。育成鹿是幼鹿转向成年鹿的一个关键阶段，育成期饲养的好坏，很大程度上影响其以后的生产性能。因此，做好育成期的饲养，培育体质健壮、生产力高、耐粗饲和利用年限长的理想型鹿群，是育成阶段饲养管理的目标。

（1）育成鹿的饲养 在日粮配合上，应做到精、粗饲料比例适当，合理搭配。精饲料过多，影响鹿消化器官的发育，导致鹿对粗饲料的适应性差；精饲料过少，不能满足幼鹿生长发育所需要的各种营养物质，将直接影响鹿的健康和生产性能。育成阶段满足鹿营养需要的日粮蛋白质水平应在23%左右，并且应尽量增加饲料容积，保证育成鹿的瘤胃得到充分发育。在有条件的地方，5—10月进行放牧饲养更有益于育成鹿的生长发育。育成鹿典型日粮参见表8-12至表8-15。

表 8-12 梅花鹿育成鹿精饲料典型日粮

饲料种类	育成公鹿				育成母鹿			
	一季度	二季度	三季度	四季度	一季度	二季度	三季度	四季度
豆饼与豆科籽实（千克/头）	0.4	0.4～0.6	0.7	0.7	0.3	0.4	0.45～0.5	0.45～0.5
禾本科籽实（千克/头）	0.2～0.3	0.2～0.3	0.2	0.3～0.4	0.2	0.2	0.2	0.2
糠麸类（千克/头）	0.3	0.3	0.3	0.3	0.3	0.3	0.3	0.3
酒糟类（千克/头）	0.3～0.4	0.4	—	0.5	0.3～0.4	0.4	—	0.5
食盐（克）	10	15	15	20	10	15	15	20
磷酸氢钙（克）	10	15	15	15	10	15	15	15

表 8-13 梅花鹿育成鹿粗饲料典型日粮（千克/头）

地区与饲料种类	1月	2月	3月	4月	5月	6月	7月	8月	9月	10月	11月	12月
农区												
发酵饲料	0.6	0.6	0.7	0.7	0.8						0.4	0.5
大豆荚皮	0.5	0.6				0.6						0.7
青贮饲料			1.4	1.4	1.5	1.5				1.5	1.5	2.0

（续）

地区与饲料种类	1月	2月	3月	4月	5月	6月	7月	8月	9月	10月	11月	12月
青饲料						1.5	4.5	5.0	5.0	3.5		
块根与瓜类	0.3	0.3							0.5	0.5	0.5	0.3
山区半山区												
干枝叶类	1.0	1.0	0.5	0.6	0.6	1.2				0.6	0.7	1.5
发酵饲料	0.3	0.3	0.3	0.35							0.4	0.5
青贮饲料			1.4	1.4	3.0					3.5	1.8	
青草、青枝叶						2.0	6.0	6.0	6.0			
块根块茎	0.3	0.3							0.5	0.5	0.5	0.3
草原区												
青干草	1.5	1.0	1.0	1.0	0.5						1.2	2.1
青草										1.0		1.5
青贮饲料		1.4	1.5	1.5								1.5
块根块茎	0.2								0.3	0.4	0.4	0.2
瓜类												0.2

表 8-14　马鹿育成鹿精饲料典型日粮

饲料种类	育成公鹿				育成母鹿			
	一季度	二季度	三季度	四季度	一季度	二季度	三季度	四季度
豆饼与豆科籽实（千克/头）	0.7～0.8	0.8～0.9	0.9～1.0	1.0～0.7	0.7～0.8	0.8	0..8	0.8～0.7
禾本科籽实（千克/头）	0.3～0.4	0.4～0.5	0.5	0.3～0.5	0.3	0.3～0.4	0.4	0.4
糠麸类（千克/头）	0.6	0.6	0.6	0.6	0.4	0.5～0.6	0.6	0.6
酒糟类（千克/头）	0.5	0.5	—	1.0	0.5	0.5	—	1.0
食盐（克）	15	20	20	25	15	20	20	25
磷酸氢钙（克）	15	15	20	25	15	15	20	25

表 8-15　马鹿育成鹿粗饲料典型日粮（千克/头）

地区与饲料种类	1月	2月	3月	4月	5月	6月	7月	8月	9月	10月	11月	12月
农区												
发酵饲料	1.8	1.8	2.1	2.1	2.4						1.2	1.5
大豆荚皮	1.5	1.8				1.8						2.1
青贮饲料			4.2	4.2	4.5	4.5				4.5	4.5	6.0
青饲料						4.5	13.5	15	15	12		
块根与瓜类	0.9	0.9							1.5	1.5	1.5	0.9
山区半山区												
干枝叶类	3	3	1.5	1.8	1.8	3.6				1.8	2.1	4.5

（续）

地区与饲料种类	1月	2月	3月	4月	5月	6月	7月	8月	9月	10月	11月	12月
发酵饲料	0.9	0.9	0.9	1.05							1.2	1.5
青贮饲料			4.2	4.2	9					10.5	5.4	
青草、青枝叶						6	18	18	18			
块根块茎	0.9	0.9							1.5	1.5	1.5	0.9
草原区												
青干草	4.5	3	3	3	1.5						3.6	6.3
青草										3		
青贮饲料		4.2	4.5	4.5								
块根块茎	0.6								0.9	1.2	1.2	
瓜类												0.6

（2）育成鹿的管理　首先要按性别和体况分成小群，每群饲养密度不宜过大，数量太多会拥挤，干扰正常采食和运动，给幼鹿的发育带来不良影响。因个体差异，育成鹿的性成熟有早有晚，按性别分群可防止早熟鹿混交滥配而影响发育。育成公鹿在配种期也有互相爬跨现象，体力消耗大，有时可能造成直肠穿孔乃至死亡，这种情况多发生在气候骤变的时候，在阴雨降雪或突然转暖时，应特别注意看管。

育成鹿要经过一个越冬期，因其体型小、抗寒能力差，所以要将育成鹿安排在避风向阳的圈舍内，保持舍内干燥，及时清除粪便。冬季圈舍要有足够的垫草，夜间定时哄赶运动，增强机体抵抗力。

第三节　繁殖育种

一、繁殖

（一）繁殖的季节性

鹿的繁殖具有一定的季节性，这是鹿类动物在长期进化过程中对生存条件的一种适应。目前已知人工驯养的鹿多在秋季发情，春末夏初产仔。人工驯养主要鹿种的繁殖时间参见表8-16。

表8-16　主要人工驯养鹿种的繁殖时间

鹿种	发情时间	产仔时间
水鹿	秋季	翌年4—5月
坡鹿	2—5月	当年10—12月
梅花鹿	9—10月	翌年5—7月
马鹿	9—10月	翌年5—6月
白唇鹿	10月	翌年5—6月
麋鹿	6—8月	翌年4—5月

（续）

鹿种	发情时间	产仔时间
驼鹿	9—10 月	春末夏初
狍	8—9 月	多为 6 月
驯鹿	多在 10 月	5 月末至 6 月初

（二）性成熟与体成熟

1. 性成熟 初生仔鹿生长发育到一定年龄，其性腺（公鹿的睾丸和母鹿的卵巢）能产生有受精能力的精子和卵子，并开始表现性行为（公母鹿出现交配欲，交配后能受胎繁殖），出现各自的第二性征，如公鹿长茸角、母鹿乳房增大等，这种现象称为性成熟。母鹿的性成熟期一般在出生后 16～28 月龄。鹿性成熟期的早晚受种类、性别、饲养管理条件和个体的遗传差别等多种因素的影响。一般情况下，梅花鹿早于马鹿；母鹿早于公鹿；高营养水平饲养的鹿早于低营养水平饲养的鹿。

2. 体成熟 性成熟是鹿在生殖生理上的发育成熟，但就整个机体来讲，特别是消化器官、骨骼和体重等还正处于生长发育阶段，还没有完全达到体成熟。鹿体成熟标志着个体的各个器官和系统已基本达到生长发育的完成时期。从性成熟到体成熟还需要经过一定的过渡阶段。鹿的体成熟为 2～3 岁，但因种类、性别、气候条件、饲养管理和个体发育、出生早晚的不同而异。一般而言，梅花鹿早于马鹿；母鹿早于公鹿；气候条件适宜、饲养管理得当、个体发育良好以及出生较早的鹿，其体成熟要早。

（三）发情规律及发情表现

1. 母鹿的发情周期和发情表现 通常把母鹿先后两次发情的时间间隔定义为一个发情周期。茸鹿中除泽鹿是季节性一次发情外，其余均为季节性多次发情，一般有 3～5 个发情周期。在每个发情周期内通常把母鹿接受公鹿配种的时间（以母鹿开始出现静立反射作为发情开始，至拒绝配种时结束）称为发情持续时间。茸鹿的发情周期和发情持续时间参见表 8－17。

表 8－17 茸鹿的发情周期和发情持续时间

鹿种	发情周期（天）	发情持续时间（小时）
马鹿（东北亚种）	7～23（平均 12.7）	6～22
马鹿（塔里木亚种）	16～29	18～36
梅花鹿（东北亚种）	7～23（平均 14.4）	18～36
白唇鹿	18～22	
驯鹿	18～25（平均 21.5）	约 50
水鹿（海南亚种）	18～21（平均 20.0）	多为 36～48
驼鹿	25～30	
麋鹿	17～31	

根据母鹿在发情过程中生殖器官、生殖腺的变化和外部行为表现，每个发情周期可以划分为以下 4 个阶段，但各阶段间没有明显的界限。

（1）发情前期　为发情的准备阶段。母鹿卵巢中的黄体萎缩，新的滤泡开始生长；生殖道充血，轻微肿胀，子宫颈口稍有开张，分泌液稍增加；一般无性欲和性行为表现。

（2）发情期　为发情周期的主要阶段，可分为下列3个阶段。

①发情初期　母鹿刚开始发情，但又没有显著的发情特征。行为上表现为兴奋不安，摇臀翘尾，游走少食；有时发出“嗯嗯”的轻叫声，逗引同群母鹿并相互尾随；喜欢跟随公鹿一起活动，但公鹿爬跨时，又不愿接受交配。阴唇红肿、充血，但黏液量分泌尚不多、稀薄、牵缕性差。卵巢中的卵泡发育迅速。此时期梅花鹿母鹿可持续4～10小时，马鹿母鹿持续4～9小时。

②发情盛期　母鹿的各种发情特征表现最为明显。母鹿急骤走动、摆尾、尿频；有时发出吼叫，求偶表现十分明显，主动接近公鹿，有的围着公鹿转圈，甚至拱擦公鹿腹部或外阴部；当公鹿爬跨时，母鹿站立不动，臀部向后抵，举尾等待交配；此时期性欲强的成年母鹿甚至追逐爬跨公鹿或同群母鹿，两泪窝开张，分泌出一种强烈难闻的特殊气味。此期母鹿外生殖器明显红肿，黏液分泌量增加，呈黄色且透明、稀薄，牵缕性增加。卵巢的卵泡发育成熟并排卵。此时期梅花鹿母鹿可持续8～16小时，马鹿母鹿持续5～9小时，是母鹿交配的最佳时期。

③发情末期　母鹿的各种发情表现逐渐消退。母鹿逐渐变安静，轻度地逗留、翘尾；遇见公鹿则伸颈、低头、张嘴，有的母鹿甚至咬公鹿；当被公鹿追逐爬跨时，母鹿拒绝交配。此期母鹿阴道黏液分泌量明显减少，并变得黏稠。此时期梅花鹿母鹿可持续6～10小时，马鹿母鹿持续3～6小时。

（3）发情后期　母鹿变得安静，无发情行为表现。卵巢排卵结束，出现黄体，并且机体的孕激素水平升高。

（4）休情期　为母鹿发情期结束后的相对生殖生理静止期。母鹿的性欲已完全消失，精神状态、行为表现以及生殖器官已完全恢复正常，卵巢的黄体已发育充分。

母鹿接受公鹿爬跨的时间为10小时左右，排卵发生在母鹿拒绝公鹿爬跨后的3～12小时。因此，母鹿应在发情盛期完成交配。

个别母鹿（特别是配种初期和初配的育成母鹿）发情时的外阴部变化和行为表现均不明显甚至缺乏，但其卵巢的卵泡仍发育成熟排卵，通常把这种发情称为隐性发情或安静发情，约占1%。此外，也有短促发情和孕后发情的。马鹿在发情配种旺期，还能遇见成批的应激发情，并且大多数母鹿正常受孕产仔。

2. 公鹿的发情和发情表现　公鹿在整个发情季节里的性行为表现都是一致的，没有明显的周期性，并且早于母鹿。发情公鹿喜争斗，顶木质物、母鹿、甚至人，磨角盘，扒地、扒坑、扒水，泥浴，长声吼叫、卷唇，边抽动阴茎边淋尿，摆头斜眼、泪窝开张；食欲减退或不食，颈围增粗皮增厚，缩腹呈倒锥形；经常追逐发情母鹿，嗅闻母鹿尿液和外阴之后卷唇，当发情母鹿未进入发情盛期而逃避时，昂头注目、长声吼叫；公鹿爬跨时两前肢附在母鹿肩侧或肩上，在阴茎插入阴道后，1秒内完成射精动作。公鹿的交配次数在45～60天的交配期里，达40～50次，高峰日达3～5次，个别公鹿每小时最多达5次。公鹿由于上述复杂的行为表现，使得其体重明显下降，到配种期结束时体重下降达15%～20%。

二、配种

（一）初配适龄与使用年限

1. 初配适龄 初配适龄是指达到性成熟的鹿必须在达到一定的年龄才能参加配种。一般情况下，公鹿以3.5～4岁开始参加配种为宜，体质发育好的3岁公鹿也可参加配种；母鹿初配年龄以2.5～3岁为宜，对于生长发育较好且体重接近成年母鹿的70%时，性成熟后就可参加配种。

2. 使用年限 鹿在人工饲养条件下，正常寿命为12～16岁，母鹿寿命比公鹿长一些，马鹿寿命比梅花鹿长。种公鹿使用年限相对短一些，是因为种公鹿肩负着生长鹿茸和配种的双重任务，所以一般只利用到8岁；对种用价值高、配种能力强的种公鹿可适当延长使用年限。母鹿由于只用于繁殖活动，一般只利用到6～10岁。无论是公鹿还是母鹿，在完成配种计划的前提下，应尽量使用5～7岁的壮龄公鹿、母鹿配种。

（二）配种方式

1. 群公群母配种 在舍饲条件下，按1∶(3～5)的公母比例，每50～60头鹿组成一个配种群，直到配种结束为止。对中途患病、丧失配种能力和有严重恶癖的公鹿要及时替换。该配种方法简单易行，不易漏配，能充分发挥群体选育优势，且受孕率平均可达90%以上；但由于种公鹿争偶角斗，体力消耗较大，伤亡也较多，不能进行个体选配，同时也不能充分发挥优良种公鹿的作用。所以群公群母配种法是一种原始的、不完善的自然交配方法。目前只有放牧鹿场使用该方法配种。

2. 单公群母配种 将母鹿组成15～25头的小群，放入1头种公鹿，直至配种结束。其间可根据公鹿的体况和配种能力等确定是否替换种公鹿。该方法要求严格选择种公鹿，并对种公鹿进行精液品质检查。单公群母配种法是大多数鹿场采用的一种配种方式，能充分发挥优良种公鹿的作用，避免了公鹿间的争偶角斗，仔鹿谱系清楚，母鹿受胎率一般都能达到90%以上。

3. 单公单母配种 首先采用试情方式揭发出发情的母鹿，然后将母鹿拨到指定的种公鹿小圈内进行交配。这种方式受胎率较高（90%以上），仔鹿谱系清楚，有利于鹿的繁育。但鹿场工作量加大，占用圈舍多，并要求工作人员懂得必要的试情技术且能合理地组织配种工作，因此在生产中不适用。

4. 试情配种 在25～30头母鹿圈内，每天定时放入1头试情公鹿，当揭发出发情的母鹿后，将母鹿拨入选定的种公鹿圈内配种，配种后及时把母鹿拨回原圈舍内（详见本节母鹿发情鉴定）。试情配种是近些年来发展的一种配种方法，最大的优点是能充分提高优良种公鹿的利用率，仔鹿系谱清楚，母鹿受胎率高。因而是一种比较适用的配种方法。

三、妊娠与分娩

（一）妊娠

1. 妊娠和妊娠表现 母鹿受配后精子和卵子结合后，在子宫体内着床的过程称为妊娠（或受胎）。妊娠母鹿不再发情和排卵，且随着胎儿的发育，营养需求逐渐增多，食欲和采食量增加，腹围增大，乳房也发育变大。到妊娠的后期，妊娠母鹿会有明显的行为变化，如运动量大大减少，活动变得谨慎和迟缓，易疲劳、多躺卧等。

2. 妊娠期 理论上妊娠期是指从受精卵开始发育到胎儿自母体产出的这段时间；但妊娠期的实际计算是从母鹿最后一次有效受配或输精之日起到产仔之日止的这一段时间。鹿类动物的妊娠时间长短与种类、气候条件、饲养方式、年龄、营养、驯化程度、胎儿的性别与数量有关。主要鹿种妊娠期参见表8-18。

表8-18 主要鹿种妊娠期（天）

鹿种	妊娠期	鹿种	妊娠期
梅花鹿	229±6	驯鹿	215～238
东北马鹿	243±6	水鹿	250～270
天山马鹿	224±7	白唇鹿	220～230
塔里木马鹿	240	海南坡鹿	210～240
阿勒泰马鹿	235～262	麋鹿	250～315

（二）分娩

1. 分娩季节 鹿的产仔期早晚主要取决于鹿的配种期。正常的产仔日期一般为5—7月，旺期为5月15日到6月15日，至少有80%以上的妊娠母鹿产仔。此时产仔可明显提高仔鹿的成活率。

2. 预产期的推算 鹿的产仔期主要根据配种日期推算，准确率可达90%左右。梅花鹿可按“交配月减5，日加23”的公式推算；如果日加23的数值大于30，则以此数值中减去30进1个月，余数为日数。例如，一头梅花鹿2005年9月23日成功配种，预产期应为：产仔日是“23+23−30”，月是“9−5+1”，即2006年5月16日。马鹿预产期为月减4，日加1（东北马鹿），或日加2（天山马鹿）。

3. 分娩征候 母鹿分娩前，在生理机能和行为上发生变化，表现出一系列的分娩征候。在行为上，食欲锐减或废食，母鹿排尿频繁、举尾，时起时卧，常在圈内徘徊或沿着墙壁行走，表现不安，不时回视腹部，伸懒腰，似有腹痛感。在临产前，母鹿离开鹿群到安静的场所，站立或躺卧产仔。母鹿在分娩前10天左右，乳房开始迅速发育和膨胀，乳头增粗，腺体充实；在产前几天乳房可以挤出黏稠的黄色液体；在分娩前1～2天有白色乳汁可以挤出。此外，产前母鹿腹部严重下沉，肋部塌陷，尤其在产前1～2天；母鹿骨盆韧带松弛，外阴部肿大，阴门在妊娠末期明显肿大外露、柔软潮红，皱襞展开，有时流出黏液；分娩前1～2天，有透明物从阴部流出，垂于阴门外。

4. 正常产位和产程 母鹿分娩时大部分为头位分娩，胎儿的两前肢先入产道，露于阴门之外，头伏于两前肢的腕关节之上产出。部分尾位分娩的也为正常分娩。母鹿的正常产程，初产母鹿为3～4小时，经产母鹿为0.5～2小时，正常尾位分娩为6～8小时。

四、难产与助产

（一）难产

从母鹿闹圈开始，超过4小时仍不能顺利产出仔鹿者，应视为难产。原因如下：

（1）产力性难产 阵缩及努责较弱，产道没有足够的力量排出胎儿。

（2）产道性难产 子宫捻转，子宫、阴道和阴门狭窄，以及骨盆狭窄和产道肿瘤等。

(3) 胎儿性难产　胎儿过大、骨盆过小，胎儿姿势和位置不正，以及胎向不正常等。

(二) 助产

当母鹿发生难产时，必须及时助产，以免母子双双损失。助产时以保母鹿为主，术者需将手伸入产道内，慎重检查胎位、胎势及胎向，判断是死胎还是活胎，然后采取相应措施。

(1) 异常胎位难产　先将胎儿退回子宫内，然后调整胎位，将胎儿拉出。为避免造成新的变位，可将露出的肢体用助产绳绑住。

(2) 头位难产　应注意校正头与两前肢的位置关系，借助产绳和双手，将胎儿校正后随母鹿努责逐渐拉出胎儿。

(3) 尾位难产　尾位难产时，先用手握住胎儿的两后肢，一手伸入子宫腔内，把胎儿尾根部向下压，随着努责用力向下方拉出胎儿。

(4) 腹部垂直向难产　先用绳子缚住后肢，将胎儿前肢向子宫内推入，变为尾位后将胎儿拉出。

(5) 骨盆开张不全难产　应用碎胎术，以免母鹿受伤；若胎儿未死，可以施行剖宫产手术。

五、茸鹿现代繁殖技术的应用

近20多年来，在养鹿业生产中得到应用的茸鹿现代繁殖技术主要有：发情控制技术、用试情方法和直肠触摸法（对马鹿）进行的发情鉴定和妊娠鉴定技术、人工授精技术、提高茸鹿的双胎技术以及茸鹿的性别控制技术等。其中，人工授精技术是一项比较成熟的技术，目前已得到广泛的推广应用。

(一) 发情控制

发情控制就是利用某些激素制剂，人为调控母鹿的发情规律，促使母鹿按照人们的要求在一定的时间内发情、排卵以及配种。

1. 诱导发情（催情）　诱导发情的原理是利用外源性激素或某些生理活性物质及环境条件的刺激，通过内分泌和神经的作用，激发卵巢的机能，促进卵泡的生长发育。该技术可使母鹿在非配种季节发情，适用于发情不明显和发情不正常的母鹿。目前主要采取：①肌内注射孕马血清促性腺激素（PMSG）或前列腺素（PG）类似物；②口服雌激素（含类似物）；③孕激素（含类似物）与PMSG相结合；④PG类似物与PMSG相结合；⑤异性刺激等方法，各种方法的效果有所差异。

2. 同期发情　就是利用某些生殖激素制剂，人为地调控一群母鹿的发情进程，使母鹿在预定的时间内集中发情，也称同步发情。本质上同期发情主要是人为地延长黄体期（用孕激素）或中断黄体期（用PG），然后突然停止用药或同时用药，就可使经药物处理的母鹿群的黄体期同期中断，从而达到同期发情的目的。国内外在这方面的研究已取得显著的成效，但还不够完善，以下问题还亟待解决。

(1) 激素组合　应用于鹿同期发情的激素主要有PG（或类似物）、孕酮（或类似物）、PMSG、HCG和三合激素等，这些激素无论是单独使用，还是结合应用，鹿同期发情的效果各不一致。

(2) 激素使用途径　主要有阴道内埋植或子宫颈口给药、耳下埋植、拌料口服和肌内注射 4 种方法。前 2 种方法需对鹿进行麻醉或保定后才能给药，虽给药确切，药损失少，但相对消耗人力、物力较大，并且对于每头鹿都有药物脱落的可能，因此，在生产上，特别是在我国的养鹿生产上不便于推广应用；拌料口服虽简便易行，但药物破坏和损失大，效果不好；肌内注射相对易推广应用。

(3) 激素使用剂量　应用于鹿同期发情的激素使用剂量存在很大差异，其中 PG 为 0.45～12.5 毫克/头，孕酮为 60～300 毫克/头，PMSG 为 200～1 750 国际单位/头，HCG 为 1 000～2 000 国际单位/头，激素的使用剂量直接影响鹿的同期发情效果。

(4) 激素使用时间　在已进行的鹿同期发情技术研究中，激素使用时间通常是在发情季节到来之前，或在发情期到来后，并且当两种激素结合应用时通常是在间隔 7～14 天后使用另一种激素。由于用药时间上存在差异，使得母鹿同期发情效果，特别是母鹿受胎率存在很大差异。

（二）排卵控制

排卵控制就是利用某些激素制剂，人为地调控排卵的数量和时间。对鹿而言，有意义的排卵控制应为超数排卵和提前排卵，超数排卵适用于提高鹿的产仔数，提前排卵有利于开展鹿的人工授精。在这方面，我国目前尚处于起始阶段。

（三）性别控制

养鹿的目的主要是获取鹿茸产生经济效益，因此公仔鹿的出生率直接影响鹿场的经济效益。根据对梅花鹿和马鹿的调查结果，梅花鹿的平均公仔率为 51.2%，马鹿为 51.0%，圈养放牧梅花鹿的公仔率比完全圈养的高 7%左右。为了提高公仔鹿的出生率，目前主要采用：①小群、单公群母配种中间不替换种公鹿（梅花鹿）与大圈定时放对的试情配种方法，同时控制交配时机等；②适时降低母鹿的营养水平；③增加母鹿的碱性饲料和盐量，而不补钙质饲料。这 3 项技术措施能明显提高公仔率 18%～19%。

（四）性激素免疫法提高双胎率

性激素免疫法提高双胎率的原理是：在发情季节初期，给母鹿注入性激素抗原，因机体主动免疫产生的相应抗体能在血液里和卵巢中产生性激素，从而削弱或阻断了“下丘脑-腺垂体-卵巢”的负反馈作用，致使卵巢额外再增排一个卵子。在我国采用雄性激素抗原（商品名称为双羔素）在鹿上进行的研究结果表明，在配种前 30～40 天，对经产梅花鹿母鹿施行颈侧皮下注射双羔素 1 次，经 1～3 周，再进行 1 次加强免疫注射，两次剂量为每头鹿 3 毫升或 4 毫升，注射药物后适时配种；试验组的双胎率为 11.7%，而对照组仅为 1.3%，能明显提高梅花鹿母鹿的双胎率。澳大利亚首先将性激素免疫法应用于绵羊上，提高绵羊双胎率 20%左右，然而在梅花鹿上尚未达到像绵羊那样的效果，因此，尚有继续探索的潜力。

（五）母鹿发情鉴定

试情方法和直肠触摸法（对马鹿）可判断母鹿处于何种发情阶段，确定最适交配时间，特别是最适宜的人工输精时机，对提高母鹿受胎率具有重要意义。

1. 公鹿试情法　在配种期内选 3～5 岁、睾丸大、性欲强的年轻公鹿（为防止试情公鹿交配，还必须对试情公鹿采取带试情布、结扎输精管或阴茎移位手术），每天定时（早 5:30—6:00，晚 6:00—7:00，有时午间 11:00—12:00）将 1 头试情公鹿放入母鹿舍内。当试情公鹿追逐并爬跨母鹿，母鹿也靠近公鹿，并且母鹿站立不动接受公鹿爬跨时，即为发情盛期，此时为最适交配时间或最佳的人工输精时机。

2. 直肠检查法 直肠检查法就是用手经过直肠直接触摸卵巢，通过卵巢上有无卵泡、卵泡形状、质地、大小程度，来准确地判定卵泡的发育期。用此法判断母鹿是否发情准确可靠，但只适用于马鹿。

马鹿未发情时卵巢一般呈椭圆形、稍扁、硬而无弹性，体积小于指肚大，一般为 1.2 厘米^3×1.0 厘米^3×0.8 厘米^3，个别的为黄豆粒大。在发情期间，卵巢上的卵泡发育过程平均为 6.4 天，其成长过程为由小变大，由硬变软，由无波动到有波动。虽然从卵泡出现到成熟排卵的时间较短，但卵泡各阶段发育形态比较明显，触摸时比较容易判断其发育期。

（1）卵泡出现期　卵巢稍增大，小指肚大小（1.2 厘米^3×1.0 厘米^3×0.8 厘米^3），椭圆形，质地稍硬，卵巢表面已出现卵泡。母鹿表现不安定。此期可持续 1.8 天。

（2）卵泡发育期　卵泡继续增大，表面稍有弹性。母鹿尿频，拒绝爬跨。此期也可持续 1.8 天。

（3）卵泡成熟期　卵泡体积明显增大（2 厘米^3×1.8 厘米^3×1.5 厘米^3），卵泡壁变薄，弹力强，波动明显，整个卵巢似葡萄状，有一触即破之感。母鹿接受爬跨。此期也可持续 1.8 天，是达成交配或进行人工授精的最佳时期，

（4）排卵期　卵泡破裂，卵巢凹陷；若黄体形成，则卵泡略突出于卵巢表面，呈扁圆形。此期母鹿拒绝爬跨。

（六）人工授精技术

鹿的人工授精技术是近 20 年来才发展起来的鹿类繁殖技术中一项较为先进的技术。它的应用，充分发挥了高产种公鹿的作用，对鹿的品种改良、提高受胎率等方面有着极其重要的意义。目前马鹿主要采用直肠把握法输精，受胎率一般均可达到 85%以上；梅花鹿采用开膣器法，受胎率为 40%～60%。其他驯养鹿类的人工授精研究国内较少报道。

1. 采精

（1）假阴道采精法　是指利用安置人工阴道的假台母鹿，诱导驯化过的种公鹿在其中射精，取得精液的方法。用该方法采精比较安全可靠，射精量较大，一般都在 2 毫升以上，精液含精子数多，其他分泌物较少，是理想的采精方法。

（2）电刺激采精法　是指利用电刺激采精器对药物麻醉保定或机械保定下的种公鹿进行采精的方法。电刺激采精器分为电刺激器和直肠探子两部分，电刺激器电压为 0～12 伏，频率为 50 赫兹，电流为 0～1 安；直肠探子由硬质塑料或有机玻璃等绝缘材料制成，全长 450 毫米，直径为 12 毫米。采精过程中，将电极棒插入公鹿直肠 20～25 厘米，进行由低到高的电压刺激，每次通电 5 秒，断电 3～5 秒，直至某一电压时鹿在通电后排精了，则不再上升电压，但继续以 5 秒通、3～5 秒断的方式直至精液排完为止。公鹿一般每周最多采精 2 次，如果过于频繁则会影响精液品质和鹿体健康。该方法采得的精液量相对假阴道采精法较少，并且其他分泌物较多。

2. 精液检验 主要检验精液的色泽、气味、射精量，以及精子的密度、活力、畸形率、顶体完整率和存活时间等。

鹿的精液为乳白色或乳黄色，无腥味或微腥。假阴道法和电刺激法采得的精液量：梅花鹿分别为 0.6～1 毫升和 1～2 毫升，马鹿分别为 1～2 毫升和 2～5 毫升；精子密度通常

在8亿个/毫升以上；精子活力分别为0.8～0.9（假阴道法）和0.6～0.8（电刺激法）。用鲜精输精时，精子活力要保证在0.6以上；制作冻精时，精子活力要保证在0.7以上。

3. 精液稀释　经检验合格的精液在制备冻精前，要用营养液进行稀释，目的是扩大精液的容量，延长精子存活时间，增加配种数量，最大限度地提高种公鹿的利用率。精液的稀释倍数主要依据精子的密度和活力来确定，稀释后的精液每个剂量必须保证有效精子数达1 000万个以上，活力达0.3或以上。稀释后的精液在2～5℃条件下进行平衡，然后制备成冻精。

4. 冷冻精液制备和保存　当前，鹿的精液主要采用细管冻精（－196℃）保存。细管冻精是将稀释后的精液分装在无毒的塑料细管中，经过液氮（－196℃）冷冻进行保存，这种方法能保存冻精10年以上。

5. 输精　鹿的输精应用最多的是子宫颈输精法。当母鹿被鉴定出发情后，将解冻的冻精放入输精枪，伸入子宫颈口，在通过子宫颈的4个皱褶后，再继续伸进2～3厘米进行输精。细管冻精的解冻操作方便，只需把细管冻精从液氮罐中夹出后立即放入38～40℃水中10秒，取出即可使用。通常在母鹿发情时输精一次，发情后6～12小时再输精一次；也有仅在发情后6～8小时输精一次的。

第四节　疾病防治

1. 鹿口蹄疫

【病原】口蹄疫（Foot - and - Mouth disease，FMD）是由口蹄疫病毒引起的一种急性、热性、高度接触性传染病，主要感染偶蹄兽。目前在世界许多国家都有鹿口蹄疫疾病的流行，每年造成的危害也较为严重。

【症状】鹿患口蹄疫主要表现为突然发病，病鹿体温升高，幼鹿、仔鹿表现更为明显，体温比平时高1.5～2.5℃。病鹿精神沉郁，流涎，食欲减退或废绝。哺乳母鹿乳汁分泌减少。病鹿在发病几小时便在口腔黏膜、唇、颌、舌的表面发生糜烂与溃疡，四肢皮肤及蹄甲出现糜烂和口蹄疮，严重时蹄甲脱落，不能行走或呈明显的跛行。如不继发感染则逐渐愈合，全身症状好转，整个病程一般为1周左右。如蹄部继发细菌感染、局部化脓坏死，则病程延长至2～3周。病鹿的鼻部和乳头皮肤有时也可出现水泡、烂斑。妊娠母鹿则表现流产、胎衣不下、子宫炎与子宫内膜炎，分娩出的仔鹿也迅速死亡。

【诊断】主要根据口腔、唇、舌黏膜和蹄部皮肤变化，结合流行病学，特别是附近有无牛、羊或猪患病等可做出初步诊断。确诊则需要进行病毒分离培养、血清学诊断和分子生物学诊断等试验。

【防治】

（1）预防措施　加强鹿场的管理，平时除做好一般消毒及清洁卫生外，在周围有牛、羊或猪等口蹄疫发病时，应自行封锁鹿场，严防外来人员带病入场。

应用与当地流行的病毒型相同的口蹄疫疫苗预防注射，严禁由疫区购进饲料，在受威胁的周围地区建立免疫带以防疫情扩散。

鹿场发生口蹄疫时，应立即报告有关部门进行隔离封锁。病区采取屠宰或就地隔离病鹿，消灭疫源，病死鹿内脏和污染物应烧毁，严防蔓延；人接触病鹿时要严格防护，避免染毒；污染的圈舍、饲槽、工具和粪便用2%氢氧化钠溶液消毒；最后一头病鹿痊愈或死亡14天后，无新病例出现，则经彻底消毒，报请上级批准后解除封锁。

（2）治疗措施

①局部处理　对口腔、唇和舌面糜烂或溃疡可用0.1%高锰酸钾溶液冲洗消毒，并涂以碘甘油；对皮肤和蹄部的患部通常采用3%～5%克辽林或来苏儿冲洗，再涂以抗菌素软膏并予以包扎。

②防止继发感染　可用5%～10%氯化钙、葡萄糖酸钙溶液静脉注射100～150毫升，每天1次。应用青霉素80万单位肌内注射，每天2次。

③抗血清治疗　对优良种鹿尚可应用同型高免血清或病愈后10～20天的口蹄疫病鹿血清进行治疗，用量为每千克体重1毫升，皮下注射。

恶性口蹄疫除局部治疗外，可应用强心剂和补液，如安钠咖、葡萄糖生理盐水等，使用剂量应遵循药品说明书。

2. 鹿结核病

【病原】结核病是由结核分枝杆菌引起的人兽共患的一种慢性传染病。该病特点是在机体组织中形成结节性肉芽肿和干酪样的坏死病灶。结核病对养鹿业影响较大，严重影响鹿的生长发育、鹿茸生长和繁殖性能。

【症状】鹿结核病与其他动物结核病在临床上的显著不同是对淋巴系统的侵害较为严重。因此，临床上最常见的症状是病鹿体表淋巴结肿大和化脓。常见下颌、颈部和胸前淋巴结肿胀，尤其是早春3—5月多见。个别病例肿胀的淋巴结化脓、破溃，有黄白色干酪样脓液流出，伤口经久不愈。

当侵害肺和内脏其他器官及淋巴结时，病鹿表现渐进性消瘦，食欲尚好，后来逐渐降低。病鹿表现弓背、咳嗽，初期干咳，后来湿咳。病情严重者表现呼吸困难和频便，人工驱赶时，即呛咳，张口呼吸。被毛无光泽，贫血，发育迟缓。母鹿空怀或产弱胎，公鹿生茸量减少，甚至不生茸。病程一般较长，可长达数月至数年，终因极度消瘦、衰弱而死亡。

在发生乳腺结核时，可见一侧或两侧乳腺肿大，触诊有坚实感；严重时化脓、破溃。

【诊断】可根据鹿的临床表现，如逐渐消瘦、体表淋巴结肿大，以及剖检症状来做出初步判断；利用实验室细菌培养和动物接种试验可确切诊断。当鹿发生原因不明的渐进性消瘦、咳嗽、肺部听诊异常、体表淋巴结慢性肿胀等，可怀疑有该病的存在。

诊断鹿结核病用结核菌素点眼是最主要的特异性诊断方法。该方法不仅用于疑似病鹿的确诊，而且能诊断隐性病鹿。

【防治】

（1）预防措施

①加强鹿群的饲养管理和鹿场的卫生管理，增强鹿自身对疾病的抵抗力，定期严格消毒，每年进行4次消毒。消毒采用20%石灰乳或10%漂白粉溶液。春季4—5月消毒2次，秋季9—10月消毒2次。结核阳性鹿场根据需要随时进行消毒工作。

②对鹿群进行反复多次的检疫，可采用变态反应和ELISA联合对鹿群进行检疫，淘汰开放性结核病鹿和利用价值不大的病鹿。

③分群隔离饲养，在普检的基础上进行分群。可分阴性健康群、阳性反应病鹿群和健

康仔鹿群，并严格执行隔离制度。

④免疫接种，可对健康鹿群新生仔鹿接种卡介苗，不分成年鹿和仔鹿一律皮下注射冻干卡介苗 0.75 毫克，每年接种 1 次，连续接种 3 年。这样可用免疫健康群逐步代替结核病鹿群，使鹿场健康化。

（2）治疗措施　鹿结核病因具有传染性，且治疗时间较长，费用大，一般不予治疗。

3. 鹿布鲁氏菌病

【病原】布鲁氏菌病又称传染性流产，是由布鲁氏菌引起的人兽共患的一种接触性传染病。该病可使妊娠母鹿发生流产和乳腺炎，公鹿则表现为睾丸和附睾炎症，同时具有关节炎等症状。

【症状】该病病程较长，母鹿除流产外，其他症状常不明显。初期症状不明显，日久可见食欲减退、消瘦，皮下淋巴结肿大，生长发育迟缓，被毛蓬乱、无光泽。患病母鹿易发生流产，流产胎儿多为死胎，流产前后从子宫流出褐色或乳白色的脓性分泌物，有时带有恶臭，产后母鹿常有乳腺炎、胎衣不下和不孕等现象。公鹿主要表现为阴囊下垂、睾丸及附睾肿大。有的患病鹿膝关节肿大，呈多发性关节炎症状，并有不同程度的跛行。剖检可见胎盘呈淡黄色胶样浸润，表面附有糠麸样絮状物和脓液。胎儿胃内有黏液性絮状物，胸腔积液，淋巴结和脾脏肿大，有坏死灶。

【诊断】可根据流行病学情况、临床症状和剖检等综合特征，如母鹿流产、死胎、胎衣病变、乳腺炎、不孕；公鹿睾丸炎、关节炎、慢性消瘦等做出初步诊断。但确诊必须结合实验室检查。涂片镜检：一是取病料（流产胎儿胃肠内容物或肝、脾、淋巴结、流产母鹿阴道分泌物、血液、乳汁）直接涂片，用改良柯氏染色法进行染色镜检，布鲁氏菌呈橙红色，背景为蓝色；二是可采用血清凝集反应、补体结合反应等方法进行诊断。

【防治】

（1）预防措施

①清净鹿场的预防措施　坚持自繁自养的原则，加强卫生管理，做好杀虫、灭鼠，定期检疫（每年至少 1～2 次）；严禁到疫区买鹿，必须买鹿时，一定要隔离观察 30 天以上，并用凝集反应等方法做 2 次检疫，确认健康后方可合群。

②受威胁鹿场的防疫措施　鹿场附近家畜如有布鲁氏菌病流行，要严格加强水源、牧场和饲草的管理，防止水源、饲草与家畜、家禽及野生动物接触，及时发现病原，对检疫阳性鹿实行淘汰，阴性鹿定期进行免疫接种。

③病鹿群防制措施　按照防止传播、逐步扑灭的原则，采取以下综合措施：

A. 定期严格检疫和分群饲养。对病鹿群每年定期用血清凝集反应进行普遍检疫。每次检出的阳性鹿与阴性鹿严格隔离饲养。严禁阳性鹿与阴性鹿接触。

B. 淘汰病鹿。如果鹿群阳性比例比较低时，可将检出的阳性鹿实行全部扑杀处理。阳性鹿比例较大时，可淘汰开放性病鹿和无饲养价值的阳性鹿。暂不能淘汰的阳性鹿一定与假定健康鹿隔离饲养，必要时进行药物治疗。

C. 免疫接种。经多次检疫仍有新阳性病例出现，则可对阴性鹿群进行免疫接种。以后每年免疫接种 1 次，经数年后可达到净化的目的。接种冻干羊布鲁氏菌病活疫苗（M5 株），使用方法按说明书规定。接种过疫苗的鹿，不再进行检疫。

D. 消毒、杀虫和灭鼠。除每年按兽医卫生要求进行消毒外，当鹿群检出阳性鹿后，对阳性鹿污染的圈舍、用具应进行严格彻底地消毒，并坚持常规定期消毒。消毒可选用20%石灰乳或2%氢氧化钠溶液，同时按常规对鹿场进行杀虫和灭鼠工作。

（2）治疗措施　对一般病鹿应淘汰。对价值较高的种鹿可在隔离条件下进行治疗。对流产伴有子宫内膜炎的母鹿，可用0.1%高锰酸钾溶液冲洗阴道和子宫，每日早、晚各1次，严重病例可用抗生素（链霉素）或磺胺类药物治疗。

4. 肝片吸虫病

【病原】肝片吸虫病又称肝蛭病，是由肝片吸虫寄生于鹿的肝脏和胆管内而引起的寄生虫病。该病以急性或慢性肝炎、胆管炎，并伴有全身中毒与营养障碍为主要临床特征。

【症状】该病重要的病理变化为贫血、腹腔积液、胸腔积液、脂肪变性。该病的临床症状主要取决于感染程度、鹿的营养状况和年龄、感染后的饲养管理条件等。一般分为急性型、慢性型两种。

（1）急性型　仔鹿多发，体温升高，精神沉郁，食欲减退，黄疸，迅速贫血和出现神经症状等。一般3～5天死亡。

（2）慢性型　最为常见。病鹿表现精神沉郁，食欲不振，逐渐消瘦，瘤胃蠕动弱及反复出现前胃弛缓。营养障碍，贫血，颌下、胸前和腹下水肿，腹泻。严重感染时，孕鹿往往发生流产。

剖检可见肝脏肿大而坚硬，胆管高度扩张，管壁显著增厚、粗糙，切开流出污秽的棕绿色液体和大量成虫。肺部有钙化的硬结节，内含暗褐色半液状物质和虫体。

【诊断】根据该病的临床症状、流行特点、剖检病变，并结合检查粪便虫卵即可确诊。

【防治】

（1）预防措施

①定期驱虫　因肝片吸虫病常发生于10月至翌年5月，所以流行地区对放牧鹿群实行春、秋季两次驱虫是预防此病的重要手段。

②切断传播途径　鹿的粪便堆积发酵，利用生物热杀死虫卵。变低洼牧地或沼泽地为干旱地，以破坏虫卵的发育条件及椎实螺的生存条件。有条件的鹿场，可将晒干的饲草贮存6个月后再用。

③加强饲养管理　新建鹿场时，尽可能选择地势高的场所。不要在低洼地、沼泽地等放牧鹿群，并注意饮水卫生。

（2）治疗措施　首选药物为丙硫咪唑，每日每千克体重15毫克，内服，连用5～7天，在发病期进行应用有效。丙硫咪唑可按每千克体重50～60毫克，用豆油或橄榄油配制成6%悬液肌内注射；或选用硫双二氯酚（比丁），以每日每千克体重100毫克，一次内服；或吡喹酮，以每日每千克体重30～40毫克，一次内服（灌服）；还可选用硝氯酚，以每日每千克体重3～4毫克，一次内服。针剂可选用硝氯酚钠，以每日每千克体重0.2毫克，肌内注射；碘醚柳胺钠，以每日每千克体重0.2毫克，肌内注射。

第五节　产品及其加工

一、鹿茸

茸角是哺乳动物纲中鹿科动物特有的标志，是雄性鹿科动物的第二性征（副性征）。

茸和角是鹿角不同生长阶段的两种称呼。在生长初中期，未骨化的嫩角叫茸，即公鹿额部生长出来的已经形成软骨又尚未骨化的嫩角，俗称“鹿茸角”（图 8－7）；到生长后期，已骨化并脱皮裸露的白色骨质物叫鹿角。

图 8－7　新锯二杠梅花鹿鹿茸

（一）鹿茸的结构和化学成分

鹿茸是一种复杂的器官，其中含有多种处于生长和分裂阶段的幼嫩组织。将正在生长的鹿茸锯下以后，用显微镜观察其横断面，可明显分为三层：外层是皮肤层，中间层为间质层，内层是髓质层。

鹿茸的化学成分主要有水、有机物和无机物（灰分）三类，它们在鹿茸中所占比例因鹿的种类、收茸时期、加工方法和鹿茸部位的不同而有所差异（表 8－19、表 8－20）。

表 8－19　不同鹿种鹿茸（干茸）水分、有机物和灰分含量（%）

种类	水分	有机物	灰分
梅花鹿二杠茸	12.35	62.41	24.34
梅花鹿三杈茸	12.11	63.44	24.45
马鹿三杈茸	11.59	61.19	27.22

表 8－20　鲜马鹿茸不同收茸时期水分、有机物和灰分含量

生长时间（天）	水分（%）	有机物（%）	灰分（%）
23	65.0	18.0	17.0
50	56.0	20.0	23.5
75	45.0	20.7	33.7

（二）鹿茸的生长发育

鹿茸的生长和鹿角脱换是遵循一定规律进行的。初生仔鹿的额部不表现出隆凸，仅有左右对称的、比较明显的皱皮毛旋，旋毛稍长、色深。公鹿在出生后翌年春季（9～10 月龄）由毛旋处长出骨质突起，逐渐形成角柄（通常称为草桩），长度可达 2.5～3 厘米（梅花鹿）和 6～8 厘米（马鹿），直径为 1～2 厘米（梅花鹿）和 3～4 厘米（马鹿）。角柄的皮肤与头部皮肤无明显差别，它是长茸的基础。到 6—7 月（13～14 月龄），角柄的皮肤变得柔软，形成新的、更加柔软的、带有细小绒毛的皮肤层。由于角柄内血液循环加强，表面开始膨大，在皮肤内形成具有弹性的柔软茸芽，它是以后鹿茸生长的原基。茸芽迅速生长就形成了鹿茸（初角茸或毛桃），初角茸生长到 2 个月左右时，长度可达 20～30 厘米（梅花鹿）和 45～50 厘米（马鹿），通常不出现分枝。初角茸到秋季（9—10 月）生长停止，茸体开始骨化，茸皮自然脱落，茸的顶端逐渐变得尖锐，故称椎角。幼鹿的椎角茸如不锯取，整个冬季不掉，等到来年春季 4 月末或 5 月初就好像折断一样，从角柄上部脱掉。成年公鹿茸角的生长、骨化和脱落同初角公鹿一样，每年都重复这一过程。

人工驯养的鹿，经过锯茸而残留的骨质角脱落时则称为脱花盘。鹿脱角时间早晚与鹿的种类、年龄、体况和气候条件有关。脱盘后，角基的上方形成一个创面，皮肤层向裸面中心生长，逐渐在顶部中心愈合，称为封口；以后不断地向上生长，经 20 天左右鹿茸长到一定高度，梅花鹿茸开始向前方分生眉枝，马鹿茸连续分生眉枝、冰枝（俗称"坐地分枝"）。随着主干继续向粗长生长，至 50 天左右主干顶端膨大，梅花鹿茸开始分生第二侧枝，马鹿茸则分生第三侧枝（中枝）。继续生长至 70 天左右，梅花鹿茸将由主干向后内侧分生第三侧枝，马鹿茸将分生第四侧枝；90 天左右马鹿茸将分生第五侧枝。一般梅花鹿茸可分生 4 个侧枝，马鹿茸可分生 6～7 个侧枝。

从脱盘后至茸干和分枝的生长，到鹿茸骨化和茸皮脱落，整个生长过程为 100～120 天。鹿茸在发情配种前 3～4 周开始骨化；脱茸皮的时间需 1～3 周。

鹿茸生长发育过程的不同阶段，其外部形态会发生变化。鹿茸生长天数和形态变化参见表 8 - 21。

表 8 - 21　鹿茸生长天数和形态变化

种类	脱盘后生长时间（天）	茸形变化	阶段名称
梅花鹿茸	1～17	10 天左右封口	灯碗—磨脐
	18～19	20 天左右分生眉枝	茄茸—小鞍
	30～50	45 天左右分生第二枝	大鞍—二杠
	51～75	70 天左右分生第三枝	瓜角—三杈
马鹿茸	1～15	10 天左右封口	老虎眼
	16～50	15 天左右分生眉枝	茄茸
		25 天左右分生冰枝	莲花
	51～75	55 天左右分生中枝	三杈
	76～85	80 天左右分生第四枝	四杈

鹿茸的大小和重量每年都有增加，一直增加到 11～12 岁。梅花鹿茸在 7～8 岁时达到完全发育，在 11～12 岁时重量无太大变化，到 13～14 岁以后出现衰老现象，其茸角有所退化。生产上是在鹿茸生长结束前进行锯茸，因此第一次锯茸后当年还能长出再生茸（二茬茸）。再生茸大部分没有固定形状，但如同未经锯掉的头茬茸一样，也有骨化、脱茸皮和脱角过程。

（三）鹿茸的采收

1. 鹿茸的种类　鹿茸的种类根据鹿的品种、收茸方式、加工方法或茸型的差异，分成多种类型及规格。按鹿的品种，可分成梅花鹿茸、马鹿茸、水鹿茸、白唇鹿茸、驯鹿茸等。按茸型，梅花鹿茸可分成二杠茸、三杈茸；马鹿茸可分成莲花茸、三杈茸和四杈茸。按收茸方式，可分成锯茸和砍头茸。按加工方法，可分为排血茸和带血茸。另外，还有头茬茸、再生茸、初角茸之分。

2. 收茸方法　收茸分时间选择、拨鹿、保定、锯茸、止血和解除保定六个环节。

（1）时间选择　收茸季节正值炎热的夏季。为安全和工作方便起见，通常选在晴朗的早晨、于早饲前进行。首先，早晨气温低，气候凉爽，锯茸后出血少，无大出血的弊端；

其次，鹿处于空腹阶段，不会因麻醉呕吐引起异物性肺炎或立即窒息而死；最后，此时场内十分安静，无不良外界刺激，利于拨鹿锯茸。应注意，雨天不可锯茸，以免雨淋后创口发生感染化脓。

（2）拨鹿　为了安全和尽量减少不锯茸鹿的骚动，一般要把准备锯茸的鹿尤其是种鹿从大群中拨出，圈入小圈。在大型鹿场，设有专用拨鹿的建筑设备。把鹿通过各种格式的小圈、通道，最终赶入保定器内。拨鹿时应沉着、细心，忌毛手毛脚、慌里慌张。要把鹿群稳住，因势利导地拨赶鹿只，千万别穷追猛打。否则会导致炸群乱撞，损伤茸角。拨鹿时力求勿使鹿受惊。

农家散户养鹿，可就地保定锯茸，免去拨鹿过程。

（3）保定　保定是指对鹿的“制动”，即暂时限制鹿的活动。目前，保定分机械保定和化学药物保定。机械保定有麻绳套腿保定、吊索式（麻绳吊腰）保定、抬杠式保定、夹板式保定；药物保定的主要化学药物有司可林、静松灵、保定宁、眠乃宁等。目前，常用的保定方法是化学保定方法。

现场锯茸主要采取麻醉保定方法。麻醉药品采用鹿专用麻醉药，如鹿眠宝、鹿醒宁。药物用量遵照，各种麻醉药的使用说明。锯茸止血后，苏醒药品一般为鹿醒宁，按药品说明进行苏醒注射。注射方式一般有肌内注射和静脉注射两种。静脉苏醒作用快，药物用量是肌内注射用量的1/4～1/3，尽可能用肌内注射苏醒，苏醒慢则鹿不容易惊跑，可以防止出血。

（4）锯茸　锯茸工具主要有医用骨锯、工业用铁锯以及木工用刀锯、条锯等，要求条薄齿利。使用前用肥皂水洗刷干净，再用酒精棉擦洗消毒。待鹿只保定后，将接血器皿放在茸根部接茸血。锯茸者一手持锯，另一手握住茸体，从珍珠盘上方2～3厘米处将茸锯下。要求锯茸速度快，防止撕破茸皮，锯口断面必须保持平整并与角冠平行，即残留在角柄上的茸高度一致。

（5）止血　目前，锯茸止血药有七厘散、止血粉、消炎粉和各种中草药配制的复合型止血药。

止血方法：将止血药撒在底物上，如布片、塑料布、牛皮纸等，托于手掌上。当鹿茸锯下后，迅速按在留茬鹿茸断面上（角基锯面），拧按数秒钟，使药物黏附在断面上，令血液凝固止血。对马鹿和产茸量高的梅花鹿，在锯茸前用寸带或草绳将草桩扎紧，锯茸后将止血药压在锯口上，再用塑料布包住锯口，用寸带或草绳系紧，留活扣，绳头留长，鹿自行踩掉或于当天下午或翌日喂鹿时将其取下。

（6）解除保定　有效止血后，应尽快解除保定。机械保定时人员要同时发出放鹿信号，协调一致，鹿站稳后，打开保定器的前方，将鹿放出。药物保定时，按麻醉保定的苏醒方法来解除保定。

（四）鹿茸的初加工

鹿茸加工是养鹿生产的最后环节，其目的是脱水、干燥，保持鹿茸的外形完整，便于贮存、运输和利用。因此，加工水平直接关系到鹿茸的质量和经济效益。国内外现阶段鹿茸加工方法有传统水煮炸法、远红外线微波炉加工法和冷冻干燥法等。鹿茸水煮炸法，其原理是利用热胀冷缩的物理现象来排出鹿茸组织与血管中的血液或水分，加速干燥过程，防止鹿茸腐败变质。具体加工方式有排血茸加工、带血茸加工和砍头茸加工等。

1. 排血茸加工

（1）鹿茸加工前的处理　鹿茸在送入加工室水煮之前，除了进行常规的编号、登记、称重、测尺、栓标之外，还要进行刷洗、排血，以及对破伤茸缝合、固定等处理。

①刷洗　用软毛刷在30～40℃碱水中刷洗，再用清水冲刷，而后将鹿茸锯口朝下，自上而下挤压茸皮，排出皮血。刷洗的目的是去除鹿茸表面的污垢，增强茸表的通透性，利于水分散失。

②排血　用真空泵或注气加压排血法排出鹿茸内的血液。但排血切勿过度，一般见锯口流血沫即可停止。

③淤血处理　在拨鹿锯茸过程中，碰撞茸体而引起局部淤血或茸皮出血，茸皮颜色发暗。处理时将茸放在40～50℃温水中浸泡10～20分钟，或用50℃的湿毛巾热敷。

④存折茸的处理　对愈合的陈旧存折茸，不需要处理。新的存折茸用长针斜向固定，伤口涂以干面粉，绑扎寸带后煮炸。

⑤上夹固定　鹿茸水煮时，为了操作方便，将其固定在茸夹上。亦可用寸带系大虎口处拴带煮炸，而不必上夹。

（2）煮炸加工　在加工中把收茸后第一天的煮炸加工称为第一水，把每水间歇冷凉的先后两次入水煮炸称为第一排水、第二排水，每排水按入水次数又分为若干次，如第一排水的第一次入水、第二次入水等。鹿茸煮炸的时间长短根据鹿的种类、收茸种类、茸重和耐热程度而异（表8-22）。总之，当锯口排出粉白色血沫，茸毛耸立，沟楞清晰，沥水性强，茸头有弹性，并有熟蛋黄香味时，表明茸体已达熟化。

表8-22　排血锯茸煮炸时间

种类	茸鲜重（克）	第一排水		间歇冷凉时间（分钟）	第二排水	
		下水次数	每次时间（秒）		下水次数	每次时间（秒）
梅花鹿二杠茸	1 500～2 000	12～15	35～45	20～25	9～11	40～30
	1 000～1 500	9～12	25～35	15～20	7～9	30～20
	500～1 000	6～9	15～25	10～15	5～7	20～10
梅花鹿三杈茸	3 500～4 500	13～15	40～50	25～30	11～14	50～45
	2 500～3 500	11～13	35～40	20～25	8～11	40～35
	1 500～2 500	7～11	30～35	15～20	5～8	35～25
马鹿茸	4 000～5 000	14～17	50～60	30～35	12～15	60～50
	3 000～4 000	11～14	40～50	25～30	9～12	50～40
	2 000～3 000	8～11	35～40	20～25	6～9	40～30

（3）回水与烘烤　在鹿茸加工中，把经过第一水煮炸加工后2～4天的煮炸统称为回水，依次称为第二水回水、第三水回水、第四水回水等。第一至三水回水应连日进行，第四水回水连日或隔日进行均可。每次回水后均应放入68～73℃恒温箱内烘烤，以防腐消毒，加速干燥。

（4）风干与煮头　经过四水加工后的鹿茸，含水量比鲜茸减少50%以上，此时送到风干室，锯口朝上吊挂风干，吊挂高度为1.5～2.0米。在此期间，应适当进行煮头和烘烤，最初的5～6天每隔1天煮茸头一次，烘烤30分钟左右，以后可根据茸的干燥程度和气候变化情况不定期地煮头烘烤。

2. 带血茸加工 带血茸加工与排血茸加工过程基本相似，但带血茸加工时为了防止茸血流失，应将锯口封住，并且在水煮时不能将锯口没入水内。封锯口的方法是收茸后将茸的锯口朝上立放，在锯口上撒一层面粉，之后烧烙锯口5～8秒，封住血眼。另外带血茸的煮炸加工时间与排血茸也有不同，带血茸的煮炸加工工艺参数见表8-23。

表8-23 带血茸的煮炸加工工艺参数

收茸	马鹿锯茸				梅花鹿锯茸			
	煮炸		烘烤		煮炸		烘烤	
	下水次数	时间（秒）	温度（℃）	时间（分钟）	下水次数	时间（秒）	温度（℃）	时间（分钟）
当天	4	30	70～72	180	3	30	68～70	150
		40				50		
		60				30		
		30						
第二天	3	30	70～72	180	2	30	68～70	150
		40				50		
		30						
第三天	2	40	70～72	150	2	30	68～70	150
		30				50		
第四天	3	30	70～72	180	3	30	68～70	150
		40				40		
		40				50		

3. 砍头茸的加工 砍头茸的加工方法与排血茸基本相同，但是由于砍头茸带部分头骨、头皮，所以重量大，无锯口，排血较难。因此，砍头茸煮炸的时间长、干燥缓慢，加之两次修整头骨、头皮的工序，故较锯茸加工操作更为复杂细致，对技术的要求更高。砍头茸加工工艺参数见表8-24。

表8-24 砍头茸加工工艺参数

种类	鲜茸重（千克）	第一排水		间歇冷凉时间（分钟）	第二排水		间歇冷凉时间（分钟）	第三排水	
		下水次数	每次时间（秒）		下水次数	每次时间（秒）		下水次数	每次时间（秒）
梅花鹿二杠茸	2.05	10～12	30～40	15～20	7～9	35～30	15～20	4～6	20～25
	1.65	6～8	20～30	10～15	5～7	25～20	10～15	3～5	10～15
梅花鹿三杈茸	4～5	13～15	40～50	25～30	10～12	45～40	15～20	5～7	25～30
	3～4	10～13	30～40	20～25	8～10	40～30	10～15	4～6	15～20

（五）微波与远红外线综合加工技术

利用微波与远红外线加工鹿茸，是以我国传统加工方法为基础，综合国内外现代电子技术发展起来的。微波具有穿透性和选择性的加热功能，可使鹿茸内外同时受热，大大缩短了加热时间；远红外线具有很强的热辐射率，能使鹿茸迅速加热，水分快速蒸发，大大提高了工作效率。此项技术仍然没有脱离水煮、烘烤、风干三个步骤。

基本工艺流程：

鲜茸→排血或封口→刷洗茸皮→冷冻保存→微波（解冻）加热→煮炸→冷凉→远红外线或微波加热烘干←→风干←→回水→煮头←→风干→成品茸。

煮炸、回水、风干、煮头等与常规方法相同。由于此项技术可以批量集中加工，新收鹿茸可按类别分别放入−20～−15℃的冷藏柜保存，茸间用清洁塑料布隔开，以免冻结粘连，保存时间以15天为宜。待冻存的鹿茸能满足批量加工时，取出送入微波炉内，进行间歇式或连续照射解冻。批量解冻时，使用微波功率3.5～6.4千瓦，每次可解冻鲜茸25～30千克，间歇照射4～6次，每次2～3分钟，间歇3～5分钟，当茸表温度达15～20℃、茸头有弹性时停止照射。微波加热时，每次可加工鲜茸（含水60%以上）10～15千克，半干鹿茸（含水20%～30%）20～25千克，每次加热2～3分钟，间歇冷凉6～15分钟，加热3～5次，根据茸表及锯口变化灵活掌握，茸表尤其是嘴头、虎口处的温度不宜超过40～50℃，放冷后继续加热。

使用微波时，要注意安全，电源电压不稳或箱内空载不能开机。开机时不能打开加热器内门。待关机后，才能取放加热物品。

远红外线烘烤时，待烤箱预热后，将冷至常温的茸锯口朝上（带血茸）或锯口朝下（排血茸）或平放在木架上，第一至三水温度为68～75℃，烘烤1～3小时，第四至六水为60～65℃，时间可适当延长，具体烘烤温度和时间，要依茸的种类灵活掌握。三杈茸比二杈茸烘烤时间长；带血茸比排血茸烘烤时间长。要经常检查温度，保持恒定。

微波与远红外线综合加工技术可改善作业条件，使加工效率高，茸头饱满、色泽鲜艳，有效成分损失少，成品等级高、质量好。

（六）真空冷冻加工技术

真空冷冻加工技术突破了鹿茸加工中沸水煮炸、高温烘烤、自然风干的传统模式，采用现代生物制品冷冻保鲜真空干燥技术，不仅使鲜茸内的水分在高真空条件下，速冻成冰直接升华脱水，干燥为成品，而且有效地保留了茸体内的活性成分，提高了产品质量。同时将零星分散加工，改成批量加工作业，大大提高了工作效率。

基本工艺流程：

鲜茸→称重登记→常规水煮→冷凉→冷冻保存→真空干燥→成品茸。

鹿茸收获后，常规煮炸2～3次，使茸皮变性固缩，以防减压后茸皮膨胀破裂，洗净冷凉后，−20～−15℃冷冻贮存，以便批量加工。将冷冻干燥箱预冷至−30～−15℃后，把鹿茸放入冻干箱，冷冻2～2.5小时，开始抽真空，使真空度保持在0.67～2.67帕。一般二杠茸经48～60小时，三杈茸经60～72小时即可达到干燥标准。之后，煮头2～3次，即为成品茸。

二、其他鹿产品的加工

（一）鹿茸片的加工方法

鹿茸片（图8-8）的加工方法多样，传统的鹿茸片加工方法分去毛、软化、切片三个步骤。

1. 去毛 用无烟火燎去茸毛，用刀刮净茸表皮的油垢，刮时注意不要损伤茸皮，然后洗净或擦净茸皮。

2. 软化 依茸的种类与形状、茸质的老嫩，将鹿茸截成若干段，去除针眼残次根。梅花鹿三杈茸截成嘴段、眉枝、主干下段。将茸的断端向下浸泡在45°～55°的白酒中，通过毛细作用，使茸被酒润透。然后，在50～60℃的烘箱内加热2～3小时，或用锅蒸，水沸腾后闷1～1.5小时软化。也可放在白酒罐中，经冬季浸泡7～8天，夏季浸泡4～5天后取出，凉2～3天，待挥发一部分水分后切片。

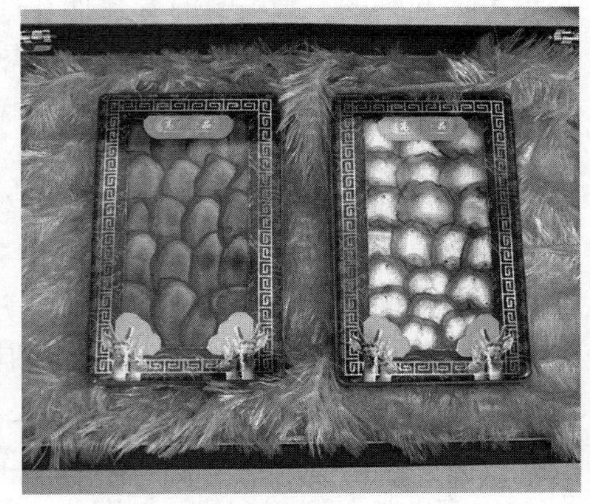

图8-8 鹿茸片

3. 切片 按茸的部位用鹿茸切片机进行切片，分出蜡片、粉片、纱片、骨片等规格，用吸水纸垫压，使其干燥，按规格封装。

（二）鹿胎的加工方法

1. 鹿胎的加工

（1）酒浸 将鹿胎用清水洗净，晾干毛后入60°白酒中浸泡2～3天。

（2）整形 取出酒浸的鹿胎风干2～3小时，将胎儿姿势调整如初生仔鹿卧睡状态，四肢折回压在腹下，头颈弯曲向后，嘴插到左肋下，然后用细麻绳或铁丝固定好。

（3）烘烤 把鹿胎放到高温干燥箱的铁丝网上烘烤，开始时的温度在90～100℃，烘烤2～3小时，当胎儿腹部大时要及时用细竹签或铁针在两肋与腹侧扎眼放出气体和腹水，到接近全熟时暂停烘烤，切不可移动触摸，防止伤皮掉毛。冷凉后取出，放在通风良好处风干，以后风干与烘烤交替进行，直至彻底干燥为止，干胎装木箱内，防止潮湿发霉。

烤鹿胎要求胎形完整不破碎，水蹄明显，皮毛呈深黄色或褐色，纯干、不臭、不焦，具有特殊香气。

2. 鹿胎膏的制作

（1）煎煮 此法是鹿场的传统加工方法。首先用热水浇烫胎儿，摘去胎毛以清水冲洗干净后放入锅内，加水15千克左右进行煎煮。煮至胎儿骨肉分离，胎浆剩4～4.5千克时用纱布过滤到盆里，放到通风良好的阴暗处，低温保存备用，冷却后呈皮冻样。

（2）粉碎 骨与肉分别放到锅内用文火焙炒。头骨与长轴骨可砸碎后再烘烤，至骨肉均已酥黄纯干时粉碎成80～100目的鹿胎粉，称重保存。

（3）煎膏 先将煮胎的原浆入锅煮沸，把胎粉加入搅拌均匀，再加比胎粉重1.5倍的红糖。用文火煎热浓缩，不断搅拌，熬至呈牵缕状不粘手时即可出锅。倒入抹豆油的方瓷盘内，置于阴凉处冷凝后即为鹿胎膏（图8-9）。

图8-9 鹿胎膏

优质鹿胎膏应色黑亮而富有弹性，切面光滑无毛，颗粒与红糖块不发霉变质。有的地区将出生后 3 日龄前未成活的小鹿熬成胎膏，叫乳鹿膏。其制法基本同鹿胎膏。

（三）鹿筋的加工方法

1. 剔筋方法

（1）前肢　在掌骨后侧骨与肌腱中间挑开，挑至跗蹄踵部切断，跗蹄及籽骨留在筋上，沿筋槽向上挑至腕骨上端筋膜终止部切下。前侧的筋也在掌骨前肌腱与骨的中间挑开，向下至蹄冠部带一块长约 5 厘米的皮割断，复向上剔至腕骨上端，沿筋膜终止部割下。

（2）后肢　从跖骨与肌腱中间挑开至跗蹄，再由蹄踵割断，跗蹄与籽骨留在筋上，沿筋槽向上通过根骨直至胫骨肌膜终止处割下。后肢前面从跖骨前与肌腱中间挑开至蹄冠以上，留一块皮肤切断，向上剔至跖骨上端到跗关节以上切开深厚的肌群，至筋膜终止部切下。

2. 刮洗浸泡　剔除四肢骨骼后，把肌腱与所带的肌肉放在清洁的剔筋案上。大块肌肉沿筋膜逐层剥离成小块。凡能连在长筋上的肌肉尽量保留，然后逐块把肌肉的筋膜纵向切开，剔去肌肉切掉腱鞘。将剔好的鹿筋用清水洗 2～3 遍，放入水盆里置于低温阴凉处浸泡 1～2 天。每日早晚各换 1 次水，泡至筋膜内部至无血色的程度，可进行第二次加工，将筋膜上残存的肌肉刮净，再浸泡 1～2 天，用同样方法再刮洗 1 次即告完毕。

3. 挂接烘干　鹿筋通过加工后，在跗蹄和留皮处穿一小孔用树条穿上挂起，把零星小块筋膜分成 8 份，分别附在四肢的 8 根长筋上，接好后 8 根鹿筋的长短、粗细基本一致，整齐美观，阴凉 30 分钟左右，挂到 80～90℃的烘箱内，直至烤干为止。干燥的鹿筋捆成小捆入库保存。要放在通风干燥处，以防潮湿、发霉生虫，应经常检查、晾晒。

鹿筋收购，以筋条粗长、色黄透明、跗部皮根完整、不脱毛、无虫蛀的纯干货为好。

（四）鹿尾的加工方法

将鲜鹿尾用湿麻袋片包上，放在 20℃左右温度下闷 2～3 天，用手拔掉长毛，搓去柔皮，放在凉水中浸泡片刻取出，用镊子和小刀拨净刮光尾皮上的绒毛，去掉尾根残肉和多余尾骨，用线绳缝合尾根皮肤，挂在阴凉处风干；在炎热的夏季为防止腐败，可将鲜鹿尾放在白酒中浸泡 1～2 天，然后再按上法加工。马鹿尾加工时要进行整形，使边缘肥厚，背面隆起，腹面凹陷。

另外，鲜鹿尾也可以用热水浇烫 1～2 次，摘掉尾毛，刮净绒毛和柔皮，缝好尾根，放到烘箱内烘干，加工梅花鹿多用此法。加工后宜盛罐内，少加樟脑以防虫，如出现白霉，可用冷水洗净，冬季可冷冻保存。以冬春季加工的鹿尾较佳，尾根紫红色，有自然皱褶；夏秋季的鹿尾如保存不好常常变成黑色。加工后的鹿尾切成薄片擦油，用微火烤热，呈黄色，磨粉即可药用。

鲜鹿尾毛呈红黄色，尾根有油、肉。母鹿尾体形短粗，公鹿尾体形细长，尾头较尖。

（五）鹿心的加工方法

鹿心加工时需先将血管结扎好，防止心血流失，同时去掉心包膜与心冠脂肪。用 80～100℃的高温连续烘烤，快速干燥，防止其腐败与烤焦。

（六）鹿肝的加工方法

将鲜鹿肝放入沸水中烫几分钟，至针扎不冒血时取出切成薄片，放在70～80℃的烘干箱内烘干。

（七）鹿鞭的加工方法

鹿鞭系由公鹿的阴茎和睾丸部分组成（也称鹿冲）（图8-10）。公鹿被屠宰后，剥皮时取出阴茎和睾丸，用清水洗净。将阴茎拉长连同睾丸钉在木板上，放在通风良好处自然风干。也可用沸水浇烫后入烘箱烘干。加工后的鹿鞭用木箱装好，置于阴凉干燥处保存。

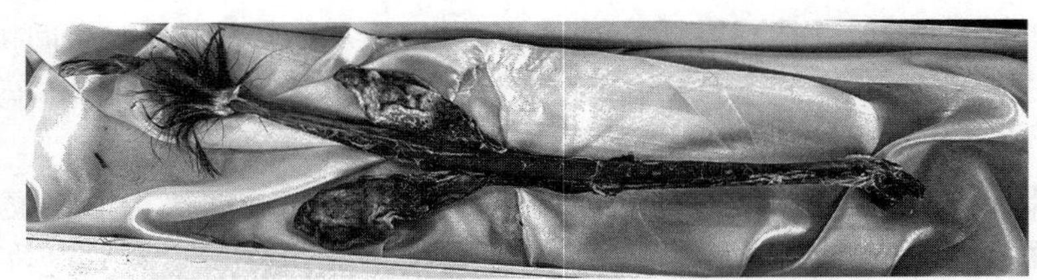

图8-10　鹿鞭

（八）鹿角的加工方法

鹿角分砍角、锯角、自然脱落角和脱盘四种。①砍角、锯角在10月至2月间，将鹿杀死后，连同脑盖骨砍下，或自基部将角锯下，除净残肉，洗净风干；②自然脱角又称退角、解角、掉角，为雄鹿于换角期自然脱落的角；③鹿角花盘又称鹿角脱盘、鹿角帽等，为雄鹿锯茸后留下的残基于翌年脱落的角基。

鹿角胶的制法：将鹿角锯成9～10厘米的小段，或切片或粉碎，置于水中浸3～4天。将泥土洗净，血水净出后，加水以没过鹿角为度。熬24小时后，将提取液以80～100目的筛子滤过（称为头汁）。滤液加矾少许，沉淀数小时，倾取上层清液，残渣与鹿角合并，再加水反复提取3次，至角酥易捏碎时为止。将4次提取液合并浓缩成胶，取出浸入铅制的长盘内约2.7厘米厚，放12小时后取出切成胶片，将胶片平摆在帘子上阴干。隔1天倒1次帘子，约2周即干透。再用白布将胶片擦一层油质，装入盒中。本品一般呈棕红色或棕黄色、半透明胶质。

鹿角霜的制法：鹿角经提炼鹿角胶后剩余变酥的残渣晒干即为鹿角霜。

（九）鹿骨的加工方法

剔净鹿骨上残留皮肉，将骨锯成小段，去骨髓，洗净晾干。

（十）鹿皮的加工方法

鹿皮可制革，也可入药。

1. 制革皮的加工　鹿屠宰后，沿腹中线将胸腹部挑开，沿前后肢内侧沿中线将皮挑开，用钝器将皮剥下，刮净残肉、脂肪，皮板朝上平铺，均匀撒盐，向内折叠，冷冻保存，或自然阴干保存，批量送往制革厂加工。

2. 药用皮的加工　将剥下的皮，刮净残肉、脂肪和毛，用碱水洗涤后，再用清水冲洗，切块，晾干或烘干备用。

主要参考文献

白秀娟，2013. 经济动物生产学［M］. 北京：中国农业出版社.

国家畜禽遗传资源委员会，2012. 中国畜禽遗传资源志　特种畜禽志［M］. 北京：中国农业出版社.

马泽芳，2004. 野生动物驯养学［M］. 哈尔滨：东北林业大学出版社.

钱文熙，李光玉，2018. 茸鹿生产学［M］. 北京：中国农业出版社.

赵世臻，1998. 中国养鹿大成［M］. 北京：中国农业出版社.

郑兴涛，邴国良，2004. 茸鹿饲养新技术［M］. 北京：金盾出版社.

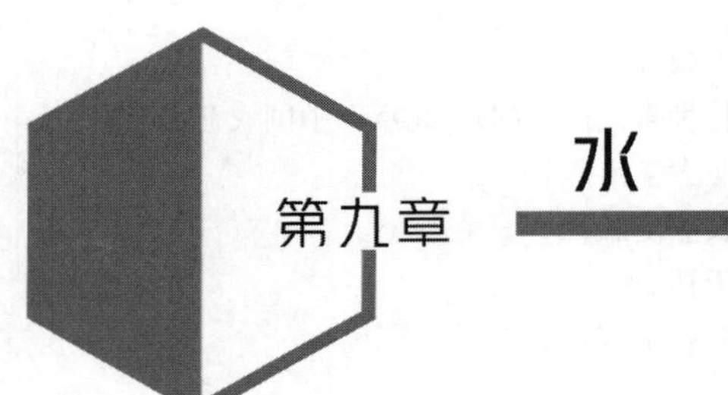

第九章 水 貂

第九章彩图

第一节 品种概述

我国的水貂饲养业始于20世纪50年代，至80年代中期已发展到年出口500万张的规模。进入20世纪90年代以后，水貂皮等珍贵毛皮由统一外贸出口变为放开经营向国内市场销售，因而刺激了水貂养殖业的发展。2000年以后，我国水貂养殖数量急剧增长，目前我国已成为世界上最大的水貂饲养国、进口国和加工国。2019年，受新冠疫情、欧洲禁养风波等多重因素影响，全世界水貂养殖数量锐减。但到2020年，我国水貂养殖总量依然保持在1 000万只左右。同年，农业农村部进一步将水貂、狐、貉纳入《国家畜禽遗传资源目录》，这必将推动国内产能的恢复，为我国水貂产业创造新的发展机遇。

水貂养殖受皮张成熟、低温刺激和饲料因素影响，养殖主要分布于山东、河北、黑龙江、吉林、内蒙古、山西、江苏等14个省（自治区），面积跨度约为467万千米^2。主要养殖区集中在山东、河北、辽宁、黑龙江与吉林省境内，约占全国养殖总量的95%。

一、生物学特征

水貂在动物分类学上属哺乳纲、食肉目、鼬科、鼬属的一种小型珍贵动物。原始品种有美洲水貂（*Mustela vison*）和欧洲水貂（*Mustela lutreola*）两种。现在世界各国人工饲养的具有很高经济价值的均为美洲水貂的后裔。

在野生状态下，水貂主要栖居在河旁、湖畔和小溪边，利用天然洞穴筑巢，巢洞长15～20米，巢内铺有鸟兽羽毛和干草，洞口则开设于有草木的岸边或水下。水貂主要捕捉小型啮齿类、鸟类、爬行类、两栖类、鱼类等，如野兔、野鼠、鸟及鸟蛋、蛇、蛙、鱼以及某些昆虫等。水貂听觉、嗅觉敏锐，活动敏捷，善于游泳和潜水，常在夜间猎取食物，性情凶残孤僻，除交配和哺育仔貂期间外，均独居。

美洲水貂由于原产于高纬度地带，经过漫长的自然选择，使得水貂的繁殖具有明显的季节性。即每年只繁殖1次，2—3月交配，4—5月产仔，一般每胎产仔5～6只。随后9～10月龄性成熟，2～10年内有生殖能力。每年春、秋两季各换毛1次。

二、常见品种

目前，我国主要饲养的水貂品种多为20世纪90年代从丹麦引进的银蓝色水貂（图9-1）、咖啡色水貂（图9-2）和红眼白水貂（图9-3），以及从美国引进的短毛黑水貂。另外，通过引进国外品种，自行培育的品种有吉林白水貂、金州黑色十字水貂、山东黑褐色标准水貂、东北黑褐色标准水貂、米黄色水貂、金州黑色标准水貂等品种，填补了本土水貂品种的空白。这些新品种的培育，极大地改变了我国水貂生产长期依赖国外引种的被动局面。

图9-1 银蓝色水貂

图9-2 咖啡色水貂

图9-3 红眼白水貂

1. 吉林白水貂 又称吉林白貂、红眼白貂。由中国农业科学院吉林特产研究所姜春生等人培育，1982年2月通过吉林省农业厅组织的鉴定。中心培育区位于吉林省吉林市昌邑区左家镇及其周边地区，中心分布在辽宁、山东、河北、内蒙古、黑龙江等地。

该品种是以1956年从丹麦引入的红眼白水貂为父本，以从苏联引入的深咖啡色和黑褐色标准水貂为母本，通过杂交育种和分离提纯两个阶段育成。

2. 金州黑色十字水貂 又称黑十字水貂。由辽宁省畜产进出口公司金州水貂场与辽宁大学生命科学院协作，历经8年培育而成，1980年11月通过辽宁省对外贸易局组织的鉴定。中心培育区在辽宁省大连市金州区。父本为比利时黑色十字水貂，母本为丹麦黑色标准水貂，杂种一代用来自不同母系的黑色十字水貂进行杂交。

3. 山东黑褐色标准水貂 又称山东标准貂。中心产区在山东省及其周边的河北、江苏、河南、天津等地。以瑞典引进的黑褐色水貂为父本，以经风土驯化的从苏联引进的黑褐色水貂为母本，采用级进杂交方法培育而成。

4. 东北黑褐色标准水貂 又称东北标准水貂。由黑龙江省横道河子野生饲养场、辽宁省东北水貂场、黑龙江省泰康野生饲养场、黑龙江省密山野生饲养场，通过20多年的选育形成。中心产区在黑龙江省的牡丹江、哈尔滨；吉林省的吉林、白城；辽宁省的大连、丹东、营口等地。后被推广到山东、河北、山西、宁夏、内蒙古等地。

由从苏联普希金养兽场、谢丹卡养兽场引入的种貂经过风土驯化和选育黑褐色水貂为母本，并由丹麦引进的黑褐色标准水貂作为父本，通过杂交选育而成。

5. 米黄色水貂 又称米黄水貂，源于1958年从苏联普希金养兽场引入的10只种貂。1962年中国农业科学院吉林特产研究所承担了国家下达的提高彩色水貂生活力的试验任务，为提高米黄色水貂的抗病力，选择了从苏联引入的黑褐色水貂为母本，米黄色水貂为父本，通过杂交提高培育而成。中心产区在吉林省吉林市昌邑区左家镇，目前辽宁省大连市及其周边地区饲养量多。在吉林省的白城、松原，辽宁省的丹东、营口、盘锦，河北省的沧州、唐山，黑龙江省的大庆、牡丹江，山东省的威海、烟台、潍坊等地也有少量饲养。

6. 金州黑色标准水貂 又称金州标准水貂。由辽宁省金州水貂公司培育，1999年通过国家畜禽遗传资源管理委员会审定。中心产区在辽宁省大连市金州区，主要在辽宁、山东、河北、吉林、黑龙江等地饲养，山西、宁夏、内蒙古等地也有少量分布。

父本为美国的黑色标准水貂，母本为丹麦的黑色标准水貂，进行级进杂交，子一代与美国黑色标准水貂回交，子二代再行回交，子三代的主要经济性状基本达到育种指标要求，进行横交固定，然后进行扩繁。1995—1998年在吉林、黑龙江、河北、山东、江苏、北京、宁夏等地中试，表现适应性良好、主要经济性状遗传稳定。

7. 明华黑色水貂 由大连明华水貂有限公司培育，2014年通过国家畜禽遗传资源管理委员会审定。育种素材为从美国威斯康星州布赫尔·福瑞水貂养殖场引进的美国短毛黑水貂。父本按照毛绒品质、体型等指标选择；母本按照繁殖性状等指标选择。根据生产和市场需求，结合育种规划，研究制定育种目标，通过个体性状评定、系谱选择和后裔性状评定等方法选择，组建育种核心群，每年分三个阶段（初选、复选和精选）进行选种，选育过程中貂群实行严格闭锁，至2012年底育成“明华黑色水貂”新品种。

8. 名威银蓝水貂 由中国农业科学院吉林特产研究所与大连名威貂业有限公司共同培育，2018年通过国家畜禽遗传资源管理委员会审定。育种素材是从丹麦引进的银蓝水貂。父本以体型为主要选择指标；母本选择指标主要包括体型和繁殖性状。采用群体继代法，通过多地中试试验验证，至2016年底育成“名威银蓝水貂”新品种。

9. 银蓝色水貂 又称银蓝水貂。原产地瑞典，最早在1930年发现突变种，20世纪60年代引入我国，通过风土驯化，表现出了很强的适应性，分布在我国各养貂地区。主要分布区有辽宁、山东、吉林、河北、黑龙江等地。

10. 短毛黑色水貂 又称短毛黑水貂、美国短毛黑水貂。原产于美国中部的威斯康星州。我国于20世纪80年代引入，后推广到辽宁、吉林、山东、河北、黑龙江等地养殖。

第二节 饲养管理

一、场址选择

（一）场址的选择

场址的选择要根据生产规模及发展规划，重点考虑饲料、防疫条件，同时兼顾交通、水、电等设施条件。水貂场一般建在地势较高、地面干燥、背风向阳的地方。另外，由于水貂繁殖和换毛受光周期调节，而光周期的变化和地理纬度有关，所以一般情况下，我国北纬 30°以南地区不适合建场。

（二）养殖场规划

水貂养殖场一般分为生产区、管理区和疫病防治区。生产区包括水貂栋舍、饲料加工室、冷库等；管理区包括职工生活区、办公室及生产资料仓库等；疫病防治区包括兽医室、隔离室等。

从地势和风向来看，一般管理区在上风向和地势较高的地区，之后是生产区，疫病防治区一般处于下风向和地势较低处。为了防止疫病传播，疫病防治区与生产区间隔不少于 300 米，并且疾病防治区的污水和废弃物要严格处理，防止疫病蔓延。

（三）栋舍及笼箱设计

水貂的栋舍是安放笼箱的简易建筑，有遮挡雨雪及防止阳光暴晒的作用。栋舍一般由石棉瓦、钢筋、水泥和木材等材料构成（图 9－4）。水貂的标准栋舍一般长 50～100 米，宽 3.5～4 米，高 1.5～1.8 米，栋舍之间的距离为 3.5～4 米。

貂笼（图 9－5）是水貂活动、采食、交配和排便的场所。现在市场上有许多专业制作养貂的电镀笼可以定制。笼的规格为 30 厘米×46 厘米×90 厘米（长×宽×高）。水貂笼网眼要小于 2.5 厘米^2，笼要尽量大一些，有利于提高水貂的生产性能，满足动物福利的要求。

图 9－4　水貂栋舍

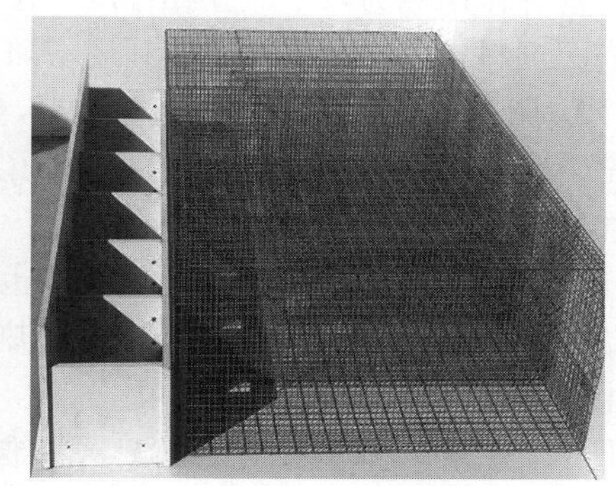

图 9－5　水貂笼和窝箱

窝箱（图 9－5）是水貂休息、产仔和哺乳的场所。小室可以由木材、胶合板、粗纸板、塑料或其他材料制成。窝箱规格为 31.5 厘米×27.5 厘米×20 厘米（长×宽×高）。铺垫材料可以是干草、稻草、亚麻、切碎的秸秆、柔软的刨花或类似材料，这些材料具有不同的隔热性能。窝箱盖要能够自由开启，方便观察和抓貂。种貂的窝箱在出入口必须备有插门，以便于产仔检查、隔离母貂。窝箱出入口要设高出小室底 5～10 厘米的挡板，防止仔貂爬出。

笼箱一般离地面 40 厘米以上，笼与笼的间距为 5～10 厘米，以免水貂相互咬伤。笼箱应装有自动饮水设备及加热设备，以保证水貂在冬季的充足饮水。

二、营养与饲料

（一）水貂的营养需求

水貂的营养需求主要有水分、蛋白质、脂肪、碳水化合物。

1. 水分 是水貂不可缺少的营养物质。水貂缺水比缺乏食物反应更敏感，更易引起死亡。水是机体中多种物质的溶剂。大多数营养物质必须溶于水后才能被机体吸收和利用。同时，水貂生命活动过程中产生的代谢废物，只能溶于水并通过水溶液的形式排出体外。水可直接参与机体中各种生物化学反应，可调节体温。人工养殖水貂必须保证供给充足、清洁的饮水。

2. 蛋白质 在水貂的营养上具有特殊的意义，它是构成水貂机体各种组织的主要成分，其作用是脂肪和碳水化合物所不能取代的。在生命活动中，各种组织需要蛋白质来修补和更新；精子和卵子的产生需要蛋白质；新陈代谢过程中所需要的酶、激素、色素和抗体，也主要由蛋白质构成。此外，在日粮中缺乏碳水化合物和脂肪而热量不足时，体内蛋白质也可以分解氧化产生热量；日粮中蛋白质多余时，还可以在肝脏、血液和肌肉中贮存，或转化为脂肪贮存，以便营养不足时利用。

蛋白质营养价值的高低，主要取决于其氨基酸特别是必需氨基酸的数量和比例。含有全部必需氨基酸的蛋白质，营养价值高，称为全价蛋白质；只含有部分必需氨基酸的蛋白质称为非全价蛋白质。绝大多数饲料中蛋白质的必需氨基酸是不完全的，所以，日粮中饲料种类单一时，蛋白质的利用率不高。当2种以上饲料混合搭配时，所含的不同氨基酸就会彼此补充，使日粮中的必需氨基酸趋于完全，从而提高饲料蛋白质的利用率和营养价值，这种作用称为氨基酸互补作用。在水貂的饲养生产中，可利用氨基酸的互补作用，合理搭配饲料，以提高蛋白质的利用率和营养价值。

3. 脂肪 是构成机体的必需成分，如生殖细胞中的线粒体、高尔基体的组成成分主要是磷脂。神经组织中含有大量的卵磷脂和脑磷脂，血液中含各种脂肪，皮肤和被毛中含有大量的中性脂肪、磷脂、胆固醇等。

脂肪是动物体热能的主要来源，也是能量的最好贮存形式。每克脂肪在体内完全氧化，可产生约39千焦（9.3千卡）的热量，比碳水化合物高2.25倍。脂肪参与机体的许多生理活动，如消化、吸收、内分泌、外分泌等；脂肪还是维生素A、维生素D、维生素E、维生素K等的良好溶剂，这些维生素的吸收和运输都依赖于脂肪的参与。

脂肪酸是构成脂肪的重要成分，它可以分为饱和脂肪酸和不饱和脂肪酸两大类。饱和脂肪酸的化学性质较稳定，所构成的脂肪熔点高，碘化值低，不容易被氧化，常温下呈固体状态。不饱和脂肪酸化学性质极不稳定，在脂肪中含量越高，则脂肪的熔点越低，碘化值越高，越容易氧化变质。

动物体生命活动所必需、但体内又不能合成或不能大量合成、必须从饲料中获得的不饱和脂肪酸，称为必需脂肪酸。在水貂的饲料中，亚麻二烯酸、亚麻酸和二十碳四烯酸是必需脂肪酸。实践证明，在水貂繁殖期日粮中不仅要注意蛋白质含量，对脂肪也不能忽视。必需脂肪酸与必需氨基酸一样重要。

脂肪极易氧化酸败，酸败的脂肪对水貂机体危害很大。脂肪的氧化酸败是在贮存过程中所发生的复杂化学反应过程，其酸败的脂肪和分解产物（过氧化物、醛类、酮类、低分子脂肪酸等）对水貂的健康十分有害。这些分解产物会直接作用于水貂的消化道黏膜，使整个小肠发炎，造成严重的消化障碍。酸败的脂肪分解物破坏饲料中的多种维生素，使幼龄水貂食欲减退，生长发育缓慢或停滞，严重地破坏皮肤健康，出现脓肿或皮疹，降低毛皮质量。尤其水貂在妊娠期对酸败的脂肪更为敏感，会造成死胎、烂胎、产弱仔及产仔母貂缺乳等不良后果。因此，在饲料贮存过程中，要特别注意防止脂肪的氧化酸败。

4. 碳水化合物 大部分用于提供能量，剩余部分则在体内转化成脂肪贮存起来，作为能量储备。碳水化合物虽不能转化为蛋白质，但合理地增加碳水化合物饲料可以减少蛋白质的分解，具有节省蛋白质的作用。在日粮中碳水化合物过多，对水貂不但无益，而且有害。因为，碳水化合物增多，日粮蛋白质的含量则会相应降低，对水貂的生长发育不利。

（二）常用饲料

水貂是肉食性动物，常用的饲料原料主要是动物性饲料、植物性饲料和添加剂类饲料三大类。

1. 动物性饲料 水貂常用的动物性饲料包括鱼类、动物副产品、鱼粉、肉骨粉和血粉等。鱼类主要是海杂鱼和淡水鱼。鱼类饲料蛋白质含量较高，脂肪也较丰富，其消化率很高、适口性较好。另外，多种海杂鱼搭配还能起到氨基酸互补的作用，可以提高饲料的全价性。在水貂的日粮中海杂鱼占整个动物性饲料的70%。

动物副产品主要包括鱼副产品（鱼排、鱼头）和畜禽副产品（鸡头、鸡骨架、鸡肝、鸡肠等）。这类饲料由于含有矿物质和结缔组织较多，因此蛋白消化率会略低，灰分较高，在日粮中可以适当利用。

2. 植物性饲料 水貂常用的植物性饲料有膨化玉米粉、膨化小麦粉、膨化大豆、豆饼和豆粕等。水貂肠道较短，而植物性饲料的适口性和消化率都有局限性，因此多采用熟化的方法饲喂，即经过膨化或蒸煮等方法加工后，来提高植物性饲料的适口性和消化吸收率。

3. 添加剂类饲料 添加剂是指在饲料生产加工、使用过程中添加少量或微量的物质，如维生素、矿物质、氨基酸以及酶制剂和微生态制剂。维生素是低分子的有机物，虽然日粮中含量很少，但是对动物正常的生命活动是不可缺少的，仅少量即可维持机体的新陈代谢、繁殖和生存。饲料和动物体内的矿物质多以盐的形式存在，少量以有机物合成的形式存在。矿物质也参与维持机体中各组织的机能，不仅是构成动物体组织的原料，也是维持细胞和体液平衡、构成辅基和辅酶不可缺少的物质。氨基酸是组成蛋白质的基本单位，日粮中的氨基酸不但能促进动物快速生长、发育，一些含硫的氨基酸对毛皮质量、色素形成、针毛和绒毛的生长都有特别重要的意义。

除了营养性添加剂外，还有一类非营养性添加剂，包括酶制剂和微生态制剂。酶制剂是一种以酶为主要功能因子的饲料添加剂，主要有植酸酶制剂和复合酶制剂两类。微生态制剂又称益菌素，是调节微生态失调、保持微生态平衡、提高宿主健康水平的微生物及其代谢产物和选择性促进宿主正常菌群生长的物质制剂的总称，包括益生菌和促进益生菌生长的益生元。

三、饲养管理要点

（一）准备配种期的饲养管理

1. 准备配种期的饲养

（1）准备配种前期（9—10月） 由于气温逐渐下降，水貂食欲旺盛，为使种貂安全越冬和为性器官发育提供营养物质，应适当增加日粮标准，提高水貂的肥度。在此期日粮中，首先要保证有充足的可消化蛋白质并供给富含蛋氨酸和半胱氨酸的蛋白质饲料。

（2）准备配种中期（11—12月） 我国北方各貂场已进入严寒的冬季。此期的饲养主要是维持营养，保持肥度，促进生殖器官发育。饲料中最好增加少量的脂肪，同时，要添加鱼肝油和维生素E等。

（3）准备配种后期（1—2月） 此期主要是调整营养，平衡体况。如不适当控制营养平衡，肥瘦不匀，势必对配种甚至全年生产造成不利的影响。因此，日粮标准要比前、中期稍低，适当减少日粮体积，促进种貂运动。为了防止种貂过肥，脂肪可适当地减少，并要保持各种维生素的添加。如果此期供给种公貂全价蛋白质饲料（鸡蛋、牛乳、肝脏、脑等），可明显提高其精子活力。

2. 准备配种期的管理

（1）防寒保暖 为使种貂能够安全越冬，从10月开始应在小室中添加柔软的垫草。气温越低，小室中的垫草越要充足，并要保证勤换垫草，经常清除小室内的粪、尿，以防垫草湿污、气候寒冷而导致水貂感冒或患肺炎死亡。

（2）保证饮水 每天要饮水一次，严寒的冬季可用清洁的碎冰或撒雪代替。

（3）加强运动 运动能增强水貂的体质，消除其体内过多的脂肪，同时也起到增加光照的作用。经常运动的公貂，精液品质好，配种能力强；母貂则发情正常，配种顺利。因此，在每天喂食前，可用食物或工具隔笼逗引水貂，使其进行追随运动。

（4）调整体况 种貂的体况与繁殖力之间有着密切的关系，过肥或过瘦都会严重地影响繁殖。

（二）配种期的饲养管理

水貂的配种期是在2月下旬至3月中旬（图9-6）。此期由于受性活动的影响，水貂的食欲有所减退。另外，公貂每天要排出大量的精液，母貂要多次排卵，频繁的放对和交配使种貂特别是公貂的营养及体力消耗加大。因此，配种期饲养管理的中心任务，就是使公貂具有旺盛的性欲，保持持久的配种能力，确保母貂顺利达成交配，并保证配种质量。

图9-6 水貂配种

1. 配种期的饲养 此期要供给公貂质量好、营养丰富、适口性强和易于消化的日粮，以保证其具有旺盛持久的配种能力和良好的精液品质。日粮中要含有足够的全价蛋白质及维生素A、维生素D、维生素E、维生素B族。为弥补公貂配种的体质消耗，通常在中午要用优质的饲料补饲一次，如果公貂中午不愿吃食，可将这些饲料加入夜晚饲料中以免浪费。母貂的日粮也要求有足够的全价蛋白质和维生素，以防止由于忙于配种而将母貂养得过肥或过瘦。

2. 配种期的管理

（1）科学地安排配种进度 根据母貂发情的具体情况，选用合适的配种方式，提高复配率，并应使最后一次交配结束在配种旺期。

（2）区别发情与发病　由于性冲动，使水貂的食欲减退，因此要注意观察，正确区别发情与发病。水貂发情时，每天都要采食饲料，性行为正常，有强烈的求偶表现；病貂往往完全拒食，精神萎靡，被毛蓬松，粪便不正常。如发现病貂，应及时治疗。

（3）添加垫草　要随时保证有充足的垫草，以防寒保温，特别是温差比较大时更应注意，以防水貂感冒或发生肺炎。

（4）加强饮水　要满足水貂对饮水的需要（尤其是公貂，每次交配后都极度口渴需要饮水），应给予充足的饮水。

（三）妊娠期的饲养管理

妊娠期的母貂，新陈代谢旺盛，营养需要是全年最高的时期。除维持自身生命活动外，还要为春季换毛、胎儿的生长发育及产后泌乳提供营养，所以此期要充分满足水貂对各种营养物质的需要，提供安静舒适的环境，确保胎儿正常发育。如果饲养管理不当，会造成胚胎被吸收、死胎、烂胎、流产或娩出后的仔貂生命力不强，给生产上造成重大的经济损失。

1. 妊娠期的饲养

（1）饲料品质要新鲜　此期必须保证饲料品质新鲜，严禁喂给水貂腐败变质或贮存时间过长的饲料，日粮中不应搭配经激素处理过的畜禽肉及其副产品，以及动物的胎盘、乳房、睾丸和带有甲状腺的气管等。

（2）饲料营养成分要完全　饲料种类要多样化，通过多种饲料混合搭配，保证营养成分的全价。妊娠母貂对各种营养物质的需要，尤其是对全价蛋白质中的必需氨基酸、必需脂肪酸、维生素和矿物质的需要更为重要。

（3）饲料适口性要强　饲料适口性不高会引起妊娠母貂食欲减退，影响胎儿的正常发育。因此，在拟定日粮时，要多利用新鲜的生动物性饲料，采取多种饲料搭配，避免饲料种类突然大幅改变。

（4）喂量要适当　妊娠期日粮由于饲料质量好、营养全价、适口性强，母貂采食旺盛，易造成体况过肥，所以要适当控制喂量，要根据妊娠的进程逐步地提高营养水平，以保持良好的食欲和中上等体况为主。母貂过肥，易出现难产、产后缺乳和胎儿发育不均匀；母貂过瘦，则由于营养不足，胎儿发育受阻，易出现妊娠中断、产弱仔以及母貂缺乳、换毛推迟等。

2. 妊娠期的管理

（1）注意观察　主要观察母貂的食欲、行为，以及体况和消化的变化。正常的妊娠母貂，食欲旺盛，粪便正常呈条状，并常仰卧晒太阳。如果发现母貂食欲不振、粪便异常等，要立即查找病因，及时采取措施加以解决。

（2）加强饮水　妊娠期母貂饮水量增多，必须保证水盒内经常有清洁的饮水。

（3）保持安静，防止惊吓　饲养员喂食或清除粪便时，要小心谨慎，不要在场内乱串、喧哗，谢绝参观。

（4）做好卫生防疫　妊娠期是多种微生物复苏的季节，也是各种疾病开始流行的时期，所以必须做好笼舍、食具、饲料和环境的卫生。小室垫草应勤换，笼舍要不积存粪便。食碗、水盒要定期消毒。

（四）产仔哺乳期的饲养管理

从母貂产仔到仔貂断奶分窝的一段时间是产仔哺乳期（4 月末到 6 月下旬）。这一时期的中心任务是提高仔貂的成活率，保证仔貂生长发育。仔貂生长发育的好坏，主要取决于母貂的泌乳能力，而产仔哺乳期日粮的饲料组成则是影响母貂泌乳量的主要因素。因此，要使母貂能够正常泌乳，提高泌乳量和延长泌乳时间，就应给予营养全价的日粮，增加催乳饲料。另外，水貂产仔数较多，往往一胎所产的仔貂数量超出本身的抚养能力，因此，要提高仔貂成活率，还必须对仔貂加强人工护理。

1. 产仔哺乳期的饲养　日粮要维持妊娠期的水平，尽可能使动物性饲料的种类不要有太大的变动。为了促进母貂泌乳（图 9－7），应增加牛羊乳和蛋类等营养全价的蛋白质饲料，并适当增加脂肪的含量，如含脂率高的新鲜动物性饲料，或加入植物油、动物脂肪以及肉汤等。

图 9－7　水貂哺乳

母貂产后 2～3 天，食欲不振，应减量饲喂；随着母貂食欲好转，则饲料要逐渐增加，在不剩食的原则下，根据胎产仔数和仔貂的日龄区别对待。仔貂开始采食后（20 日龄）后，饲喂量除保证母貂的需要外，还应满足仔貂的需要，所以应继续增加饲喂量。

2. 产仔哺乳期的管理

（1）及时发现难产母貂　母貂难产时，表现徘徊不安，在小室外来回奔走，经常呈蹲坐排粪姿势，舔舐外阴部；有时虽有羊水、恶露流出，但不见胎儿娩出；有的出现胎儿嵌于生殖孔长时间不能娩出。此时应肌内注射催产素（每千克体重 0.5～0.6 国际单位），间隔 2 小时再注射 1 次，经 3 小时后仍不见胎儿挽出，可进行人工助产。人工助产的方法是：将母貂仰卧保定，先将外阴部消毒，后将甘油滴入阴道内，助产者随母貂的分娩努责，轻轻地从阴道内将胎儿拉出。第一个胎儿拉出后，可将母貂放入窝箱内，让其自产。对从阴道拉出来的仔貂，要立即擦净鼻孔和口角的黏液，并进行人工呼吸。

（2）产后检查　产仔母貂排出黑色煤焦油样粪便 2 小时后，即可对仔貂进行第一次检查。

（五）育成期的饲养管理

仔貂到 40～45 日龄时开始断奶分窝，分窝后至取皮是仔貂的育成期。7—8 月仔貂生长发育迅速，是骨骼、内脏器官生长发育最快的时期，此期饲养管理的正确与否，直接影响水貂体型的大小和皮张的幅度，通常把这段时间称为育成前期；9—12 月仔貂体重继续增长，同时冬季毛被迅速生长发育，这段时间称为育成后期或冬毛生长期。

1. 育成前期的饲养管理

（1）仔貂的饲养　断奶分窝后的前 2 周，可以继续喂给仔貂产仔期（哺乳期）的饲料。当达到 2 月龄时，每天要增加供给可消化蛋白质，日粮中动物性饲料不得少于 60%，并保证多种饲料搭配使用。育成前期是生长的关键时期，随着日龄的增长，饲喂量逐渐增加。

（2）仔貂的管理

①仔貂分窝　分窝时间主要依据仔貂生长发育情况、母貂的泌乳能力和体况而定。过

早分窝，仔貂尚未完全具备独立生活的能力，会导致其发育不良甚至死亡；分窝过晚，易造成仔貂互相争食咬斗，影响母貂和仔貂的健康。仔貂一般在 40～45 日龄时分窝为宜，如果仔貂发育不均衡，母貂体质尚好，可分批分窝，将体质好、采食能力强的仔貂先行分窝，体小、较弱的继续留给母貂抚养一段时间。分窝时先将同性别的 2～3 只仔貂放在一个笼里饲养，1 周后再分开单笼饲养（不许拖延）。分窝前，对仔貂笼舍进行一次全面洗刷和消毒，在窝箱内铺絮干燥的垫草。在分窝时应做好系谱登记工作。

②加强卫生，预防疾病　此期正值夏季，预防疾病尤为重要。要把好饲料质量关，保证饲料新鲜、清洁，绝不喂酸败变质的饲料。饲料加工用具和食具等，每次用过之后都要及时洗净和定期消毒。每天要打扫棚舍和小室，清除粪便和剩食。

③做好防暑工作　夏季天气炎热，阳光长时间直射容易导致仔貂中暑。中暑一般发生在貂棚西侧，因而应在貂棚西侧安装遮阳物，如帘子等。同时，必须供给仔貂充足的饮水，每天最少要饮水 3 次。

④疫苗接种　一般在 6 月末至 7 月初仔貂断奶后 3 周时，分别注射犬瘟热疫苗和病毒性肠炎疫苗。

⑤预防母貂乳腺炎　刚离乳的几天应减少母貂的饲料供给量，注意观察母貂乳房，防止淤滞性乳腺炎的发生。

3. 育成后期的饲养管理

（1）仔貂营养需要特点　仔貂从 40～45 日龄分窝后至 9 月末为育成期。育成期，由于营养物质和能量在体内以动态平衡的方式积累，使机体组织细胞在数量上迅速增加，使仔貂得以迅速生长和发育，尤其是在 40～80 日龄期间，是仔貂生长发育最快的阶段。此时仔貂新陈代谢极为旺盛，同化作用大于异化作用，蛋白质代谢呈正平衡状态，即摄入氮总量大于排出氮总量。因此，对各种营养物质尤其对蛋白质、矿物质和维生素的需要极为迫切。

（2）仔貂的饲养　育成期时值酷暑盛夏，要严防水貂因采食变质饲料而出现各种疾患。因此，除从采购、运输、贮存、加工等各环节紧把饲料品质关外，还必须有合理的饲喂制度。此期每天一般喂 2～3 次，早晚饲喂的间隔时间要尽量长些，每次饲喂后 1 小时保证仔貂吃完饲料，如吃不完也应及早撤出食物。这是育成期减少仔貂发病死亡的有效措施。

母貂经妊娠、产仔、泌乳的营养消耗，此期体况普遍下降，部分母貂已达枯瘦状态而出现授乳症。故在分窝后 10～20 天仍应按泌乳期日粮标准饲养，对患授乳症的母貂应在饲料中加入 0.4%～0.5%的食盐，并加喂肝脏、酵母、维生素 B_6、维生素 B_{12} 和叶酸，以使其尽快恢复体质。否则，母貂夏季死亡率增高，翌年繁殖亦受影响。

（3）仔貂的管理

①做好初选，以窝为单位，初步选留种貂。

②做好卫生防疫，饲料加工工具和食具要每天刷洗和定期消毒，保持饲料室和貂舍内的清洁卫生，以预防胃肠炎、下痢、脂肪组织炎、中毒等疾患。

③及时供给充足的饮水，及时赶醒在阳光下睡觉的水貂，加强通风，预防中暑。

（六）冬毛生长期的饲养管理

1. 冬毛生长期的生理特点　进入 9 月，水貂由主要生长骨骼和内脏转为主要生长肌肉，沉积脂肪，同时随着秋分以后的日照周期变化，将陆续脱掉夏毛，长出冬毛。此时，水貂新陈代谢水平仍较高，蛋白质代谢仍呈正平衡状态。

2. 冬毛生长期的饲养 在目前的水貂生产中，比较普遍地存在着忽视水貂冬毛生长期饲养的弊病。不少貂场企图降低成本，而在此期间采用低劣、品种单调、品质不好的动物性饲料，甚至以大量的谷物代替动物性饲料饲养皮貂，结果因机体营养不良，导致大批水貂出现带有夏毛、毛峰勾曲、底绒空疏、毛绒缠结、枯干凌乱、后裆缺针、食毛症、自咬病等现象，将严重降低毛皮质量，减少生产单位的经济效益。

3. 冬毛生长期的管理

（1）水貂生长冬毛是短日照反应，因此在一般饲养中，应将水貂养在较暗的棚舍里，避免阳光直接照射，以保护毛绒中的色素。

（2）从秋分开始换毛以后，应在小室中添加少量垫草，以起到自然梳毛的作用。同时，要做好笼舍卫生，及时维检笼舍，防止污物沾染毛绒或锐利刺物损伤毛绒。添喂饲料时勿将饲料沾在水貂身上。10 月应检查换毛情况，遇有绒毛缠结的现象应及时活体梳毛。

第三节　繁殖育种

一、繁殖

水貂的繁殖特性十分特殊，受光周期季节性变化的影响，一年中仅在 2 月末至 7 月中下旬的特定时间段发情、配种、妊娠和分娩。

1. 水貂繁殖的神经激素调节 水貂生殖的生理活动是相当复杂的。而这些生殖生理活动都是在神经系统和内分泌系统的支配下进行的。影响水貂繁殖的诸多外界刺激，通过视觉、听觉等经传入神经传给中枢神经，再经中枢神经传给丘脑下部。丘脑下部将来自神经中枢的冲动，通过垂体门脉系统转为内分泌活动。从而通过神经、激素的作用调节水貂生殖过程。

水貂内分泌活动是生殖生理活动的重要组成部分。尤其是生殖激素，其直接参与和影响水貂生殖机能。

2. 水貂生殖的季节性 无论公貂或母貂，它们的生殖系统和生殖机能都随着季节发生规律性的变化，这就是水貂在生殖方面的季节性。

（1）公貂生殖器官的季节性变化　4—11 月时，公貂睾丸的体积和重量与 12 月至翌年 3 月相比，相对缩减，处于相对静止状态，公貂没有性欲。自春分后，随着光照时间的增加，睾丸开始逐渐萎缩，即进入退化期；而秋分后，随着光照时长的缩短，睾丸又开始发育，但初期发育迟缓，冬至以后发育迅速。

（2）母貂生殖器官的季节性变化　母貂的卵巢具有明显的季节性变化。秋分后，卵巢逐渐发育，到配种期卵巢和卵泡增至最大，母貂出现发情和求偶现象。7—12 月，成年和育成母貂输卵管的重量很小，2 月下旬重量达到最大，妊娠之后又逐渐减轻。母貂的阴门在 1 月出现轻微的肿胀，2 月下旬变化更明显，3 月上中旬 90% 以上母貂呈现发情表现，阴门肿胀或裂开，此后逐渐缩小（图 9-8）。

图 9-8　发情期母貂外阴

二、育种

水貂的育种是通过对种群进行不断优选，以使群体中的个体更接近特定的选育目标。优良的性状只有通过不断的选择才能得到巩固和提高。水貂选种一般分为初选、复选和终选，一般初选由饲养员进行，复选由技术人员负责，终选定群由技术场长、专业皮张鉴定人员或专业育种人员把关（图9-9）。

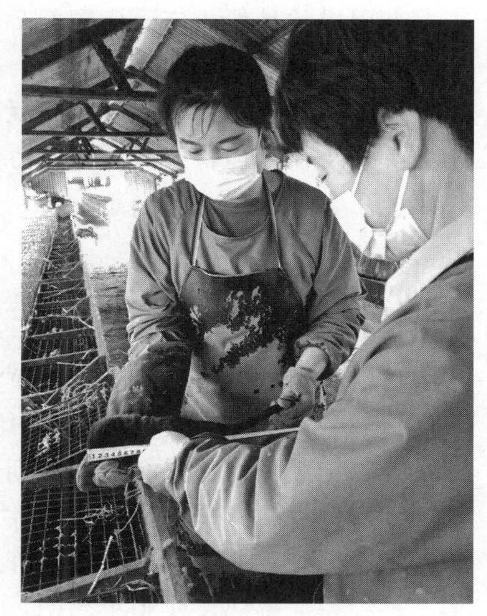

图9-9　水貂选种

1. 初选阶段（6—7月）　对成年公貂根据其配种能力、精液品质；对成年母貂根据其产仔数、泌乳量、母性、后代成活数，都要进行一次初选。一般在5月7日以前，以发育正常、采食早、谱系清楚的仔貂作为初选对象。初选数量要比实际留种数量多25%～40%。

2. 复选阶段（9—10月）　根据生长发育、体型大小、体重高低、体质强弱、毛绒色泽和毛绒质量、换毛迟早等，对成年貂和仔貂逐只进行选择。复选数量要比实际留种量多10%～20%。

3. 终选阶段（11月）　在取皮前，根据毛绒品质（包括颜色、光泽、长度、细度、密度、弹性、分布等）、体型大小、体质类型、体况肥瘦、健康状况、繁殖能力、系谱情况等综合指标，逐只仔细观察鉴别。对选留的种貂，要统一编号，建立系谱，登记入册。

关于种貂群体的年龄比例，一般2～4岁的成年貂应占70%左右，当年仔貂不宜超过30%。这样有利于稳定生产。

第四节　疾病防治

一、消毒与防疫

防治水貂的疾病，必须贯彻“防重于治”的原则，否则一旦发生疫病，将对生产造成严重的损失。应严格执行消毒和卫生防疫的具体措施，严防疾病的发生和传播。

（一）消毒

消毒是预防或扑灭传染病的重要措施之一。所以养殖场应经常进行预防性的消毒，避免和控制传染病的发生和蔓延。

1. 养殖场内设施的消毒　定期对全场进行预防性消毒，分别安排在配种前、产仔前和取皮后实行。场地清扫后，先用喷雾消毒，笼舍用火焰消毒。另外，每天需要对饲料加工设备和打食车进行清洗和消毒。

2. 外来人员的消毒　外来人员进场参观时，应在生产区门口放置消毒槽，以便进行鞋底消毒。在进生产场区参观时，必须穿戴防护服和鞋套。

（二）预防接种

分别于分窝和留种时对仔貂和种貂进行皮下疫苗接种，增加其特异性的免疫力。主要接种的疫苗有犬瘟热疫苗、病毒性肠炎疫苗及出血性肺炎疫苗。

（三）检疫

新引进的种貂，应隔离饲养 2 周以上，或经过检疫后，确认健康无病才可以混群。所有的饲料原料都应从非疫区购买，确保库房和冷库卫生，以及食品新鲜、未发生变质。

严禁其他动物进入生产区或混养在场内，以防交叉感染。病死个体笼舍要及时进行消毒处理，动物尸体检查完后要进行焚烧或深埋处理。剖检用具要进行消毒。

二、常见疾病的防治

1. 犬瘟热

【病原】水貂犬瘟热是由副黏病毒感染引起水貂的一种急性、热性、高度接触性传染病，该病是目前珍贵毛皮动物的重大传染病之一。

【症状】主要症状包括：双相热型，即体温两次升高达 40℃，两次发热之间间隔几天无热期；结膜炎，从最初的流泪到分泌黏液性和脓性眼眵、鼻镜干燥至干裂，病初流浆液性鼻汁，以后鼻液呈黏液性或脓性；皮肤上皮细胞发炎、角化并出现皮屑；脚垫发炎、肿胀，增厚变硬；肛门肿胀外翻；阵发性咳嗽；腹泻，便中带血；抽搐、运动失调，后躯麻痹。神经型犬瘟热多发生于病初，一般都是未按免疫程序接种或首次暴发犬瘟热的貂群感染该病。

【诊断】根据体温升高和热型、浆液性和化脓性结膜炎及鼻炎、皮肤和爪垫的炎症变化，结合呼吸系统和消化系统的变化（咳嗽和血便）进行诊断。

【防治】定期接种犬瘟热疫苗，每年于仔貂断奶后 15～21 天连同老貂接种 1 次，于 12 月末至翌年 1 月 15 日之间对种貂接种 1 次；防止疫苗在保存和运输时解冻，疫苗在使用前用凉水解冻，解冻后的疫苗一次性用完，疫苗颜色变黄或出现混浊要弃掉，免疫剂量按产品说明使用；一旦发生犬瘟热时，立即使用干扰素、转移因子、免疫球蛋白等注射 3 天，48 小时后再用 2～3 倍正常免疫剂量的疫苗接种，用抗生素控制肠炎和肺炎。

2. 细小病毒性肠炎

【病原】细小病毒性肠炎是由细小病毒感染引起的以剧烈腹泻、排肠黏膜和管型粪便、迅速消瘦脱水、白细胞减少为特征的急性传染病。

【症状】病初水貂排灰色、黄色、绿色粪便，3～5 天后排粉色和红色粪便，在排出的粪便中常见到管型样粪便（由肠黏膜、纤维蛋白、血细胞、黏液组成），此为细小病毒性肠炎的特征性临床症状。病貂迅速消瘦脱水，被毛蓬乱无光，最后死于中毒、心肌炎及合并感染。

【诊断】根据重度腹泻和排肠黏膜及管型粪便，以及肠道的出血炎症变化，可进行诊断。

【防治】每年定期接种水貂肠炎细小病毒病疫苗。每年的 7—9 月是细小病毒病易流行期，因而一定要防止饲料腐败和酸败，加强环境消毒，除蝇。当发生该病感染时，使用 2 倍免疫剂量的疫苗紧急接种，同时连续 3 天注射转移因子，用广谱抗生素控制细菌继发感染；长期的细菌性腹泻可诱发病毒性腹泻，因此必须选择肠道菌高敏感药物及时治疗以大肠杆菌感染为主的腹泻。治疗时可使用高免血清、干扰素和中草药制剂，同时要控制心肌炎的发生。

3. 水貂阿留申病

【病原】 水貂阿留申病是由阿留申病毒感染引起的一种慢性传染病，也称为水貂免疫缺陷性疾病，迄今为止水貂阿留申病的免疫仍未解决。

【症状】 病貂渐进性消瘦；渴欲明显增加，因而临床有暴饮现象，即患貂趴在水盒上狂饮或啃冰（冬季）；鼻镜长期干燥；可视黏膜贫血；齿龈、软腭、硬腭黏膜有出血点或溃疡；排煤焦油样粪便；嗜睡、常处于半昏睡状态；肢体运动不灵活，呈麻痹症状；被毛无光泽。妊娠母貂空怀、流产；种公貂性欲明显降低，死精或精子活力极低。

【诊断】 根据病貂出现慢性或渐近性消瘦；饮水量明显增加或暴饮或长时间啃冰；排黑色或煤焦油样粪便；口腔黏膜和爪垫皮肤苍白，齿龈有出血点；尿道口周围被毛常呈黏湿状；精神高度沉郁，常呈睡眠状；肢体呈麻痹状态；肾呈灰白色，表面有出血点；肝肿大，颜色淡或呈黄褐色；全身淋巴结肿大，呈灰白色或灰褐色，可进行诊断。

【防治】 每年的9—10月对预留种貂采血，用对流免疫电泳诊断方法检测，阳性（感染）貂严格淘汰，如此坚持数年，可达到基本净化的目的。北美和北欧的一些国家也主要采取对流免疫电泳（CIEP）和酶联免疫吸附试验（ELISA）方法连续数年检测，几乎达到了净化该病的目的。给水貂创造一个好的生存条件，提高群体健康水平和免疫力，及时淘汰临床感染貂，对引进种貂严格检疫，加强场区消毒等也是预防该病发生的有效措施。

4. 水貂出血性肺炎

【病原】 水貂出血性肺炎又称水貂假单孢菌肺炎，是由绿脓杆菌感染引起的一种急性、败血性传染病，以病貂呼吸困难、鼻孔流血、突发性死亡为主要临床特征。

【症状】 病貂突然发病，呼吸高度困难，后肢有不同程度的麻痹，常从鼻孔流出泡沫样鲜红的血液，公貂比母貂发病率高，病程一般不超过24小时。死后剖检以整个肺的弥散性出血和红色肝样变为主要特征。

【诊断】 根据病貂发病时间在8—9月，突发性死亡，死亡前鼻孔流血，剖检时肺严重出血，以及绿脓杆菌培养时产生绿色、红色和褐色色素来确诊。

【防治】 水貂秋季换毛时，由于毛中有绿脓杆菌，毛到处飞扬时可污染饲料和饮水，此时的气温也适合绿脓杆菌繁殖，因而极易感染导致暴发流行。此时的饮水和环境消毒尤其重要。当发生该菌感染时，使用妥布霉素、庆大霉素、多黏菌素B等敏感药物全群投服预防和治疗。

5. 水貂流行性腹泻

【病原】 水貂流行性腹泻又称水貂流行性卡他性胃肠炎，以流行性腹泻、卡他性肠炎为特点，发病水貂排出混有血液、黏液的粪便。

【症状】 病貂精神浓郁，食欲废绝，被毛蓬乱；呕吐、腹泻，排出稀软或水样粪便，病初粪便呈绿色、灰白色、灰黄色，后期转为黑红黏稠，内有血液和脱落黏膜；机体迅速脱水，体质下降、消瘦。

【诊断】 目前，病因不确定，主要依靠临床诊断和病理诊断。以病貂出现流行性腹泻，排出绿色、灰白色、灰黄色，甚至是黑红黏稠稀便进行诊断。该病发病率高，但死亡率低。

【防治】 该病主要多发于9—11月，气候突变、卫生条件差、饲料密度大都可以诱发该病。目前该病无有效治疗措施，使用干扰素有一定的治疗作用。一旦发生该病，发病水貂及时隔离，严格消毒，加强粪便管理，改善饲料结构和品质。可以用发病水貂脏器制备灭活疫苗免疫水貂，可有效控制该病发生。

6. 附红细胞体病

【病原】 水貂附红细胞体为附着在血细胞表面的多形态结构，电镜下呈环形、圆形。

【症状】 水貂一年四季均可发病，高温高湿季节发病率高，吸血昆虫为传播媒介，也可经胎盘垂直传播。潜伏期6～10天，有时长达40天；病貂体温升高到40℃；鼻端干燥，精神较差，便秘，呼吸局促，消瘦。死后剖检，肺脏有血斑，肝脏肿胀、有出血斑，脾脏肿大，肾出血严重。

【诊断】 依靠流行病学特点、临床症状及病理变化可初步诊断。血液涂片、染色，可以通过显微镜观察血细胞变形找到虫体，即可确诊。

【防治】 应减少各种应激反应，加强饲养管理，注意消毒，全群预防性投药，用药包括强力霉素粉、土霉素或四环素。

第五节　产品及其加工

一、主要产品

水貂毛皮成熟通常在小雪到大雪（11月下旬至12月上旬）前后，但具体成熟时间受环境、营养、品种、性别、年龄等条件影响，营养水平高，毛皮成熟早。高纬度地区比低纬度地区成熟早，受此影响，皮张成熟时间依次是黑龙江、吉林、辽宁、山东。例如，大连地区的貂皮在11月下旬到12月上旬成熟；老貂比仔貂成熟早，母貂比公貂成熟早；不同色型也有一定差别，通常彩貂毛皮成熟较标准貂早。因此，具体打皮时间要根据毛皮检验判断成熟程度后确定。

二、产品加工

水貂皮张加工的流程如下所示：

处死→剥皮→刮油、去肉→洗皮→上楦→干燥→下楦→整理毛皮。

1. 处死　根据动物福利要求，对水貂处死时要减少动物的痛苦，禁止野蛮屠宰和活剥皮，并且不损伤皮肤及毛被，不淤血，不污染毛被和环境。

目前，水貂处死广泛采用的方法是CO和CO_2窒息，该方法主要利用汽车尾气中CO、CO_2、碳氢化合物、氮氧化合物、铅及硫氧化合物等，可以迅速导致动物缺氧、中毒死亡。在死亡过程中没有明显的痛苦挣扎反应，达到了安乐死的目的。丹麦动物福利立法要求必须对关在箱子内的水貂进行监控，农场主可以自己制作或购买箱子。当使用CO或CO_2窒息法时，确保第一只水貂进入箱子时里面充满气体。这样，水貂会在15～25秒失去意识，45秒左右死亡。当确认所有水貂都死亡后，才能打开箱子。

另外，少量农场还在使用药物处死的方法，普遍使用氯化琥珀胆碱（司克林、琥珀司克林）注射致死。氯化琥珀胆碱是一种肌肉松弛剂，通过神经传导阻滞，使肌肉收缩失调，一定剂量使呼吸肌麻痹造成窒息死亡。处死速度快，不污染毛被，无痛苦，达到了安乐死的目的。

2. 剥皮

（1）剪断前爪和后爪　由于前、后爪在毛皮上没有用途且影响剥离四肢和刮油，因此应该剪除，通常用剪刀在腕关节处剪断前爪。

（2）挑裆和三角区　挑后裆是剥皮的重要步骤。将左、右后爪固定，用挑刀或激光刀从掌部下刀，沿着背腹毛的分界线通过三角区前缘挑到对侧。肛门及母貂外阴称三角区。用挑刀或激光刀从尾根分别沿三角区两侧挑到后裆线，使三角区和皮肤分离。

这两步切割十分重要，将决定最终皮张的面积，也为之后能够顺利完成整个扒皮过程做好准备。现在，所有的切割都由机器完成，农场主只需要知道如何将水貂的身体放在机器上，如何能够让机器完成最好的切割。

（3）剥离后肢和尾骨　将大腿皮肤与肉分离，用力快速猛拉，即可将后肢皮剥下。将尾根固定于尾叉上，用刀或机器沿尾部切开，便可抽出尾骨。抽出尾骨的尾是管状，从尾的腹面挑开至尾尖即可。

（4）剥离前肢及头部　后肢切割完成后，将前肢和头部的皮张从身体上剥离。当剥离到耳部时，要用刀进行切割，避免用力过大形成空洞。然后要对眼睛、嘴唇和鼻子部位进行切割，考虑到随后的拉伸工作，要尽可能不对嘴唇和鼻子造成损伤。

3. 刮油、去肉　就是将皮下脂肪、肌肉及结缔组织去除。刮油的好坏将决定水貂毛皮是否能长时间保存以及保存的效果好坏。如果脂肪残留在皮板上，将有氧化（脂肪因氧化而腐烂）和脂肪泄漏的风险。这些问题都会影响皮张的价值，并且不利于之后的硝染工作。当进行硝染时，皮板面会迅速染污，形成氧化的补丁状结构。一般在颈部、肩部和前腿下部易残留脂肪。

皮张刮完油后可以进行冷冻处理。另外，在冷冻前需要对皮张上的污物进行清扫。由于冷冻处理有可能会出现风干现象，所以在冷冻时需要小心处理，可将干报纸垫在袋内，鲜皮的解冻也必须在密封的袋内进行。

4. 洗皮　洗皮是通过滚筒清洗皮板和毛被上的油污，使皮板清洁，毛绒洁净、灵活、光亮。从处死车内取出水貂尸体后应立即检查皮张的损伤情况，以及无光泽、弄脏的毛皮和腹部。如果有类似皮张，要立即进行清洗。清洗不能弥补所有的缺陷，但能使影响最小化。清洗时必须要用热水，不能添加任何发蓝的添加剂。清洗后，悬挂晾干，之后滚筒干燥。如果动物不进行冲洗，从安乐箱内取出后要马上放入滚筒进行滚动。

处死和滚筒滚动后，要将尸体摆成一排进行晾晒、冷却。冷却可以避免身体过多的脱毛。随着农场规模变大，冷却工作量也随之增大。农场主如果需要将动物运往专门的剥皮机构，切记要充分冷却。在一些大型的农场，有专门的冷却系统，可以让动物机体快速冷却。

5. 上楦　是将皮板套于易脱板上，进行适当拉伸、固定的过程。洗皮后要及时上楦和干燥，其目的是使原料按商品规格要求整形，防止干燥时因收缩和折皱而造成毛皮干燥不均、发霉、压折、掉毛和裂痕等损伤。上楦时要注意水貂性别，分别用公、母貂专用易脱板上楦（图 9－10）。

图 9－10　上楦的貂皮

（1）手动上楦法　将洗好的皮毛朝外套在易脱板上，将头部及两前肢拉正，再将两前腿翻入里侧，使露出的腿口和全身毛面平齐；固定背面将两耳拉平，尽量拉长头部（可拉长约1厘米），再拉臀部，尽量使皮拉长到接近的档级刻度（但不要过分拉长，以免毛稀板薄）；然后将尾基部和臀边缘处固定。拉皮时，严禁拉皮张的躯干部，禁止用手抓毛拉皮；固定尾部，两手按住尾部，从尾根开始横向抻展尾部皮板拉直展平后固定；固定腹面将腹部拉平，使之与背面长度平齐，展宽两后肢板面，使两腿平直紧靠，然后固定。

（2）机器上楦法　农场主必须全面了解使用机器的原理，知道如何放置皮张才能获得最佳的效果。一旦皮张放在机器上，启动之后将没有任何机会做出调整和改变。不管哪种方法进行拉伸，都推荐使用长的内包装袋。拉伸会让水貂的眼睛和耳朵在皮张的一侧，后背线和拉伸线都是直的。在干燥板上的后背和腹部必须均匀向下拉伸，与此同时侧面也要向下拉伸，这样后缘才是直的、均匀的。皮张在腹部应该是闭合的。因为皮张能够回缩，在拉伸过程中腹部轻微张开的皮张，在干燥的过程应该张开更多一些。在拉伸过程中，必须确保皮张固定正确，这样在干燥过程中才不会回缩，如何固定取决于所使用机器的系统。拉伸结束后，可以在皮张晾晒前在毛面上刷一些水。

6. 干燥　鲜皮含水量很高，易腐烂或闷板，故须采用一定方法进行干燥处理。以前的干燥系统，气体向着皮张的底部进行吹风。干燥室内的温度为18～20℃，湿度为55%。公貂皮干燥时间为3.5～4天，母貂皮为2.5～3天。

新的干燥系统，气体是从下往上沿着皮张吹风。干燥时间公貂皮为65～70小时，母貂皮为45～50小时。随着皮张面积的增大，空气量也要随之增加。干燥是为了将皮张上的水分吹走，屋内水分的排出就显得尤其重要。为了保证空气流通效果，必须要用减湿器、干燥机，以及空气循环机。

皮张彻底干燥十分重要，有利于下一步的保存工作。干燥过快会让皮张感觉很干但并不柔软。另外，干燥过快容易在皮张内存有水分，不利于保存。干燥好的貂皮应感到轻柔，抖动时发出"劈啪"的响声，如有的皮张发软（特别是颈部），应将其重新上到干燥的楦板上再风干。干燥皮张时要避免高温（严禁超过28℃）或强光照射，更不能让皮张靠近火炉等热源，以防皮板胶化而影响其利用价值。

主要参考文献

刘晓颖，2009. 水貂养殖新技术［M］. 北京：中国农业出版社.

荣敏，2015. 养貂技术简单学［M］. 北京：中国农业科学技术出版社.

佟煜仁，张志明，2009. 图说：毛皮动物毛色遗传及繁育新技术［M］. 北京：金盾出版社.

涂剑锋，荣敏，2020. 明华黑色水貂［M］. 北京：中国农业出版社.

易立，2016. 图说毛皮动物疾病诊［M］. 北京：机械工业出版社.

张伟，徐艳春，华彦，等，2011. 毛皮学［M］. 哈尔滨：东北林业大学出版社.

Dam-Tuxen R，Dahl J，Jensen T H，et al，2014. Diagnosing Aleutian mink disease infection by a new fully automated ELISA or by counter current immunoelectrophoresis：a comparison of sensitivity and specificity［J］. Journal of Virological Methods，199：53-60.

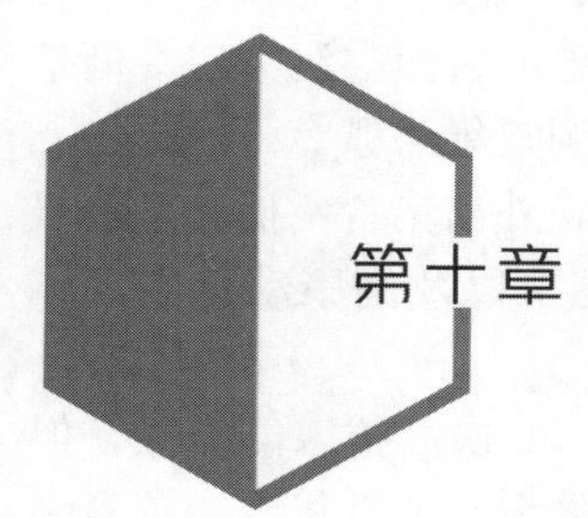

第十章 狐

第十章彩图

第一节 品种概述

狐狸（以下简称“狐”）是许多国家广泛饲养的一种珍贵的毛皮动物，其被毛柔软丰厚，色泽艳丽，皮板轻柔，御寒性强。从其皮张特点分类上看，狐皮属于大毛细皮品种，在国际裘皮市场上占有重要地位。我国在1956年，由苏联引入银黑狐和北极狐，20世纪50年代后期发展较快，年产狐皮6 000～7 000张；但60年代后世界上开始流行短毛裘皮服装，冲击了养狐业；到80年代，世界上又开始流行长毛裘皮服装，我国又重新进口种狐。1989年，国际毛皮市场衰落及国内市场疲软，使养狐业滑坡，1992年秋才出现了转机。1995年后，狐皮价格持续上涨，刺激了国内养狐业的发展；1997年，狐皮产量创当时历史最高纪录。1998年，亚洲金融危机的影响，狐皮价格又开始下滑，直到2000年的下半年，随着亚洲经济开始复苏，养狐业开始出现转机，至2004年全国种狐数量达到了150多万只。

受国际经济的影响，国内的皮草业出现产能过剩、供大于求的状况。2013年，狐皮产量达到973万张，2016年后，中国皮草行业销售收入开始下降，截至2018年中国皮草行业市场销售收入下降为770.32亿元，较2017年同比下降17.7%，市场需求继续下降。近几年随着派克类服装的流行，狐皮和貉皮用皮量出现增长，中国狐皮数量达1 739万张左右，与2017年统计数量相比增长了23.33%，从2013年到2018年取皮数量情况看，呈起伏状态。2018年，我国狐取皮数量最大省份为山东，约占全国狐皮总量的43.4%；河北位居第二位，约占21.3%；黑龙江位居第三位，约占16.2%。三个省份的狐皮数量约占全国狐皮总量的80.8%。

一、生物学特征

1. 分类 狐在动物分类学上属于哺乳纲（Mammalia）、食肉目（Carnivoraes）、犬科（Canidae）动物。其广泛分布于亚洲、欧洲、北美洲、非洲。分为两个属：狐属和北极狐属。

人工饲养的狐主要有银黑狐（又称银狐）和北极狐（又称蓝狐），它们分别属于狐属和北极狐属。此外还有40多种不同色型的彩狐。彩狐是银黑狐、赤狐和蓝狐在野生状态下或人工饲养条件下的毛色突变种，包括珍珠狐、大理石狐、白金狐、琥珀狐、巧克力狐、蓝宝石狐、白色北极狐、银蓝狐（蓝霜狐）等，以其独特的皮张色彩特点在裘皮市场上备受消费者青睐。

2. 生活习性

（1）穴居　野生狐栖居地广，常栖居在森林、草原、半沙漠、丘陵、荒地和丛林，有河流、溪谷、湖泊的地方，常以树洞、石礁、土穴、石缝、古墓地的自然空洞为穴。栖息地的隐蔽程度较好，轻易不会被发现。集群生活，曾发现有一个洞穴集居狐 20～30 只。

（2）食性　狐是肉食性动物，食性较杂，一般野生状态下傍晚外出觅食，捕食各种鼠类、野兔、鱼、蛙、蜥蜴、蚌、虾、蟹、蚯蚓、鸟类及其卵、昆虫以及健康动物的尸体等，有时也采食浆果植物。

（3）习性　狐体温在 38.8～39.6℃，呼吸频率为每分钟 21～30 次。抗寒能力强，但不耐热，汗腺不发达，主要依靠张口伸舌和快速呼吸的方式调节体温。狐性机警，狡猾多疑，昼伏夜出，行动敏捷，善于奔跑，听觉、嗅觉敏锐，记忆力强，有贮食性，以伏击的方式猎取食物，以戏耍的方式接近猎物。狐还有一个奇怪的行为：一只狐跳进鸡舍，把十几只小鸡全部咬死，最后仅叼走一只。狐还常常在暴风雨之夜，闯入黑头鸥的栖息地，把数十只鸟全部杀死，竟一只不吃，一只不带走，空“手”而归。这种行为被称为“杀过”。

（4）换毛　每年换毛 1 次，每年的 3—4 月开始从头部、前肢由前向后换毛，7—8 月冬毛基本全部脱完，新的针绒毛生长，11 月形成长而厚的被毛。狐的换毛首先从头、颈和前肢开始，接着是两肋、背部和腹部，最后脱换臀部和尾毛。毛皮成熟度主要依据被毛的色泽、粗细度、密度、长度、柔软灵活性以及皮板的颜色、厚度、强度等指标进行鉴定。

（5）寿命　野生状态下银黑狐的寿命一般为 10～12 年，生殖年限为 6～7 年，最佳为 2～5 年；赤狐的寿命一般为 10～14 年，生殖年限为 6～8 年；北极狐的寿命一般为 8～10 年，生殖年限为 5～6 年，最佳为 2～4 年。

二、常见品种

世界上野生狐属种类较多，分布较广，目前已知的野生种类有 11 种（赤狐、沙狐、敏狐、藏狐、耳廓狐、阿富汗狐、南非狐、孟加拉狐、苍狐、吕佩尔狐、草原狐），其中赤狐、沙狐、藏狐三种分布于我国。

北极狐属的代表就是北极狐，又名蓝狐，原产于亚洲、欧洲、北美洲北部高纬度地区，北冰洋与西伯利亚南部均有分布，即阿留申、阿拉斯加、普列比洛夫、北千岛、格陵兰岛等地和西伯利亚南部。

狐外形与犬相似，颜面部狭窄，吻尖，身体纤瘦，毛长且厚，尾梢呈白色，尾粗且长，毛密而蓬松。狐全身具有长长的针毛和柔软纤细的底层绒毛，通常毛色呈浓艳的红褐色或高贵的白色。狐耳部及腿部为黑色，耳很尖，大多数狐耳大、直立、呈三角形。不同种类的狐颜色不同。狐的眼睛能够适应黑暗，瞳孔椭圆、发亮。狐具有敏锐的视觉、嗅觉和听觉。大部分狐躯体都具有刺鼻的味道，是因肛部两侧各有一腺囊，能释放奇特臭味，称“狐臭”。

图 10－1　赤狐

1. 赤狐（*Vulpes vulpes*）　狐属中分布最广、数量最多的一种（图 10－1），国内也称为草狐、红狐、狐或狐狸。赤狐体重5～8千克，体长60～90厘米，体高40～50厘米，尾长40～60厘米。赤狐体形纤长，脸颊长，四肢短小，嘴尖耳直立，尾较长。赤狐的毛色变异幅度很大，标准者头、躯、尾呈红棕色，腹部毛色较淡呈黄白色，四肢毛呈淡褐色或棕色，尾尖呈白色。

赤狐国内有5个亚种分布：蒙新亚种（*Vulpes vulpes karagan*）、西藏亚种（*Vulpes vulpes montana*）、华南亚种（*Vulpes vulpes hoole*）、东北亚种（*Vulpes vulpes dauriea*）、华北亚种（*Vulpes vulpes tschiliensis*）。

2. 沙狐（*Vulpes corsac*） 沙狐是典型的狐属动物，为中国狐属中体型最小者。四肢和耳比赤狐略小。毛色呈浅沙褐色或浅棕灰色，带有明显花白色调。背部浅银灰色或红灰色，腹部白杂黄色，下颌白色，全身皮毛厚而软，耳大而尖，耳根宽阔。体长50～60厘米（不含尾部），尾长25～35厘米。主要分布在内蒙古的呼伦贝尔市、青海、甘肃、宁夏、新疆等地。国内分布有2个亚种：指名亚种（*Vulpes corsac corsac*）、北疆亚种（*Vulpes vulpes turkmrnica*）。

3. 藏狐（*Vulpes ferrillata*） 体型大小与赤狐相近，头体长49～65厘米，尾长25～30厘米，后足长11～14厘米，耳长5.2～6.3厘米，颅全长13.8～15.0厘米；体重3.8～4.6千克。背部呈褐红色，腹部白色；体侧有浅灰色宽带；与背部和腹部明显区分。藏狐有明显的窄淡红色鼻吻，头冠、颈、背部、四肢下部为浅红色。耳小，耳后茶色，耳内白色；下腹部为淡白色到淡灰色。尾蓬松，除尾尖呈白色外其余呈灰色。尾长小于头体长的50%。上颌骨狭窄，牙齿发达，犬齿较长，眶前孔的前缘到吻尖的距离长于左右臼齿间的宽度。栖息于海拔达2 000～5 200米的高山草甸、高山草原、荒漠草原和山地的半干旱到干旱地区。主要分布于云南、西藏、青海、甘肃。国外见于尼泊尔，无亚种分化。昼行性，独居，但也可见繁殖期与幼崽在一起的家庭群。藏狐主要在早晨和傍晚活动，但也有在全天的其他时间活动。洞穴建于大岩石基部、老的河岸线、低坡以及其他类似地点。巢穴有1～4个出口，洞口直径为25～35厘米。

4. 银黑狐（*Vulpes fulvna*） 又称银狐（图10-2），嘴尖、眼圆、耳长，四肢细长，尾巴蓬松且长。是北美赤狐（*Vulpes fuivna*）的一个毛色突变色型，原产于北美大陆的北部和西伯利亚的东部地区，分东部银黑狐和阿拉斯加银黑狐两种，是目前人工养殖狐属动物最多的一种。目前，野生银黑狐比较少见。银黑狐因其部分针毛呈白色，而另一些针毛毛根与毛尖是黑色，针毛中部呈银白色而得名。体型稍大于蓝狐，吻部、双耳背部和四肢毛色为黑褐色。体长60～75厘米，体重5.5～8.0千克。

图10-2 银黑狐

5. 北极狐（*Alopex lagopus*） 又称蓝狐，体型略小于银黑狐，吻部较短，耳宽而圆，嘴圆长，四肢短小，体态圆胖，被毛丰厚。体色有两种，一种是浅蓝色，且常年保持这种颜色，但毛色变异也较大，可以从浅蓝至深褐（图10-3）；另一种是冬季被毛呈白色（图10-4），其他季节被毛颜色较深。成年公狐体长55～75厘米，尾长25～30厘米，体重 5.5～7.5 千克；母狐体长 45～70 厘米，尾长 25～30 厘米，体重 4.5～6 千克。蓝狐体长 60～70 厘米，尾长 25～30 厘米。

图 10-3　浅蓝色北极狐

图 10-4　白色北极狐

北极狐人工养殖历史较早，而且因繁殖率较高的特点，一直受到养殖者的青睐，在我国有很大的饲养量。其毛色变异较多，是彩色狐育种的主要基因库。人工饲养狐体重与体长的比较见表 10-1。

表 10-1　人工饲养狐体重与体长的比较

狐种	体重（千克）	体长（厘米）	
		公	母
赤狐	5.0～8.0	60～90	50～75
银黑狐	5.5～8.0	60～70	57～65
北极狐	4.5～7.5	55～75	45～70
芬兰狐	15～20	80～90	65～70

第二节　饲养管理

狐在野外生存时，可根据自身的生命需要选择栖息地和食物，而在人工饲养过程中，其饲料和生活条件完全由人类提供。人工饲养环境是否合适，提供的饲料是否能满足其生长发育的需求，对狐的生命活动、生长、繁殖和毛皮生产影响极大。因此，必须根据狐的生物学特性及生长发育特性，进行科学有效的管理，才能提高狐的生产力。

一、场址选择

狐场是作为人工饲养狐的场所，是狐生活的重要外界环境条件之一。场址的建筑布局合理与否，直接影响今后的生产发展。因此，建场前一定要认真勘察，全面规划。

狐场应建造在地势高燥、平坦、排水良好、水源充足、水质优良、有良好的饲料基地以及通风向阳的地方，应远离（至少 500 米）交通主干道、村镇、工厂及其他养畜场。养狐场应根据本地区的主风向进行布局，饲料加工室、笼舍建在上风向，兽医室、皮张加工室和粪便处理场设在下风向。生活区和生产区必须严格分开。笼舍之间要保证一定距离，以坐北朝南为宜。为了便于冲洗消毒，笼舍下的地面要求用水泥粉刷。笼舍上下、里外应保持干燥、洁净，笼舍下的粪、尿应及时清扫，保持良好的环境卫生。

二、营养与饲料

（一）狐的消化特点

（1）狐门齿短而小，犬齿长且尖锐，臼齿结构复杂，比较适合撕裂肉类，不善于咀嚼，因此狐采食时以吞咽为主。

（2）狐消化道较短，因此食物通过消化道的速度较快。银黑狐消化道长仅是体长的3.5倍，北极狐消化道长约是体长的4.3倍。狐消化道容积为500～1 200毫升，食物在体内存留时间较短，因此人工饲喂时宜少喂勤添。

（3）狐的消化腺比较发达，能够分泌大量的蛋白酶和脂肪酶，对动物性蛋白质和脂肪的消化能力均很强。但淀粉酶分泌量较少，对谷物性食物消化能力差。北极狐对脂肪的分解吸收能力比银黑狐要高。因此，北极狐较银黑狐略肥。

（4）狐的盲肠出现退化，只剩下4厘米左右的遗痕。微生物的辅助消化作用很小，因此狐对植物纤维的消化能力较低。

（二）狐的营养需要

狐的营养需要是指每只狐每天对能量、蛋白质、矿物质和维生素等养分的需要。它包括维持需要和生产需要两部分。其中，维持需要是指狐为了维持体温、呼吸、循环等最基本的生命活动，自由运动、体温调节、体内各种养分处于收支平衡状态下，而不进行生产，即在维持状态下对能量、蛋白质、矿物质、维生素等营养物质的需要量。维持需要也是狐进行生产的前提条件，因为只有在维持需要得到满足后，多余的营养物质才能用于狐生长、换毛和产仔等需要。

1. 能量需要　狐在生长前期（断奶到16周龄）生长迅速，公狐日增重可达60克左右，母狐日增重大约为55克。在供给能量时，要充分考虑其生长特点。母狐妊娠期的能量供应，对胎儿的生长发育有明显的影响，妊娠后期的能量供应则影响泌乳期的泌乳量。

2. 蛋白质需要　蛋白质是一切生命活动的物质基础。狐机体中一切细胞组织结构和重要生命活动都离不开蛋白质，这些蛋白质全部由饲料提供。维持蛋白质需要，是指在非生产状态下，狐为了维持最基本的生命活动所需要的蛋白质的最低供应量。

3. 维生素需要　狐对维生素的缺乏或不足十分敏感。维生素是一组化学结构不同、营养和生理功能各异的小分子有机化合物，主要功能是在体内控制和调节代谢。研究结果表明，在幼狐生长期，日粮中添加维生素 B_{12} 对其生长发育有明显的促进作用；日粮中不饱和脂肪酸含量高时，需提高维生素E的供给量。

4. 矿物质需要　矿物质元素在狐机体内的物质代谢中起重要的作用，有的矿物质元素作为机体的结构物质，有的则是体内活性物质。矿物质一般由饲料供给，不足者由矿物质添加剂补足。

（三）狐饲料

狐可利用的饲料种类广泛，根据饲料来源，可粗略地分为动物性饲料、植物性饲料、添加剂类饲料三大类。

1. 动物性饲料

（1）鱼类　中国海域广阔，沿海地区、内陆江河、湖泊及水库出产大量的鱼类，其中有许多小杂鱼可用来饲喂狐。一般鱼肉含蛋白质15%～20%，鱼肉蛋白质的利用率高达90%左右，比家禽的肉更细嫩，更易消化吸收，脂肪含量平均为1%～3%。鱼肉的矿物质含量为1%～2%，其中以磷的含量最高，钙、钠、氯、钾、镁等含量也较多。

（2）肉类　畜禽肉类是营养价值很高的全价蛋白质饲料。肉的种类繁多，适口性强，来源广泛，可消化蛋白质占18%～20%，生物价高。新鲜的肉类应生喂，但被污染、不新鲜的肉应熟喂，用雌激素处理过的肉类不能使用，否则会引起狐内分泌机能失调，影响其受孕率、产仔率，甚至全群受配不孕。肉类在日粮中可占动物性饲料的15%～20%，最多不超过动物性饲料的50%。

（3）畜禽及鱼的副产品　畜禽及鱼的副产品饲料也可用来满足狐部分蛋白质的需要。这类饲料中除心脏、肝脏、肾脏外，大部分蛋白质消化率较低，生物学价值不高。原因是结缔组织和无机盐含量高，某些氨基酸含量过低或比例不当。

（4）乳类　包括牛乳、羊乳、马乳、脱脂乳和乳粉等。乳类营养丰富，是狐的优质饲料。鲜乳一般含水量在87%～89%，含蛋白质在3.5%～4.7%，乳糖占4.5%～5%，矿物质占0.60%～0.75%，含有适量的维生素A、维生素D、维生素B_1等。

（5）蛋类　主要是家禽的蛋，包括鸡蛋、鸭蛋、鹅蛋等，以鸡蛋为主要的动物性饲料。蛋类属于高营养饲料，几乎含有狐必需的所有营养成分。蛋类含粗蛋白14%左右，以卵白蛋白和卵磷蛋白为主，其中赖氨酸和蛋氨酸含量丰富，属于完全蛋白质。

（6）干制动物性饲料　常用动物性饲料有干鱼、鱼粉、肉粉、肉骨粉、肝渣粉、血粉、蛋粉、蚕蛹粉等。

2. 植物性饲料　适宜饲喂狐的植物性饲料主要有农作物籽实类饲料、籽实类加工副产品饲料、果蔬类饲料等。

（1）谷物类饲料　玉米、高粱、小麦、大麦等作物都属于谷物类饲料。其中玉米、高粱、小麦、大麦等，含有70%～80%的碳水化合物（主要是淀粉），其消化率高达91%～96%。狐对生谷物淀粉的消化率很低，如对生玉米的消化率仅为74%左右，而对熟制后的玉米消化率可达91%以上，所以谷物类饲料在应用时，要求彻底粉碎，蒸（煮）熟后饲喂。

（2）豆类饲料　豆类饲料有两类，一类是高脂肪、高蛋白的油料籽实，如大豆、花生等，一般不直接用作饲料；另一类是高碳水化合物、高蛋白的豆类，如豌豆、蚕豆等。豆类籽实中粗蛋白质含量较谷实类丰富，一般为20%～40%，且赖氨酸和蛋氨酸的含量较高，品质好，优于其他植物性饲料。

大豆是狐植物性蛋白质的重要来源，且蛋白质中含有一定的必需氨基酸，豆类饲料中含有一定的脂肪物质。一般把大豆粉与肉类、玉米粉混合应用，这样饲养效果较好，豆类饲料在日粮的谷物饲料中占20%～25%，最多不超过30%，原因是其中含有的脂肪会引起狐消化不良。

（3）油料作物　主要包括油菜、花生、向日葵、亚麻籽、芝麻等。在狐生长期添加适量油料作物，能提高毛皮质量和增强毛被光泽度。

（4）谷物类加工副产品　包括禾本科谷物的糠麸、油料作物的油渣、油饼等。日粮中的谷物类饲料占15%～20%。应特别注意：农作物籽实类饲料及其加工副产品饲料在饲用时，一定要晒干且要妥善保存，以确保其不发霉变质，否则极易引发狐消化不良、消化道疾病或中毒。特别是妊娠母狐，会因饲料霉变而流产，或被胚胎吸收而产生死胎或烂胎现象。

（5）果蔬类饲料　主要包括蔬菜、野菜、块状根茎及瓜果类饲料。这类饲料含水分大，一般高达60%～90%；体积大，单位重量含养分少，营养价值低，消化能仅为1.25～2.51兆焦/千克，因而单纯以青绿饲料为日粮不能满足狐的能量需要；粗蛋白的含量较丰富，一般蔬菜类为1.5%～3%，蛋白质品质较好，含必需氨基酸较全面，生物学价值高，尤其是叶片中的叶绿蛋白，适合饲喂哺乳狐。

3. 添加剂类饲料　包括维生素、氨基酸、矿物质、抗生素等。主要用于补充狐生长发育所必需的、在一般饲料中不足或完全缺乏的营养物质。

（1）维生素饲料　目前使用较多的有鱼肝油、酵母、麦芽、棉籽油及其他富含维生素的饲料。

（2）矿物质饲料　狐所需的各种矿物质大部分都能从饲料中获得，一般需要补加的主要有骨粉和食盐等。骨粉是狐所需钙和磷的主要来源，需常年供给。食盐是钠和氯的补充饲料，一般每只每天供给量为2～3克，日粮以海杂鱼为主时，可少加或不加喂食盐。

（3）其他添加剂类饲料　既不是狐生命活动中所必需的营养物质，也不是饲料中的营养成分，但是它对饲料的贮存、品质改进或对狐机体健康有良好的作用，主要有抗生素及抗氧化剂等。

4. 全价干饲料　根据狐不同性别、不同生物学时期对营养物质的需要，科学地规定一只狐每天的营养需要量，从而制定出营养价值全面的饲料配方，再根据配方将各种干饲料原料按一定比例均匀混合的饲料产品，叫全价干饲料。它是由动物性饲料、熟化的植物性饲料、矿物质饲料以及各种添加剂类饲料所组成。分粉料和颗粒料两种，适合用于缺少新鲜鱼类饲料来源、不具备鲜鱼肉类饲料来源或不具备鲜饲料贮存条件的养殖场。在饲喂全价干饲料时要保证充足的饮水。

三、饲养管理要点

狐在长期进化过程中，其生命活动呈现明显的季节性变化，如春季繁殖，夏季哺育幼仔，秋冬季长出丰厚的被毛等。在狐的人工饲养管理过程中，人们依据狐一年内不同的生理特点而划分的饲养期，称为狐的生物学时期。狐的生物学时期可划分为以下几个阶段（图10-5）。

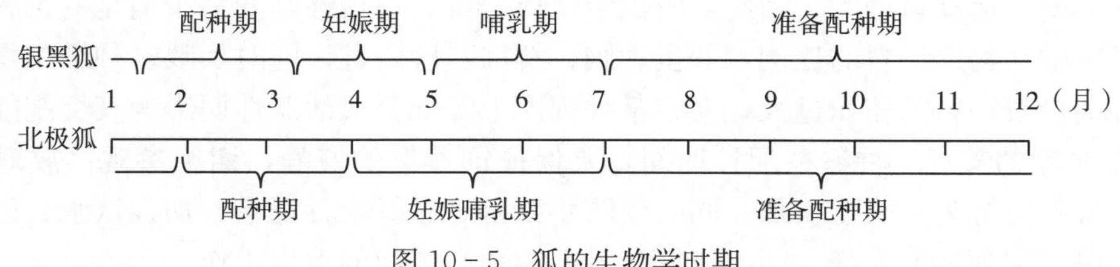

图10-5　狐的生物学时期

值得注意的是，狐的各个生物学时期不是独立存在的，而是互相之间存在着内在的联系，因此不能把各个生产时期截然分开。如在准备配种期饲养管理不当，则尽管配种期加强了饲养管理、增加了很多动物性饲料，也很难取得良好的效果。所以，只有重视每一时期的管理工作，狐的生产才能取得良好成绩。

（一）准备配种期的饲养管理

一般认为，狐配种前1.5～2个月为准备配种期，但实际上公狐从配种结束、母狐从断奶以后、幼狐从8月末就进入下一个繁殖季节的准备配种期。准备配种期母狐的生理特点是：生长冬毛，生殖器官由静止状态转入迅速发育状态。

这个时期的主要任务是调整日粮的营养水平，增加日粮中蛋白质比例，以使种狐配种前达到中等偏上的体况。对过肥或过瘦的种狐要实行不同的营养标准，使其配种前达到5～6千克。同时进入12月要逐步增加光照，以刺激种狐性腺发育，可定期把种狐放在阳光充足的地方。

1. 准备配种期的饲养　狐在整个准备配种期的饲养任务，是供给狐生殖器官发育和换毛所需的营养，并储备越冬期所需的营养物质。此时幼狐还处于生长发育后期，成年种公狐在配种期和种母狐在产仔哺乳期体力消耗很大，需要有一个恢复体力的阶段。为了更好地加快种狐的体力恢复，种公狐配种结束后、种母狐断奶后10～15天内，饲料营养仍要保持原有的水平。准备配种期是一个长期的准备过程。从8月末到9月初，公、母狐（包括幼狐）的性器官开始发育，以迎接下一个配种期的到来。如果饲养日粮在这个时间段内不全价或数量不足，就会导致种狐精子和卵子生成障碍，甚至影响母狐的妊娠、分娩；取皮狐此期如果营养不良，其毛绒品质不佳、皮张的张幅小，也必然降低经济效益。

2. 准备配种期的管理　准备配种期除应给狐群适当调配营养外，还应加强该时期的饲养管理工作，如增加光照、防寒保暖、充足的饲料和饮水、加强驯化、调整体况、异性刺激。准备配种后期，因经产母狐发情期有逐年提前的趋势，所以应注意经产母狐的发情鉴定工作，以使发情的母狐能及时交配，提高生产率。

（二）配种期的饲养管理

配种期是养狐场全年生产的重要时期。配种期管理工作的重点是使每只母狐都能适时受配。适时放对自然交配或适时实施人工授精是取得高产的基础。银黑狐的配种期一般在每年的1月下旬至3月上旬，北极狐的配种期则稍迟，一般在2月下旬到4月末或5月初。进入配种期的公、母狐，由于性激素的作用，食欲普遍下降，并出现发情、求偶等行为。此期要供给种狐营养丰富、适口性好、易消化的饲料，适当增加饲料中微量元素和维生素的比例。在管理方面，应注意正确识别种狐的发情特点，并注意观察，以防漏配。

1. 配种期的饲养　此期饲养的目的：公狐有旺盛、持久的配种能力和良好的精液品质；母狐能够正常发情，适时完成交配。此期由于公、母狐性欲冲动，精神兴奋，食欲下降，表现不安，运动量增大，因此，应供给优质全价、适口性好和易于消化的饲料，并适当提高日粮中动物性饲料的比例，如蛋、脑、鲜肉、肝、乳，同时加喂多种维生素和矿物质。配种期投喂饲料的体积过大，会在某种程度上降低公狐活跃性而影响其交配能力。

2. 配种期的管理　种狐在配种期间，要保证饲养场的安静，谢绝参观。放对后注意观察公、母狐的行为，防止咬伤，同时要防止跑兽、做好配种记录、加强饮水、区别发情和发病、保证配种环境安静，同时做好食具、笼舍和地面的卫生工作。

（三）妊娠期的饲养管理

从受精卵形成到胎儿分娩这段时间为狐的妊娠期。此期母狐的生理特点是胎儿发育，乳腺发育，开始脱冬毛换夏毛。母狐在妊娠期对营养的需求特别旺盛，要注意供给营养全面、品质优良的饲料，切忌饲喂霉烂变质和冰冻饲料，以防造成流产。同时还要做好狐舍的卫生和消毒，保持狐舍的安静，尽量减少惊吓等强应激的发生。

1. 妊娠期的饲养 妊娠期母狐由于受精卵开始发育，雌性激素分泌停止，黄体激素分泌增加，母狐性欲消失，外生殖器官恢复常态而食欲逐渐增加，是母狐全年各生物学时期中营养水平要求最高的时期。母狐除了要保持自身的新陈代谢之外，一方面要供给胎儿生长发育所需要的各种营养物质，同时还要为产后泌乳蓄积营养。这一时期饲养管理的好坏直接关系到母狐是否空怀和产仔多少，同时也关系到仔狐出生后的健康。所以，此期除应保证其营养丰富、全价、易消化的饲料外，还要求饲料多样化，以保证必需氨基酸互补。

2. 妊娠期的管理 妊娠期的管理主要是为妊娠母狐创造一个安静舒适的环境，以保证胎儿的正常发育。为此，应做好以下工作：保证环境安静，在母狐的妊娠期应禁止参观，饲养人员操作时动作要轻；保证饮水充足、环境卫生，观察妊娠反应，做好产前准备，加强防逃等。

（四）产仔哺乳期的饲养管理

产仔哺乳期是从母狐产仔开始直到仔狐断奶分窝为止。银狐的产仔期一般在3月下旬至4月下旬。北极狐的产仔期一般在4月中旬至6月上旬。此期母狐的生理变化较大，体质消耗较多。母狐产仔初期食欲较差，最好是少喂勤添，产仔3天后日喂3次，定时定量。仔狐长到25日龄就应进行补饲，一般每天补饲2次，一是可以减轻母狐的哺乳负担，二是可以满足仔狐生长发育的需要。补饲时可将新鲜的鱼、肝、蛋、乳等调成糊状，让仔狐采食。这个时期的中心任务是确保仔狐成活和正常发育，达到丰产的目的。

确保仔狐正常发育的关键在于母乳的数量和质量，狐乳的成分见表10-2。

表10-2 狐乳的成分（%）

狐种	干物质	蛋白质	脂肪	碳水化合物	钙和磷
北极狐	30	14.5	11	3.6	1
银黑狐	20	8	10	1	1

产仔哺乳期的饲养管理应保证充足饮水、人工辅助生产、做好产后检查、精心护理仔狐、适时断乳分窝、保持环境安静、做好卫生防疫等。不同日龄仔狐的补饲量见表10-3。

表10-3 不同日龄仔狐的补饲量

仔狐日龄	补饲量［克/(天·只)］	
	银黑狐	北极狐
20	70～125	50～100
30	180	150
40	280	250
50	300	300

（五）种狐恢复期的饲养管理

种狐恢复期是指公狐从配种结束到性器官再次发育的这段时间（银黑狐从 3 月下旬至 9 月初；北极狐从 4 月下旬至 9 月中旬）；母狐从断乳分窝到性器官再次发育（银黑狐从 5 月至 8 月；北极狐从 6 月至 9 月）。种狐经过繁殖季节的体质消耗，体况较瘦，采食量少，体重处于全群最低水平（特别是母狐）。因此，恢复期的主要任务是保证经产狐在繁殖过程中的体质消耗得以充分的补给和恢复，为下年度的生产打下良好的基础。此期种狐的另一个生理特点是种狐开始脱冬毛，换夏毛，并逐渐构成致密冬季毛绒，到秋季冬毛生长迅速。

1. 种狐恢复期的饲养　为促进种狐的体况恢复，以利第二年生产，在种狐的恢复初期，不应急于更换饲料。公狐在配种结束后 10～15 天内、母狐在断乳分窝后的 10～15 天内，应继续给予配种期和产仔泌乳期的标准日粮，以后再逐渐转变为恢复期日粮。

2. 种狐恢复期的管理　种狐恢复期历经时间较长，气温变化较大，管理上应根据不同时间的生理特点和气候特点，认真做好各项工作：保证供水、防暑降温、加强卫生防疫、防寒保暖、做好梳毛工作，同时要将产仔少、食仔、空怀、不护仔、遗传性状不好的种狐进行淘汰。

（六）仔狐育成期的饲养管理

仔狐分窝后进入育成期，即进入独立生活的体成熟阶段。此期是仔狐继续生长发育的关键时期，也是逐渐形成冬毛的阶段。此期仔狐的特点是生长发育快，体重增长呈直线上升。成狐的体型大小、毛皮质量，完全取决于这个时期的饲养管理。因此，该时期需要大量的营养物质，生产中应尽量让仔狐吃好吃饱，从而保证仔狐的正常生长发育。

1. 仔狐育成期的饲养　仔狐育成期是其一生中生长发育最快的时期，但在不同阶段（月龄）其生长发育的速度并不完全一致。图 10－6 是狐的生长曲线，表 10－4 是银黑狐和北极狐的生长速度。可见，随着月龄的增长，仔狐生长发育的速度逐渐减慢，达到体成熟后，生长发育几乎停止。

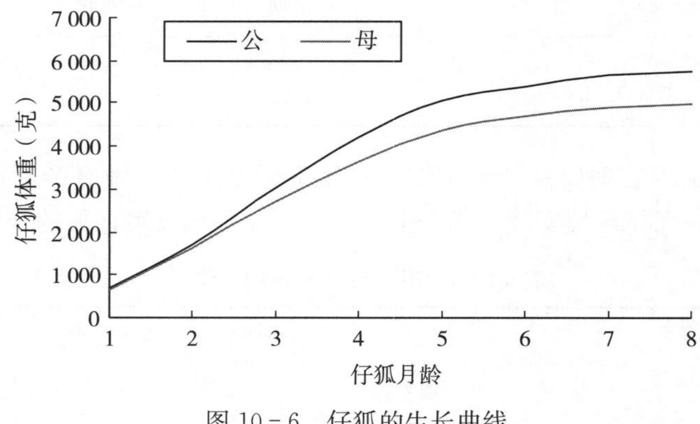

图 10－6　仔狐的生长曲线

刚断奶的仔狐，不适应新的环境，大都表现不同程度的应激反应，因此，分窝后不宜马上更换饲料，一般在断奶后的 10 天内，仍按哺乳期的补饲料进行饲喂，以后逐渐过渡到育成期饲料。

表 10-4 银黑狐和北极狐的生长速度（克）

月龄	银黑狐				北极狐			
	公		母		公		母	
	体重	绝对生长	体重	绝对生长	体重	绝对生长	体重	绝对生长
出生	100	—	90	—	80	—	60	—
1	700	21	660	20	690	20	650	19
2	1 800	29	1 650	26	1 600	38	1 600	31
3	3 100	43	2 700	32	3 000	35	2 700	30
4	4 300	30	3 700	35	4 100	25	3 600	25
5	5 200	25	4 400	15	4 900	5	4 300	15
6	5 600	10	4 800	8	5 200	5	4 600	5
7	5 900	4	5 000	2	5 400	2	4 800	1
8	6 000	—	5 100	—	5 500	—	4 850	—

注：绝对生长（G）的计算公式为：$G=(w_t-w_0)/(t_1-t_0)$。式中，w_0 为始重，w_t 为末重，t_0 代表前一次测定日龄，t_1 代表后一次测定日龄。“—”为无数据，下同。

2. 仔狐育成期的管理 断奶初期的管理，一般应先将相同性别、体质相近、体长相近的同窝仔狐 2～4 只放在同一笼内饲养，1～2 周后，再逐渐分开。

（1）定期称重 仔狐体重的变化是它们生长发育的指标。为了及时掌握仔狐的发育情况，每月至少进行一次称重，以了解和衡量育成期饲养管理的水平。

（2）适时接种疫苗 仔狐分窝后 15～20 天，应对犬瘟热、狐脑炎、病毒性肠炎等重要传染病实行疫苗预防接种，防止各种疾病和传染病的发生。

（3）做好选种和留种工作 挑选一部分育成狐留种，原则上要挑选出生早（银黑狐 4 月 20 日前出生，北极狐 5 月 25 日前出生）、繁殖力高（银黑狐产 5 只以上，北极狐产 8 只以上）、毛色符合标准的后裔做预备种狐。挑选出来的预备种狐要单独组群、专人管理。

（4）加强日常管理 幼狐的育成期正值盛暑，气温较高，在管理上应注意防暑降温。

第三节 繁殖育种

一、繁殖

（一）狐的生殖生理特点

1. 性成熟较早 一般当年出生的仔狐到第二年的繁殖季节（9～10 月龄）即可达到性成熟，可以参加配种繁殖。

2. 季节性繁殖 公狐睾丸在每年的 5—8 月处于静止状态，直径仅有 5 毫米左右。母狐卵巢及性器官的变化与公狐相似，也是从秋分开始发育，1 月下旬至 2 月上旬可产生成熟的滤泡和卵子；每年 2—5 月配种、妊娠和产仔，一般每胎产 6～8 只。

3. 排卵与受精的生理特点 狐是自然排卵动物。一般银黑狐排卵发生在发情后的第 1 天下午或第 2 天早上，北极狐在发情后的第 2 天排卵。但所有滤泡并不是同时成熟和排卵，最初和最后一次排卵的间隔时间，银黑狐为 3 天，北极狐为 5～7 天。狐是子宫受精动物。

4. 配种与产仔的生理特点 狐的配种日期依所在地区的地理位置、日照长短、饲养管理条件以及幼狐（种幼狐）出生早晚、气候等因素而异。合理的饲养管理、适宜的繁殖体况则配种会提早；反之则会推迟。幼龄种狐比成年种狐配种要晚 1～2 周。此外，配种期间长途运输或饲养管理条件突然改变，都会使配种延后。狐在野生状态下的配种日期是 12 月至翌年 3 月。笼养的银黑狐配种期在 1 月中旬至 3 月下旬；北极狐为 2 月中旬至 4 月下旬。过早或过晚发情的母狐，一般空怀率较高。

5. 生殖器官的季节性变化 狐是季节性一次发情动物，其生殖器官受光周期的影响呈现出明显的季节性变化。每年只有在繁殖季节狐才能表现出发情、交配、排卵、射精、受孕等性行为；而在非繁殖季节，公狐的睾丸和母狐的卵巢都处于静止状态。每年 5—8 月公狐睾丸质地硬而无弹性，重量小，处于静止状态，不能形成精子；这个时期的母狐卵巢、子宫等生殖器官也处于静止状态。直到 9 月，特别是秋分前后，公狐睾丸开始发育；母狐卵巢体积也逐渐增大，生殖器官开始发育。到第二年 1—2 月（随纬度增高，时间后移）出现发情排卵。公、母狐生殖器官和性行为的这种周期性变化，称为性周期。

（二）发情鉴定

狐的配种方法包括自然交配和人工授精两种。狐是季节性一次发情动物，在繁殖季节，若错过了发情鉴定与配种工作，就要等到下一年才能繁殖，这对于养殖者来说，损失很大。因此在人工养殖过程中，无论选择哪种配种方法，均须做好发情鉴定。

银黑狐的发情期一般在 1 月至 3 月中旬，北极狐在 2 月至 4 月下旬。发情鉴定一般用外阴观察法。主要根据母狐的外阴变化、性行为表现、放对试情以及阴道内容物涂片的变化等综合判断，确定最佳的配种时机。

1. 公狐的发情鉴定 进入发情期的公狐活泼好动，有急躁表现，采食量有所下降。排尿次数增多，尿中“狐香”味加浓。对放进同一笼的母狐表现出较大的兴趣，对邻近笼的母狐发出“嗷嗷”的求偶声。优秀种公狐配种能力可持续 60～90 天。

2. 母狐的发情鉴定 主要有外部观测法、试情法、阴道图片法。这几种方法可以单独使用，也可并用。

下面以银黑狐为例说明其发情鉴定的基本方法（与北极狐的比较见表 10-5）。

表 10-5 银黑狐与北极狐发情周期的外阴变化

发情周期	持续时间（天）		阴门外观及行为变化	
	银黑狐	北极狐	银黑狐	北极狐
乏情期	—	—	阴门被阴毛覆盖，无变化	被阴毛覆盖，行为平静
发情前一期	2～3	2～5	阴门外露突出，合笼时母狐表现十分活跃	阴门显露，轻微肿胀，呈彩虹色，放对时母狐表现兴奋
发情前二期	1～2	5～7	阴门极度肿胀，呈紫红色，放对时母狐表现戒备状态	阴门极度肿胀，突出呈紫红色，放对呈防卫状态，高度兴奋

（续）

发情周期	持续时间（天）		阴门外观及行为变化	
	银黑狐	北极狐	银黑狐	北极狐
发情期	2～3	4～6	阴门剧烈肿胀外翻，呈圆形，颜色变浅，多数流出黄白色分泌物，放对时接受交配	阴门剧烈肿大突出外翻，略呈紫红色，少数母狐有黄白色分泌物，放对时接受交配
发情后期	—	—	阴门逐渐消肿萎缩，呈灰白色，母狐不接受交配	

（1）外部观察法　母狐发情周期分为发情前期、发情期、发情后期、乏情期，一般发情前期又分为发情前一期、发情前二期。

①发情前一期　观察母狐外阴，发现阴门开始肿胀，阴毛分开，使阴门外露（图 10－7），阴道流出具有特殊气味的分泌物，表现不安、活跃。此期一般能持续 2～3 天，但也有母狐持续 1 周左右或更长时间。

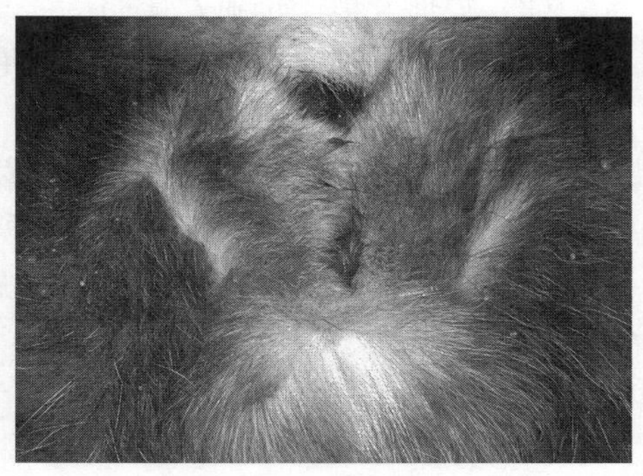

图 10－7　发情前期母狐外阴部变化

②发情前二期　观察母狐外阴，发现阴门高度肿胀，肿胀面平而光亮，触摸时硬而无弹性。阴道分泌物颜色浅淡。放对时，公、母狐相互追逐，嬉戏玩耍。公狐欲交配爬跨时，母狐不抬尾，并回头咬公狐，拒绝交配。此期银黑狐可持续 1～2 天，北极狐持续 5～7 天。

③发情期　观察母狐外阴，发现阴门肿胀程度有所变化，肿胀面光亮消失而出现皱纹，触摸时柔软不硬，富有弹性，颜色变淡。阴道流出较浓稠的白色分泌物。母狐食欲下降，有的母狐出现停止吃食 1～2 天。这时公、母狐放对，母狐表现安静，当公狐走近时，母狐主动把尾抬向一侧，接受交配，此时为最适宜的交配时期（银黑狐可持续 2～3 天，北极狐可持续 4～6 天）。

④发情后期　观察母狐外阴，发现外阴部逐渐萎缩，颜色变白。放对时，母狐对公狐表现出戒备状态，拒绝交配，此时可停止放对。

⑤乏情期　阴门由阴毛所覆盖，阴裂很小。

（2）试情法　将公、母狐放进同一个笼内，根据母狐在性欲上对公狐的反应情况判断其发情程度。此法由于让动物自身进行识别，所以比较可靠，而且发情表现明显，容易掌握。

试情时一般是将母狐放进公狐笼内，当发现母狐有嗅闻公狐阴部、翘尾、频频撒尿或出现相互爬跨等现象时就可以认为此母狐有发情表现或已进入发情阶段。试情可以隔一天进行一次，每次试情时间为 20～30 分钟，一般不超过 1 小时。

（3）阴道内容物图片检查法　用灭菌棉球蘸取母狐的阴道内容物，制成涂片，在显微镜下放大 200～400 倍观察，根据阴道内容物中白细胞、有核角化细胞和无核角化细胞所占比例的变化，判断母狐是否发情。

①发情前期　阴道内容物涂片，视野中可观察到有核角化细胞不断增多，最后可见到

有大量的有核角化细胞和无核角化细胞分布。

②发情期　阴道内容物涂片，视野中可见到大量的无核角化细胞和少量的有核角化细胞。

③发情后期　阴道内容物涂片，视野中出现白细胞和较多的有核角化细胞。

④乏情期　阴道内容物涂片可见到白细胞，很少有角化细胞。

阴道内容物涂片法鉴定母狐发情主要在狐的人工授精时使用，一般采用自然交配配种的狐场很少采用此种方法。

3. 异常发情　生产实践中，母狐还会出现下面几种异常发情表现。

（1）隐性发情　母狐发情时虽然缺乏行为表现，但卵巢上却有卵泡生长发育和排卵。其原因是生殖激素分泌不平衡所致。

（2）短促发情　母狐发情期持续的时间非常短，有时只有半天，如果不注意观察常易错过配种时机。其原因是发育着的卵泡很快成熟而排卵以致缩短了发情期，或者由于卵巢上的卵泡发育中断或受阻而引起。

（3）持续发情　母狐发情时间延续很长。其原因是母狐营养不良，促性腺激素分泌不足而造成母狐卵巢上的卵泡交替发育所致。

（4）不发情　母狐因营养不良或患某种严重的疾病，或是由于环境的突变而造成不发情。

（三）配种方法

分自然交配和人工授精两种方法。

1. 自然交配

（1）合笼饲养交配　指在整个配种季节内，将选配好的公、母狐放在同一个笼饲养，任其自由交配。此方法国内外均有采用。

优点是节省人员，工作量小；缺点是使用种公狐较多，饲养成本提高，且不易掌握母狐预产期，平时也无法掌握公狐的交配能力，更不能检查精液品质，所以国内多不采用。

（2）人工放对配种　平时公、母狐隔离饲养，在母狐发情的适当时间，把公、母狐放到一个笼内，完成配种，简称放对。交配后再将公、母狐分开，国内养狐场基本都采用此法。

人工放对时，一般是将母狐放到公狐笼内交配较好，因为如果把公狐放到母狐笼内，公狐要花费很长时间去熟悉周围环境，然后才能进行交配。但如果母狐胆小，就应将配种能力强的公狐放到母狐笼内交配。

在生产实践中，一般采用人工放对配种法和人工授精。

2. 人工授精　包括准备工作、采精、精液处理、发情鉴定、输精。

（1）准备工作　①种狐　要求健康、生产性能好、无恶习、发情好；②授精室要求专用、干净、保温（20℃）；③器械及药品包括集精杯（图 10－8）、

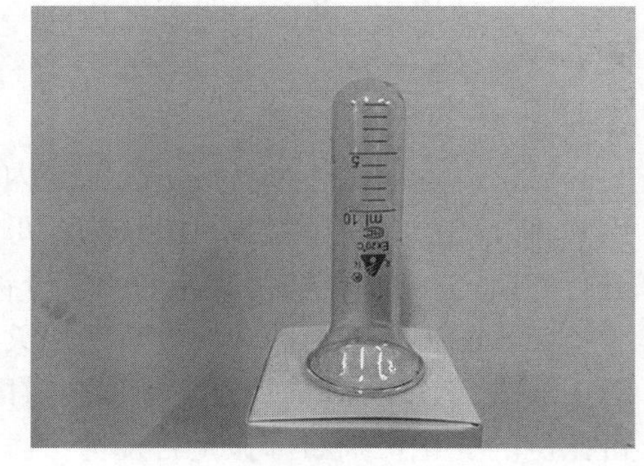

图 10－8　集精杯

稀释液、输精针（图 10－9）、扩张管、注射器、显微镜、载玻片、盖玻片、水浴锅、冰箱、液氮、采精器、高压锅、吸管、消毒灭菌用品等。

（2）采精　采精指获得公狐精液的过程。一种理想的采精方法，应具备如下四个条件：①可以全部收集公狐一次射出的精液；②采集到的精液不影响其自身品质；③公狐生殖器官和性机能不会受到损伤或影响；④所用器械简单，使用方便。

采精方法一般有按摩采精和电刺激采精两种。

①按摩采精　将公狐保定于采精架上（图 10－10），使狐成站立姿势。操作人员用手有规律地快速按摩公狐的阴茎及睾丸部，也可按摩睾丸，使阴茎勃起，然后一只手捋开包皮把阴茎向后侧转，另一只手拇指和食指轻轻挤压龟头部刺激排精，用无名指和掌心握住集精杯，收集精液。

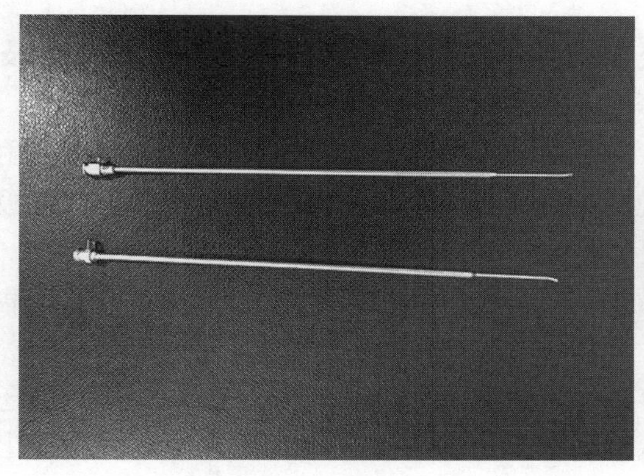

图 10－9　输精针

图 10－10　狐用采精架

按摩采精法比较简单，不需过多的器械。但要求操作技术熟练，被采精的公狐野性不强，一般经过 2～3 天的调教训练，即可形成条件反射。

②电刺激采精　是利用电刺激采精器，通过电流刺激公狐引起射精而采集精液。电刺激采精时，将公狐以站立或侧卧姿势保定，剪去包皮及其周围的被毛，并用生理盐水冲洗拭干。然后将涂有润滑油的电极探棒经肛门缓慢插入直肠 10 厘米，最后调节电子控制器使输出电压为 0.5～1 伏，电流强度为 30 毫安。调节电压时，由低开始，按一定时间通电及间歇，逐步增高刺激强度和电压，直至公狐伸出阴茎，勃起射精，将精液收集于集精杯内。

公狐应用电刺激一般都能采出精液，比一般方法采集精液量多，主要是精清量大，但精子密度低。有时电刺激采精会混进尿液，混入尿液的精液不可使用。

（3）精液处理

①品质检测　体积为 0.1～4 毫升；颜色为乳白色或淡黄色；气味为微腥无臭；密度分为密、中、稀；活力要求为直线运动精子所占比例大于 80%；畸形率小于 40%。

②稀释　依据密度，合理稀释，一般稀释 4～6 倍，分步稀释。

③保存　常温不超过 4 小时，如需过夜，0℃保存，保持低温。

（4）发情鉴定　根据前述发情鉴定方法来确定。此环节至关重要，直接关系到全年的产量和效益。

(5) 输精　通过腹部把握子宫颈，用输精针进行人工输精（图 10-11）。输精量为 1 毫升，输精部位为子宫体。

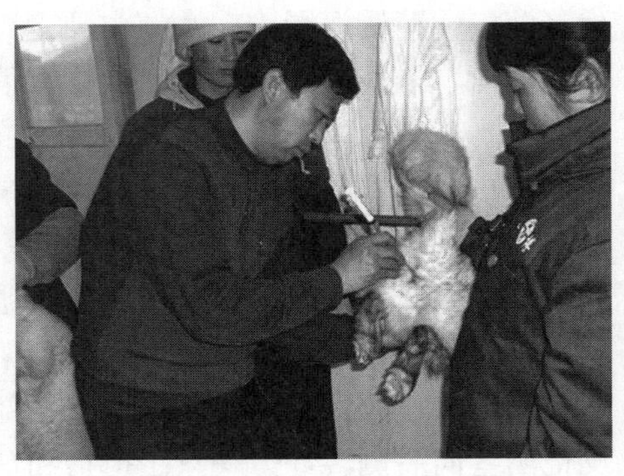

图 10-11　狐人工输精

3. 人工授精的优点

(1) 提高优良种公狐的配种能力　公狐自然交配时最多交配 3～5 只母狐，而采用人工授精时，1 只公狐的精液可以配 50～100 只母狐。

(2) 加快优良种群的扩繁速度　因为人工授精能选择最优秀的公狐精液用于配种，使优良遗传基因的影响显著扩大，从而加快狐品种改良、新品种育成及新色型扩繁的速度。

(3) 降低饲养成本　人工授精减少了种公狐的留种数量，节省了饲料和笼舍的费用支出，缩减了饲养人员的数量，从而降低了饲养成本。

(4) 可进行狐属和北极狐属的种间杂交　狐属的赤狐、银黑狐与北极狐属的北极狐由于发情配种时间不一致，而造成了生殖隔离现象。采用人工授精技术可以完成狐属与北极狐属之间的杂交。

(5) 减少疾病的传播　人工授精人为隔断了公、母狐的接触，减少了一些传染性疾病的传播和扩散。

(6) 提高母狐的受胎率　母狐经过发情鉴定，可以掌握适宜的配种时机；人工授精还可克服因配种公、母狐的体形相差较大、择偶性强或是母狐阴道狭窄、外阴部不规则等出现的交配困难；同时人工授精所用的精液经过了品质检测，确保质量过关，因此有利于提高母狐的受胎率。

(7) 优良种公狐的精液可以长期保存和运输　使用保存的精液尤其是冷冻精液，可以使精液不受时间、地域和优良种公狐生命的限制，有效地解决无公狐或公狐不足的养殖场的母狐配种问题。公狐的冷冻精液经过检疫后，还可进行国际间的交流和贸易，以替代种公狐的引进。

4. 人工授精失败的主要原因

(1) 精液质量不佳　①种狐自身原因，精子密度低、活力差、多畸形；②稀释不当，稀释液质量不过关，稀释过程中污染，精液温度变化过快。

(2) 输精操作不当　①没输到位，输精针没通过子宫颈；②操作过慢，损失内膜引起感染；③消毒不彻底，造成感染；④输精器械没有一次性使用，造成交叉感染。

(3) 母狐发情鉴定不准　母狐发情及外阴表现受地理位置、气候冷暖、光照时长、饲料优劣等诸多因素影响，单从外阴观察和放对试情往往出现配种时间的误差。其原因为：①阴门颜色和肿胀程度始终达不到经验标准，分泌物颜色和浓度交替发生黄、白、稠、密变化；②放对试情时，如遇性欲猛烈的公狐，母狐被迫甩尾，此时卵细胞虽尚未成熟，但在外观上极容易给人们造成配种成功的错觉，且此种情况生产中也较多见；③幼龄狐和隐性发情的狐阴门的表现更不明显，如不用综合的方法进行检查，则很容易错过配种期。

(4) 母狐发生疾病　母狐在发情阶段，加速了致病菌的繁殖。部分母狐的子宫炎、卵巢囊肿、肾周脓肿等自身疾病都会造成人工授精的失败。

（5）饲养管理不当　粗放管理、营养物质比例失调是配而不孕的主要原因之一。任何一种营养物质的比例失调都将影响身体的发育和繁殖能力。例如，蛋白质供应不足，母狐不易受孕，即使受孕也易出现死胎或弱胎，但过量时也会引起代谢紊乱，发生病理变化。脂肪缺乏时，饲料中的多种维生素难以溶解利用，生殖系统自然会受到影响。而碳水化合物在调解脂肪代谢、降低体内蛋白质的分解上都起着重要作用，在供给量不足时，就会破坏机体的物质代谢，母狐不易受孕，造成生产力显著下降。

（四）配种方式

母狐的配种方式一般有如下几种：

1. 一次配种法　母狐只交配 1 次，不再接受交配。这种方式空怀率高达 30%。

2. 两次配种法（1+1 或 1+0+1）　母狐初配后，翌日或隔日复配 1 次。这种方式用于发情晚或发情不好（即母狐只交配 1 次而不再接受交配）的母狐。

3. 隔日复配法（1+0+1+1）　母狐初配后停配 1 天，再连续复配 2 天，每天 2 次。这种方式适用于排卵持续时间长的母狐，如北极狐。

4. 连续重复配种法（1+1+1 或 1+2）　即发情母狐第 1 次交配后，于第 2、3 天连续复配 2 次，这种方式受胎率高。配种后期，在母狐初配后可在第 2 天复配 2 次（上、下午各 1 次）。

母狐的排卵期往往晚于发情征候明显的时间，而且卵子不是同时成熟和排出的，一般银黑狐持续排卵 3 天、北极狐可持续排卵 5～7 天，而精子在母狐的生殖器中可存活 24 小时。因此，必须采取连日或隔日复配 2～3 次的配种方式才能提高受胎率。

（五）妊娠与产仔

1. 妊娠　从配种结束日期至产仔，为母狐的妊娠期。母狐的妊娠期平均为 51～52 天，一般银黑狐为 50～61 天，北极狐为 50～58 天。

胚胎在妊娠前半期发育较慢，后半期发育很快。30 天以前胚胎重 1 克，35 天时重 5 克，40 天时重 10 克，48 天时重 65～70 克。胚胎的早期死亡，一般发生在妊娠后 20～25 天，妊娠 35 天易发生流产。

预产期推算：月+2，日−7。

2. 产仔　母狐的产仔期，依其地区和个体而有所差异，但银黑狐一般多在 3 月下旬至 4 月下旬产仔。而北极狐多在 4 月中旬至 6 月中旬产仔。胎产仔数一般银黑狐为 4～5 只，北极狐为 8～10 只。

临产前 1～2 天，母狐拔掉乳头周围的毛，并拒食 1～2 顿。产仔多半在夜间或清晨。健康的仔狐，全身干燥，叫声尖、短而有力，体躯温暖，成堆的卧在产箱内抱成团，全身黑灰色，唯有鼻尖为粉红色，大小均匀，发育良好，被毛色深，拿在手中挣扎有力，全身紧凑。弱仔则胎毛潮湿，体躯凉，在窝内各自分散，四处乱爬，握在手中挣扎无力，叫声嘶哑，腹部干瘪或松软，大小相差悬殊。

3. 生命活动的季节性变化　狐进行物质代谢、繁殖和换毛等主要生命过程有严格的季节性变化。狐的代谢水平以夏季最高，冬季最低，春、秋季相近，但高于冬季而低于夏季。代谢水平依个体的体况有所差异。一年四季内物质代谢的变化引起体重的季节变化。秋季体重比夏季各月（7—8 月）平均提高 25%～30%。狐在 7、8 月体重最轻，而在

12 月至翌年 1 月体重最重。

二、育种

1. 选种依据 狐的选种应以个体品质、谱系和后裔鉴定等综合指标为依据。

(1) 银黑狐 毛绒品质鉴定的主要指标为银毛率、银毛强度、银环颜色、“雾”、黑带、尾的形状等。

(2) 北极狐 要求毛绒浅蓝，针毛平齐，长度 4 厘米左右；绒毛色正，长度 2.5 厘米左右。繁殖力：成年母狐发情早，不迟于 3 月中旬，性情温顺；胎平均产仔多，银黑狐产 4 只以上，北极狐产 7 只以上。

银黑狐在 4 月 20 日以前，北极狐在 5 月 25 日以前出生的发育正常的仔狐留作种用。

2. 选种与选配

(1) 初选 5—6 月对成年狐根据选种标准进行初选。仔狐在断奶时，根据生长发育情况、出生早晚进行初选。初选的数量应比计划留种数量多 30%。

(2) 复选 在 9—10 月进行，成年狐根据体质恢复和换毛情况，仔狐根据生长发育和换毛情况进行复选。复选的数量应比计划留种数量多 20%。

(3) 精选 在 11 月取皮之前进行，根据毛被品质和半年来的实际观察记录进行严格选种。具体要求是：银黑狐全身呈现鲜艳的乌鸦黑色，银毛率为 75%以上，银色强度大，但银环宽度不超过 1.5 厘米，在背脊上有黑带。北极狐针毛和绒毛呈浅蓝色，无褐色和杂毛，银色强度大，针毛稠密而有光泽，绒毛不缠结。经过精选留下的种狐数量应比计划留种数量多 5%～10%。

3. 繁殖标准 成年公狐应具有较强的配种能力，性情温驯，择偶性不强，当年交配 4～5 只母狐，交配次数在 10 次以上，精液品质优良，所配的母狐产仔率高，胎平均产仔数多。

成年母狐应选择发情早、性情温驯、母性强、无吃仔恶癖、泌乳力强的个体。银黑狐母狐要求胎平均产仔数 4 只以上，蓝狐母狐要求胎平均产仔数 8 只以上。

对环境不良刺激（声音、气候、颜色、气味等）过于敏感的狐，不宜留作种用。

第四节 疾病防治

当前我国的养狐业中，危害最严重的是传染性疾病。防治狐的疾病应坚持“预防为主，防重于治”的原则。

一、消毒与防疫

1. 消毒 消毒是将病原体从饲养狐的周围环境中彻底消除的最根本措施，用以切断病原的传播途径，阻止疫病继续蔓延，是综合性防治措施中的重要一环。生产中一般利用消毒药物喷洒、熏蒸、火焰喷射、煮沸等方法对狐场的笼舍、用具和环境进行消毒。

2. 防疫 狐场必须采取积极有效的综合性防治措施，以杜绝传染病的发生和蔓延。预防接种常采用疫苗、类毒素等生物制剂，使狐获得自动免疫。免疫后的狐可获得数月至

1年以上的免疫力。定期预防接种的原则是，各狐场根据往年的发病情况及周围疫情，制订本年度的防疫计划。一些危害较大的传染病，如犬瘟热、病毒性肠炎、脑炎等都应采取每年免疫。还有临时性预防接种，如调入或调出狐时，为避免运输途中或到达目的地后暴发某些传染病，可采取免疫预防。

3. 检疫与隔离 在饲养、交易、收购、运输、取皮过程中，可通过检疫及时发现病狐，并采取相应的措施，防止疫病的发生和传播，这是一项重要的防疫措施。通过各种检疫的方法和手段，将病狐和健康狐区分开来，分别饲养，其目的是为了控制传染源，防止疫情继续扩大，以便将疫病控制在最小的范围，就地扑灭；同时也便于对病狐的治疗和对健康狐开展紧急免疫接种或药物预防等措施。

二、常见疾病的防治

养狐者在日常管理上要注意狐的异常变化，及时发现病狐，及时治疗。狐发病的一般观察方法：一是整体观察。主要包括体况和营养、姿势和动态、性情、被毛及精神状态等情况变化。二是食欲、饮水及粪便观察。病狐初期多表现食欲不振，随着病情加重，出现拒食，有的出现亢进现象。三是体温检查。狐的正常体温是38.8～39.6℃，病狐体温超出正常范围。

1. 犬瘟热

【病原】 犬瘟热病毒属于副黏病毒科，麻疹病毒属。具有较强的抵抗力，在干燥环境下可以存活一年，耐低温，不耐热。对高温和多种化学药物敏感，在3%氢氧化钠、0.75%～3%福尔马林或5%石炭酸溶液中很快失活。该病毒存活在病狐的鼻液、唾液、眼分泌物、血液、脑脊液、淋巴结、肝、脾和胸水、腹水及尿液中。病犬以及带毒的动物是最危险的病原，主要通过眼、鼻分泌物、唾液、尿和粪便等排出病毒，污染饲料、水源和用具等，经消化道传染，也可通过飞沫、空气经呼吸道传染，还能通过生殖道接触感染。

【症状】 病初患病狐通常表现眼、鼻流水样分泌物，倦怠，食欲缺乏，发热可达40℃以上。分泌物在24小时内可变为脓性。初次体温升高持续约2天，然后下降至接近常温达2～3天，此时病似有好转，可吃食。第二次体温升高可持续数周，病情再次恶化，废食，常出现呕吐和并发肺炎。严重病例可出现恶臭下痢，粪呈水样，混有黏液或血液。病狐体重迅速减轻，萎靡不振，病死率很高。

【诊断】 根据流行病学和临床症状可以做出初步诊断。确诊须在病的初期采取病料做生物学试验和特异包涵体检测，对可疑传染病源可应用血清中和鸡胚接种试验。同时，因犬瘟热临床症状复杂，常伴有混合感染或继发感染。在诊断上应注意与狂犬病、传染性肝炎、脑脊髓炎、副伤寒、病毒性肠炎、钩端螺旋体病和维生素 B_1 缺乏症等进行鉴别。

【防治】 对已发生犬瘟热的狐群，唯一办法就是尽早诊断、隔离病狐，做好病狐笼舍和用具的消毒，加强饲养管理，固定食具并定期煮沸消毒，以防人为的传染。尽快对全群进行疫苗接种，有可能挽救大部分未发病狐。

（1）重视犬瘟热的预防 麻疹疫苗不受犬瘟热母源抗体的干扰，所以犬瘟热疫区内对刚离乳的狐可先注射2～3头份的人用麻疹冻干疫苗，半月后再以2～3周的间隔注射2～

3次犬瘟热弱毒疫苗，必要时可加注1～2次用本地犬瘟热死狐的肝、脾内脏制成的灭活苗。

（2）加强消毒与隔离　狐场发生犬瘟热后应立即对全场消毒，可用10%石灰乳进行喷洒，也可用过氧乙酸、来苏儿等消毒药对饲养场进行消毒。对病狐进行隔离，病愈的狐要隔离半年以上。

（3）被动免疫与药物治疗

①被动免疫　用犬瘟热高免血清治疗是有效的，关键是高免血清的效价要好。目前国内生产的犬瘟热血清效价不高，疗效很差，而从国外进口的高免血清价格昂贵，不能被养狐场接受。应当开发犬瘟热血清的生产途径，建议每年大批取皮时，通过心脏采血致死商品狐，无菌收集血液，分离血清并冷藏，用这种血清治疗犬瘟热病狐是有效的，价格也较低廉。

②药物治疗　前期应大量应用高免血清或免疫球蛋白、干扰素、单克隆抗体做好紧急被动免疫。犬瘟热后期，病狐出现神经症状，应用维生素B_1、谷维素及中药，如知母、黄连、板蓝根、天麻、朱砂、冰片等药物口服，以滋阴降火、镇静安神为主。

2. 狂犬病

【病原】狂犬病病毒为弹状病毒科、狂犬病病毒属，属于亲神经类病毒。狂犬病病毒在20℃时可存活2周，37℃时生存24小时，50～56℃时存活1小时，60℃经5分钟失活，100℃时2分钟失活。狂犬病病毒在动物尸体内可存活45天以上，在50%甘油缓冲液中，于冰箱内能保存1年，真空干燥，可保存3～5年。

该病毒对石炭酸和氯仿等有较强的抵抗力，1%～5%福尔马林溶液中存活5分钟，0.1%升汞溶液中存活2～3分钟，5%来苏儿溶液中存活5～10分钟，10%碘酊中5分钟可杀死病毒。反复冷冻和解冻能破坏狂犬病病毒。

【症状】狐狂犬病与犬一样，多呈狂暴型。病程可分为三期。

（1）前驱期　病狐呈短时间沉郁，不愿活动，不吃食，此期不易观察。

（2）兴奋期　病狐兴奋，攻击性增强，性情异常凶猛，在笼舍内不断走动或狂躁不安，急走奔驰，啃咬笼壁及笼内食具，不断攀登或啃咬躯体，向人示威嚎叫，追逐饲养员，咬住物品不放，食欲废绝，下痢，凝视，眼球不灵活。此期病狐可损伤自己的舌、齿、齿龈，折断下牙。有的病狐呈现大口吞食而不下咽、异嗜、咽喉肌麻痹、吞咽困难、不能饮水（犬、人等表现恐水症，而貉却很少有恐水现象）。在发作期，病狐不断呻吟，流涎增强，有时发生下颌麻痹。

（3）麻痹期　此期麻痹过程增强，病狐精神高度沉郁、喜卧，后躯行动不自如、摇晃，最后全身麻痹。体温下降，病狐经常反复发作，或狂躁不安，或躺卧呻吟，流涎，腹泻，一直延续到死亡。有的病狐出现下颌麻痹，病程3～6天。

【诊断】根据临床症状出现高度兴奋，食欲反常，后躯麻痹，攻击人及动物进行诊断。如场区动物中有狂犬病流行，并发现患病动物与狐接触，可初步怀疑为该病。在脑组织中检查出包涵体是最准确的确诊指标。

【防治】狂犬病是最古老的人兽共患传染病之一，至今世界各国几乎都有发生，但流行和危害的程度不同。由于本病在野生动物之间的流行有逐渐扩大的趋势，因此，很难杜绝人和家畜的狂犬病。

该病目前无治疗方法。一旦发现狐被犬咬伤，应立即处理伤口，用清水冲洗后，再用肥皂水、0.1%新洁尔灭溶液、0.1%升汞溶液、3%石炭酸、硝酸银、酒精、碘酊等消毒药和防腐剂处理，并迅速用疫苗进行紧急接种（但被患病动物咬伤不超过8天的毛皮动物，才能允许接种），使被咬动物在病的潜伏期内就产生被动免疫，如有条件可结合使用高免血清治疗。当出现症状时，则无法救治，只有扑杀以消灭传染源。

3. 狐病毒性肠炎

【病原】该病病原是犬细小病毒，属细小病毒科、细小病毒属，对外界环境有较强的抵抗力，能抵抗pH 3～9的环境，在55℃可存活1小时，能耐受66℃经30分钟的热处理。煮沸能杀死该病毒；福尔马林、氧化剂和紫外线也能杀死该病毒；0.5%甲醛和氢氧化钠，在室温下12小时可使其失去活力。

【症状】狐病毒性肠炎潜伏期4～9天，一般为5天。急性经过者发病第二天即死亡，以4～14天为死亡高峰期，15天后多转为亚急性或慢性经过。

病狐早期症状为食欲减退或废绝，精神沉郁，被毛蓬乱、无光泽，渴欲增强，偶尔出现呕吐。粪便先软后稀、多黏液，呈灰白色，少数出现红褐色，逐渐呈黄绿色水样粪便，有时可见带条状血样粪便。随着病情逐渐加重，常排出套管状的粪便，即粪便中可看到各种颜色的肠黏膜，有灰色、黄色、乳白色或黑色煤焦油样的。黏膜厚薄不一。严重腹泻者，排粪频繁，后期多表现为极度虚弱和消瘦，眼窝塌陷，严重脱水，最终衰竭死亡。康复后再复发者，多数愈后不良。

【诊断】根据流行病学和病狐临床症状以及白细胞锐减，可初步诊断。但最终确诊应进行特异性的微量血凝及血凝抑制检验，或应用电镜、荧光、免疫扩散法等。

【防治】该病目前无特效疗法。当狐场已确诊有病毒性肠炎病狐时，可用病毒性肠炎疫苗紧急抢救性接种，并对症治疗。抗生素和磺胺类药物只能在病的早期防止继发性细菌感染，从而降低死亡率。据报道，免疫血清可获得87.5%的治愈率。

为了从根本上预防本病，对健康狐必须每年2次（分窝后的仔狐和种狐在7月1次，留种狐在12月末或翌年初1次）预防接种病毒性肠炎疫苗。另外，要加强狐场卫生管理，注意防疫工作，不要让野猫、野犬进入狐场。

4. 狐传染性肝炎

【病原】狐传染性肝炎的病原体属于腺病毒科病毒。病毒粒子呈圆形或卵圆形，能耐受干燥和冷冻而长期存活于外界环境中。该病病毒对化学和物理因素也具有较强的抵抗力，但用紫外线能迅速消灭病毒；与40%酒精接触15分钟及煮沸15分钟均能杀死病毒。但有些研究者认为，病毒对福尔马林、碱、来苏儿、石炭酸等溶液没有抵抗力。

【症状】潜伏期为10～20天。人工感染时潜伏期为5～6天。根据发病症状等，可将该病区分为急性型、亚急性型和慢性经过三种。

（1）急性型　病狐首先表现拒食，精神迟钝，体温升高到41.5℃以上，并一直保持到死亡。病狐出现呕吐，渴欲增强，病程不超过3～4天，处于昏迷状态而死亡。

（2）亚急性型　病狐精神沉郁，出现张弛热，躺卧，起来后站立不稳，步伐摇晃，后肢虚弱无力。其特征性临床症状为迅速消瘦，眼结膜和口腔黏膜贫血和黄染，后肢不完全麻痹或全部麻痹。发病期体温升高到41℃以上。兴奋和抑郁交替进行。病狐常隐居于笼子的一角，给食时表现攻击性，兴奋不久而后变为沉郁。病程延长约 1 个月，最终死亡或转为慢性经过。

（3）慢性经过　大部分病例见于被污染的狐场。此时临床症状表现不显著或不定性。病狐常出现食欲减退或暂时消失，有时出现胃肠道障碍，腹泻和便秘交替，以及进行性消瘦。出现暂时的体温升高，并出现角膜炎、母狐流产和空怀。在不良因素影响下，常造成死亡。一般慢性经过的病例能延长到屠宰期。

【诊断】根据流行病学材料、临床症状和病理解剖变化，可以做出初步诊断。急性经过的特征为各内脏器官出血，出血常见于胸腔和腹腔的浆膜及胃肠道的黏膜上；肝增大、充血，呈淡红色或淡黄色，切面多汁；大脑半球血管充血。亚急性经过的病例，可视黏膜贫血和黄染，骨骼肌呈淡红色或淡黄色；胸部、鼠蹊及个别腹部皮下组织有显著胶样浸润和出血；肝实质变性，呈土色，切面泥污；脾肿胀，胃肠黏膜潮红、肿胀，常有多数条状出血。慢性经过的病例，较显著的变化是消瘦和贫血；在胃肠黏膜上及皮下组织内常发现单在出血，除新的出血外，还发现有陈旧的出血，呈现色素沉着斑点；心脏、肝脏、肾脏及骨骼肌的个别区域的脂肪变性，肝肿大、硬固、带有特殊的豆蔻状纹理。

【防治】患过传染性肝炎的狐可产生终生免疫。在自然感染和试验感染表明，该病为带毒免疫。在狐场内重复感染，但带毒动物本身却因有明显抵抗力，而不发病。

该病目前还没有特异性治疗方法。可用疫苗进行免疫，当狐场发生该病时，应将病狐和可疑病狐一律隔离治疗，直到取皮期为止。对被污染的笼子和小室进行彻底消毒。患过本病或发病的同窝仔狐以及与之有接触的狐不能留作种用。

5. 自咬症

【病原】到目前为止，该病病原研究得尚不充分。有人认为该病是营养缺乏症；有些学者认为是遗传性疾病；也有人认为是体外寄生虫病或由于肛门腺堵塞所致。近年来，有些研究者已从患病动物的脏器中分离出病毒，并证实对毛皮兽有感染性。

【症状】该病潜伏期为 20 天到几个月不等。一般为慢性经过，反复发作。病狐常在一个地方旋转，咬自己身体某部位，并发出刺耳的尖叫声。北极狐发病时多呈急性经过，病势急剧，发作时咬住尾巴或咬住患部不松口；有时甚至把后腿咬烂，生蛆并继发感染而死亡；或将尾巴全部咬掉。急性或病势严重的病狐，多数以死亡而告终。

【诊断】根据症状，可以确诊。

【防治】目前尚无特异性疗法。有很多对症疗法，但效果不尽一致，一般多采用镇静疗法和外伤处理，可收到一定效果。

病狐咬伤的部位，用双氧水处理后，涂以碘酊，撒少许高锰酸钾粉即可。另外，处于兴奋发作时还可用盐酸氯丙嗪 0.5 毫升、维生素 B_1 1 毫升、青霉素 40 万单位、烟酰胺 0.5 毫升，一次肌内注射。咬伤局部擦敷以 5%普鲁卡因、45%消炎粉、50%凡士林混合调制成的软膏。

实践证明，自咬症药物治疗不够理想。目前也无特异性预防方法。最有效的治疗方法是物理疗法，发现有自咬症的狐，用五合板做成脖套，套在病狐的颈部，使其不能回头自咬躯体后部。

6. 地方流行性脑脊髓炎

【病原】该病的病原体是一种亲神经性病毒。美国的格林于1928年第一次从银黑狐中分离到该病毒。

【症状】该病主要侵害神经系统，在地方流行初期呈急性经过，病狐兴奋性增强，短时间癫痫性发作，出现临床症状的1～2天内死亡。疾病的特征性临床症状是癫痫发作，发作后个别肌群发生痉挛性收缩，步态摇晃，瞳孔放大。在发作时常出现痉挛性咀嚼运动，从口内流出泡沫样液体。银黑狐有时大声鸣叫，发作延长3～5分钟，之后病狐死亡或平息，然后仍躺卧，对刺激、饲料、呼唤均无反应；发作前后有时出现转圈运动，病狐沿笼子走动、徘徊，不断咀嚼，眼睛发直，有时见有视觉丧失。也有不典型症状，仅出现拒食、精神沉郁或萎靡。疾病呈慢性经过时，引起母狐流产、难产和产后最初几天仔狐死亡。

【诊断】根据临床症状和病理解剖变化，可以做出初步诊断。病理解剖的特征性变化是各脏器大量出血，特别是心内膜、甲状腺、肺、肾上腺、脑及脊髓出血。有时出血发现于胃肠道黏膜、膀胱黏膜、肾包膜。肝呈樱桃红色。

【防治】应用药物治疗无法获得好的结果，一般采用对症疗法，可以应用麻醉药，使病狐深度睡眠20～25小时。但用药过后，大多数病例重新发作，最终死亡。养狐场为消灭本病，应及时淘汰病狐，同时必须实行综合性卫生防疫措施，定期对地面、笼子、用具及工作服实行消毒。

7. 狐阴道加德纳氏菌病

【病原】该病病原为阴道加德纳氏菌，该菌革兰氏染色可变性，但多数为革兰氏阴性；形态为等球杆、近球形或杆状多形态，呈单个、短链、长链或“八”字形排列；大小为（0.6～0.8）微米×（0.7～2.0）微米；无夹膜、芽孢和鞭毛，对营养要求较为严格；对磺胺类药物有耐药性，对氨苄青霉素、红霉素及庆大霉素敏感。

【症状】在配种后不久，病狐妊娠前期和中期出现不同程度的流产，规律明显，以后每年重复，病势逐年加剧，狐群空怀率逐年升高。该病有明显的季节性，多在春季交配期发生，成年狐发病率高于幼龄种狐。银黑狐、北极狐感染该菌后，主要引起泌尿生殖系统症状。母狐出现阴道炎、子宫颈炎、子宫炎、卵巢囊肿、肾周脓肿等症状，造成空怀和流产；公狐常出现血尿，在配种前，感染该病的公狐发生包皮炎、前列腺炎和性欲降低。

【诊断】在排除饲料质量、饲养管理条件等非传染性因素后，疑似本病。

【防治】本病用红霉素、氨苄青霉素均可治疗。国内外均已研制出疫苗，国内用GVF44菌株制成的氢氧化铝胶灭活疫苗，免疫期为6个月，免疫保护率为92%。

为预防该病，引入狐时一定要检疫；另外，不可随意触摸流产胎儿，被流产狐阴道流出的污秽物污染的笼舍、地面应用喷灯或石灰彻底消毒；同时要加强饲养管理，以提高狐的抗病能力。

第五节　产品及其加工

狐皮的剥取与初加工是养狐生产中的最后一环，包括屠宰、剥皮、初加工、整形、包装等一系列工序。

一、主要产品

养殖狐的主要产品是狐皮（图 10－12）。狐取皮时间，主要取决于毛皮的成熟度，而毛皮的成熟期受当地气候条件、饲料和饲养管理水平以及狐健康情况、性别、年龄等条件的影响。因而，需要根据狐毛被的生长情况和皮板色泽，来鉴定毛皮的成熟程度，从而决定屠宰时间。适时屠宰不仅能够获得优质毛皮，也能够节省饲料，降低饲养成本。

图 10－12　干燥后的北极狐狐皮

目前，我国各饲养场多采用观察活体毛绒的特征和进行试屠宰观察皮板颜色相结合的方法，进行毛皮成熟的鉴定。

成熟的毛皮（冬毛）毛绒丰厚，针毛直立，丰满平齐，被毛灵活而有光泽；尾毛长而蓬松，尾明显粗大。毛皮成熟与否，也可通过皮肤颜色来鉴定：将毛绒分开，去掉皮肤上的皮屑观察，当皮肤为蓝色时，皮板为浅蓝色；当皮肤为浅蓝色或玫瑰色时，皮板是白色，皮板洁白是毛皮成熟的标志。当动物活动，特别是身体弯曲时，如果毛密度达到最高值，周身毛绒出现一条条裂纹（俗称毛裂），颈部尤为显著。

试宰剥皮观察时，冬毛成熟的狐皮，皮板呈乳白色，皮下组织松软，形成一定厚度的脂肪层，皮肤易于剥离，去油省力。否则，毛皮尚未成熟。

狐皮成熟季节是每年农历小雪到冬至前后，银黑狐取皮一般在 12 月中下旬；北极狐略早些，一般在 11 月中下旬。另外，有些狐在取皮期毛被受损，如食毛、脱毛等，可等下一个屠宰期再取皮。

在毛皮成熟鉴定时，一定要把握住毛绒成熟程度的分寸，否则将产生毛绒过成熟现象。这将使毛绒光泽减退，毛被的平齐度降低，影响毛皮质量。

二、狐皮采收加工

1. 处死　在剥皮之前要将狐处死。处死方法很多，原则是狐迅速死亡、毛皮质量不受损伤和污染。生产中常用以下三种方法实施处死，前两种方法居多。

（1）药物处死法　一般应用肌肉松弛剂司可林（氯琥珀胆碱）处死。注射后 3～5 分钟狐即死亡。死亡前狐无痛苦，不挣扎。因此，不损伤和污染毛皮，残存于体内的药物无毒性，不影响尸体的利用。

（2）普通电击处死法　将连接 220 伏火线（正极）的电击金属棒插入狐的肛门，待狐前爪或吻唇接地时，接通电源，狐立即僵直，5～10 秒钟即电击死亡。

（3）心脏注射空气处死法　双手保定狐，在心脏跳动最明显处针刺心脏，如见血液向针管内回流，即可注入空气10～20毫升，狐因心脏瓣膜损坏而迅速死亡。

2. 剥皮 一般在处死狐后半小时，待血液凝固后开始剥皮。剥皮过早，易出血污染毛皮；剥皮过晚，因尸体冷却造成剥皮困难。

狐皮按商品规格要求，剥成筒皮。筒皮要求皮形完整，保持动物的鼻、眼、口、耳、后肢、尾部完整无缺。通过固定胴体、挑裆、挑尾、剥离等步骤完成剥皮工作。

挑裆后，开始剥离，剥离从两后肢用手或刀柄将皮与肉分离，前肢也做筒状剥离，一般在前肢第二趾关节处剪断，并要注意保留爪尖完整。剥完前肢后，两手用力拉皮至头部，先切断耳根，再剥离双眼，切断鼻骨和口唇，即成一完整的筒皮。

3. 刮油与修剪 刮油就是将皮张上的残肉、脂肪刮掉。剥下的皮张应立即刮油，若放置过久，脂肪干燥则不易刮净。如不能立即刮油时，应将皮张翻至毛朝外放置，或置于低温处保存。刮油包括手工刮油和机械刮油两种，刮油之后进行修剪。

（1）手工刮油 没有机械设备或非屠宰期少量死亡的狐，可用手工刮油。其具体方法是：将筒皮毛朝里套在刮油棒上，棒的一端（小头）固定在操作台上，另一端由身体固定。操作者右手持刀，左手按住皮板，由后（臀）向前（头）刮，边刮边用锯末搓洗皮板。刮油的方向不能反，否则易损伤毛囊。

（2）机械刮油 较大型的饲养场最好购置刮油机，以提高工作效率。机械刮油需由两人操作，一人刮油，另一人上皮。刮油人员站在刮油机左后侧，左手固定皮筒，右手握刀，从前向后刮，刮至后部时将刀离开皮张，转动一下皮筒，再从头部向后刮。

刮过油的筒皮，其头部、尾部、四肢等部位的脂肪和残肉不容易刮净，需要专人用剪刀贴皮肤慢慢剪除，即为修剪。

4. 洗皮 洗皮是将皮张板面和毛面上的油脂洗净。一般先搓洗皮板上的附油，然后将皮筒翻过来，再用干净锯末洗毛被上的油和各种污物。最后抖掉毛皮上的锯末，使毛皮达到清洁、光亮、美观。

5. 上楦 刮油、洗皮之后应及时上楦，防止皮张干燥后收缩或皱褶。上楦前要按各种皮张的长度选定不同规格的楦板，通过套皮、固定背面及腹面来完成上楦。

6. 干燥 将上好楦板的狐皮，移放在具有控温调湿设备的干燥室中，在温度18～25℃、相对湿度55%～65%的条件下，干燥36小时或以上。

7. 下楦、整理及分装 干燥的皮张应立即下楦。下楦前先检察爪、耳、颈部是否干燥，一般达到九成干即可下楦。下楦过早，不易保持皮形，且易发霉、掉毛；下楦过晚，易撕裂皮张，造成下楦困难。

干燥好的狐皮要再一次用锯末清洗。先逆毛洗，再顺毛洗，遇上缠结毛或大的油污等，要用排针做成的针梳梳开，并用新鲜锯末反复多次清洗，最后使整个皮张蓬松、光亮、灵活，给人以活皮感为准。也可用清洁毛巾擦拭毛面，直至光亮、无污物为止。

对生产的毛皮应根据商品规格及毛皮质量（成熟程度、针绒完整性、有无残缺等）初步分级，然后分装待售。

主要参考文献

高秀华，杨福合，张铁涛，2020. 珍贵毛皮动物饲料与营养［M］. 北京：中国农业科学技术出版社.

刘吉山，姚春阳，李富金，2017. 毛皮动物疾病防治实用技术［M］. 北京：中国科学技术出版社.

马泽芳，崔凯，2013. 毛皮动物饲养与疾病防制［M］. 北京：金盾出版社.

佟煜仁，张志明，2009. 图说：毛皮动物毛色遗传及繁育新技术［M］. 北京：金盾出版社.

张伟，徐艳春，华彦，等，2011. 毛皮学［M］. 哈尔滨：东北林业大学出版社.

第十一章 貉

第十一章彩图

第一节 品种概述

我国貉的人工养殖发端于20世纪50年代末，1978年改革开放后，在国家富民政策引导下，我国貉的人工养殖进入快速发展阶段。其中，黑龙江省发展较快，自1981年的两个饲养点，几十只种貉开始，在不到五年的时间内，迅速发展到拥有13个饲养基地和遍及全省60个市、县近5万专业养貉户的局面。1986年初黑龙江省拥有种貉6万多只，养貉总数突破20万只。1987年全国种貉拥有量约30万只，除西藏、福建等个别地区，几乎所有省份都有貉的人工养殖，部分地区貉养殖业已成为当地的支柱产业，在国民经济中占有重要地位。

20世纪90年代，受国际市场影响，我国养貉业陷入低迷。2001年以来，貉皮进入国际市场，国内养殖氛围再次掀起高潮。经过十多年的迅猛发展，2015年我国貉取皮数量达到历史峰值的1 610万张，成为世界第一养貉大国。2021年我国貉取皮数量919万张左右，自2012年取皮数量突破1 000万张后，首次跌回1 000万张以下，市场波动较大。2021年貉取皮数量河北省位居第一，约占全国貉取皮总量的66.51%；山东省位居第二位，约占16.94%；黑龙江省位居第三位，约占10.66%。河北、山东、黑龙江三个省份的貉取皮数量约占全国貉取皮总量的94.11%。2021年貉取皮数量排名前十位的城市分别为：秦皇岛、唐山、沧州、潍坊、衡水、大庆、哈尔滨、石家庄、聊城和威海。

一、生物学特征

（一）分类学地位

貉（*Nyctereutes procyonoides*）属于哺乳纲（Mammalia）、食肉目（Carnivora）、犬科（Canidae）、貉属（*Nyctereutes* ）动物。

（二）貉的外形特点

1. 乌苏里貉 体形与狐相似，与狐相比吻短、耳短、腿短、尾短，因此身形显得更为粗短。趾行性，前足5趾，第一趾较短而位置较高，故不能着地；后足4趾，缺第一趾。前、后足均有发达的趾垫及趾间垫。被毛长而蓬松，两颊横生淡色长毛；眼的周围尤其是眼下生有黑色长毛，突出于头的两侧，构成明显的“八”字形黑纹，成为乌苏里貉典型的外貌特征之一。眼周黑色部分由下颌经喉延至前胸，耳缘及四肢多为黑色。身体两侧呈灰黄色或棕黄色，腹部被毛颜色最浅，呈黄白色或灰白色（图11-1）。

图 11-1　乌苏里貉（育成期）

2. 吉林白貉　被毛颜色有两种类型：第一种，身体所有部位的针毛、绒毛均为纯白色；第二种，除眼圈、耳缘、尾尖还保留乌苏里貉标准色型毛色外，身体其他部位的针毛、绒毛均为纯白色。两种白貉除毛色有差别外，其他特征完全相同（图 11-2）。

与乌苏里貉相比，吉林白貉视力较差，免疫力低，且存在针毛粗长、绒毛稀疏的缺点。但因白色皮张可以通过硝染技术染成不同颜色类型，因此白貉皮张市场售价较高，白貉养殖相对效益也较高。

（三）貉的习性

1. 杂食性　貉的食性很杂，野貉多捕食鱼、蛙、鼠、鸟、蚯蚓及昆虫等，也可采食浆果、植物籽实及根、茎、叶，食物匮乏时还会以野兽和家畜的尸体、粪便为食。

2. 集群性　通常情况下，野貉成对穴居，一个洞穴中也有一公多母或一母多公的情况。邻近貉群的仔貉通常在一起玩耍嬉戏，哺乳母貉有时也可以相互代乳。

3. 集粪性　无论野貉还是人工养殖貉，都有定点排粪的习性。同穴或同笼的貉，排粪时都到同一区域，使该处粪便越积越高（图 11-3）。

图 11-2　吉林白貉（育成期）

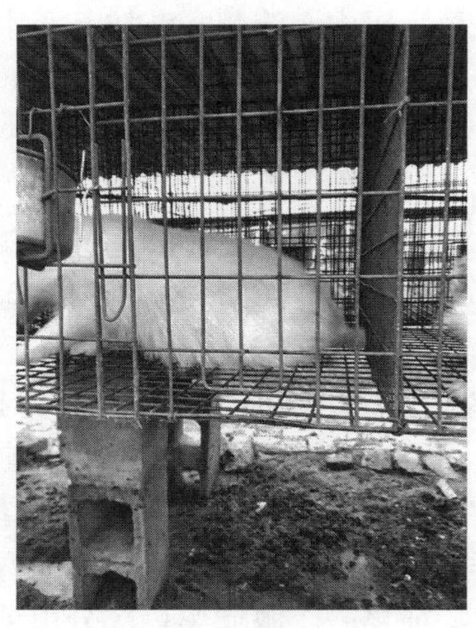
图 11-3　貉的集粪习性

4. 冬休 为躲避冬季严寒和食物缺乏对机体的不利影响，野生貉在冬季会呈现出昏睡状态的非持续性冬眠，一般称之为冬休。冬休时，貉体内新陈代谢缓慢，以消耗体内蓄积的脂肪维持生命。貉的冬休与熊的冬眠相比，昏睡程度没有那么深，当气温回升时，貉有时会醒来进行排便、捕食等活动，但很快又会进入昏睡状态。

5. 换毛 貉每年换毛一次，一般每年的3月开始脱换冬毛的底绒，冬毛脱落后开始生长稀疏的夏毛。7—8月脱换前一年度冬毛的针毛，9—10月夏毛开始生长，11—12月农历的小雪到大雪之间，夏毛生长为成熟的冬毛，毛绒生长结束。

二、常见品种

（一）品种划分

貉是东亚特有物种，广泛分布于我国东北、华北、华东、中南及西南地区。国外野生貉分布于西伯利亚、日本、朝鲜和中南半岛北部。

我国貉属动物种类划分常见4种方法。

第一种，《中国动物志》（1987）将我国貉分为3个亚种：

1. 指名亚种（*Nyctereutes procyonoides procyonoides*） 分布于华东及中南地区，包括江苏、浙江、安徽、江西、湖南、湖北、福建、广东和广西。

2. 东北亚种（*Nyctereutes procyonoides ussuriensis*） 分布于黑龙江、吉林、辽宁，与华北一带所产貉也非常相似。

3. 西南亚种（*Nyctereutes procyonoides orestes*） 分布于云南、贵州、四川。

第二种，日本学者衣川義雄将貉属动物分为7个亚种：

1. 乌苏里貉（*Nyctereutes ussuriensis* Matschie） 分布于我国东北的大兴安岭、小兴安岭、长白山、三江平原等地区。

2. 朝鲜貉（*Nyctereutes koreensis* Mori） 分布于我国黑龙江、吉林以及辽宁的南部地区。

3. 阿穆尔貉（*Nyctereutes amurensis* Matschie） 分布于我国东北北部的黑龙江沿岸、吉林东北部等地带。

4. 江西貉（*Nyctereutes stegmanni* Matschie） 分布于我国江西及其附近各省。

5. 闽越貉（*Nyctereutes pryctoniides* Gray） 分布于我国江苏、浙江、福建、湖南、四川、陕西、安徽、江西等省。

6. 湖北貉（*Nyctereutes sinensis* Brass） 分布于我国湖北、四川等省。

7. 云南貉（*Nyctereutes orestis* Thomas） 分布于我国云南及其附近各省。

第三种，以长江为界，分为南貉和北貉：分布于长江以北各省的貉统称为北貉，分布于长江以南各省的貉统称为南貉。北貉体形大，毛长色深，底绒丰厚，品质优良，多属乌苏里貉亚种，以东北各省产的貉皮张最好；南貉体形较小，毛绒稀疏，但有针绒平齐，色泽光润、艳丽的特点，也有利用价值，以江苏、浙江产的貉皮最佳。

第四种，按照毛色类型分为两种：乌苏里貉和吉林白貉。

（二）人工养殖品种

1. 乌苏里貉 1957年，黑龙江省海林县（现海林市）横道河子野牲饲养场引入野生貉进行人工饲养。1958年，吉林省特产所（现更名为中国农业科学院吉林特产研究所）

与长春农学院曾对原产于东北三省的野生貉进行驯养，并取得了初步成功。1986 年正式立项进行野生乌苏里貉的人工驯养，1988 年 12 月由中国农业科学院组织鉴定，并命名为“乌苏里貉”。2002 年，乌苏里貉被国家畜禽遗传资源管理委员会列为地方品种。2012 年，乌苏里貉被《中国畜禽遗传资源志·特种畜禽志》收录。经过半个多世纪的驯养与选育提高，乌苏里貉体型及皮张质量不断得到提升，经扩繁推广已成为我国多个省份的毛皮动物养殖主要品种。

2. 吉林白貉 吉林白貉是乌苏里貉白色突变种，1974 年黑龙江省哈尔滨动物园曾收购一只罕见的雄性白貉（眼与吻均为淡粉红色）。1979 年，中国农业科学院吉林特产研究所对乌苏里貉毛色变异的遗传规律开展了研究，发现白色突变基因受一对等位基因的控制，白色为显性，标准色为隐性，白色基因位于常染色体上，白色基因纯合致死。1982 年以乌苏里貉的白色突变种为材料，经过选育培育出目前为止唯一一个彩貉品种——吉林白貉，1990 年通过吉林省科学技术委员会鉴定，定名为吉林白貉。

第二节 饲养管理

一、场址选择

（一）场址选择原则

养貉场址的选择，应以适应貉生物学特性为前提，稳定安全的饲料来源为基础，根据所需的生产规模及发展前景，全面进行规划。

养貉场应尽量使用闲地，不应占用基本农田。养殖场的占地面积应与貉群的数量及未来发展需要相适应。貉场的土质以沙土、沙壤土为优。地势较高、地面干燥、向阳背风、利于排水是养貉的良好环境，有利于保持场内适宜温度和干燥，也可以保持笼舍干燥、空气新鲜，还可以减少冬季寒冷气流对貉的影响。不宜选沼泽低洼或多风沙地带建场。

貉场需要具备充足的生产和生活用水，水源充足和水质好的地方最佳。貉的饮用水宜采用泉水或深井水，不宜选用湖水、池塘水等易被污染的水源，这些水源都需经过处理才能使用（图 11－4）。

图 11－4 自动饮水储水罐

貉场应尽量远离工业区和居民区，远离其他动物饲养区，距离交通要道、居民区、畜禽交易市场、畜禽屠宰场 500 米以上，但也要保证良好的交通运输条件。供电要充足，规模养殖场最好自备发电机。

（二）场地规划与布局

确定场址以后，应对养殖场各部分功能区进行全面规划与设计，使场内各功能区布局合理。既可保证动物的健康，又便于饲养管理。根据各区所承担的功能，养殖场可分为生活管理区、生产区和隔离区三个主要功能区。

生产区与生活管理区、隔离区要分隔开，生产区安排在地势较低处。饲料加工室与貉养殖区之间既要保持一定的距离，又不能相距太远，既要符合卫生防疫要求，又要保证饲料运输方便。饲料冷藏室和饲料加工室距离要近，以方便取用饲料。病貉隔离区应远离貉群，以防止疫病蔓延。兽医室、毛皮室和毛皮烘干室与貉群应有一定距离。办公室、宿舍、发电机房、食堂应建在地势较高处，且离生产区较远。

条件好的规模化养殖场应在各功能区之间修建隔离墙，分界明显，设有专用通道，出入口设消毒池；生产区入口设密闭消毒间，安装紫外线灯，地面铺浸有消毒液的踏垫。进出人员在消毒间消毒，更换工作服后进入生产区。养貉场与外界有专用道路相连通，场内道路分净道和污道（图 11－5、图 11－6）。

图 11－5　浸有消毒液的踏垫

图 11－6　消毒通道

（三）貉场的主要建筑设备

养貉场的主要建筑和设备包括貉棚、貉笼和小室、饲料贮存室、毛皮加工室、烘干室、兽医室、化验室等。

1. 貉棚　是遮挡雨雪和防止烈日暴晒的建筑，用来安放貉笼（图 11－7）。貉棚由棚顶、棚梁和棚柱组成，一般建为开放式。貉棚可以用砖石、木材、角钢等各种材料建成，修建时因地制宜、就地取材，设计非常灵活。貉棚既要符合貉的生物学特性，又要坚固耐用，操作方便。貉棚之间应间隔 3～4 米，以防影响光照和通风。貉棚地基要稍垫高，周围要设排水沟。貉棚的走向应根据当地地形及所处的地理位置而定，以朝南或东南为宜，多采取南北朝向，这样既能使貉棚两侧获得日照，又能避免烈日直射和寒风吹袭。

图 11－7　貉棚

2. 貉笼和小室　是貉栖息、采食、饮水、排便、活动、防寒和繁殖的场所。一般要求不影响貉正常活动、生长发育和繁殖，安全可靠，方便操作，卫生省材，简单耐用。生产中貉笼分种貉笼和皮貉笼两种规格，种貉笼稍大些，长×宽×高一般为（90～120）厘米×70 厘米×（70～80）厘米；皮貉笼稍小些，一般为 70 厘米×60 厘米×50 厘米。

3. 饲料加工室 饲料加工室是貉场加工饲料的地方（图 11－8），最好是水泥地面，并设下水道。加工室内四周墙壁，须用水泥抹光（或铺、贴瓷砖），以便于洗刷，保持清洁。室内应有洗涤、蒸煮、粉碎设备，还应有绞肉机、搅拌机、喂食车等饲料加工调制设备。

图 11－8 饲料加工室

4. 饲料贮存室 包括干饲料仓库和冷冻库。干饲料仓库要求卫生、通风、阴凉、干燥。冷冻库用来贮存鲜动物性饲料，是冷冻保存动物性饲料的设施，要求冷冻温度在－18℃以下，以保证冷冻饲料至少存放 3 个月不变质。

5. 毛皮加工室和烘干室 毛皮加工室是貉场取皮后，对貉皮进行初步加工的场所。毛皮加工室要求干燥、通风、无鼠虫危害。规模化貉场的毛皮加工室包括剥皮间、刮油间、洗皮间、上楦间、干燥间、贮存晾晒间。室内设备有皮貉处死机、剥皮台、刮油机、洗皮机等。毛皮加工室内还应设烘干室，烘干室的室内温度应控制在 20℃左右。毛皮加工室旁还应建毛皮验质室。

6. 兽医室和化验室 有专业技术人员的规模化养殖场可专设兽医室和化验室。兽医室是貉场卫生防疫、疾病诊断和治疗的场所，应具备良好的卫生条件，有较齐全的诊断、化验、治疗、防疫用器械。兽医室的病貉解剖间应独立设置，还应设有无菌操作间、细菌培养间和尸体焚烧处理炉。化验室负责饲料的鉴定、毒物分析。

二、营养与饲料

貉为杂食性动物，其消化系统的特点与功能介于肉食动物和草食动物之间，既适于采食动物性饲料，也能采食植物性饲料。

（一）营养需要

貉养殖的目的不只是保持机体健康，更重要的是生产优质皮张及繁衍种群，而这些依赖于充足的营养物质。营养物质通过日粮提供，日粮中的营养成分按照概略养分分析的方法分为六类，包括水分、矿物质、蛋白质、粗脂肪、粗纤维和维生素。

1. 水分 水因为比较容易获得，因而容易被忽视。事实上水也是一种重要的营养成分。貉获取水的来源有三条途径：饮水、饲料和代谢水。由于貉养殖形式主要为笼养，因此，特定条件下水对貉比其他营养物质更重要。短期缺水会引起貉采食量下降，粪便干燥；长期饮水不足，生长期的貉生长缓慢，被毛粗糙，健康受到损害。哺乳期，随着气温升高和仔貉的快速发育，哺乳母貉对水的需求量不断增加；配种期饮水缺乏，公貉的配种能力下降。炎热天气，缺水或饮水不足持续时间较长，严重的甚至会导致个体中暑而死亡。

2. 矿物质 矿物质是貉营养中的一大类无机营养素。虽然矿物质只占貉体重的 3%～5%，但作为细胞的组成成分，其参与机体细胞的分泌、发育、繁殖等生物过程，对貉的营养和生理作用十分重要。矿物质广泛存在于貉体内，并广泛参与体细胞内的代谢过程。它不仅是貉体组织器官的原料，也是维持细胞与体液平衡、构成辅基和辅酶不可缺少的物质，在维持水的代谢平衡、酸碱平衡、调节血液正常渗透压等方面具有重要生理作用。机体完全缺乏某种必需元素时会造成死亡，某种元素过量又会引起机体代谢紊乱。

（1）钙、磷　貉对钙、磷的吸收是按一定比例进行的，适宜的钙磷比约为 2∶1，钙磷比过高、过低或比例不合理，都会影响貉对钙、磷的吸收利用。饲料中钙、磷不足或缺乏时，可导致貉食欲不振或废食，生长性能下降，骨质疏松或软骨症，发情期母貉发情异常，哺乳母貉泌乳量下降等。生产中，常用骨粉、肉骨粉、蛋壳粉、磷酸钙和碳酸钙等作为钙、磷的矿物质添加剂使用，同时添加维生素 D 促进貉对钙、磷的吸收。

（2）钠、氯、钾　钠、钾在貉体内有保持体内酸碱平衡、维持体液正常渗透压的作用。食盐能同时补充钠和氯两种元素，是貉补充钠的主要来源。鱼粉和肉粉含钠、氯丰富，是这两种元素动物性饲料的良好来源。氯化钾、硫酸钾等含钾的饲料添加剂是貉补充钾的来源。

（3）硫、镁　生产中，除非长期饲喂貉蛋白质含量低的饲料或饲料组成不合理，则很少发生硫缺乏症。硫缺乏或不足会导致貉的黏多糖合成受阻，上皮组织干燥和过度角质化。严重缺乏硫时，会导致貉的食欲减退或废绝、掉毛及毛皮质量降低。貉的“食毛症”有可能由硫缺乏诱发。硫酸钠、亚硫酸钠和硫代硫酸钠等无机硫可作为貉体硫元素的补充源。镁缺乏会导致貉神经性震颤，骨骼钙化不良。生产中，很少发生镁缺乏症。

（4）铁　貉体内的铁主要有三方面的营养生理功能。第一，参与载体组成、转运和贮存营养素；第二，参与体内物质代谢；第三，生理防卫机能。转铁蛋白除运载铁以外，还有预防机体感染疾病的作用。

（5）铜　貉体内的铜作为金属酶组成部分直接参与体内代谢，参与骨形成，维持铁的正常代谢，有利于血红蛋白合成和血细胞成熟。缺铜不利于铁的利用，影响铁的吸收和从组织中释放进入血液。因此，缺铜引起的贫血与缺铁贫血相似，表现肝脏中铜浓度、血液中铁浓度及血红素含量下降。缺铜可引起有色被毛褪色，被毛因角蛋白的合成受阻而生长缓慢，毛质变脆。生产中，可直接用硫酸铜、氯化铜、碳酸铜、蛋氨酸铜等进行补饲。

（6）锌　貉体内所有组织和细胞中都含有锌，其中以肌肉、肝脏等组织器官中含锌量较高。缺锌可导致食欲降低、皮肤和被毛损害、公貉生殖器官发育不良、母貉繁殖性能降低和骨骼异常。缺锌时，可利用硫酸锌、碳酸锌、氧化锌等含锌化合物进行补充。

（7）钴、锰　貉体内钴分布比较均匀，不存在组织器官集中分布的情况。钴在貉的营养中是一个比较特殊的必需微量元素。貉不需要无机态的钴，只需要体内不能合成而存在于维生素 B_{12} 中的有机钴。体内钴的营养代谢作用，实质上是维生素 B_{12} 的代谢作用。貉体内的锰在骨髓形成，维持生殖、胚胎发育等生理功能正常，促进钙、磷代谢等方面起作用。一般情况下，锰在肝脏中的含量比较稳定，而骨骼、被毛中的锰含量受饲料锰含量的影响较大。

（8）碘　貉体内碘的主要功能是构成甲状腺素，调节代谢和维持体内热平衡，对繁殖、生长、发育、血细胞生成和血液循环等起调控作用。缺碘时，因甲状腺细胞代偿性实质增生而表现肿大，生长受阻，繁殖力下降。碘酸钙和碘化钾是碘的良好来源，缺碘也可用碘化食盐进行补饲。

（9）硒　貉体内硒的含量受进食硒量的影响较大。饲料缺硒可导致白肌病，患病个体行走和站立困难、步伐僵硬、弓背和全身出现麻痹症状、心肌退化萎缩。幼貉缺硒，表现为食欲降低、消瘦、生长停滞；缺硒明显影响种貉的繁殖性能，会导致母貉空怀或胚胎死亡。

生产中，缺硒具有明显地区性。我国从东北到西南的狭长地带内，包括黑龙江、吉林、内蒙古、青海、陕西、四川和西藏7个省（自治区）为缺硒区，黑龙江最严重，四川次之。来自上述区域的饲料原料含硒量很低。硒的需要量和中毒量相差较小，饲料中添加时需特别小心，不能超量添加，也不能以化合物形式直接添加，常以硒预混料的形式添加。为预防硒缺乏，可在饲料中添加亚硒酸钠进行补充。

（10）钼、氟　实际生产中，很少出现缺钼症状。貉体内的氟主要存在于骨和牙齿中，主要作用是保护牙齿健康（因氟的杀菌作用），增加牙齿强度，预防成年个体产生骨松症和增加骨强度。可能出现氟中毒，但急性中毒不易出现。一般饲养条件下不易出现缺氟。

3. 蛋白质　蛋白质是一切生命的物质基础，主要由碳、氢、氧、氮4种元素组成，有的含有少量硫，还有些含有微量的钙、磷、铁、铜等元素，是一种复杂的有机化合物。构成蛋白质的基本单位是氨基酸，氨基酸的数量、种类和排列顺序的变化，组成了各种各样的蛋白质。貉的蛋白质营养实质是氨基酸营养，貉所需的氨基酸分为必需氨基酸和非必需氨基酸。貉对含硫氨基酸的需要远高于其他家畜，因为毛发中胱氨酸的含量很高，所以含硫氨基酸（蛋氨酸和胱氨酸）为日粮第一限制性氨基酸。貉营养需要中的必需氨基酸包括蛋氨酸、赖氨酸、色氨酸、苏氨酸等8种氨基酸。

（1）蛋氨酸　是貉必需氨基酸中唯一含有硫的氨基酸，也是貉容易缺乏的必需氨基酸之一。蛋氨酸缺乏表现为发育不良，体重下降，肝、肾机能受损，肌肉萎缩、贫血和针绒毛光泽及弹性变差等。生产中，可用羟基蛋氨酸及其钙盐、DL-蛋氨酸、N-羟甲基蛋氨酸等蛋氨酸类似物作为蛋氨酸的补充添加。

（2）赖氨酸　能促进动物性蛋白质的合成，促进外伤、骨折的痊愈，增进食欲。幼貉在快速生长阶段对赖氨酸的需要量较高，生长速度越快，需要的赖氨酸也越多。赖氨酸缺乏时，食欲降低，生长缓慢或停滞，氮平衡失调，皮下脂肪减少，消瘦，骨的钙化失常。

（3）色氨酸　色氨酸参与血浆蛋白质的更新，促进肝蛋白质合成、抗应激、增加γ-球蛋白数量，促进核黄素发挥作用，还有助于烟酸、血红素的合成，是貉正常繁殖和泌乳所必需。色氨酸缺乏可引起食欲降低、生长缓慢、体重减轻、脂肪积累降低、种貉睾丸萎缩、贫血、皮炎和视觉障碍。

（4）苏氨酸　是免疫球蛋白合成中第一限制性氨基酸，苏氨酸缺乏或不足会导致免疫机能下降，貉的氮利用降低，体重迅速降低。

（5）组氨酸　所有蛋白质中均含有组氨酸，是血红蛋白和肌红蛋白的成分，参与机体的能量代谢，维持貉的正常生长和代谢。组氨酸缺乏会导致貉食欲降低，生长受阻，饲料转化率降低。

（6）精氨酸　是生长期幼貉所需的重要氨基酸，也是精子蛋白的主要成分。精氨酸缺乏会导致貉体重迅速下降，生长停滞，精液品质显著降低。

（7）苯丙氨酸　参与肾上腺素、甲状腺素和色素的合成，还与造血功能相关。苯丙氨酸缺乏会导致肾上腺和甲状腺的机能受到破坏，代谢失常，体重降低。

（8）异亮氨酸　与亮氨酸共同参与体蛋白的合成，还与碳水化合物、脂肪代谢有关。异亮氨酸缺乏会导致貉食欲降低，不能很好地利用外源氮。

（9）亮氨酸　是体组织蛋白与血浆蛋白合成的重要原料。亮氨酸缺乏会导致貉食欲降低，饲料转化率降低，氮代谢出现负平衡。

（10）缬氨酸　其作用是维持神经系统机能的正常运转，同时还参与动物淀粉的合成与利用。缬氨酸缺乏或不足时会导致貉生长停滞，运动失调，神经机能障碍。

4. 粗脂肪　脂肪是貉体各组织、器官的重要组成成分，能量价值高，是貉热能的主要来源。脂类作为溶剂对于脂溶性营养素的消化吸收极为重要，如维生素 A、维生素 D、维生素 E、维生素 K 的吸收和运输都是依靠脂肪进行的，因此这些维生素也被称为脂溶性维生素。蓄积于貉被毛皮下的脂肪具有保温和御寒的作用，脂肪还有助于增强毛绒光泽。

脂肪极易氧化酸败，酸败脂肪与正常脂肪相比颜色明显变黄、发苦，严重时出现特殊臭味。脂肪酸败产生的物质（过氧化物、醛类、酮类、低分子脂肪酸等）严重危害貉体健康。这些物质直接作用于消化道黏膜，引起小肠发炎，造成严重的消化障碍。脂肪酸败分解物会破坏饲料中的多种维生素，使幼貉食欲减退，生长发育缓慢或停滞。严重时出现皮肤脓肿或皮疹，降低毛皮质量。妊娠期饲喂了酸败的脂肪，会造成死胎、烂胎、流产、空怀、产弱仔及产后缺乳。

5. 粗纤维　貉对粗纤维的消化吸收率很低，其生理功能主要是刺激胃肠蠕动和消化液的分泌。

6. 维生素　是动物代谢所必需而需要量极少的低分子有机化合物，既不是形成机体各种组织器官的原料，也不是能源物质。体内一般不能合成，必须由饲粮提供，或者提供其先体物。维生素一般可分为水溶性维生素和脂溶性维生素两大类。

水溶性维生素包括维生素 B 族、叶酸、维生素 C 等。

（1）维生素 B_1（硫胺素）　又称硫胺素，也称之为抗神经炎维生素、抗脚气病维生素。维生素 B_1 缺乏时，碳水化合物代谢强度及脂肪利用率迅速降低，貉出现食欲减退、消化紊乱、后肢麻痹、强直震颤等多发性神经炎症状。妊娠期母貉缺乏维生素 B_1，产出的仔貉色浅，生活力弱。

（2）维生素 B_2（核黄素）　又称核黄素，缺乏时，会导致幼貉口腔黏膜充血、流涎、口角发炎、厌食、腹泻等疾病。

（3）维生素 B_3（泛酸）　又称泛酸，缺乏时，幼貉生长发育受阻，体质衰弱。成年貉缺乏时严重影响繁殖，冬毛期毛绒变白。

（4）维生素 B_4（胆碱）　又称胆碱，参与卵磷脂和神经磷脂的形成。所有动物缺乏胆碱都可表现为生长迟缓。作为饲料添加剂使用的多为胆碱盐，一般多是其碱基与盐酸的反应物——氯化胆碱。氯化胆碱对其他维生素有破坏作用，尤其当有金属元素存在时，对维生素 A、维生素 D、维生素 E、维生素 K 均有破坏作用，所以不宜与维生素预混料相混合。应用时，直接加入浓缩料或全价配合饲料中。自然界存在的脂肪都含有胆碱。

（5）维生素 B_6　包括吡哆醇、吡哆醛和吡哆胺三种吡啶衍生物，又称为抗皮炎维生素。缺乏时会导致貉的皮肤炎、贫血、生长停滞和痉挛。

（6）尼克酸　又称烟酸、维生素 PP、抗癞皮病维生素等。尼克酸缺乏会导致貉食欲减退、皮肤发炎和被毛粗糙等症状。

(7) 叶酸　又称维生素 B_{11}，对正常血细胞的形成有促进作用，是防止恶性贫血的维生素，对蛋白质合成和维持免疫系统功能的正常作用重大。

(8) 维生素 B_{12}　又称钴胺素、氰钴维生素、抗贫血维生素，缺乏时，会导致血细胞浓度降低，神经敏感性增强，严重影响貉的繁殖力。

(9) 维生素 H　又称生物素，貉缺乏时的症状一般表现为生长不良，皮炎以及被毛脱落。

(10) 维生素 C　又称抗坏血酸或抗坏血维生素。维生素 C 具有可逆的氧化-还原特性，能够发挥抗氧化作用或间接的抗应激特性，增强免疫力和抗病力，并具有解毒作用。维生素 C 可促进肉毒碱的合成，减少甘油三酯在血浆中的积累，防止维生素 C 缺乏病。因为动物可以利用葡萄糖在脾脏和肾脏合成维生素 C，一般情况下不会出现缺乏。但在日粮营养不均衡等特殊情况下也会出现缺乏症，典型症状为贫血、维生素 C 缺乏病、免疫力和抗病力下降、生长缓慢。维生素 C 很不稳定，商品维生素 C 都需要做包被处理，包被后的维生素 C 对空气稳定，但湿热环境下仍易受到破坏。

脂溶性维生素包括维生素 A、维生素 D、维生素 E 和维生素 K 四种。

(1) 维生素 A　又称视黄醇或抗干眼醇，有视黄醇、视黄醛和视黄酸三种衍生物。维生素 A 缺乏会导致幼貉生长发育缓慢或停滞，表皮和黏膜上皮角质化。缺乏严重时，影响貉的繁殖力和毛皮品质。

(2) 维生素 D　又称抗佝偻病维生素，有维生素 D_2（麦角钙化醇）和维生素 D_3（胆钙化醇）两种活性形式。因在阳光照射下，动植物体内可合成维生素 D，常称为“阳光维生素”，与钙、磷代谢关系密切。维生素 D 缺乏时，不但会导致貉患软骨症，还会严重影响其繁殖性能。

(3) 维生素 E　又称生育酚，是一组化学结构近似的酚类化合物，主要作为生物催化剂来发挥作用，是一种有效的抗氧化剂。维生素 E 对维生素 A 有保护作用，参与脂肪的代谢，维持内分泌腺机能的正常，使生殖细胞正常发育，提高动物繁殖性能。维生素 E 缺乏会导致公貉睾丸生殖上皮变性，精子形成受阻，精子数量减少，活力降低，精液品质下降；会导致母貉受胎率下降、死胎、胎儿吸收或产弱仔。此外，维生素 E 缺乏会导致机体脂肪代谢障碍，引起貉的尿湿症。

(4) 维生素 K　又称抗出血维生素，是维持血液正常凝固所必需的物质。维生素 K 缺乏会导致貉的鼻腔、口腔和牙龈出血，粪便中有黑红色血液，胃肠道剖检可见黏膜出血。

（二）饲料种类

饲料是养貉业的物质基础，饲料种类繁多，划分方法也多种多样，我国现行饲料分类将所有饲料分为 8 类。养貉生产中常按饲料原料分为动物性饲料、植物性饲料和添加剂类饲料。

1. 动物性饲料　包括鲜动物性饲料和干动物性饲料，这类饲料氨基酸丰富，蛋白质含量较高。鲜动物性饲料包括鱼类、肉类、畜禽副产品、乳类、蛋类等。干动物性饲料包括鱼粉、血粉、肉骨粉、羽毛粉、蚕蛹粉等。

2. 植物性饲料　是貉能量的基本来源，主要包括谷物、油料作物和各种蔬菜水果。

植物性饲料经过蒸煮、膨化等加工后可有效提高适口性和消化率，所以植物性饲料必需熟化后喂貉，而清洁卫生的蔬菜水果可不经熟化直接饲喂。

3. 添加剂类饲料 是指在饲料加工、制作、使用过程中添加的少量或微量物质。添加剂类饲料在饲料中的配比很小，但作用很大，效果显著，具有多方面的功能，包括促进饲料营养物质的消化吸收、调控营养物质代谢、提高饲料的转化率、改善饲料的适口性、增进采食、刺激生长、防治疾病、减少饲料贮存期间的营养物质损失、改进饲料加工性能和提高经济效益等作用。添加剂类饲料可分为两类，即营养性添加剂（包括氨基酸类添加剂、维生素类添加剂、矿物质类添加剂等）和非营养性添加剂（包括抗氧化剂、防霉防腐剂、酶制剂、微生态制剂等）。

三、饲养管理要点

养貉生产是一个连续进行的周年活动过程，与多数畜禽养殖在封闭、专用的舍内进行不同的是，貉饲养在开放的室外，其所有生命活动时刻受到外界环境的直接影响。一年四季气候特点不同，貉的性别不同，生长发育不同阶段的生理特点和行为规律差异巨大。为便于饲养管理和提高养殖效率，常以貉不同生理时期特点为依据，按性别不同将养貉生产的连续环节划分为不同生物学时期。母貉的各生物学时期可划分为准备配种期、配种期、妊娠期、哺乳期和恢复期（静止期）；公貉的各生物学时期可划分为准备配种期、配种期和恢复期（静止期）；幼貉断奶分窝后称为育成期（生长期）。取皮貉重点考虑皮张的成熟，不考虑繁殖配种，其营养与饲养管理多有不同。各生物学时期划分对单个动物而言是一个前后衔接的连贯过程，但考虑到整个养殖群体，各生物学时期个体所处时间分布在群体内存在交叉和重叠。生产中公、母貉虽有性别差异，生理特点也差别较大，但各生物学时期饲养管理操作的总体原则基本相同。

（一）准备配种期的饲养管理

准备配种期是繁殖公、母貉持续时间最长的一个时期。从每年 9 月的秋分开始，当日照时间逐渐变长的时候，被认为是貉准备配种期的开始，持续到配种成功。生产中，准备配种期饲养管理需做好以下工作。

1. 防寒保暖 准备配种期从秋季开始，贯穿温度最低的整个冬季。虽然貉属毛皮动物，对低温具有极强的抵御能力，但在人工笼养的养殖环境下，其活动范围有限，营养完全依赖人工饲喂，因此饲养管理上防寒保暖工作仍需要重点考虑。营养上可适当添加一些质量优良的脂类饲料，如动物性脂肪或植物油，以增加能量摄入，利于皮下脂肪蓄积。管理上可对饲养笼进行覆盖或遮挡，减少寒冷空气直吹貉体，降低热量损耗。采用粉料饲喂的可用温水搅拌，采用自动饮水装置的最好提供温水。

2. 体况调整 是准备配种期最为重要的一项工作，与貉的配种及繁殖效果密切相关。过肥、过瘦不但影响貉的发情表现和进展，影响其精子和卵子的产生、数量及质量，更会影响配子着床和在母貉子宫内的发育。体况调整可采用体重指数（W）的办法，体重指数（W）=体重(克)/体长（厘米），一般认为种母貉体重指数的理想范围是 110～120 克/厘米，种公貉体重指数的理想范围是 120～130 克/厘米。低于理想范围数值的下限定为偏肥，高于理想范围数值的上限定为偏肥，偏离数值大小表示与理想指标间的差距大小。偏瘦个体补充营养，加强饲养管理；偏肥个体应降低营养，加强运动锻炼。

3. 驱虫 螨虫是对养貉业危害最大的一种寄生虫，冬季低温的养殖环境中基本没有螨虫存在，增加了从养貉场根除螨虫的可能。一般每年冬季最冷时段，在疫苗免疫前一周左右开始用伊维菌素类药物驱除螨虫。此外，近些年附红细胞体感染貉的情况比较普遍，部分场区甚至很严重，附红细胞体也称“血虫”，虽然不是寄生虫类，但已和螨虫一样应在每年的疫苗免疫前进行程序性的药物驱除。

4. 疫苗免疫 犬瘟热和由细小病毒引起的病毒性肠炎，是危害养貉业最为严重的两种病毒性传染病。每年在配种前至少一周，需要注射犬瘟热和病毒性肠炎两种疫苗。这种程序性免疫已是养貉生产中的常规操作，生产中还有一些危害养貉生产的传染病疫苗可供选择，养殖者多根据地区和场区实际情况选择使用。

5. 发情刺激 为促进生殖细胞生长与发育，促进公、母貉发情进展，提高配种效果，生产中有许多应用效果较好且简单实用的办法。这些方法分为两类，一类是催情物质的添加：在饲喂时额外添加少量葱、蒜碎末，准备配种期定期投喂维生素E，或用淫羊藿等催情物质进行补饲等。另一类是饲养管理措施的变化：准备配种期将性别不同的公、母貉按笼间隔摆放；或在母貉笼上选择身体健康、发情情况好的公貉，来回跑动刺激发情，俗称“跑貉”。

（二）配种期的饲养管理

1. 检修笼舍 配种期，需频繁从饲养笼中抓放种貉进行配种。因此，需对貉笼的完整性和坚固性进行全面检查，以免配种时因种貉跑出影响场区正常工作。

2. 公貉补饲 配种期公貉体力消耗较大，为保持旺盛的体力和配种能力，应多补饲一些优质高蛋白饲料，如牛奶、鸡蛋、动物鲜肉等。

3. 注意种貉的择偶性 采用自然交配的场区，把发情情况良好的种貉同笼时，会有无法成功交配的情况。同笼的个体甚至互相躲避、撕咬，可能存在择偶性，更换配种对象有时很快即可交配成功。

4. 注意饮水供应 处于配种期的种貉在性激素刺激下，活动频繁、剧烈，但食欲降低、饮水减少。当种貉交配完毕后，如果不能及时供应饮水会对种貉健康、公貉交配能力及配种效果产生不良影响。因此，处于配种期的种貉需时刻注意供应充足、清洁的饮水。

5. 配种效果的检查 采用自然交配的场区，不只需要观察配种个体间典型的交配行为，还需用胶头滴管等器具，从刚完成受配的母貉阴道内抽取一定量的液体，置于显微镜下观察精子的有无及是否成活，只有观察到成活的精子才能确认配种成功。为保证种公貉配种效果，连续观察到受配母貉三次以上活精子存在时，认为该种貉种用能力正常。

（三）妊娠期的饲养管理

1. 饲料安全性的保证 饲料的安全性是所有生产时期都应该确保的一个基本要求。从我国养貉生产实际来看，绝大多数养殖者在饲喂全价饲料的同时，会选择性地添加一些动物性饲料，而这部分饲料的安全性很多时候难以有效保证。妊娠母貉出现的空怀、死胎、烂胎、流产等问题，多是由于饲喂这类饲料而造成。根据妊娠母貉的特殊生理阶段和生理特点要求，此期饲料的安全性必须严格保证。

2. 妊娠母貉肥胖的预防 进入妊娠期的母貉，在孕激素的影响下，活动趋于平静，采食量增加，表现出旺盛的食欲。妊娠期的前30天左右，胚胎以组织分化为主，重量增长和变化非常小，对饲料数量的要求没有太大变化。如果过多地投喂饲料，多余的能量会在母貉体内转化为脂肪，蓄积在皮下和不同的器官组织造成母貉肥胖。妊娠期母貉过于肥胖往往是流产、难产等问题的诱因，母貉过肥也容易导致产后无乳。因此，妊娠期前30天左右，母貉饲料必须有计划地进行控制，逐渐增加饲喂量。

3. 保持环境安静 应激是造成妊娠期母貉流产的最主要因素。因此，饲养妊娠期母貉的场区严禁无关人员进入。饲养管理人员在场区内操作或活动时，尽量避免幅度大的动作和大的声响。尤其当周围环境出现鞭炮、汽笛、喧嚣、突发的动物叫声等噪声时，应以最快速度找出声源并及时排除。

4. 肠道健康的调理 随着胎儿的不断发育生长，子宫内的胎儿体积不断增大，膨胀的子宫不断挤压妊娠母貉的消化道，影响母貉的消化功能。生产中，随着妊娠期的不断发展，部分母貉会出现食欲减退、粪便颜色及状态异常等情况，严重时会发生腹泻，影响母貉健康，甚至造成流产。因此，当种群中母貉出现食欲及粪便异常时，应及时发现并饲喂益生菌等调理消化道机能的添加剂，以确保妊娠母貉的机体健康。

5. 产箱的处置 对于采取笼养的貉，需要悬挂产箱，为母貉提供分娩和产后哺乳仔貉的适宜场所。产箱要求牢固、清洁、无异味、保温性能好。产箱多内铺垫草等保温物，应确保保温物不沾染细菌、病毒及有害物质。产箱和貉笼之间的门不宜过早打开，以免母貉在产箱内便溺，污染产箱。产箱外周或底部应包裹保温效果好的保温物或铺设电褥、电热板等加温装置。

（四）哺乳期的饲养管理

1. 及时进行产后检查 确定母貉分娩结束后，需及时进行产后检查，产后检查包括母貉和仔貉两方面的检查。母貉重点检查身体状态和乳汁情况，仔貉重点检查身体状态和是否及时吃上初乳。健康母貉精神状态良好，吃食、排便、进出产箱等日常行为规律正常，产后有一两顿不吃的母貉，多属正常分娩后反应。

仔貉可通过产箱外耳听的办法初步进行判断。及时吃上初乳的健康仔貉很少发出叫声，偶尔发出“吱吱”的声音，短促有力。在产箱外听到持续、嘶哑的仔貉叫声时，需立即打开产箱进行检查。开箱检查时，需用隔板将母貉隔离在产箱外的笼子里。吃上初乳的健康仔貉，安静成堆聚集在一起，腹部饱满，抓在手里温暖且挣扎有力。有问题的仔貉多分散在产箱里，腹部干瘪，用手触碰身体发凉，抓在手里挣扎无力。母貉无乳或仔貉不能及时吃上初乳是哺乳期仔貉出现问题的主要原因。打开产箱进行检查时，速度要快，动作要轻，尽量减少对母貉的干扰，以防母貉应激，引起叼、食仔貉。

2. 难产母貉的处置 貉妊娠期为54～65天，生产中一般从配种成功当日算起，按60天估算预产期。母貉妊娠期过于肥胖，则胎儿过大；母貉体质差，则分娩时产力弱；分娩母貉产道狭窄、畸形，分娩过程中受到突然的惊吓等原因都有可能导致母貉难产。当预产期母貉频繁出入产箱，频繁回视后腹部，坐卧不安，有时可见产道流出液体甚至卡嵌胎儿，并持续时间较长，未见胎儿产出时，多可判断为难产。生产中，根据情况分析产生难产的原因，及时采取合理的应对措施。

3. 仔貉的适时补饲 母貉的泌乳高峰在产后的15天左右，随后泌乳能力不断下降。而仔貉随着身体器官组织机能的不断完善，生长速度不断加快，体重不断增加，对乳汁的需求量也越来越多。当窝产仔貉数较多时，母貉乳汁越来越难以满足仔貉的快速生长。为保证仔貉正常生长发育，确保断奶分窝后良好的体况，生产中在哺乳期2～3周的时候，可选择优质、新鲜、易消化的鱼、肉等动物性饲料，搅碎后拌入饲料中补喂母貉和仔貉，或单独饲喂仔貉，以期仔貉尽早开始采食饲料，锻炼其胃肠道机能。

4. 仔貉适时断奶分窝 现有营养和饲养管理水平下，45～60 天断奶是普遍采用的方法。但生产操作时应根据实际情况执行，除了考虑仔貉体重、是否能独立采食和生活外，重点观察母貉与仔貉间的和谐程度。尤其当仔貉个体较大，母貉明显对仔貉表现出厌恶甚至恶意时，要及时将仔貉从母貉哺乳的笼箱中分离出去，以免造成生产中不必要的损失。

（五）恢复期（静止期）的饲养管理

种公貉从配种任务结束，种母貉从仔貉断奶分窝开始，繁殖性能优秀的公、母貉进入恢复期（静止期）。配种期公貉和哺乳期母貉繁殖任务结束后，自身营养和体力都经历了巨大消耗。为尽快恢复体力，保持优良繁殖性能，一般要求公貉继续饲喂配种期，母貉继续饲喂哺乳期营养水平饲料至少 2 周时间。静止期过早降低营养水平，放松对种公、母貉的饲养管理，往往导致下个繁殖期公、母貉种用性能不能充分发挥。

（六）育成期（生长期）的饲养管理

1. 适时免疫 生产中，多在断奶分窝 2 周后对仔貉进行疫苗免疫，主要免疫犬瘟热和病毒性肠炎两种疫苗，其他疫苗根据实际情况进行选择。

2. 注意环境卫生 育成期仔貉生长阶段经历温度最高、湿度最大的夏季，而高温高湿容易滋生病毒和细菌，也更容易导致食物酸败，饮水变质。育成期的仔貉消化道结构不完善，功能不健全，受到致病菌的侵袭或食入变质饲料，或饮入不洁饮水时容易引起腹泻。腹泻虽然在貉养殖的各个生物学时期都较常见，但育成期腹泻严重影响仔貉生长发育。因此，夏季养貉场须定期清除粪便等养殖场污物，保持环境卫生。

3. 加强营养 断奶分窝后 1 个月左右的时间是仔貉生长发育速度最快的时期，也是决定其最终体型的关键时期。高强度的生长是以全价均衡的营养为基础，因此育成期仔貉需加强营养，在饲喂饲料的同时可补饲一些高蛋白动物性饲料，并适当补充钙、磷等矿物质添加剂。仔貉生长发育快，采食量大，但断奶分窝后仔貉胃肠功能尚未健全，为促进其胃肠机能健全与发育，可补充一些益生菌或微生态制剂，可促进营养成分的吸收利用。

（七）冬毛期（皮用貉）的饲养管理

冬毛期与准备配种期是皮用貉和种貉同一生物学时期的不同名称，一般情况下冬毛期是从秋分开始，直至小雪到大雪皮张成熟。从时间上看，皮用貉和种貉这段生物学时期是几乎完全重叠的，但生产中其营养和饲养管理各有侧重。冬毛期在保证皮用貉健康和当年仔貉生长发育要求的前提下，多增加高能量饲料的饲喂，尤其一些动物性脂肪在冬毛期广泛应用，不但提高了皮用貉的肥度，更增加了冬毛毛绒的光泽，提高了皮张质量。

第三节　繁殖育种

一、繁殖

（一）生殖系统

1. 公貉生殖系统 由睾丸、附睾、输精管、副性腺及阴茎等组成。公貉有 1 对卵圆形的睾丸，位于腹股沟的阴囊里，其功能是产生精子并分泌雄性激素，其大小因季节性变化差异较大，非繁殖季节质地坚实而小，繁殖季节膨大而凸悬于身体后躯，柔软富有弹性。附睾呈长管状，以盘曲的附睾管紧贴于睾丸上，其功能是运输、浓缩和贮存精子，是精子最后成熟的地方。输精管和附睾尾相接，其功能是把精子从附睾尾输送到尿道。公貉副性腺主要包括前列腺和尿道球腺。公貉阴茎呈圆棒状，包括阴茎根、阴茎体和龟头。

2. 母貉生殖系统 由卵巢、输卵管、子宫、阴道和外生殖器等部分组成。母貉有1对扁圆形的卵巢，其功能是产生卵子和分泌雌性激素。输卵管是连接卵巢和子宫角的细管，与输卵管系膜黏结、盘曲在卵巢囊上，其功能是输送卵细胞，也是精、卵结合的地方。貉的子宫属双角子宫，是胚胎发育和胎盘形成的地方。阴道既是母貉的交配器官，又是产道。外生殖器包括前庭、大阴唇、小阴唇、阴蒂和前庭腺，统称阴门。

（二）繁殖技术

无论自然交配还是人工授精，貉的单笼饲养模式决定了配种期需准确判定母貉是否发情。生产中，判断母貉是否发情的方法有行为观察法、试情器法、外（阴）部观察法、阴道涂片法和放对试情法。

1. 行为观察法 又称观察法，主要是指通过进入发情期母貉的一些行为变化来判断发情进展情况。进入发情期的母貉，在笼内活动频率增加，排尿次数增加，对公貉表现出明显的兴趣，并主动趋近，很多个体有食欲降低的表现。观察法需要丰富的现场实践经验，主要作为发情配种判定的辅助手段。

2. 试情器法 是利用试情器探头深入到母貉生殖道内，通过外部显示装置读取电阻值数值，连续标记电阻值变化情况，判断发情进展，结合个体情况判断发情。该方法判断发情比较简单，但操作烦琐且有可能造成疾病传播，因此生产中推广使用非常有限。

3. 外（阴）部观察法 性成熟母貉的阴门在非繁殖期被体毛覆盖，外观不明显。进入发情期，在激素刺激作用下，阴门肿胀外翻，随发情进展其形态、颜色发生不同变化。根据发情母貉外阴部变化可判断发情进展情况，结合母貉实际情况可确定配种时间。生产中可根据外（阴）部观察结果，将母貉发情大致分为三个主要阶段：发情前期、发情盛期、发情后期。

（1）发情前期 母貉发情初始阶段，外阴部在激素作用下膨胀外翻，由被体毛覆盖到显露于体毛外，生产中称之为“分毛”，预示着发情的开始。此期母貉对趋近的公貉多无敌意，可互相追逐玩耍，但当公貉爬跨时多拒绝交配。

（2）发情盛期 外阴部在激素持续作用下，高度肿胀外翻，颜色由发情前期的灰白色变化为深红色或暗紫色，外阴变成椭圆形，具有弹性，上部皱起，有些母貉可见黏稠或凝乳样分泌物。此期将母貉放入公貉笼内，常主动接近公貉，当公貉爬跨时，多静立并将尾歪向一侧，等待配种。

（3）发情后期 母貉外阴逐渐由肿胀外翻回缩内收，颜色恢复到发情前期的灰白色。此期将母貉放入公貉笼内，对公貉不感兴趣，躲闪欲进行交配的公貉，有时会对公貉进行攻击。

4. 阴道涂片法 是利用棉签或滴管深入母貉阴道内10厘米左右，获取阴道分泌物涂抹在载玻片上，置于100倍显微镜下进行观察。母貉阴道分泌物主要有三种细胞：角化圆形上皮细胞、白细胞和角化鳞状上皮细胞，这三种细胞的数量和形态在发情的不同阶段呈现规律性变化。角化圆形上皮细胞形态圆形或近圆形，绝大多数有核，边缘规则，在发情各时期其数量和比例没有明显变化。白细胞主要为多型核白细胞，发情前期一般以分散游离状态存在，分布均匀，边缘清晰，发情期则聚集成团或附着于其他上皮细胞周围。在发情初期，分泌物细胞几乎全部由白细胞组成，随着发情期的临近，白细胞比例逐渐下降。角化鳞状上皮细胞呈多边形，有核或无核，边缘卷曲、不规则。当观察到阴道分泌物中出现大量角化鳞状上皮细胞时，标志母貉进入发情盛期，可根据情况决定配种的准确时间。

5. 放对试情法 是将发情母貉放入配种公貉或试情公貉笼内，观察母貉是否接受交配，以准确判断母貉是否发情适合配种的方法。这种方法简单实用，准确率高，当采用其他方法无法准确判定母貉发情情况时，可采用此法。生产中，多用放对试情法与其他方法结合，以减轻劳动强度，提高判断母貉发情进展工作的效率和判断准确率。

二、育种

（一）选种方法

貉的选种一般分为初选、复选和精选三个阶段。

1. 初选 在仔貉断奶分窝后进行。选留出生早、窝仔数多、发育速度快、断奶成活率高、健康的个体。同时也要考虑父亲应体型大、配种能力强、与配母貉产仔数多；母亲重点考虑产仔数多、乳汁品质好、母性强、断奶成活率高，体型不能太小。初选阶段也可作为种公、母貉再次精筛选留的时期。

2. 复选 在育成期结束后进行。选留生长发育速度快、饲料转化率高、体型大、毛色符合品种选育方向、脱换毛速度快的个体。

3. 精选 在冬毛成熟取皮前进行。选留体型大、毛色正、毛绒品质优良、生殖器官发育正常的个体。

（二）品种培育

我国貉的人工规模养殖发展至今已有60多年历史，养殖规模世界第一，并形成了饲料、疫苗、硝染加工、制衣销售等全产业链条的自有产业体系。但品种培育工作仍是整个产业链中的薄弱环节，生产中仅有一个地方品种——乌苏里貉，一个培育品种——吉林白貉。全国范围内不同貉养殖地区，同一品种体型及皮张质量差别巨大，优质皮张占比低，生产效率低下。与芬兰等养殖技术先进的国家差距明显，缺乏专业的品种培育机构，缺乏品种选留的科学性、系统性工作。乌苏里貉毛色整体呈黄褐色，但个体间差异较大，具有潜力巨大的育种空间。生产中出现的黑色貉、红色貉、棕色貉等，已在一些养殖的特定区域或场区，经过初步选育形成规模群体（图11-9）；另外还有无针毛貉、黑眼白貉和高密度绒毛白貉等，都可作为育种资源进行选育提高，以期培

图11-9 普通貉与红色貉标本

育出符合市场需求的新品种貉。

第四节　疾病防治

一、消毒与防疫

消毒与防疫是貉养殖过程中疫病防控最有效的方法和手段。

（一）消毒

消毒是为消灭被污染的外界环境中的病原体，不使其扩散所采取的一种预防性措施。根据消毒目的不同分为三种：预防性消毒、临时消毒和终末消毒。

1. 预防性消毒　为了预防传染病的发生，平时作为制度规定的定期性消毒。

2. 临时消毒　在发生传染病时，为了及时消灭病貉排出的病原体所进行的不定期消毒。可根据实际需要，一次或多次消毒。

3. 终末消毒　为了解除封锁，消灭疫区内可能残留的病原体所进行的不定期消毒。可根据实际需要，一次或多次消毒。

根据消毒方法的不同分为三种：物理消毒法、化学消毒法和生物消毒法。

1. 物理消毒法　清扫、暴晒、紫外线照射及高温蒸煮等方法。

2. 化学消毒法　利用化学药物或试剂进行的消毒方法。

3. 生物消毒法　对粪污和生产废弃物进行的生物发酵消毒等方法。

（二）防疫

与所有畜禽养殖一样，貉养殖也面临各种致病病原体的危害。一些烈性传染病不但严重损害个体健康，甚至造成群体死亡，严重影响养殖安全。目前，针对貉生产中传染性强、危害大的疾病，我国已研发并生产相应疫苗进行防控，包括犬瘟热疫苗、细小病毒性肠炎疫苗、狂犬病疫苗、肉毒梭菌疫苗、阴道加德纳氏菌灭活苗、绿脓杆菌多价灭活菌苗和巴氏杆菌多价灭活菌苗等种类。其中，犬瘟热疫苗和细小病毒性肠炎疫苗已在生产中作为常规免疫程序进行操作，每年免疫 2 次，间隔时间为 6 个月，其他疫苗常根据地区及场区实际情况选择性免疫。

二、常见疾病的防治

1. 犬瘟热

【病原】病原体为犬瘟热病毒，该病毒是一种 RNA 病毒。

【症状】病貉表现为双相热，即体温两次升高。浆液性或化脓性结膜炎，食欲降低或废绝，黏液性和脓性鼻液，常伴发呕吐、腹泻，严重个体粪便恶臭、混有血液。有些病貉会有抽搐、运动失调、后躯麻痹等神经症状。

【诊断】根据流行病学、临床症状和剖检变化可做出初步诊断。病理组织学检查和黏膜触片或血涂片可检查到胞浆内包涵体，病毒分离和血清学检查结果，以及动物接种试验结果可作为诊断的依据。

【防治】犬瘟热无特效药物，最有效的防控方法是疫苗免疫。貉生产中，种群一旦确诊染病，应对患病个体隔离并加强营养。干扰素和血清虽然具有一定疗效，但无法作为生产中的常规手段广泛应用。

2. 貉病毒性肠炎

【病原】病原体为肠炎病毒，该病毒属细小病毒科、细小病毒属。

【诊断】根据流行病学、临床症状和剖检变化可做出初步诊断。病理组织学检查见小肠上皮细胞空泡变性及包涵体可进一步确诊。

【症状】病貉精神沉郁，食欲降低或废绝，呕吐或腹泻症状明显。排泄物初期呈灰色、黄色、褐色或粉红色，后期多为咖啡色、巧克力色或煤焦油状，带有血液，有特殊难闻的腥臭味。

【防治】病毒性肠炎无特效药物，貉群确诊染病，治疗以止吐、消炎、补液、增强免疫为主。

3. 貉阴道加德纳氏菌病

【病原】病原体为阴道加德纳氏菌。

【症状】母貉早期流产、空怀，有的可见生殖道排出恶臭分泌物；公貉配种能力降低。

【诊断】根据流行病学、临床症状和剖检变化可做出初步诊断。最终确诊还要进行进一步的血清学检查和细菌学试验。

【防治】引种和配种前用阴道加德纳氏菌虎红平板凝集抗原检测，淘汰患病个体。阴道加德纳氏菌已证实可以感染人，因此饲养者操作时须做好个人防护，避免直接触碰流产胎儿和病貉的分泌物、排泄物。养殖场做好日常卫生及常规消毒。阴道加德纳氏菌病高发区域可选择对健康种群进行疫苗免疫。

4. 组织滴虫病

【病原】病原体为组织滴虫。

【症状】病貉精神沉郁，排出黏稠、恶臭的脓性血便。

【诊断】根据流行病学、临床症状和剖检变化可做出初步诊断，显微镜观察到虫体可确诊。取盲肠内容物少许放在载玻片上，加一滴生理盐水混匀，加盖玻片，150 倍光学显微镜下检查：组织滴虫有一根鞭毛，可见组织滴虫做钟摆式运动；运动的虫体可伸缩，一会儿呈圆形，一会儿呈倒置的梨形，表现形态多变。复红染色，能够见到近圆形的有一根鞭毛的滋养体（成虫），以及无鞭毛的滋养体。

【防治】貉场禁养鸡、鸭、鹅等家禽，注意环境卫生，确保饲喂的禽类动物性饲料质量安全。确诊该病后，对种群可选用甲硝唑或替硝唑等对症治疗。

5. 附红细胞体病

【病原】病原体为附红细胞体。

【症状】病貉精神沉郁，食欲不振或废绝，呕吐；脚掌皮肤皲裂、增厚，爪无光泽，贫血。

【诊断】根据流行病学、临床症状和剖检变化可做出初步诊断。血液涂片、染色，显微镜观察血细胞的变形并查找到虫体，即可确诊。

【防治】对环境进行消毒。治疗时多西环素为首选药物，生产中因长期喂药易导致貉产生耐药性，可与磺胺间甲氧嘧啶交替使用。

主要参考文献

安铁洙，宁方勇，刘培源，2013. 毛皮动物生产配套技术手册［M］. 北京：中国农业出版社 .
刘晓颖，陈立志，2009. 貉的饲养与疾病防治［M］. 北京：中国农业出版社 .
朴厚坤，1999. 皮毛动物饲养技术［M］. 北京：科学出版社 .
任东波，王艳国，2006. 实用养貉技术大全［M］. 北京：中国农业出版社 .
徐超，2020. 乌苏里貉［M］. 北京：中国农业出版社 .